# 商業大數據的視覺化設計與Power BI實作應用

# 商業大數據的視覺化設計與 Power BI 實作應用

作　　者：温志皓 / 申元洪 / 劉育津
企劃編輯：江佳慧
文字編輯：江雅鈴
設計裝幀：張寶莉
發 行 人：廖文良

發 行 所：碁峰資訊股份有限公司
地　　址：台北市南港區三重路 66 號 7 樓之 6
電　　話：(02)2788-2408
傳　　真：(02)8192-4433
網　　站：www.gotop.com.tw
書　　號：AED005000
版　　次：2024 年 09 月初版
建議售價：NT$580

國家圖書館出版品預行編目資料

商業大數據的視覺化設計與 Power BI 實作應用 / 温志皓, 申元洪, 劉育津著. -- 初版. -- 臺北市：碁峰資訊, 2024.09
面；　公分
ISBN 978-626-324-878-6(平裝)
1.CST：大數據　2.CST：資料探勘　3.CST：商業資料處理
312.74　　113011253



本書是根據寫作當時的資料撰寫而成，日後若因資料更新導致與書籍內容有所差異，敬請見諒。若是軟、硬體問題，請您直接與軟、硬體廠商聯絡。

# 推薦序

在強調以數據驅動治理的當代，有效的數據溝通技能儼然是就業市場中必備的重要能力之一。身處教育前沿的工作者，深知資料視覺化不僅是技術，更是一門兼具美感溝通與傳播的藝術。基於這樣的認識，個人高度肯定本校劉育津教授、申元洪教授以及温志皓教授三位共同撰作本書，提供從基礎到進階的全面視覺化觀念、工具和應用等知識。

本著作首先廣泛介紹視覺化觀念，如視覺化的科學原則，以及教導讀者如何減少視覺雜訊並增強資訊的清晰度和吸引力；接續更深入探討視覺化工具在實際應用中的科學基礎和設計原則。此外，妥善加入實用的工具解說，特別是 Power BI 的運用，書中深入探討視覺化多樣圖形之應用情境，期使讀者選擇最適合呈現數據的方式，並靈活運用這些工具解決實際問題以達溝通與傳播之效。從基礎建立到企業實戰，三位教授以結構清晰的章節，引導讀者理解和應用資料視覺化的多樣化技術，並透過案例學習如何將數據轉化為洞察力。

作為大學校長，由衷為世新大學能出版如此高品質和實用的教材感到自豪。《商業大數據的視覺化設計與 Power BI 實作應用》是一本必備的參考書，無論學生、教師還是專業人士都能從中獲益匪淺。此一專業著作的出版不僅展示我們學術團隊的專業知識和創新精神，也反映了幾位教授對學術與實踐能力的承諾。

陳清河

世新大學校長

2024 年於世新大學

# 推薦序

隨著科技風雲變幻，數位江湖波濤洶湧，資料視覺化、機器學習與人工智慧彷如令人目眩的武功心法，不斷更迭，引領風騷；更強度關山，創立諸多門派，伏妖降魔，扶持正道，成為現代人江湖行走不可或缺的知識。我輩身處風波難測的險惡江湖，又非練武奇才，如何才能不被淹沒，甚至乘此長風破此強浪？相信各位道友都已有答案——一本能夠一窺絕世心法的武功秘笈。

今有三位集理論、實作與教學經驗於一身的武林宗師，温志皓主任、申元洪教授、劉育津主任，為提攜武林後進，不惜耗費大量功力，嘔心瀝血、閉關兩年，著成此寶典。期間用心之苦、用力之艱實難與外人道。今大著初成，武林絕學得以承續，特著此序感謝三位大師無怨無悔的付出。

本秘笈揭示資料視覺化的理論心法、兵器招式與實務應用，深入淺出、層層疊進。資料視覺化內功心法強調將數據複雜內涵呈現於眼前，使其無所遁形；而 Power BI 則如神兵利器，將心法威力發揮到極致，使視覺化達到前所未有的便利與高度。本秘笈因此也強調使用此利器搭配心法。

資料視覺化與大數據分析與人工智慧，這兩門武功相輔相成。看透資料與數據隱藏的特性，方能用最恰當的武功心法與利器、克敵制勝。

誠摯希望各位武林同道皆能從本秘笈獲得寶貴的經驗和啟示，以期武功精進，技藝大成。

江湖路遠，正氣長存，願與諸君共勉。

許秉瑜 敬筆

國立中央大學副校長

中華企業資源規劃學會秘書長

民國一百一十三年八月

# 自序

Power BI 被公認為一款易學且功能齊全的資料視覺化工具，同時也是在學術及職場環境中最為普遍且易於獲取的軟體之一。我們衷心感謝中華企業資源規劃學會秘書長暨中央大學副校長—許秉瑜教授的盛情邀請，提供我們這個難得的機會，親身參與並貢獻於本書的創作。

本書的寫作角度，是從資料面出發，與坊間大多是從功能面的介紹有著明顯的差異。從資料面的出發，著重在我們於工作時會接觸到的商業大數據。面對資料，我們應該如何理解並選擇適當的圖表去呈現其中的資訊，進而用資料說故事。使用九種的大類別，以及其中各自不同的圖表去讓資料說一個好故事。同時，我們也會在其中，說明每一種不同的類別與圖表，在設計與應用時的優劣分析，減少使用者在資料視覺化的試誤成本。

感謝一路上協助我們的每一位夥伴及指導我們的每一位師長。最後，我們對作者團隊的密切合作表示感謝，正是這份團隊精神使得本書得以問世。

温志皓、申元洪、劉育津

2024 年於世新大學大數據暨智慧企業研究中心

# 目錄

## Part 1 基礎建立篇

CHAPTER

## 1 緒論

CHAPTER

# 2 資料視覺化的科學基礎與設計原則



CHAPTER

# 3 容易取得的資料視覺化工具介紹



CHAPTER

# 4 Microsoft Power BI 功能

## Part 2 進階練功篇

CHAPTER 5 離散差異之視覺化（Deviation）

CHAPTER

# 6 關聯性之視覺化（Relationship）



CHAPTER

# 7 排序之視覺化（Ranking）

CHAPTER

## 分佈之視覺化（Distribution）

CHAPTER

# 9 隨時間變化之視覺化（Change over Time）



CHAPTER

# 10 量的比較之視覺化（Magnitude）

CHAPTER

# 11 部分和整體關係之視覺化（Part-to-Whole）

CHAPTER

# 12 空間視覺化（Spatial）



CHAPTER

# 13 流向視覺化（Flow）

## Part 3 企業實戰篇

CHAPTER

## 14 資料視覺化實作，說一個好故事



**下載說明**

本書相關資源請至以下碁峰網站下載，其內容僅供合法持有本書的讀者使用，未經授權不得抄襲、轉載與散佈。

http://books.gotop.com.tw/download/AED005000

CHAPTER

# 1

# 緒論

## 1.1 緒論

資料，一定要視覺化嗎？

若資料沒有視覺化，就會比較難以理解嗎？

相信，前述的兩個問題，在我們的心理都已經有了一個明確且共同的答案。根據心理學的研究，80% 的人透過視覺來獲取資訊（Berger, 1991）。一名康乃爾大學的教授曾經做過研究，當一則廣告宣傳只用文字來說明產品的效果時，只有 67% 的研究對象表示他們相信，但當同樣的文字配上一幅圖一起呈現的時候，有 97% 的人都宣稱自己相信（塗子沛，2021）。由此可知，資料視覺化能帶來巨大改變，因為人類是視覺的動物。視覺，是人與生俱來，僅次於聽覺的最大能力。在具有視覺能力的狀況下，聽覺扮演輔助的角色。視覺對於生物的刺激，遠遠超過您的想像。於是，如何讓受眾理解且接受您提出的方案或理念，資料視覺化就是一個非常重要的議題。視覺的反應，可以激起人們強烈的情感，更可能進而催生大規模的反戰遊行。

自從有人類的活動足跡以來，史前的人類們就嘗試在各種不同的媒介上，記錄生活的點滴。例如留下的結繩記事、洞穴壁畫（如圖 1.1）…等的遺跡，呈現希望將生活的軌跡或是重要的大小事記錄下來的企圖。現在的我們，身處在大量資料隨手可得的環境中。無處不在的大資料，讓我們沉浸在資料的大海中。例如，泛在科技（ubiquitous information technology）的快速發展，並大量應用在許多的穿戴裝置中。隨時，都可以蒐集我們的各種狀態資料（包含脈搏、血氧、心率、…等）以及位置資料（GPS、經緯度、高度…等）。蒐集了這麼多的資料，經過資料的整理與運算，再加上視覺化的呈現，就可以讓我們更易於去管理自己的運動狀態、健康狀態。

資料視覺化是目前資料科學領域當中發展最快速也最引人注目的範疇之一。資料視覺化，就是以圖像取代資料中的數字，以呈現出資料的特性。其作用在於從「看圖」獲得資料所傳達的訊息（陳君厚，2005）。亦即利用圖形化工具（如：各式統計圖表、立體模型等）從龐大繁雜的資料庫中萃取有用的資料，使其成為易於閱讀、理解的資訊（Chen, 2016）。例如，我們將全班各科成績分佈以長條圖來表示，就是日常生活中的資料視覺化。資料視覺化可以涵蓋視覺化領域當中的所有發展，是最廣泛的術語。如果加以充分組織和整理，幾乎任何可見的事物都是某種資訊：表格、圖形、地圖，甚至是文章手稿，無論靜態還是動態，都會為我們提供某種或某些手段和途徑，以便揭示其內在的本質，確定問題的答案，查明各種關係，或許甚至還包括理解那些在其他形式下不那麼易於發現的事物（Friendly, 2008；陳心渝，2018）。

我們在進行資料視覺化時必須考量以下三個要點（Chen, 2016）：

1. **資料的正確性**：在簡化資料時，我們必需確保資料的正確性。
2. **讀者的閱讀動機**：能否突破讀者心理障礙，去理解不熟悉的領域資訊。
3. **傳遞資訊的效率**：能否讓讀者以較少的時間去理解圖表的資訊內容。

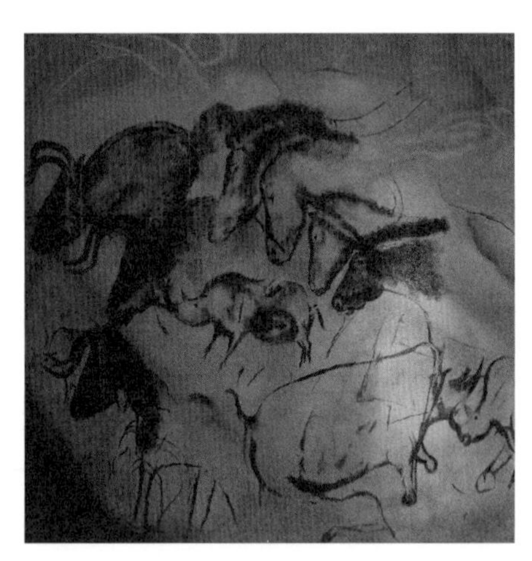

^ **圖 1.1** 肖維岩洞（Chauvet Cave）中的史前壁畫
*資料來源：https://zh.wikipedia.org/wiki/ 肖維岩洞*

### 資料視覺化（Data Visualization）等同於資訊圖表（Infographic or cartography）嗎？

您可能在很多的場合中，看到這兩個詞被交互的使用，或者在文章的上、下文中被交叉的使用。甚至，有些人使用資訊圖表來指代被認為是隨意、有趣或輕浮的資訊呈現，而使用資料視覺化來指代被認為更嚴肅、嚴謹或學術的設計。事實上，儘管以視覺方式表示統計資訊的藝術已有數百年的歷史，但是各領域的詞彙仍在不斷發展和被定義中（Iliinsky & Steele, 2011）。

資訊圖表與資料視覺化的共同點是運用圖像化的方式簡化複雜的資訊，無論是靜態或互動式的圖片或動畫都可以屬之。其中，資料視覺化是將資料透過量化的屬性如點、線、形狀、數字、符號等測量單位組合使用的視覺顯示圖，產生條件規則一致，且無需特別調整資料差異，較適合用於資訊工具自動產生的圖形。資料視覺化從客觀的資料中找出趨勢或規則。然而，資訊圖表則是特定主題的資訊或知識的視覺化呈現，尤其常被用於敏感議題之中，用來強調或支持論點，有特定的目的並且用客製化方式製作而成。資訊圖表多用於主觀的講述故事或回答問題（陳心渝，2018）。由此可見，資料視覺化與資訊圖表存在著明顯的不同。那我們要如何區辨圖表該屬於哪一種類別呢？Iliinsky and Steele（2011）為我們提出四個指標來辨識資料視覺化或是資訊圖表的差異：

1. **產製方式：**資訊圖表是其中資料表示是手動佈置或繪製草圖的插圖，可能使用 Adobe Illustrator 等繪圖軟件。手動繪製的創建過程，資訊圖表可以選擇具有豐富的美感。資料視覺化則是在演算法或是套裝軟體的協助下產製圖表。

2. **視覺化的重製性：**由於資訊圖表中的圖像是由手動繪製，因此往往受限於它們可以傳送的資料量，這僅僅是由於操作許多資料點的實際限制。同樣，很難更改或更新資訊圖中的資料，因為任何更改都必須手動重製。資料視覺化最初是由人設計，但隨後使用圖形、圖表或圖表軟件藉由演算法繪製。這種方法的優點是使用更多或新資料更新或重新生成視覺化相對簡單。資料視覺化的技術相當適用於用不同的資料重新產製（相同的表格可以重新用於表示具有相似維度或特徵的不同資料集）。

3. **美學應用程度：**資料視覺化可以顯示大量資料，但資料視覺化通常不如資訊圖表在美學上豐富。從審美的角度來說，資料視覺化的美學偏弱。如果用具有設計感的圖像來顯示資訊，那圖像可能比較偏向資訊圖表。因為資訊圖表意在吸引眼球並保持興趣的強烈視覺內容。

4. **包含的資料量：**通常資料視覺化會比資訊圖表有更多大量且不同種類的資料。而且資料視覺化中的資料較會呈現不同時間或狀態發生的動態改變。資料視覺化中包含的資料相對豐富，尤其喜歡且善於呈現大資料。而資訊圖表主要是知識的呈現，較少展現資料之間的互動變化。資料相對貧乏，因為每一筆資料都必須手動處理與呈現。

資料視覺化的目的之一，就是希望呈現資料的主要特徵，對蒐集的資料有全貌的瞭解（陳君厚，2005）。然而，在現今這個大資料的時代，我們面臨的問題除了資料視覺化之外，還包括資料數量龐大、資料中的雜訊過多，以及高維度的問題。這些都會影響使用者理解資料內容的意願以及能力，以致更難說服他人。因此，我們認為資料視覺化可以從三個角色，以及三個元素來進行解析，這也會與資料視覺化最後的效果產生關聯。三個角色分別是資料科學家（Data Scientist）、原始資料（Raw Data）以及接收者（Receiver）。三個元素分別是視覺藝術（Visual Art）、資訊（Information）與溝通（Communication）（如圖 1.2）。我們必須在這三者中取得平衡。

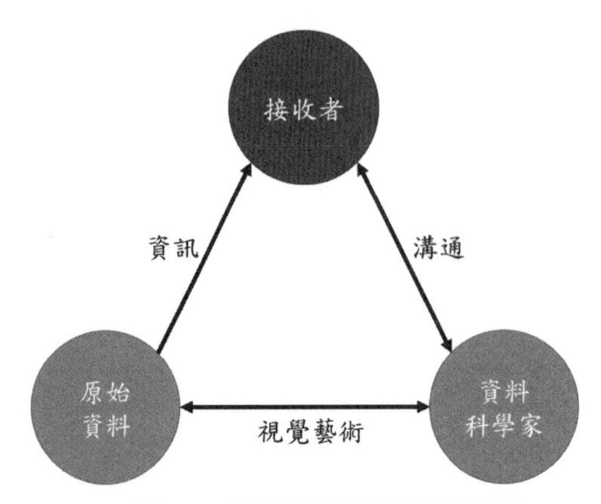


^ **圖 1.2**　資料視覺化的三角關係

當我們開始進行資料視覺化的任務時，需要從資料科學家的角度出發，像是針對一個資料，去述說一個美妙的故事一般。在這個領域當中，科學，技術和藝術需要完美的結合在一起。因此，資料科學家需要透過視覺化之後的作品去與接收者進行溝通。這個部分是需要反覆進行的階段。彷彿是你想要告訴他人一個故事，但是要選擇從哪一個面向、哪一個觀點、哪一個角度切入，就是一門學問。這就是溝通的重點。溝通是雙方能夠透過某種方式（載體、影像、圖片、文字、聲音），能夠理解特定主題的內容。因此，溝通是一種往來和反覆的過程。原始資料是資料分析的基礎。但是原始資料具有數量龐大、產生速度快、錯誤較多且維度較高的狀態，相當不利於接收者吸收或理解。因此，將資料轉化為資訊的階層，相當重要。資料是將資料經過一定程度的處理後，轉為資料倉儲的樣態再提供給接收者，較有利於解讀資料的內容。最後，則是關於美學的視覺藝術。資料科學家如何將資料善加整理，讓接收者能夠精準的接收與理解。然而，過度的視覺藝術設計，將會影響接收者的理解程度。因此，視覺化的視覺藝術程度，不宜過高。否則可能將資料視覺化的意圖，被轉變為資訊圖表的意涵；亦或是過於呈現高度藝術的樣貌，反而不易於解讀。借助於視覺化套裝工具的發展與應用，或樸實或優雅或絢爛的視覺化作品給我們講述著各種資料的故事。

## 1.2 資料視覺化的演進

雖然資料視覺化直到近期才被視為是一門獨特的學科，事實上，它可以追溯到西元二世紀時的製圖師和測量員。起初，視覺化的應用是在地圖的展現，其目的是為了協助移動與大海航行。古埃及測量員將星象歸納成表格，協助城鎮佈局和建立導航地圖（Friendly, 2008）。到了 16 世紀時，精確觀察和測量物理的技術和儀器有了較佳的進步。17 世紀則是見證了理論的新發展和實踐的曙光——解析幾何的興起、測量誤差理論、機率論的誕生以及人口統計學的開端。當時的法國哲學家和數學家勒內．笛卡兒（René Descartes）開發了一種二維座標系，用於沿水準軸和垂直軸顯示值，圖形才開始形成（Little, 2012）。在 18 世紀後期，蘇格蘭社會科學家 William Playfair 藉由創造許多當今廣泛使用的圖表來改變視覺化領域，包括：折線圖（line graph）和長條圖（bar chart）（Playfair, 1786），然後是圓餅圖（pie chart）（Playfair, 1801）（Strecker, 2012）。

在 19 世紀，發明了現代形式的統計圖形，包括：圓餅圖（pie chart）、直方圖（histogram）、時間序列圖（time-series plot）、等高線圖（contour plot）、散佈圖（scatter plot）等。學者們也在試驗專題製圖，以便在地圖上顯示一系列經濟、社會、醫療和物理資料（Friendly, 2001）。在 18 和 19 世紀的階段，與人有關的數字——社會、醫學和經濟統計資料開始以大規模和週期性的系列收集。在過去很長的一段時間裡，地圖、圖和表一直難以製作，更難發布。因為最初都是以手工繪畫的方式來產製圖表，以至於產出緩慢且稀有。後來，隨著科技的進步，可以使用電腦軟體協助我們更快速且自動化的產製圖表囉。

後續，本書參考 Milestone Project 對於資料視覺化發展（如圖 1.3），依照歷史與時間軸的切割來做介紹。Milestone Project 是由加拿大的 Michael Friendly 和 Daniel J. Denis 於 2001 年合作與創立網站（https://www.datavis.ca/milestones/）（如圖 1.4），並且獲得加拿大自然科學與工程研究委員會（Natural science and engineering research council of Canada, NSERC）的計畫補助（Grant OGP-0138748）。

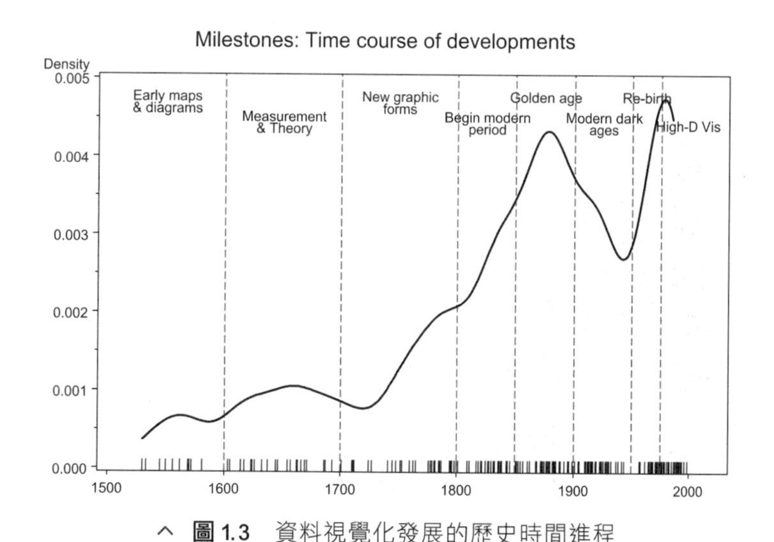


^ **圖 1.3** 資料視覺化發展的歷史時間進程

*資料來源：Friendly, M.（2008）. A brief history of data visualization. Chapter II.1 in Chun-houh Chen, Wolfgang Härdle, and Antony Unwin（eds.）. In Handbook of data visualization（p. 18）. Springer, Berlin, Heidelberg.*

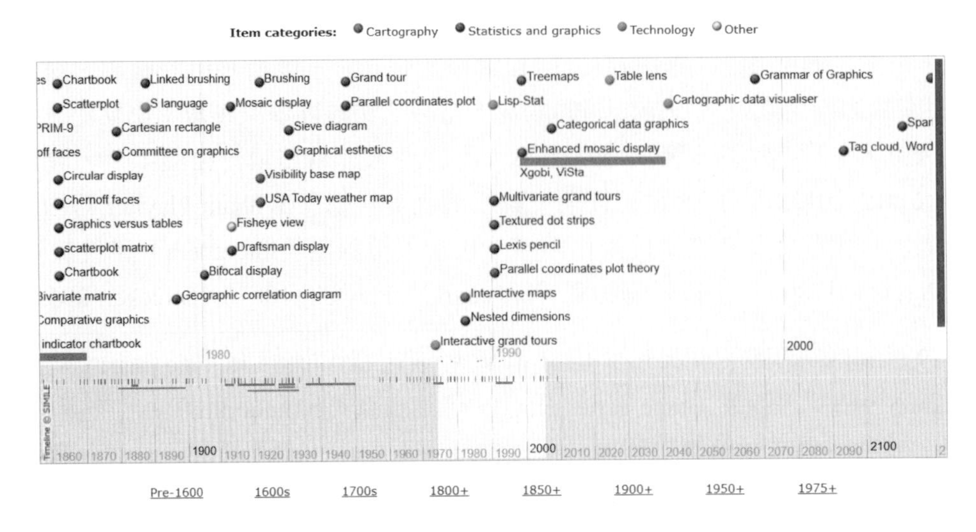


^ **圖 1.4** Milestone Project 網站的資料視覺化發展時間軸

*資料來源：https://www.datavis.ca/milestones/*

## 1.2.1 17 世紀前：早期地圖和圖表（Pre-17th Century: Early Maps and Diagrams）

最初，視覺化的起點出現在幾何圖形、恆星和其他天體位置表，以及協助導航和探索的地圖製作中（Friendly, 2008）。在最早的量化資訊圖形描述之中，有一張來自於西元 10 世紀由一位不知名的天文學家創作的多重時間序列圖，顯示七個關注的天體在空間和時間上的位置變化（圖 1.5）。縱軸代表行星軌道的角度；橫軸表示時間，區分為 30 個間隔。在這幅圖中可以發現很多現代統計圖形的元素：座標軸、網格圖、平行座標和時間序列。這些想法直到 1600~1700 年才有長足的發展。

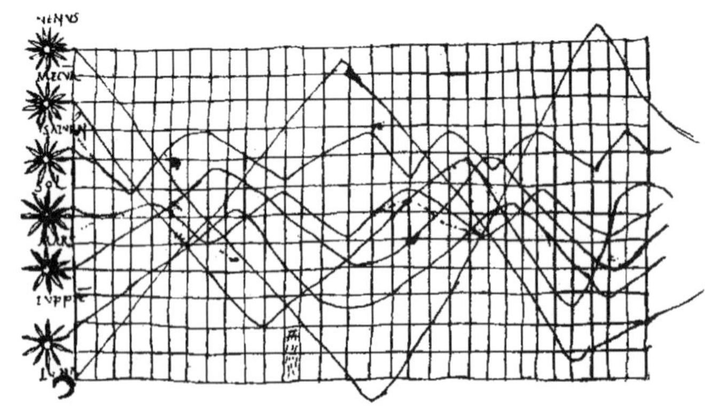

^ **圖 1.5** 西元 10 世紀時的天體行星運行圖

*資料來源：Friendly, M.（2008）. A brief history of data visualization. Chapter II.1 in Chun-houh Chen, Wolfgang Härdle, and Antony Unwin（eds.）. In Handbook of data visualization（p. 19）. Springer, Berlin, Heidelberg.*

## 1.2.2 1600–1699：測量與理論的發展（Measurement and Theory）

19 世紀最重要的問題是與物理測量有關的「時間」、「距離」和「空間」問題，用於天文學、測量、製圖、航海和領土擴張。這時候發展的解析幾何和座標系統、測量和估計誤差的理論、機率論以及人口統計學等，都是為了確認國家財富而去研究人口、土地、稅收、商品價值等。

Michael Florent van Langren 於 1644 年時，繪製了從西班牙托雷多（Toledo）到義大利羅馬（Rome）的經度距離圖，這一幅圖被認為是統計資料的第一個視覺化呈現（Friendly, Valero-Mora, & Ibáñez Ulargui, 2010）（圖 1.6）。由於當時缺乏能夠在陸地和海上精準確定經度的有效測量方式，因此阻礙了海上航行、探索新大陸以及歐洲國家之間尋求領土和貿易擴張的狀態。van Langren 的圖是一個視覺化的里程碑，是已知最早的資料排序原則的典範（Friendly & Kwan 2003）。當我們要突顯出資訊中的重要特徵時，圖形和表格最為有效（Friendly et al, 2010）。

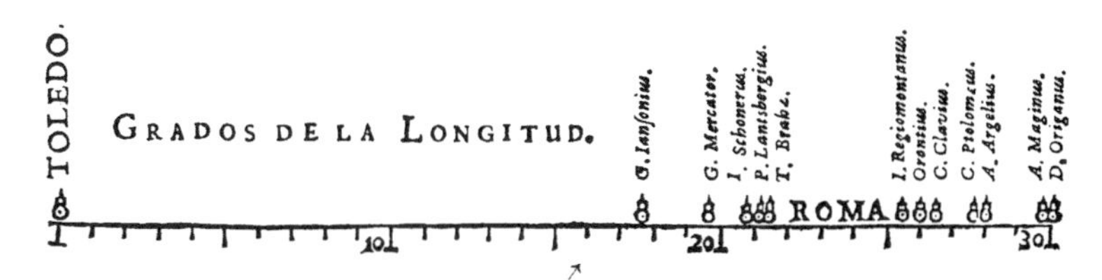


^ 圖 1.6　1644 年，van Langren 計算從托雷多（Toledo）到羅馬（Rome）的經度距離圖

*資料來源：Friendly, M.（2008）. A brief history of data visualization. Chapter II.1 in Chun-houh Chen, Wolfgang Härdle, and Antony Unwin（eds.）. In Handbook of data visualization（p. 21）. Springer, Berlin, Heidelberg.*

緯度是相對於赤道的南 - 北位置，在地球球體上有一個物理零點，在兩極有一個 ±90° 的常規範圍；這可以很容易地找到六分儀或其他設備來測量太陽、月亮或給定恆星的角度（赤緯），使用這些位置的表格已經存在了許多世紀。經度，即東 - 西位置，沒有自然的 0 點，也沒有自然的參考點。唯一的物理事實是，圍繞在緯度線 0°~360° 的比例中，對應著地球的 24 小時自轉。之所以如此高度重視經度問題，另一個原因則是歐洲各國為經度的發現者提供了一系列豐厚的獎項。包括西班牙國王菲力浦二世、菲力浦三世、荷蘭、法國和英國政府等，提供並頒發的經度獎賞，總額超過 10 萬英鎊（O'Connor & Robertson 1997）。高額的獎金促使測量與理論快速發展。

## 1.2.3 1700–1799：新的圖形（New Graphic Forms）

在此世紀中，隨著統計理論的一些雛形、有趣和重要的資料以及圖形表示的想法得到確立，發明瞭新的資料標記法（例如等高線圖），並且也開始對地質、經濟和醫學資料進行專題製圖的首次嘗試。

威廉・普萊費爾（William Playfair）當時是一位元元蘇格蘭工程師和政治經濟學家，也是圖形統計方法的創始人，被廣泛認為是當今使用的大多數圖形形式的發明者——首先是折線圖和長條圖（Playfair, 1786）後來是用於顯示部分 - 整體關係（Part-to-Whole）的圓餅圖和圓形圖（circle graph）（Playfair, 1801）。普萊費爾在當時就展示了不同視覺形式的創造性組合：圓餅圖、圓圈圖和折線圖（圖 1.7）。在此圖中，每一個圖的左邊的縱軸與線條表示人口，而右邊的縱軸與線條表示稅收，而連接兩者的直線的斜率將直接描繪出稅率，試圖顯示不同國家的人均稅收。

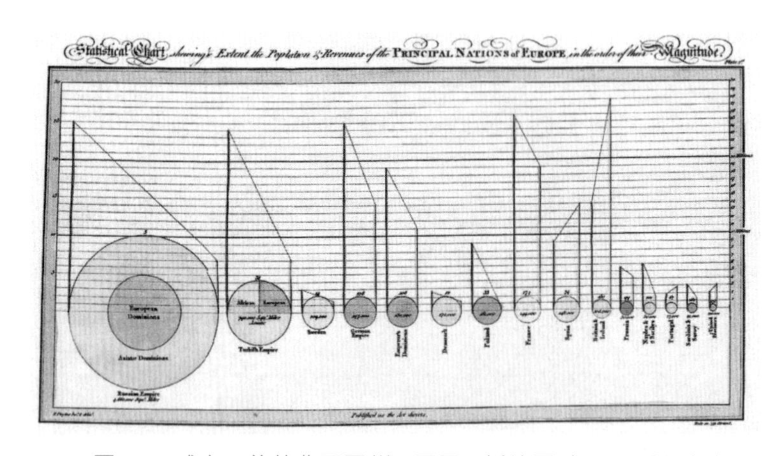


^ **圖 1.7** 威廉・普萊費爾圓餅 - 圓圈 - 折線圖（1801 重繪版）
*資料來源：https://www.researchgate.net/figure/Pie-charts-William-Playfair-1801-From-The-Commercial-and-Political-Atlas_fig6_285544361/download*

## 1.2.4 1800–1850：現代圖形的開端（Beginnings of Modern Graphics）

在先前設計和技術創新的推動下，19 世紀上半葉見證了統計圖形和專題製圖的爆炸式增長。在統計圖形中，發明瞭所有現代資料顯示形式：長條圖和圓餅圖、直方圖、折線圖和時間序列圖、等高線圖、散佈圖等。製圖從單一地圖發展為綜合地圖集，描繪了廣泛主題（經濟、社會、道德、醫學、物理等）的資料，並引入了範圍廣泛的新符號形式。在此期間，對自然和物理現象（磁力線、天氣、潮汐等）的圖形分析也開始定期出現在科學出版物中（Friendly, 2008）。

1831 年 10 月，英國開始遭受霍亂（cholera）疫情肆虐，在隨後的 18 個月，超過 52,000 人死亡（Gilbert, 1958）。由羅伯特・貝克（Robert Baker）於 1833 年繪製的第一張的霍亂疾病地圖（圖 1.8）顯示了在 1832 時受霍亂影響特別嚴重的利茲（Leed）地區。當時，正在激烈爭論霍亂是由空氣、汙水還是其他傳播方式引起的。但直到 1855 年，約翰・斯諾（John Snow）提出他著名的點圖（圖 1.9）顯示了倫敦布羅德街水井周圍聚集的霍亂死亡人數來顯示霍亂病例與水源之間的聯繫。他繪製的地圖以及他與受害者家屬進行的訪談，使他確信污染源是布羅德街井中的水。他獲得了地方當局的許可後拆除水井，迫使居民前往其他未受污染的水井取水。幾天之內，疫情就平息了。這確實是一個具有里程碑意義的圖形發現，但它發生在這一時期的末期，大約是 1835~1855 年，這標誌著專題製圖應用於人類（社會、醫學、種族）主題的高峰。

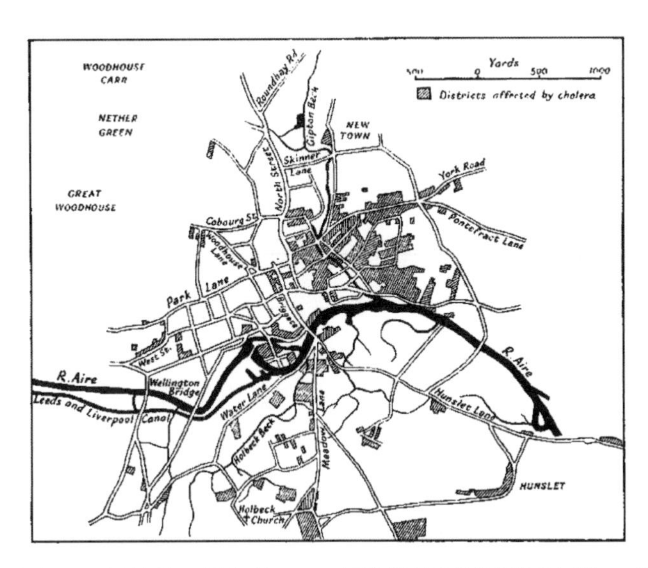


^ **圖 1.8** 羅伯特．貝克於 1833 年繪製的利茲霍亂地圖的一部分

*資料來源：Friendly, M.（2008）. A brief history of data visualization. Chapter II.1 in Chun-houh Chen, Wolfgang Härdle, and Antony Unwin（eds.）. In Handbook of data visualization（p. 27）. Springer, Berlin, Heidelberg.*

^ **圖 1.9** 約翰．斯諾於 1855 年繪製的霍亂點圖

*資料來源：https://www.datavis.ca/milestones/index.php?group=1850%2B#lightbox-gallery-126.2*

## 1.2.5 1850-1900：統計圖形的黃金時代（The Golden Age of Statistical Graphics）

到中期，促使視覺化快速增長的所有條件都已經建立起來。在整個歐洲建立了官方的國家統計局，以認識到數值資訊對社會規劃、工業化、商業和運輸的重要性日益增加。統計理論由高斯（Carl Friedrich Gauss）和拉普拉斯（Démon de Laplace）發起，並由格裡（André-Michel Guerry）和凱特勒（Adolphe Quételet）擴展到社會領域，提供了理解大量資料的手段（Friendly, 2008）。

隨著圖形顯示對理解複雜資料和現象越來越有效，許多新的圖形形式被發明並擴展到新的研究領域，特別是在社會領域。米納德（Charles Joseph Minard）是以圖呈現工程與統計資訊的先驅，其最知名的作品當屬《1812－1813 對俄戰爭中法軍人力持續損失示意圖》（如圖 1.10）。該圖描繪了拿破崙的軍隊自離開波蘭－俄羅斯邊界後軍力損失的狀況，圖中透過兩個維度呈現了六種資料：拿破崙軍的人數、距離、溫度、經緯度、移動方向、以及時－地關係。這類的帶狀圖被後人稱為「桑基圖」（Sankey Diagram）（維基百科，2022）。

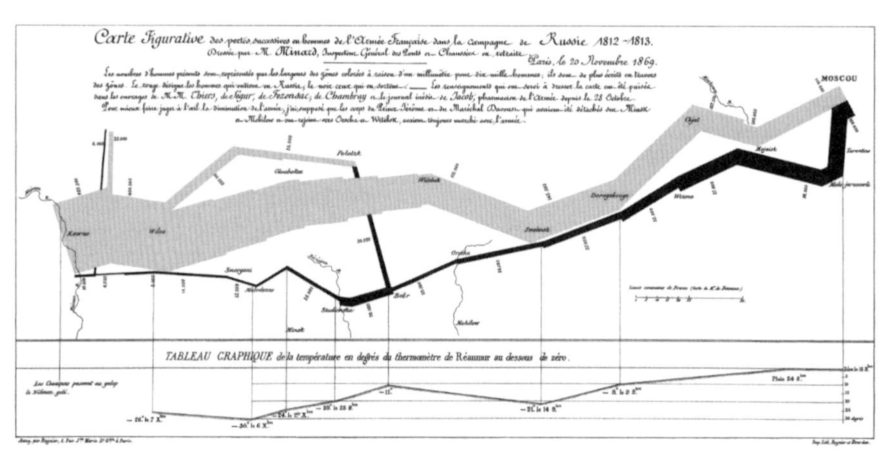


^ **圖 1.10** 米納德於 1812 年繪製的對俄戰爭中法軍人力持續損失示意圖

*資料來源：https://en.wikipedia.org/wiki/Charles_Joseph_Minard#/media/File:Minard.png*

圖形的社會和政治用途也體現在南丁格爾（Florence Nightingale）於 1857 年發明的極座標形式的圓餅圖中（亦稱為玫瑰圖（rose diagrams）或雞冠花圖（coxcombs）），以發起一場改善戰場衛生條件的運動。大約在同一時間，約翰・斯諾（John Snow）因 1854 年在倫敦爆發的霍亂疫情中使用點圖而被人們銘記。繪製每個死者的住所圖為他的結論提供了洞察力，即爆發源可能局限於來自布羅德街水井的污染水，這為現代流行病學繪圖的奠基創新。

## 1.2.6 1900-1950：現代黑暗時代（The Modern Dark Ages）

1900 年代初可以稱為視覺化的現代黑暗時代（Friendly & Denis, 2001），因為此時的圖形創新很少。1930 年代中期，許多統計學家開始專注在社會科學中的量化、數字、參數估計和統計模型。在這一時期，統計圖形成為主流。圖形方法進入教科書、課程、政府、商業和科學的標準使用。圖形創新也在等待新的想法和技術：現代統計方法機制的發展，以及計算能力和顯示設備的出現，這將支持資料視覺化的下一波發展（Friendly, 2008）。

亞瑟·鮑利（Arthur Bowley）為了回答英國和愛爾蘭的出口總值是否變的靜止不動的問題，於是他使用 1855~1899 年的原始資料來繪圖（如圖 1.11）。這個圖上還包括了 3 年、5 年和 10 年期的移動平均線。圖中較粗的黑色線，是自 1859 年開始 10 年週期的平均值。3 年期和 5 年期移動平均線顯示出一個有力證據，就是大約每 10 年會有一個週期的循環。

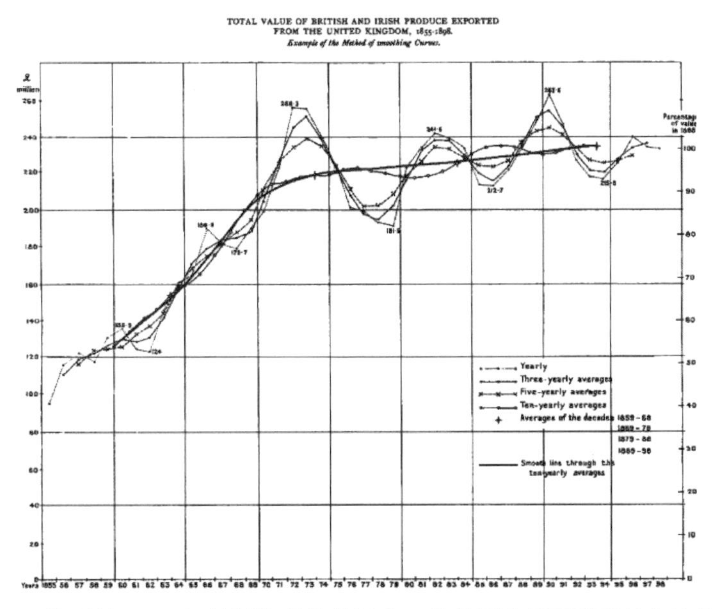


^ **圖 1.11** 鮑利於 1901 年繪製的「從英國出口的英國和愛爾蘭產品的總價值圖」

*資料來源：Friendly, M.（2008）. A brief history of data visualization. Chapter II.1 in Chun-houh Chen, Wolfgang Härdle, and Antony Unwin（eds.）. In Handbook of data visualization（p. 38）. Springer, Berlin, Heidelberg.*

## 1.2.7 1950–1975：資料視覺化的重生（Rebirth of Data Visualization）

資料視覺化在 1960 年代中期開始從休眠狀態中崛起（Friendly, 2008）。

在美國，約翰·圖基（John W. Tukey）開始發明各種新的、簡單有效的圖形顯示。例如現在統計學教科書中常見的莖葉圖（Stem and leaf plot），箱形圖（box plot），懸根圖（hanging rootogram），雙向表格顯示（two-way table display）等陸續被創造出來並展示在眾人面前。圖基作為統計學家的地位以及他非正式，強大和圖形化的資料分析方法的範圍與他的圖形創新一樣具有影響力，開始使圖形資料分析再次變得有趣和受人尊敬。1957 年，Fortran 程式語言與電腦的出現，協助統計學家處理各種統計資料。這是第一個用於計算的高級語言，但需要一段時間才能進入普遍使用狀態。到這一階段結束時（1960），開始出現用於二維和三維統計圖形的現代地理資訊系統（Geographic Information System, GIS）和互動式系統的第一個例子。

^ **圖 1.12** 執行 Fortran 程式語言的古老 IBM 704 大型主機

*資料來源：https://upload.wikimedia.org/wikipedia/commons/7/7d/IBM_704_mainframe.gif*

### 1.2.8 1975 年之後：高維、互動式和動態資料視覺化（High-D, Interactive and Dynamic Data Visualization）

1975 年之後，資料視覺化發展成為一個充滿活力的多學科研究領域，每一台電腦都提供了用於各種視覺化方法和資料類型的軟體工具（Friendly, 2008）。

視覺化方法和技術的發展可以說取決於理論和技術基礎設施的進步，也許比以前時期更依賴於資訊科技的進步。其中一些是：

- 更多大規模的統計和圖形軟體，包括商業（例如：SAS、IBM、Matlab、Microsoft、Tableau、…）和非商業（例如：Python、R、Gephi、Lisp-Stat、…）。開源標準經常大量利用它們進行資訊呈現和互動式製圖。
- 將更多經典的線性統計模型擴展到更廣泛的領域（例如廣義線性模型、混合模型、空間 / 地理資料模型等）。
- 大幅提高了電腦處理速度和容量，允許計算密集型方法，處理巨量資料問題（以 TB 為單位）和即時串流資料。
- 雲端產製與數位發布，讓 21 世紀的資料視覺化，重製與傳播的速度達到前所未有的境界，也促使更多研究者投入資料科學家的行列，進行學習、模仿與創作。

## 1.3 資料視覺化與大資料

西元 2000 年之後，主要的資訊載體從紙張變成了螢幕。所有資訊幾乎都能藉由網路連結在不知不覺中蒐集到許多資訊，還可以即時地利用電腦解析將其視覺化，藉此所描繪出來的並非啟蒙式的繪畫，也非被整理過的圖表，而是像混沌理論（chaos）般複雜交織的網絡。或許從這個時候開始，解析資料這件事已經可以全然委託電腦；人類所需要做的僅是去「感受」資訊而非僅僅理解，這便是從資訊「視覺化」過渡到資訊「體驗化」的過程（永原康史，2018）。近年來，統計計算和圖形顯示方面的進步提供了許多豐富且功能強大的資料視覺化工具，這在半個世紀前幾乎無法想像。同樣，人機互動的進步，可以提供更靈活的動態方式探索圖形資訊。

BBC 視覺和資料新聞團隊的資料記者從 2018 年開始，就嘗試改變他們製作圖形以在 BBC 新聞網站上發布的方式。BBC 新聞視覺和資料新聞團隊的資料記者一直在使用 R 語言進行複雜且可重現的資料分析。BBC 的團隊使用 R 語言的 ggplot2 套件來完成視覺化的工作。不過，製作初期，並沒有在網站上建構並發佈符合 BBC 新聞圖形風格的圖表。不過，持續不段的學習與調整，現在的資料視覺化已經有了顯著的效果。圖 1.13 就是 BBC 新聞的視覺和資料新聞團隊使用 R 完成資料視覺化的一些作品。

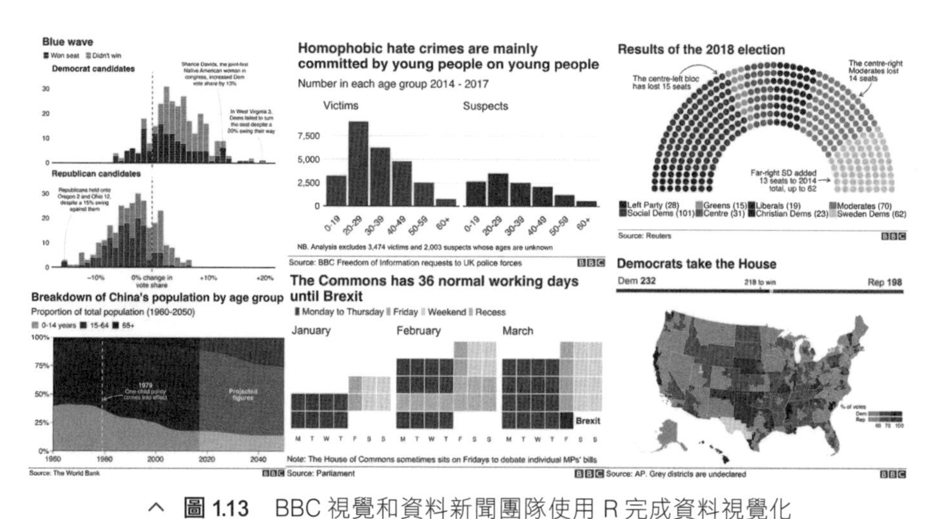


^ 圖 1.13　BBC 視覺和資料新聞團隊使用 R 完成資料視覺化

*資料來源：https://medium.com/bbc-visual-and-data-journalism/how-the-bbc-visual-and-data-journalism-team-works-with-graphics-in-r-ed0b35693535*

圖 1.14 的畫面是 NASA 從衛星獲取的海面洋流動畫。這個視覺化的作品涵蓋了 2005 年 6 月至 2007 年 12 月期間，由估計海洋環流和氣候（Estimating the Circulation and Climate of the Ocean, ECCO）的專案計畫，透過各種衛星與感測器蒐集的資料，經過運算與視覺化的呈現之後，讓我們可以以全貌的姿態，觀看大西洋的墨西哥灣暖流和太平洋的黑潮等更大的洋流如何以超過每小時 4 英里（每小時 6 公里）的速度攜帶溫暖的海

水穿越數千英里；像南半球的厄加勒斯（Agulhas）這樣的沿海洋流如何將赤道水域移向地球的兩極；以及成千上萬的其他洋流如何被限制在特定區域並形成緩慢移動的圓形水池，稱為渦流（eddies）。這些，都是將極大量的資料，轉而為視覺化呈現的理想範例。透過長期蒐集資料，再加上視覺化的技術，可以將許多過去無法看到的樣貌，以視覺化的技術予以呈現。

^ **圖 1.14** NASA: Perpetual Ocean（2005.2007）
*資料來源：https://www.youtube.com/watch?v=xusdWPuWAoU*

當然，我們面臨或是需要處理的資料量可能沒有 NASA 那麼龐大。經常面對的資料可能是數值型資料或是離散型資料。這些類型我們可以再細分為名目、順序、區間、比例、時間等尺度或型態。再加上資料視覺化時，需要呈現資料間的關係與特色時，我們就需要選擇合適且對應視覺化的某些圖形。Smith（2022）將資料視覺化的目的與對應的圖表整理如圖 1.15 所示，提供我們一個較為明確的對應關係。

我們將各種與資料相關的圖表方式整理如後：

1. **離散差異視覺化（Deviation）**：強調相對於一個固定參考值的變化（正 / 負值）。通常參考值為零，但也可能是一個目標數值或是長期平均值。也能用來展現態度傾向（正向 / 中立 / 負面）。較常使用的圖形有分向長條圖（Diverging bar）、分向堆疊長條圖（Diverging stacked bar）、成對長條圖（Spine）、損益線圖（Surplus/deficit filled line）…等。
2. **關聯性視覺化（Relationship）**：展示兩個或多個變數的關係。要注意的是，除非你特別說明，多數讀者會認為你所展現的兩個變數之間存在因果關係（例如一個變數會導致另一個變數變化）。較常使用的圖形有散佈圖（Scatter plot）、折線圖 + 長條圖（Line + Colum）、連接散佈圖（Connected scatterplot）、泡泡圖（Bubble）、XY 熱圖（XY heatmap）…等。

3. **排序視覺化（Ranking）**：當項目在數列中的排序位置，比資料的絕對數值或相對數值的大小來得重要，使用這種圖表。不要害怕強調出需要關注的焦點。較常使用的圖形有排序長條圖（Ordered bar）、排序長條圖（Ordered column）、排序比例符號（Ordered Proportional symbol map）、點狀條紋圖（Dot strip plot）、坡度圖（Slope）、棒棒糖圖（Lollipop）…等。

4. **分佈視覺化（Distribution）**：能呈現資料中的數值及其出現的頻率。分佈的形狀（或偏離程度）會是一個方便記憶的方式去強調資料的不一致或不平均。較常使用的圖形有直方圖（Histogram）、箱形圖（Box plot）、人口金字塔（Population pyramid）、點狀條紋圖（Dot strip plot）、點狀圖（Dot plot）、累積曲線圖（Cumulative curve）…等。

5. **隨時間變化之視覺化（Change over Time）**：強調趨勢的變化。有可能是短期（一日內）波動或長到數十年或數百年的改變。為了提供讀者適當的背景資訊，選擇正確的時間段很重要。較常使用的圖形有折線圖（Line）、長條圖（Column）、折線圖 + 長條圖（Line + column）、坡度圖（Slope）、區域圖（Area chart）、扇形圖（Fan chart）…等。

6. **量的比較之視覺化（Magnitude）**：用來比較資料的規模。有可能是比較相對性（顯示出哪一個比較大）或絕對性（需要看出精確的差異）。通常用來比較數量（例如桶、人、美元），而不是經過計算後的比率或百分比。較常使用的圖形有長（直）條圖（Column）、長（橫）條圖（Bar）、成對長（直）條圖（Paired column）、成對長（橫）條圖（Paired bar）、象形圖（Isotype）、棒棒糖圖（Lollipop）、雷達圖（Radar）…等。

7. **部分和整體關係之視覺化（Part-to-Whole）**：能顯示出一個整體如何被拆解成不同組成。如果讀者只是想瞭解個別成分的大小，不妨改用比較量大小的圖表。較常使用的圖形有堆疊圖（Stacked chart）、比例堆疊條形圖（Marimekko）、圓餅圖（Pie chart）、甜甜圈圖（Donut chart）、樹狀圖（Tree map）、拱形圖（Arc diagram）、網格（Grid plot）、文氏圖（Venn diagram）…等。

8. **空間視覺化（Spatial）**：當資料中的精確位置和地理分佈規則比其他資訊對讀者來說更重要時，可使用這類圖表。較常使用的圖形有分層設色圖（Choropleth map）、比例象徵地圖（Proportional symbol map）、流向地圖（Flow map）、點狀密度地圖（Dot density map）、熱地圖（Heatmap）、等高線地圖（Contour map）、等值線地圖（Isoline Map）…等。

9. **流向視覺化（Flow）**：向讀者展示兩個或兩個以上的狀態、情境之間的流動量或流動強度。這裡的狀態、情境可能是邏輯關係或地理位置。較常使用的圖形有桑基圖（Sankey diagram）、瀑布圖（Waterfall plot）、和弦圖（Chord graph）、網路圖（Network diagram）…等。

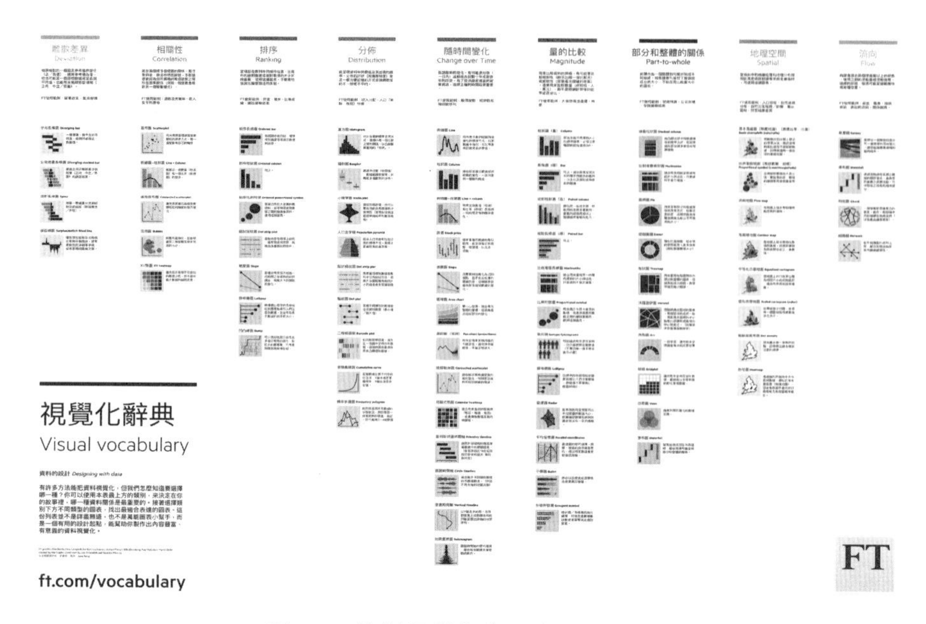


^ **圖 1.15** 資料視覺化的目的與對應的圖表

*資料來源：https://github.com/Financial-Times/chart-doctor/blob/main/visual-vocabulary/Visual-vocabulary-cn-traditional.pdf*

# 1.4 資料視覺化的應用實例

## 1.4.1 一張圖催生了一座醫院，改變了一個制度

佛蘿倫絲・南丁格爾（Florence Nightingale, 1820 -1910）是一位英國的護士和統計學家，出生於義大利一個來自英國上流社會的家庭。南丁格爾在德國學習護理後，曾往倫敦的醫院工作。於 1853 年成為倫敦慈善醫院的護士長（維基百科，2022）。南丁格爾的家庭屬於英國的上流社會，但她卻一直選擇異於同時代女性的道路。在女性尚無受教權的時代，她就不斷學習語文、歷史、哲學、數學等科目；當女性都以找個好歸宿為人生目標時，她卻堅決不婚；在社會普遍認為護士與女僕一樣是卑賤的職業時，她卻放棄舒適優渥的生活，立志以護理工作為畢生志業（張瑞棋，2015）。

俄國與英國、法國及鄂圖曼土耳其帝國於 1853 年，因為爭奪小亞細亞的控制權爆發了克裡米亞戰爭（Crimean War）。南丁格爾當時在戰爭的前線擔任戰地護士。由於她發現因為惡劣的醫療衛生條件導致大量的死亡人數，甚至遠遠超過因戰爭而陣亡的人數。於是，南丁格爾將死亡原因和死亡人數繪製成了這份發表在《影響英國陸軍健康、效率和醫院管理的事項說明》的【東部軍隊死亡原因圖】（如圖 1.16）中，並於 1858 年呈送給維多利亞女王。在這張圖當中，每一格扇形都表示一年中不同的月份。

- **藍色：**表示死於可預防（例如：霍亂、斑疹傷寒和痢疾）或可緩解的酵母菌疾病死亡的人數。
- **紅色：**表示因傷口感染而導致的死亡人數。
- **黑色：**則表示其他原因導致的死亡人數。



圖形的主要目的在於呈現部分和整體關係。南丁格爾繪製的極座標圓餅圖（Polar area diagram）近似於我們現在的比例堆疊條形圖（Marimekko）再結合圓餅圖（Pie）。她將資料透過視覺化之後，清晰地把資訊傳遞給英國社會，也震驚了英國社會。南丁格爾繪製的圖清晰地反映了絕大部分陣亡的官兵，不是死於戰鬥，而是因為餓死、病死。惡劣醫療衛生條件導致的死亡人數，竟然遠遠超過戰爭最前線的陣亡人數。南丁格爾將她的統計發現製成一張圖，該圖清晰地反映了「戰鬥死亡」和「非戰鬥死亡」兩種人數的懸殊對比（鍾志鵬，2021）。社會輿論的巨大壓力促使英國當局立即做出成立戰地醫院的決定，這也是人類歷史上第一所正式的戰地醫院。

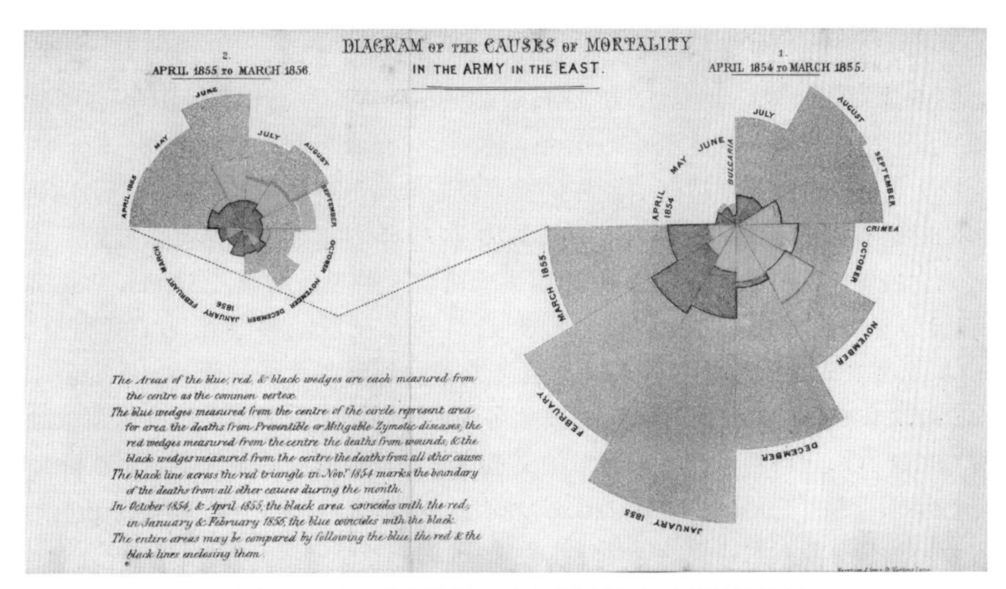


^ **圖 1.16** 南丁格爾繪製的【東部軍隊死亡原因統計圖】

*資料來源：https://www.davidrumsey.com/luna/servlet/s/h6xid2*

南丁格爾的做法，在今天被稱為「資料視覺化」，意指以圖形、圖像、地圖、動畫等更為生動、易為理解的方式來展現資料，並詮釋資料之間的關係和發展趨勢，以期大眾更有效地理解、使用資料分析的結果（鍾志鵬，2021）。【東部軍隊死亡原因圖】這張圖催生了戰地醫院的成立，改變了醫療制度。南丁格爾的貢獻充分證明瞭資料視覺化的價值，尤其是在公共領域的價值。她藉由清晰、易懂的方式來展現資料，並詮釋資料之間的關係和比例，讓普羅大眾也能快速、有效地理解、使用資料分析的結果。由於南丁格爾的貢獻，讓昔日地位低微的護士，社會地位與形象都大為提高，成為崇高的象徵。「南丁格爾」也成為護士精神的代名詞（維基百科，2022）。

## 1.4.2 對抗傳染病的戰爭：疫苗的影響

根據中國歷史紀錄，宋朝的御醫就已經知道使用乾燥的人痘痂皮，吹進鼻腔即可產生抵禦天花的能力。這是歷史上目前所知，人類運用免疫力抵抗疾病最早的紀錄（Aaron, 2019）。但是，這樣的方法風險極高。在 1700 年代，據悉一些負責擠牛奶的牧場女工對天花有免疫力，這很可能是因為她們之前感染過牛痘的緣故，而牛痘是與天花相似但比其輕微的一種病。1796 年，英國醫生愛德華．詹納（Edward Jenner）透過在一名八歲男孩身上接種牛痘證實了這個傳聞。那個男孩在接種後只出現發燒和其他輕微症狀。在不適消退後，男孩被安排接觸天花病毒樣本，但並沒有染病。在發表這次實驗結果後，詹納醫生稱這個程式為「疫苗接種」（英文「vaccination」一詞來自拉丁文中表示牛的「vacca」）。疫苗接種在當時變得比人痘接種法更為流行，而歐洲國家亦開始強制疫苗接種，死亡率也有明顯的下降（Mallorca, 2021）。後續巴斯德（Louis Pasteur）對減毒炭疽疫苗的研究；科赫（Robert Koch）等人更進一步確立了微生物與疾病的關聯性，陸續針對各種疾病尋求治療和免疫的技術。直到現在，人們已經掌握數以萬種疾病的疫苗製劑（Aaron, 2019）。

抵制疫苗的執念和行動，與天花流行有關。18 世紀時，當時歐洲統治者不建議強制接種，部分宗教領袖將天花稱作「上帝的懲罰」，患者不應該得到治療，而一些醫生則完全抗拒詹納的疫苗接種理念。此外，接種疫苗非常昂貴，以及疫苗的安全性都是當時面臨的問題。1955 年的卡特疫苗事件，以及 1976 年的豬流感疫苗接種運動，也讓許多美國人對疫苗心有芥蒂。此外，英國醫生安德魯．韋克菲爾德（Andrew Wakefield）因個人私利，而於 1995、1998 年偽造研究資料刊登在權威醫學雜誌《刺胳針（The Lancet）》上發表的文章，讓許多人反疫苗接種運動到現在都深信著 MMR 疫苗（預防麻疹、腮腺炎和風疹的三合一疫苗）與兒童自閉症相關聯。很遺憾地，儘管事後證實韋克菲爾德的研究偽造自料且內容錯誤，論文被刪除、被從英國執業醫生名冊中除名，並被禁止在英國行醫（Erman, 2022a, 2022b），此人後來成了臭名昭彰的反疫苗人士。但是，至今仍然有許多人對研究結果深信不疑。

在 20 世紀中，對於傳染病的戰鬥，疫苗的影響功不可沒。1959 年，世界衛生組織（WHO）發起了一項針對亞洲、非洲和拉丁美洲最貧窮國家的全球天花疫苗接種運動。1980 年，世界衛生組織宣佈消滅天花，世界上再無天花疫情。隨著教育的普及和科學的進步，越來越多的人傾向於接種疫苗。反疫苗接種運動的聲音雖然逐漸減弱，但是沒有消失。

視覺化讓對比變得較為容易。

世界各國政府在 20 世紀中推出了疫苗接種計劃，以應對當時最令人不安的疾病。在許多情況下，造成的效果其實非常顯著。2015 年，華爾街日報的泰南．德博爾德

（Tynan DeBold）和多夫・弗裡德曼（Dov Friendman）使用 Project Tycho[1] 的全球衛生資料並發佈了互動式熱圖[2]，說明了美國七種主要疫苗可預防疾病的病例頻率。所有 50 個州都有病例統計。藉由標記疫苗的引入時間，視覺化描述了疫苗引入後麻疹（Measles）、A 型肝炎（Hepatitis A）、腮腺炎（Mumps）、百日咳（Pertussis）、小兒麻痺症（Polio）和德國麻疹（Rubella）病例的減少以及天花（Smallpox）的根除。正如圖 1.18 所示。這些經過視覺化後展現的圖表資料顯示了各種疾病的發病率如何受到針對這些疾病的疫苗計劃的推出而改善。70 多年來，在所有 50 個州測量的感染人數在引入疫苗後普遍下降。

美國於 1963 年引進 Edmonston-B 株後，成功研發出了麻疹疫苗並獲批准上市。1968 年，美國科學家莫里斯・希勒曼和同事改進了此疫苗。自 1968 年起，改進版的疫苗就是在美國唯一使用的麻疹疫苗。以圖 1.17 為例，1968 年之後，在美國的麻疹病例數，明顯的減少且獲得有效的控制。

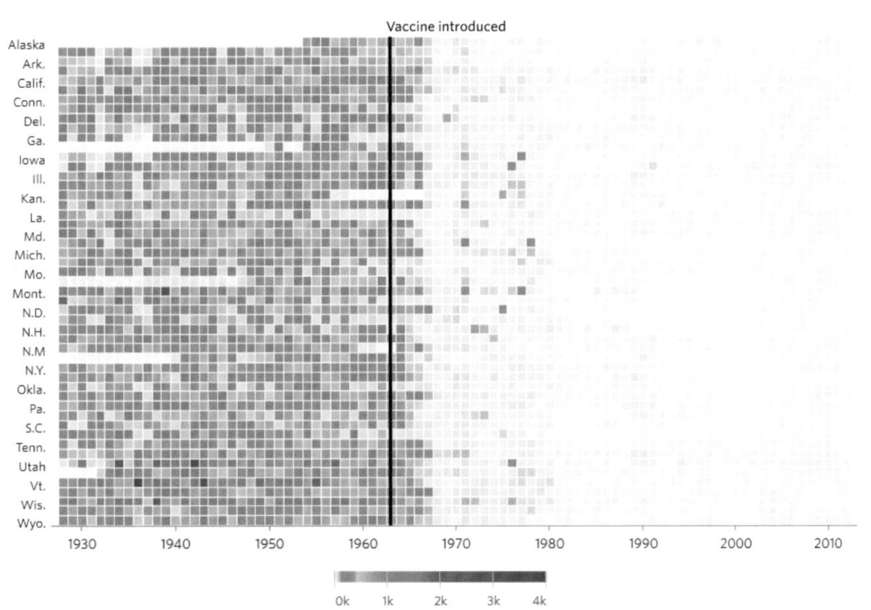


^ **圖 1.17**　疫苗引進前後之美國各州患病人數熱度圖

*資料來源：http://graphics.wsj.com/infectious-diseases-and-vaccines/*

[1] https://www.tycho.pitt.edu/

[2] http://graphics.wsj.com/infectious-diseases-and-vaccines/

## 1.4.3 權力之路：每位議員如何進入美國國會

Sahil Chinoy and Jessia Ma（2019.01.26）在紐約時報（The New York Times）上發表了一篇專欄並以桑基圖的視覺化效果來說明一個主題：每位成員如何進入國會（How Every Member Got to Congress）。圖 1.18 追溯了第 116 屆國會中每一位國會議員在進入國會前的職業生涯，展示了藉由名校、有利可圖的工作和地方政治辦公室等經歷，讓最新一批立法者進入國會。每條線代表一位民主黨（藍線）或共和黨（紅線）的議員，圓圈是他們進入眾議院的主要里程碑，分為三類（教育、職業、政府）。

通往美國國會的道路始於高等教育。大約一半的成員畢業於公立大學，但超過 10% 的代表擁有精英私立大學的學士學位。選出受過教育的領導人是有道理的，選民們似乎認為大學教育是擔任公職的必要條件。超過三分之一的成員有法律學位，相較於英國國會則只有 13% 的議員有法律學位，甚至在瑞典、法國和丹麥，律師資格的國會成員在立法機構中所占比例不到 10%。超過 70% 的眾議院成員是私人執業律師、商人（包括保險、銀行、金融和房地產行業的員工）或醫療專業人士。律師不僅更有可能競選公職，而且也更有可能獲勝。這一成功很大程度上是因為他們在早期籌款方面具有優勢，可以利用其他律師和富裕專業人士的專業網絡。有將近 40% 的眾議院成員與過半數共和黨人具有經營管理的商業經驗，例如：企業經理人、高階主管，以及在金融、保險和銀行業工作的經歷。

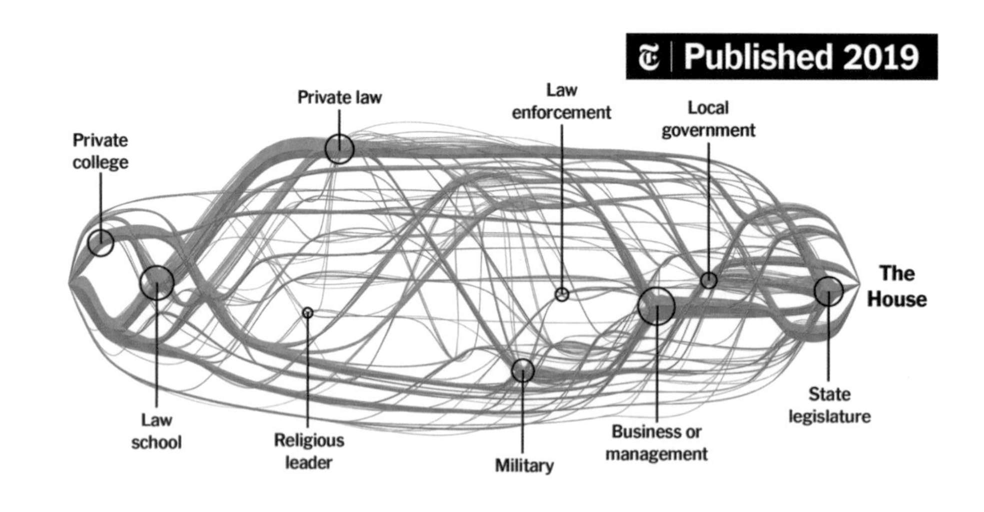


^ 圖 1.18　眾議院的議員進入國會的權力之路

*資料來源：https://www.nytimes.com/interactive/2019/01/26/opinion/sunday/paths-to-congress.html*

# 模擬試題

1. 根據心理學的研究，人類通過什麼途徑獲取大部分的資訊？

   A. 聽覺　　C. 視覺

   B. 觸覺　　D. 嗅覺

2. 資料視覺化的目的包括以下哪一項？

   A. 確保資料的隱私　　C. 限制資料的共用

   B. 增強資料的理解和接受度　　D. 減少圖像的使用

3. 下列哪個不是資料視覺化中需要考慮的要點？

   A. 資料的正確性　　C. 視覺效果的美觀

   B. 讀者的閱讀動機　　D. 傳遞資訊的效率

4. 資訊圖表和資料視覺化的主要區別是什麼？

   A. 資訊圖表更注重資料的自動生成，資料視覺化則依靠手工創作

   B. 資訊圖表多用於展示大量資料，而資料視覺化用於呈現少量資料

   C. 資料視覺化適用於展示趨勢和規律，資訊圖表用於支援特定論點或故事

   D. 資料視覺化不如資訊圖表在美學上豐富

5. 以下這一張圖，是由誰繪製而成？

   A. 拜登　　C. 南丁格爾

   B. 戈巴契夫　　D. 亞歷山大

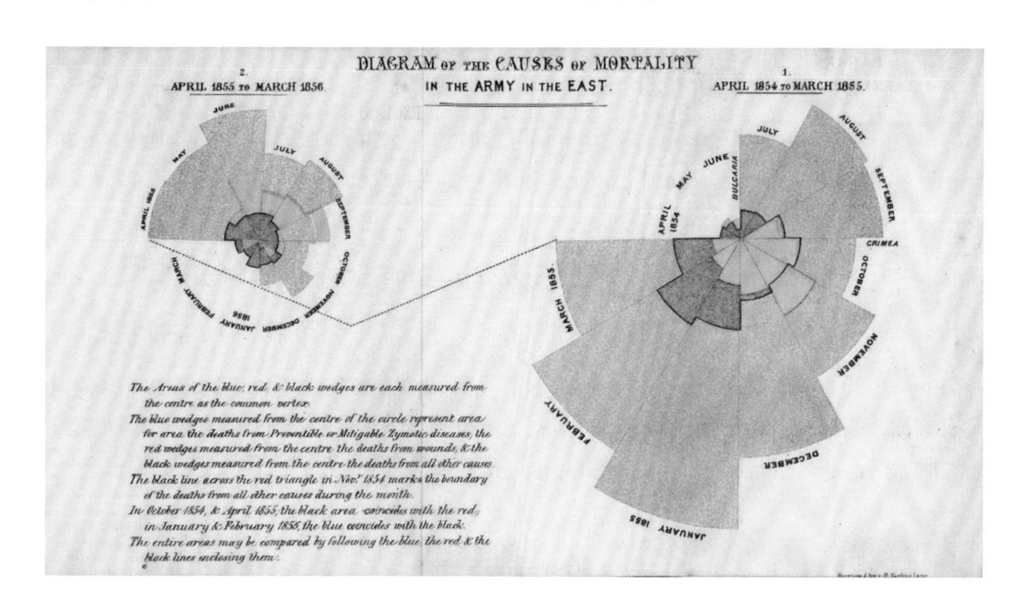

# 參考文獻


- Aaron H. (2019)。那些年，在臺灣進行的預防接種。**泛科學**。Retrieved 2023–02–28 from https://pansci.asia/archives/153053
- Berger. (1991). About looking / John Berger. (1st Vintage International ed.). Vintage International.
- Chen (2016)。什麼是資料視覺化 (Data Visualization)。Retrieved 2023–02–28 from https://www.inside.com.tw/article/6827.what-is-data-visualization
- Chinoy, S. and Ma, J. (2019). How Every Member Got to Congress. The New York Times. https://www.nytimes.com/interactive/2019/01/26/opinion/sunday/paths-to-congress.html
- Erman, G. (2022a)。疫苗史話：抵制疫苗接種的運動如何影響歷史進程。**BBC News**。Retrieved 2023–02–28 from https://www.bbc.com/zhongwen/trad/science-60067344
- Erman, G. (2022b)。疫苗史話：英美 20 世紀疫苗接種史上的兩起醜聞和一個早夭計劃。**BBC News**。Retrieved 2023–02–28 from https://www.bbc.com/zhongwen/trad/science-60086679
- Friendly, M. & Denis, D. J. (2001). *Milestones in the history of thematic cartography, statistical graphics, and data visualization.* Web document, http://www.datavis.ca/milestones/. Accessed: December 17, 2022
- Friendly, M. & Kwan, E. (2003). Effect Ordering for Data Displays. *Computational Statistics and Data Analysis, 43* (4), 509-539.
- Friendly, M. (2005). Milestones in the History of Data Visualization: A Case Study in Statistical Historiography" Springer-Verlag.
- Friendly, M. (2008). A brief history of data visualization. Chapter II.1 in Chun-Houh Chen, Wolfgang Härdle, and Antony Unwin (eds.). *In Handbook of data visualization* (pp. 15.56). Springer, Berlin, Heidelberg.
- Friendly, M., Valero-Mora, P., & Ibáñez Ulargui, J. (2010). The first (known)statistical graph: Michael Florent van Langren and the "Secret" of Longitude. *The American Statistician, 64* (2), 174-184.
- Iliinsky, N. & Steele. J. (2011). *Designing Data Visualizations.* O'Reilly Media, Inc.
- Mallorca, P. M. M. (2021)。疫苗研究的發展。**科言**。第 20 期，頁 18.19。
- O'Connor, J. J. & Robertson, E. F. (1997). Longitude and the Académie Royale. web article, MacTutor History of Mathematics. Retrieved 2023–02–28 from http://www-groups.dcs.st-and.ac.uk/~history/PrintHT/Longitude1.html.

- Smith, A. (2022). Visual vocabulary. Retrieved 2023–02–28 from https://github.com/Financial-Times/chart-doctor/blob/main/visual-vocabulary/Visual-vocabulary-cn-traditional.pdf
- Strecker, J. (2012). Data visualization in review: summary. *Evaluating IDRC results-communicating research for influence, IDRC.*
- 永原康史 (2018)。**資訊視覺化設計的潮流：資訊與圖解的近代史**。臺北市：雄獅圖書出版。
- 張瑞棋 (2015)。南丁格爾誕辰｜科學史上的今天：5/12。**泛科學**。Retrieved 2023–02–28 from https://pansci.asia/archives/140634
- 陳心渝 (2018)。**你看的是資料視覺化還是資訊圖表？** Retrieved 2023–02–28 from https://srdatw.blogspot.com/2018/11/blog-post.html
- 陳君厚 (2005)。**矩陣資料視覺化與資訊探索**。Retrieved 2023–02–28 from http://www3.stat.sinica.edu.tw/camp2005/introduction.htm
- 塗子沛 (2021)。**數商：向阿裡巴巴前副總裁學習資料時代的生存商數**。臺北市：時報出版。
- 蔣維倫 (2021)。從那天起，人類開始擁有對抗病毒的武器：疫苗的發明——疫苗科學的里程碑 (一)。**泛科學**。Retrieved 2023–02–28 from https://pansci.asia/archives/321491
- 鍾志鵬 (2021.05.12)。今天南丁格爾生日她不只是護士。**三立新聞網**。Retrieved 2023–02–28 from https://www.setn.com/News.aspx?NewsID=938336&From=Search&Key= 今天南丁格爾生日她不只是護士

CHAPTER

# 2

# 資料視覺化的科學基礎與設計原則

資料視覺化可協助我們在進行後續的資料分析與探勘前，對手上的資料集先具備初步的認識，這也是為業界目前廣泛使用探索式資料分析（Exploratory Data Analysis，EDA）的一環，透過資料視覺化、基本統計與相關圖表等工具，我們可以瞭解資料的特徵、結構與數值差異，也可理解資料內各特徵之間的關聯性並找出重要的特徵，最後也可以檢查資料內是否有離群值或異常值，檢視資料是否有誤；在這個過程中，資料視覺化扮演重要角色，協助資料分析人員正確掌握資料現況。

進行資料視覺化之首要任務為視覺化的圖形必須正確且清楚地傳達用來建構圖形之資料，不能誤導閱讀者或是讓閱讀者產生混淆；在此同時，資料視覺化也應具備協調之顏色，並與文字搭配形成良好的視覺化構圖，以吸引閱讀者閱讀並協助閱聽者進行正確的解讀。倘若一個視覺化圖形包含著令人困惑的顏色、不協調的視覺元素以及混亂的圖像排列，閱讀者將會難以了解圖形呈現之意涵，影響閱讀者的閱讀動機以及對於資料的正確解釋。因此，資料視覺化可說是包含了資料科學、色彩學、版面設計…等專業之結合，透過選擇合適且精準顯示之圖形，輔以容易辨識以及令人感受協調之色彩，往往可以讓閱讀者更準確地理解資料的結構、數值與特徵，並可進行在不同群體間、不同時間或不同類別的比較。簡而言之，資料視覺化需要使用正確的資料、選擇合適的圖形，同時在圖表設計的過程，需要增加吸引閱讀者且讓閱讀者感興趣繼續閱讀的視覺效果，而這部分更是需要設計與藝術的成分才能完成。

本章第一節將說明色彩與心理之間的關係，第二節與第三節則採用業界廣泛利用的格式塔理論（Gestalt theory）與前注意處理（Pre-Attentive Processing）理論說明圖形與視覺之關係，透過格式塔理論與前注意處理理論描繪出資料視覺化的相關概念，並透過上述概念提出幾項資料視覺化之通用規則於第四章節，進行常見問題的討論與提醒，也請讀者注意，本書專注於資料視覺化的過程，並不強調於資訊圖表（Infographic）的製作。資料視覺化與資訊圖表兩者之間差異在於，資料視覺化專注於一組特定資料集所產生的統計圖表或是圖像，以閱讀者容易理解且較客觀的方式表現事實，為閱讀者後續進行解釋和分析留下空間，目前已有許多的商業智慧（Business Intelligence）軟體、統計軟體與資料分析工具可以協助自動生成資料視覺化圖形。上述工具除了內建多樣式的圖表與地圖功能外，並會協助判斷現有資料類型與格式適合呈現之圖形；而資訊圖表則是嘗試將多個資料集整合，呈現出一個具備某一特定主題且比上述的資料視覺化圖形更全面的故事，資訊圖表通常帶有圖表製作者個人明顯的主觀觀點，經常出現在報章雜誌中的主題故事（Cover story）或深度報導內容以及小冊子、傳單…等傳統印刷品中，而近幾年盛行之社群媒體懶人包、網路文章、梗圖…也屬於資訊圖表的一類，資訊圖表主要希望達到對閱讀者的教育與資訊流通的意義，並期望引導閱讀者產生一個贊成或近似於圖表製作者論述之結論，帶有傳播理論中的「說服」目的，因此製作資訊圖表更需要具備色彩與版面設計…等設計層面的專業。

## 2.1 色彩與心理之關係

色彩是人類視覺的一部分，色彩與視覺的關係是相互的，色彩是光特定頻率的反射，我們的眼睛感知這些頻率、接收和處理後，向大腦傳遞色彩的感知訊息，我們的大腦透過對這些訊息的解釋和理解來認知色彩，因此，色彩和視覺是緊密相關的，它們共同構成了我們認知世界的方式；而色彩與心理也有密切的關係，色彩可以影響人的情緒和心理狀態。不同的色彩具有不同的心理效應，例如：紅色被認為能激發人的熱情，藍色則常常被認為是使人放鬆和冷靜的，因此色彩被廣泛用於商業和美學領域，例如廣告與商業設計。

西元 1666 年艾薩克．牛頓爵士（Sir Isaac Newton）以三稜鏡實驗發現彩色光譜，可謂是色彩學（Colour Theory）研究的先驅，也建立了後續研究的基礎。在本章節中，我們透過色環（Color Wheel）對色彩進行詳細的說明，色環是色彩學的一個工具，將可見光區域的顏色以圓形圖來表示，基礎是 12 種顏色，色輪上的顏色是屬於純色，也稱色相（Hue），包含基礎三原色（無法混合其他顏色來調配出來，是指紅色、黃色和藍色）、二次色（透過兩種不同原色等比例調配而成的顏色，如綠色、橙色、紫色）、三次色（混合相鄰的原色和二次色調配而成，如黃綠色、黃橘色、紅橘色、紅紫色、藍紫色、藍綠色），基礎的 12 色色環由約翰尼斯．伊登（Johannes Itten）所提出，因此又稱為伊登 12 色環。

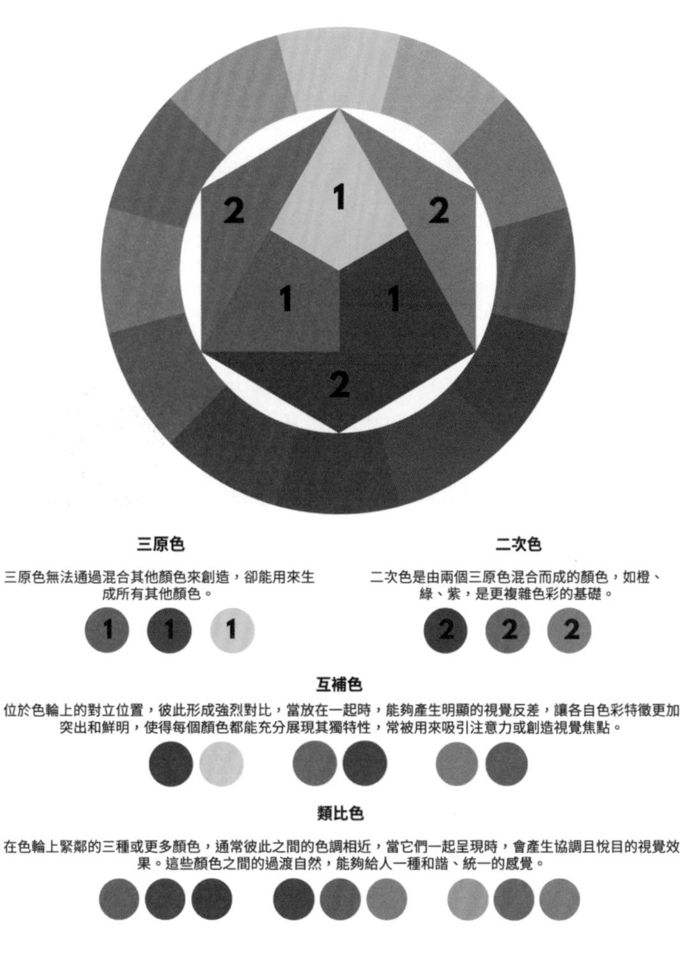


^ **圖 2.1** 伊登 12 色環與色彩學名詞

*資料來源：Canva 色環範例*

在色環上還有一些常會聽到的名詞，除了三原色（Primary colors）外，還包含互補色（Complementary colors）是指彼此對立的顏色，又可稱為對比色，當兩者混合一起時會產生相互抵銷的狀態，也就是灰階色彩，例如白色或黑色，常見的互補色為紅色和綠色、黃色和紫色、藍色和橙色等。類比色（Analogous colors）是在色環上相鄰的顏色，如紅色和橙色、綠色和黃色、藍色和紫色等，類比色不像互補色如此強烈對比，顏色相較柔和，使用類比色可以給讓一件作品在視覺上賞心悅目，提供較為純淨顏色的視覺感受。

上述的顏色並沒有混入白色或黑色這些中性色的純色，雖然黑色和白色不是色環上的顏色，但也因其混和顏色所產生的變化，所以有下列三個名詞來代表，一為淺色（Tints）是指加入白色的色相，會讓顏色變淡及變亮，如粉彩色系；二為色調（Tones）是指加入灰色的色相，會使顏色強度更加暗淡；三是色度（Shades）是加入了黑色色相，將使顏色變暗。

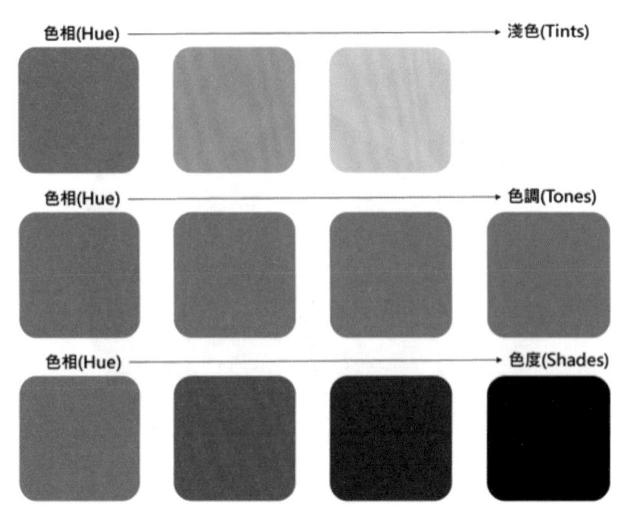


^ 圖 2.2　色相、淺色、色調與色度圖例

使用色環可以製作任何配色或組合，但有些配色會比其他配色更美觀。就像混合顏色來創造新的顏色一樣，顏色搭配得好就可以創造出令人賞心悅目的組合。顏色也會影響受眾的感覺，如紅色、橙色、黃色屬於暖色系，給人以溫暖、活力等感覺；藍色、綠色、紫色屬於冷色系，給人以冷靜、沉穩等感覺。不同的顏色在不同的文化和背景下有不同的意義，以下是一些常見的顏色代表的意義：

表 2.1　顏色代表的意義

| 顏色 | 正向意涵 | 負向意涵 |
|---|---|---|
| 紅色 | 熱情、愛、力量、勇氣 | 危險、警告、血腥、攻擊性、困難 |
| 橙色 | 活力、陽光、快樂、創造力、年輕、開放 | 挫折、不成熟、虛偽 |
| 黃色 | 希望、喜悅、活力、聰明、財富 | 警告、挫折、憤怒、飢餓、不穩定 |
| 綠色 | 平靜、安全、健康、成長、自然 | 忌妒、唯物主義 |
| 藍色 | 穩定、專業、信任、智慧、沉著 | 冷漠、不友善 |
| 紫色 | 靈性、尊貴、高貴、神秘 | 自省、傲慢、不切實際 |
| 粉紅色 | 浪漫、愛情、幸福、柔和、甜美、善良 | 軟弱、不成熟 |
| 灰色 | 中立、平衡、穩重、實際 | 乏味、壓抑 |
| 黑色 | 權威、力量、老練、魅力、威嚴 | 哀悼、壓迫、邪惡 |
| 白色 | 純潔、無邪、平和、寬敞、希望 | 空的、無聊 |

色彩是圖表設計中非常重要的一個元素，可以幫助圖表更加生動、鮮明，透過基礎的色彩學知識，可以協助選擇適當的色彩來表達數據和資訊，設計出更具吸引力、表達力和有效性的圖表。

## 2.2 圖表色彩的設計原則

選擇圖表主題相關的色彩時，我們除了考量使用者對色彩的認知和情感反應外，透過色彩的明亮度、飽和度、色相所形成的色彩對比，是首要的參考原則，色彩對比講求的是兩種或多種顏色之間的差異，在圖表一起呈現時會產生明顯的區別，可以幫助強調數據的重點、提高數據的可讀性，色彩對比的呈現可以從下列方式選擇：

1. **互補色相對比：**如紅色與綠色，藍色與橙色等，這些色相對比通常最為明顯，因為它們在色輪上相距較遠。
2. **明亮度對比：**色彩明亮度，也就是色彩的色值（Value），代表了色彩的明暗程度，當色彩明亮度降到最低時，顏色就變成了黑色，但調得太亮色彩又會偏向於白色，不同明亮度之間的對比。例如，黑色與白色之間的對比非常強烈，而灰色之間的對比則相對較弱。
3. **飽和度對比：**色彩飽和度（Saturation）指的是色彩強度，色彩飽和度愈高表示顏色越鮮艷，色彩飽和度越低顏色則會變得黯淡，例如，鮮紅色與灰紅色之間的對比。在圖表設計中，如果色彩強度過高或過低都不利於數據傳達，需根據資料的特點和設計風格來選擇適當的色彩飽和度。
4. **暖色系與冷色系對比：**冷色與暖色之間的對比。冷色如藍色、綠色，暖色如紅色、橙色。這種對比會影響到整體的色調感覺。

其次是配色的方式，通常使用幾種類型，一為單色配色法：通常採取使用一個色相的淺色、色調和色度作搭配變化，單一色調配色初步聽起很單調無聊，但比起使用多種顏色使得閱讀者眼花撩亂，失去閱讀重心而言，單一色相的細微顏色變化有助於簡化設計，這種配色方式使用單一顏色的變化來代表不同的資料數列或類別，是一個簡單而乾淨的配色方法，很適合用於比較資料列之間的差異。

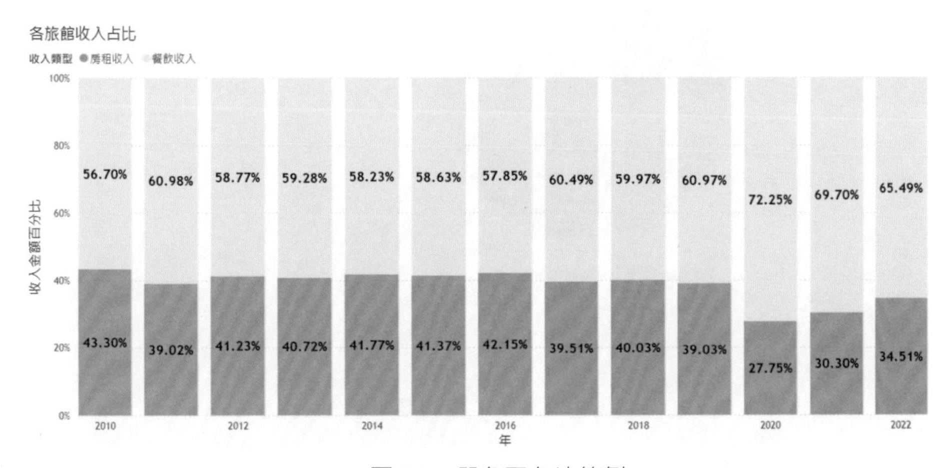


^ 圖 2.3 單色配色法範例

二為類比色（相似色）配色法：使用色環上相鄰的顏色，創造出和諧感，相鄰顏色的搭配有著類似於單色配色的和諧美感，但類別的對比顯示上較不如互補色的強烈。

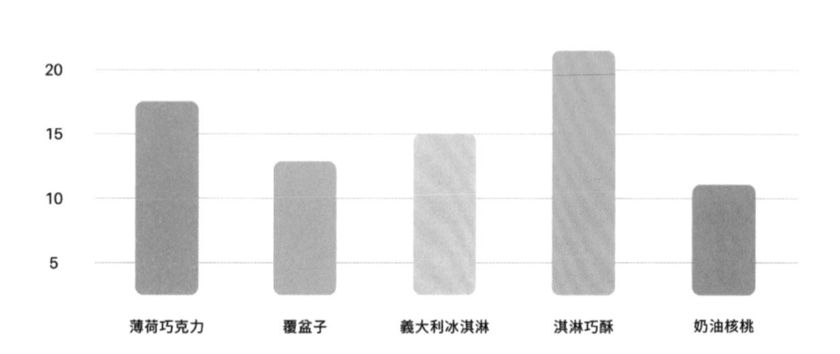


^ **圖 2.4** 類比色配色法範例（使用 Canva 繪製）

三為互補色配色法，使用色輪上彼此相對的顏色，讓受眾一眼就看到強烈視覺效果的圖表，更容易吸引注意力，建議用於報表須特別強調的地方，但如果使用過多的顏色時，反而會沒有重點讓人感到混亂，本書建議可採用色彩 60-30-10 原則，使用三種主要顏色來做為圖表搭配，色彩 60-30-10 原則是指一種顏色配色方案，其中使用三種顏色來創建平衡和視覺吸引力的設計，60-30-10 指的是每種顏色在設計中所占的百分比。具體來說，60-30-10 原則建議使用三種顏色：主色（60%）：該顏色應該在圖表設計中占主導地位，通常用於背景或大面積的元素；輔助色（30%）：這種顏色用於設計的輔助，例如用於標題、標籤或是需要注意的文字；強調色（10%）：這種顏色用以吸引閱讀者目光注意，例如用於小圖示、圖標、連結或行動呼籲按鈕。使用色彩 60-30-10 的配色方案可以讓圖表看起來更加協調和諧，且不會讓人感到過於單調。

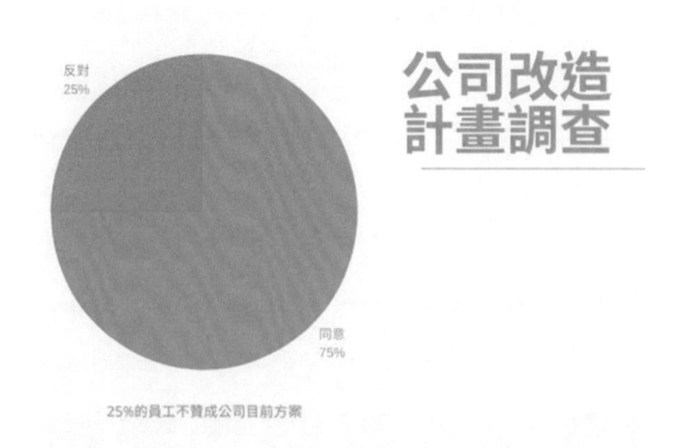


^ **圖 2.5** 色彩 60-30-10 原則範例，60% 主色為淺藍白底色；30% 輔助色為藍色；10% 強調色為橘色（使用 Canva 繪製）

另外在配色上通常還有幾個重點可以參考：一是簡潔，不要一次太多顏色放在一張圖表中，主要以 2-3 個顏色為主；二是單一主題，不要將很多衝擊性的顏色放在一起，造成視覺不協調；三是整合性，顏色的組合和深淺的應用容易讓人區分不同的元素，所以不要太多組合，造成易讀性低；四是背景色的搭配，較淺的背景色可以讓圖表顯得更突出，較深的背景色則讓圖表更加生動和大膽，但記得背景色選擇，仍是以想要傳達給受眾的感覺為主，不要讓背景色與前面圖表的顏色太相似，這樣會讓受眾分散注意力，不易掌握應關注的重點。



## 2.3 圖形與心理之關係

Knaflic（2015）於其暢銷書《Storytelling with Data: A Data Visualization Guide for Business Professionals》中提及，資料視覺化設計師必須謹慎選擇放置在頁面上的圖形元素，避免因為過多與雜亂的圖形元素，加重閱讀者的認知負荷，因此透過理解圖形與閱讀者心理之間的關係，讓閱讀者更能迅速理解我們所呈現的內容，而不致因為複雜與難以理解的圖形元素，導致閱讀者放棄閱讀。首先，本書採用格式塔理論（Gestalt Theory）學派所提出的視覺原則進行說明，格式塔學派是 20 世紀初期德國心理學發展中的一個重要學派，認為人腦的運作原理是屬於整體論，大腦會將複雜的感知現象整合成有意義的整體。也就是人不是只看到單個元素，而是看到整體結構性，進而理解整體圖像。格式塔法則解釋了環境中的各個元素如何在視覺上被組織結構。格式塔理論適用於視覺、聽覺、感覺、知覺等探討，目前已經應用於多個領域，包括：心理治療、教育、組織發展、創意和藝術、醫療等領域。因此本方法常被用於圖像設計上，讓設計者運用，在視覺設計上創造出更有記憶點、更具說服力的作品。

美國心理學家 Harry Helson 歸納出格式塔理論的 144 個原則，其中許多適合用於視覺上，最知名的是平衡（Law of Balance）、封閉（Law of Closure）、相似（Law of Similarity）、連續（Law of Continuity）、鄰近（Law of Proximity）、圖形 - 背景（Law of Figure-Ground）、焦點（Law of Focal Point）、布拉格南斯定律（Law of Prägnanz）、同構對應法則（Law of Isomorphic Correspondence）、連結（Law of Connection）、一致（Law of Unity/Harmony）…等。本書擷取了其中六項視覺原則解釋如下，資料視覺化設計師可透過這六項格式塔視覺原則進行圖形與圖形顏色的設計。

- **鄰近原則（Law of Proximity）**：人們習慣把物理距離相近的物體視為屬於一個群體，而且這個距離指的是圖形內元素的相對距離，在不同的元素間，我們的視覺會主動地進行各元素間的相對距離比較，距離近的視為同一群，被視為不同群體則代表群體內的點與點的距離遠大不同群體間點與點的距離，設計師可以將期望閱讀者視為同一群體的圖形元素置於鄰近位置。

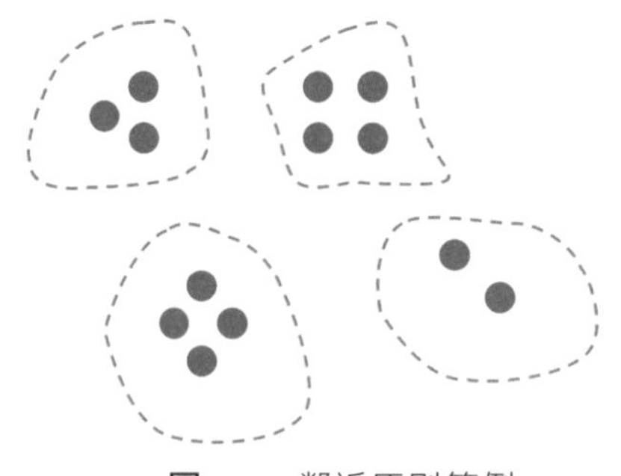

︿ 圖 2.6　鄰近原則範例

- **相似原則（Law of Similarity）**：我們的大腦會將視覺上相似顏色、形狀、大小的物體視為同一分組，圖表上不同形狀的點（如圖 2.7A）、不同顏色的點（如圖 2.7B）會讓我們很容易判斷為不同的組別，圖表設計者可以運用這一個特點，引導閱讀者的視線方向，讓他們可以專注於我們想要凸顯的主題，如此也可以減少在圖形外的文字說明。但請注意在資料視覺化圖形中盡量使用一種相似關係即可，如果要表達不同關係混用不同的相似方式（顏色、形狀），則容易造成視覺上的混亂。

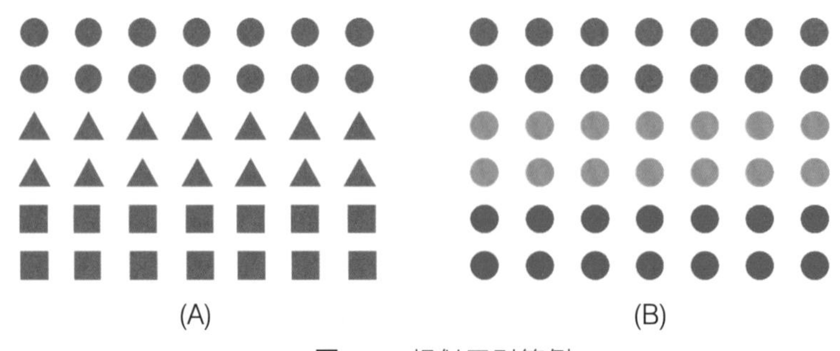


︿ 圖 2.7　相似原則範例

- **環繞原則（Law of Enclosure）**：環繞原則為被包圍與或有界限的元素集合會被認為是一個群體，被線條包圍或是背景顏色一致的群體，會被我們的視覺與大腦判斷為同一個群體。如圖 2.8 所示，我們可以利用色彩作為底色，凸顯想要引起閱讀者興趣的部分。

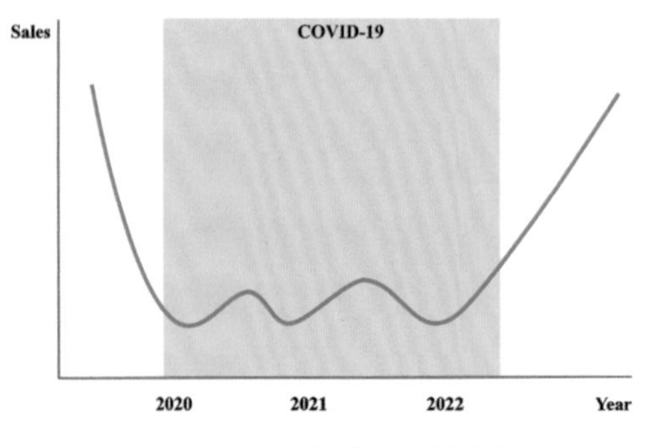


︿ 圖 2.8　環繞原則範例

- **封閉原則（Law of Closure）**：封閉原則是指我們的大腦傾向於忽略間隙與圖形未完整的部分，我們的大腦會試圖「腦補」成為自己認得的完整形狀，在許多研究報告上的表格去除了垂直分隔線，或是在圖表上去除圖表的外框，但閱讀者仍然非常清楚的辨識為圖表以及相關的內容，如圖 2.9 左邊所示，圖表沒有使用外框和陰影，依然可以辨識為圖表，因此設計者可以考慮圖表內的格線是否需要顯示，或僅是粗略的顯示，因為閱讀者會自行判斷內容的位置，外框以及過多的格線反而會造成外觀上的繁雜與不美觀。

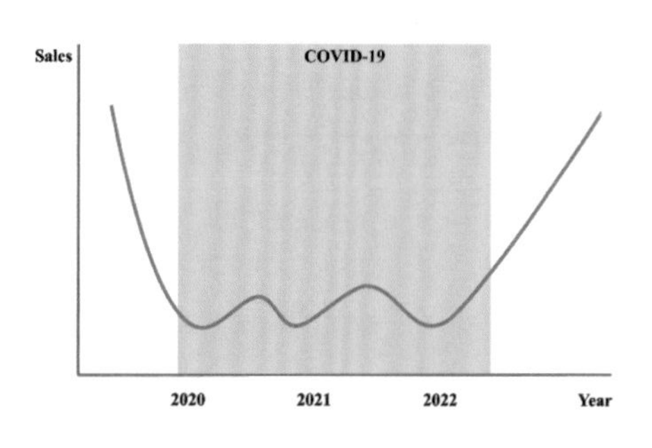

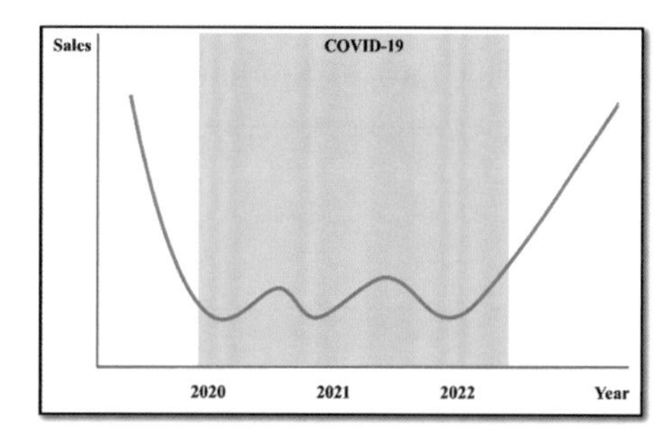


^ 圖 2.9　封閉原則範例

- **連續（Law of Continuity）**：由上個封閉法則可以得知，我們的大腦傾向於忽略間隙，連續法則則認為當我們看到有間隙未明顯連接的線段或圖形時，仍會傾向於將線段或圖形自行連接為連續的線段或圖形，在未標註同一個原點基準出發的圖形，我們也會因為連續原則而以為都是以同一個原點出發，例如從零開始計算，如下圖的長條圖所示。

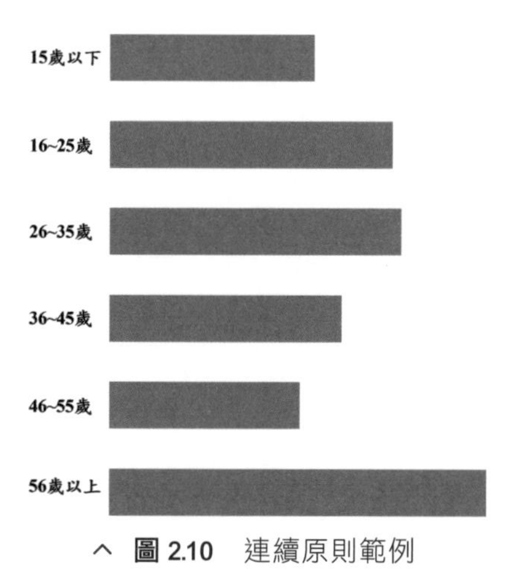


^ 圖 2.10　連續原則範例

- **連結（Law of Connection）**：連結原則是指我們容易將相互連接的元素視為同一群組，利用線條將圖形元素連結對於群組的暗示性會強於將同一群組的元素利用顏色、圖形形狀與形狀大小進行標示之方式，折線圖是連結原則的最常見的應用，在圖面上分散的圖形元素一起出現時，透過折線圖會將圖形元素進行連結，可清楚地呈現出資料的趨勢變化，當圖形上有不同的組別各自透過連結原則連結成折線後，我們也更容易進行各組之間的差異比較。

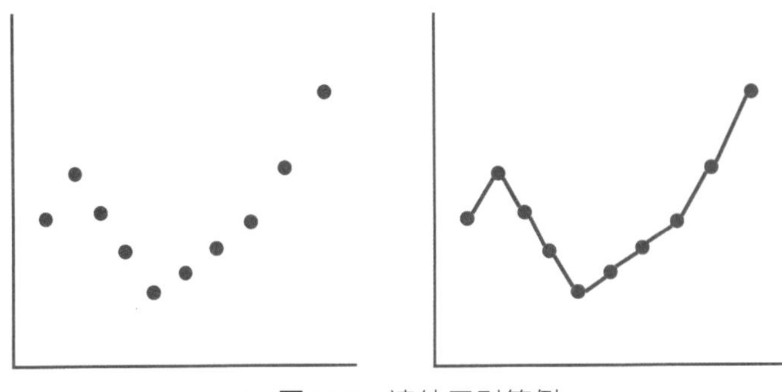

^ 圖 2.11 連結原則範例

## 2.4 前注意處理程序

美國心理協會（American Psychological Association, APA）解釋前注意處理程序為大腦將注意力集中於一個特定的刺激前，認知行為無意識地對於特定刺激先進行處理，前注意處理程序被認為具備高度能力可以平行地識別基本的刺激物特徵（American Psychological Association, 2022）。

在大腦負責處理視覺的神經系統中，有一些神經元專門負責前注意處理程序，這些神經元對視覺的特定特徵（例如圖形的形狀、大小與顏色）會進行初步的自動處理，可以使其從圖面眾多元素中「跳出」（pop out），我們的大腦會在無意識的狀態中從視覺接受到的刺激，自動選擇最獨特或最有刺激性的目標進行關注與處理，但若是多組不同的元素，則反應時間會大幅度的提高（Wolfe & Utochkin, 2019）。因此，大腦會在我們無意識的狀態下，自動辨別與過濾在視覺出現的元素中哪些是最重要。

前注意處理程序可以被用於設計有效的資訊圖表和資料視覺化的方式，以便讓讀者更快速地識別和理解視覺資訊。例如：將想要凸顯的資料使用不同的顏色或形狀，這樣可以幫助閱讀者更快速識別相關資料。

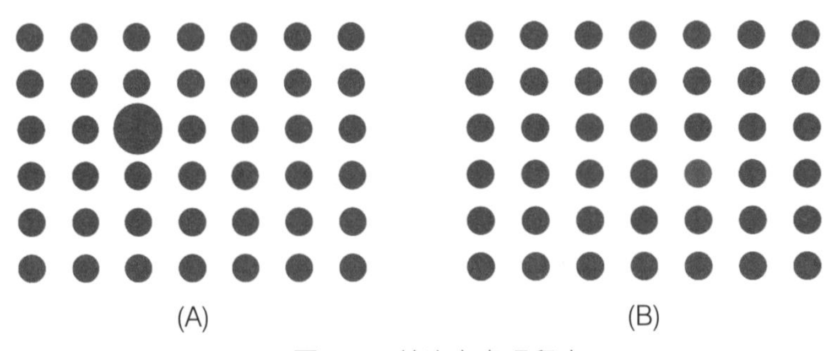


^ 圖 2.12 前注意處理程序

## 2.5 資料視覺化中色彩與圖形的運用原則

在資料視覺化中，色彩與圖形元素呈現是讓閱讀者是否容易閱讀的非常重要的因素，可以幫助我們準確的傳達資訊，並增加視覺吸引力和易讀性，以下是根據上述章節所整理在資料視覺化中色彩與圖形運用的原則：

1. 使用少量的色彩設計視覺化圖形，避免視覺混亂和資訊過載，使用多種色彩時，應確保每種色彩都有明確含義與對應的數據。
2. 色彩是用來傳遞訊息，讓閱讀者容易讀取與理解，應確保所選色彩意義與您所想敘述的故事相符，而不是只是為了裝飾。
3. 可以使用對比強烈色彩，以突出重點和區分不同的數據，但是需要避免過多的顏色對比導致視覺混亂，因此應謹慎運用。
4. 可以使用不同的色彩區分不同群體，特別是凸顯不同群體之間的差異比較，會使數據更容易被理解並提高視覺吸引力。但如同第一項原則所示，應避免在同一個畫面中使用太多的顏色代表太多不同的類別，在一張圖形中使用三到五個不同的顏色標示不同的類別，會有較佳的效果。
5. 如果是同一類數值，但需要呈現各地區數值的高低，例如：台灣各縣市人口數，可以用同一顏色的深淺代表數值的大小。
6. 如果資料數值中擁有一個中性的中間點，中間點具備往左右兩方向延展的數值，例如攝氏溫度中的零度，在同一時間不同地區的溫度資料集會同時包含正數和負數的數值。在資料視覺化的過程中我們可以使用不同的顏色來顯示這些數值，通常是使用兩個連續色階在中間點上拼接，中間點（零度）會使用白色或淺色表示，從中間的淺色往外漸層到深色，如此一來我們可以立即得知數值是正數還是負數，以及在兩個方向上與零偏離的程度。
7. 避免使用過高的亮度和飽和度，明亮度和飽和度太高的色彩會讓視覺感到疲憊和不適，使用太強烈且鮮豔的顏色，也會讓閱讀者分心於顏色上，而非顏色所代表的數據、軸線、趨勢與標示上。使用適度的明亮度和飽和度，可以使圖表易於閱讀並保持視覺舒適。
8. 如果使用多種色彩，建議提供圖例以解釋每種色彩的含義。
9. 採用通用設計，對於色彩、圖形元素、形狀與元素大小多方的考量運用裡，例如：避免使用僅有色彩區分的方式，多使用不同的符號和線條來標示數據；使用色彩過程中，提供文字描述或圖示說明每種顏色的含義和對應的數據。上述的方式都將有助於色盲人士更好地識別它們。

## 模擬試題

1. 資料視覺化在資料分析前的作用是什麼？

   A. 提供資料的最終結論
   B. 協助理解資料集的初步認識
   C. 替代資料分析
   D. 僅用於美化報告

2. 在資料視覺化中，進行視覺化的首要任務是什麼？

   A. 確保顏色的協調
   B. 使圖形正確且清晰地傳達資料
   C. 提高圖形的美觀性
   D. 保證資料的私密性

3. 根據格式塔理論，在資料視覺化設計中，哪一項不是被強調的？

   A. 整體先於部分
   B. 相似性原則
   C. 資料的詳細程度
   D. 接近性原則

4. 在資料視覺化中，前注意處理理論主要用於解釋什麼？

   A. 如何提高資料的隱私保護
   B. 如何增強圖形的動態效果
   C. 大腦如何快速識別和理解視覺資訊
   D. 如何減少資料在傳輸中的損失

5. 在資料視覺化中，哪一項不是色彩應用的原則？

   A. 使用高亮度和高飽和度的色彩以避免視覺疲憊
   B. 使用對比強烈的色彩以突出重點
   C. 提供圖例以解釋每種色彩的含義
   D. 使用少量的色彩以避免視覺混亂

6. 格式塔理論中的哪一項原則認為人們傾向於將物理距離相近的物體視為屬於一個群體？

   A. 連續原則
   B. 封閉原則
   C. 鄰近原則
   D. 環繞原則

## 參考文獻


- American Psychological Association. (2022). APA Dictionary of Psychology. In Retrieved Nov. 07, 2022, from https://dictionary.apa.org/
- Chang, Dempsey & Dooley, Laurence & Tuovinen, Juhani. (2002). Gestalt Theory in Visual Screen Design - A New Look at an Old Subject. Proceedings of the 7th World Conference on Computers in Education: Australian Topics, Volume 8.
- Knaflic, C. N. (2015). *Storytelling with Data: A Data Visualization Guide for Business Professionals*. John Wiley & Sons, Inc.
- Wolfe, J. M., & Utochkin, I. S. (2019, Oct). What is a preattentive feature? *Curr Opin Psychol, 29*, 19-26. https://doi.org/10.1016/j.copsyc.2018.11.005
- Designer Tips for Choosing Dashboard Colors, Retrieved Feb 20 2023, https://www.linkedin.com/pulse/designer-tips-choosing-dashboard-colors-shannon-brown/
- 設計配色完整攻略 , Retrieved Feb 10 2023, https://www.shutterstock.com/zh-Hant/blog/complete-guide-color-in-design
- Hue, Tint, Tone, and Shade —— What's the difference?, Retrieved Feb 10 2023, https://integritypainting.ca/hue-tint-tone-and-shade-whats-the-difference-2/
- 5 Design Tips to Enhance Your Dashboard Colors, Retrieved Feb 10 2023, https://insightsoftware.com/blog/5.design-tips-to-enhance-your-dashboard-colors/

CHAPTER

# 3

# 容易取得的資料視覺化工具介紹

## 3.1 Microsoft Excel

Microsoft Excel 是目前個人和企業使用最廣泛的試算表軟體，Excel 是 Microsoft Office 套裝軟體中的一部分，最初於 1985 年為 Mac 系統開發，是全球第一個真正使用圖形用戶介面 (GUI) 的試算表軟體。1987 年，Excel 推出了適用於 Windows 系統的版本，憑藉直觀的使用介面和強大計算能力，以及統計圖表繪製及資料分析功能，Excel 已成為當今最普遍的個人資料處理工具。

隨著商業模式改變，雲端時代的興起，Office 也不僅是過去的買斷模式，在 2010 年推出 Beta Office 365，2011 年正式上市 Office 365 採用訂閱服務模式，使用者以每年或每月付費租用方式，提供單人多裝置使用、好處是當各項工具軟體的更新時，無需額外付費升級。2020 年微軟將 Office 365 改名為 Microsoft 365，除了現有的 Excel、Outlook、Word 和 PowerPoint 等 Office 應用程式外，並加上 Teams、Loop、Clipchamp、Stream 和新的 Designer 應用程式，持續擴大生產力應用程式集。

Excel 基本上是由組成列和欄的個別儲存格所構成資料表。列是以數字編排，而欄是以字母編排。可放入超過 1 百萬列和 16,000 欄資料，並且可以透過公式輸入進行計算，其公式有超過 400 個函數，包含了常用的計算總和 Sum、條件判斷 If、計數 Count 等。

然而，Excel 存有欄寬 255 個字元、列高 209 點、一個儲存格包含 32,7672 個字元、工作表總列數和欄數為 1,048,576 列乘以 16,384 欄的限制。但對於個人的資料處理能力而言，達到上述限制的資料已實屬十分巨量，因此更需要透過圖表的協助，將資料化繁為簡，讓使用者更易使用判讀，Excel 提供了多樣的圖表，包含直線圖、折線圖、橫條圖、圓形圖、雷達圖、散佈圖…等圖示，透過豐富的視覺方式彙整資料，有助於群組化資料並進行比較分析，例如：透過直線圖進行優劣比較；透過折線圖呈現趨勢；透過圓形圖呈現占比；透過雷達圖呈現不同個體間多維度的比較；透過散佈圖比較兩組資料之間的關聯性。

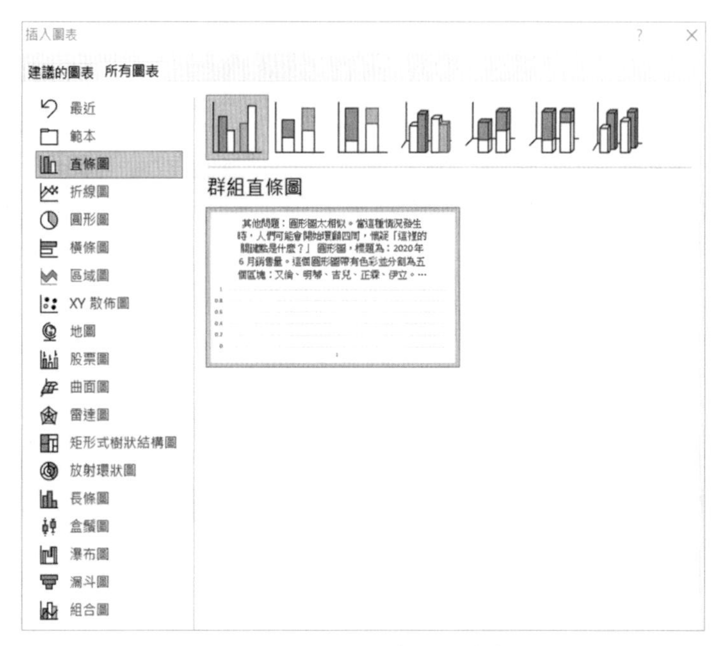


^ **圖 3.1** Excel 產出之圖表類型

此外，Excel 有一重要的功能是樞紐分析，可將現有的 Excel 資料表重新分類彙總與統計，以更省力的方式進行不同面向的資料重組與篩選出代表不同角度的數據結果，產生專業又具備支援決策分析之報表，並可透過樞紐分析圖呈現，協助使用者更容易從視覺化圖形中發掘與分析問題。

近年來，隨著資料量呈現指數成長，從大量數據中提取關鍵洞察變得愈加困難。過去，許多中小企業在資源有限的情況下，仍採用 Excel 來整合內外部資訊進行商業分析。然而，在大數據時代，Excel 的處理能力已難以應對企業所需處理的大量數據需求，因此，越來越多的企業和組織開始採用 Power BI、Tableau、Gephi…等商業智慧軟體來進行資料視覺化、數據分析和企業戰情室開發。然而，對於處理小量數據，Excel 仍是一個非常易用且便捷的工具，特別在資料視覺化展示，以及與 Microsoft Word 和 PowerPoint 的良好整合，Excel 便利於個人在企業內部的文書與簡報作業，這也是 Excel 在商業軟體市場中仍保持重要地位的原因。

## 3.2 Microsoft Power BI

隨著數位化蓬勃發展，IDC 預測全球資料領域將從 2018 年的 33 Zettabytes（ZB）在 2018 年增長到 2025 年的 175 ZB。從企業角度來看，資料來源多元，有組織內部資料，也有組織外部的資料，收集到大量資料後，是需要經過資料定義、蒐集匯集、整理、轉換，才能成為有意義的決策依據。但這個轉化的過程，如果沒有專業軟體的協助，光靠大量的人力時間精力是很難達成的。

Power BI 可說是革命性商業智能工具，也是目前全球各行各業用來可視化數據，並為其的決策提供資訊的重要方式之一。是由 Microsoft 開發的互動資料視覺化軟體，多數應用在商業智慧分析上。從廣泛的資料來源進行匯集，包含資料庫、網頁或檔案（如試算表、CSV、XML 和 JSON）的資料，將多方資料串連後，透過資料清理、轉換、整合，再以視覺圖表呈現方式，協助洞察數據的意涵，進行共享分析決策。

Power BI 最初是於 Microsoft Excel 內的內建 Power Query、Power Pivot 和 Power View，直到 2015 年七月正式上市。Power BI 目前提供 Power BI Desktop 的 Windows 傳統型應用程式、Power BI 服務（Power BI online）之 SaaS 服務、以及行動版適用於 Windows、iOS 和 Android 裝置的應用程式。Power BI 的使用者介面對於熟悉 Excel 的使用者來說相當直觀與熟悉，並且與其他 Microsoft 產品的深度整合，使其成為幾乎不需要前期培訓的軟體服務。也因此被大量使用者使用，在目前商業智慧平台上，也被 Gartner 連續多年認為具有領導地位，其中微軟在 2021 年發布資料也顯示其是大型公司的首選，包含 97% 的財富 500 強企業，並協助超過 250,000 家組織推動企業數據文化。

Microsoft 在 Power BI 的官方網站上以「將資料化為即時影響力 - 使用端對端 BI 平台建立單一事實來源、發現更強大的見解，並將其轉化為影響力，達到事半功倍的效果。」為產品做出定位。作為商業分析工具，其產品最大的特點：一為連接任意數據，可連接成千上百個不一定具有相關性的資料來源。二為簡化數據資料，透過幾個按鍵就可以將資料進行清理、轉換以及合併，也是常聽到的專有名詞 ETL（Extract-Transform-Load），將資料從來源端，透過擷取（extract）、轉換（transform）和載入（load）至目的端的過程，以利準備數據並進行建模。三為快速建模及探勘，透過度量值、分組、預測等功能挖掘數據，找出各種可能的分析模式。四為透過視覺化圖表融入，以互動性方式提供即時分析。使用者可以依照其自身需求設計生成的儀表板或報表，再透過發佈方式，讓組織成員在 Web 和手機平板等移動裝置上共享使用，即時掌握資訊，透過添加指標、即時分析和關鍵績效指標，以利進行全方面的業務判讀及決策。

Power BI 目前提供桌面版（Power BI Desktop）、專業版（Power BI Pro）和高級版（Power BI Premium），其中桌面版是免費，最適合個人、初學者、沒有商業智慧或資料科學預算的公司，需要分析的數據較少，缺點是無法共享雲端內容。專業版及高級版都是收費方式，適合具有多個業務地點分布，擁有大數據和資料科學家的公司，收費版本都允許使用者與其他使用者間共享報表和儀表板，以及跨設備和應用程序協作。而兩種版本差別主要是在使用者數量、資料集多少及儲存空間大小的差異。各版本的功能及限制比較如下表所示。

**表 3.1** Power BI 各版本支援比較

| | Power BI desktop | Power BI Pro | Power BI premium |
|---|---|---|---|
| 收費方式（2024 年 7 月） | 免費 | NT$320<br>每位使用者 / 每月 | NT$645<br>每位使用者 / 月 |
| 包含在 Microsoft 365 E5 中 | | V | |
| 進階 AI（文字分析、影像偵測、自動機器學習） | | V | V |
| 資料超市建立 | | V | V |
| 多地理位置的部署管理 | | | V |
| 個人可攜金鑰（BYOK） | | | V |
| 授權方式 | 使用者 | 使用者 | 使用者或雲端計算及儲存體資源 |
| 資料更新頻率 | 每天 8 次 | 每天 48 次 | 每天 48 次 |
| 模型大小限制 | 1GB | 100GB | 400GB |
| 最大儲存空間 | 10 GB/ 使用者 | 100TB | 100TB |

*資料來源：https://powerbi.microsoft.com/zh-tw/pricing/#features-compare-charts*

*註：未來可能因 Microsoft 商業模式有所調整*

因早期 Power BI 的部分功能是歸屬於 Excel 中，容易讓使用者誤會是否需要先安裝 Excel 再安裝 Power BI 的疑問，Power BI 已是獨立軟體，不受到沒有 Excel 或 Excel 版本的影響。另外也因其是雲服務的方式，已沒有傳統版本限制的問題，只需要隨著 Microsoft 提供的版本更新，從網站上下載更新即可。

隨著企業對於分析需求的期待越來越多，商業智慧工具已成為任何組織不可或缺的一部分。市場上也有其他資料分析與視覺化的軟體受到企業喜愛，包含第二大的 Tableau。如果比較兩種產品，Power BI 應是以易用性取勝，而 Tableau 則是以速度和功能可擴充性取勝。所以企業可依照其預算規劃及對於數據分析需求決定合宜的方案。

## 3.3 Tableau

提到商業智慧工具，另外一個被直接想到的就是被財星 500 大中，全球最大的雲端服務科技公司之一的 Salesforce 於 2019 年以 157 億美元買下的 Tableau，Salesforce 期望透過其 CRM 與 Tableau 的分析平台結合，搶攻數位轉型市場，讓其客戶的數據價值最大化，藉以推動更智慧化的商業決策及客戶體驗。

Tableau 是 2003 在美國加州成立的公司，2013 於美國紐約證券交易所上市，與 Power BI 相比，其功能更為強大，除了收費較貴外，入門門檻也較高，更適合具有資料分析基礎的人使用，主要是大企業使用，如美國 Verizon 電信、Lenovo、Honeywell、Siemens 等大型公司。另從 Google Trend 搜尋熱度的變化中，也可看出近五年的時間中，Tableau 的搜尋熱度比 Power BI 高出許多，Tableau 擁有全球 500 多個使用者群組，超過百萬個社群成員，可說具有非常強大的資料科學相關開發社群，已協助創造了超過 200 萬個公開資料視覺化圖表，對於企業端使用者幫助良多。

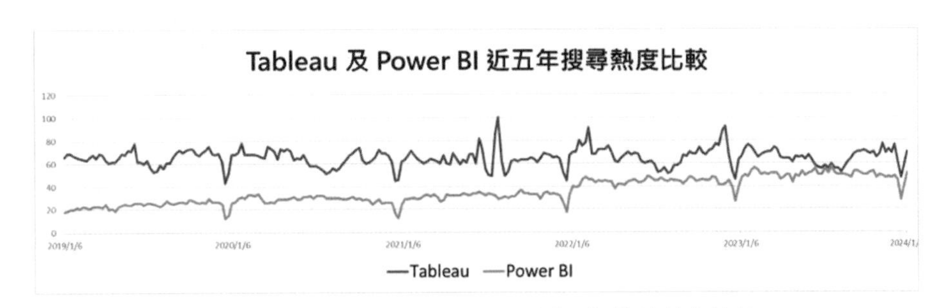


^ **圖 3.2** Tableau 及 Power BI 近五年搜尋熱度比較

*資料來源：https://trends.google.com.tw/trends/explore?date=today%205-y&q=Tableau,Power%20BI&hl=zh-TW*

從 Gartner 的研究報告中，可以看到 Microsoft 的 Power BI 及 Salesforce 的 Tableau 都是被列為領導者，惟 Microsoft 在執行能力（Ability to Execute）及前瞻性（Completeness of Vision）上略為領先 Salesforce。由於在商業市場，企業客戶願意購買商品，其一是因為產品易於使用，即使是技術能力不足的使用者也可以透過軟體強大的分析技術容易使用，讓商品對企業提供商業價值，其二是其軟體可以協助在不斷創新發展的市場中，掌握市場發展方向，持續研發創新，占有市場領導地位，這也是對企業投資投入此項產品應用重要保障。

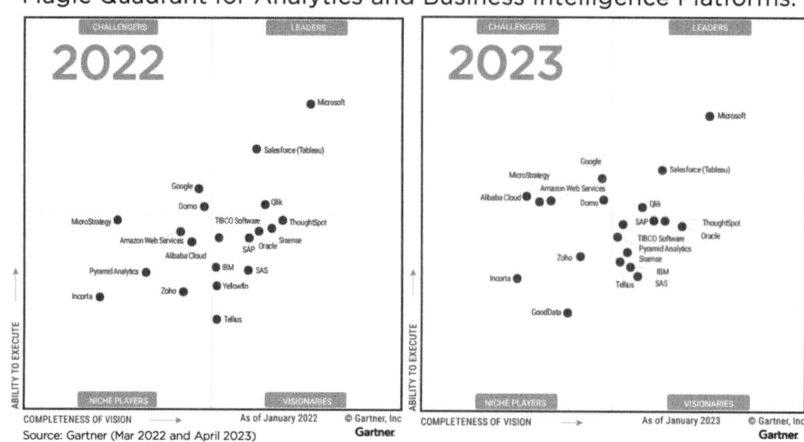


^ **圖 3.3** Gartner 針對商業 BI 平台評比
Magic Quadrant for Analytics and Business Intelligence Platforms
*資料來源：https://www.gartner.com/document/4012759?ref=solrAll&refval=353756199*

Tableau 從 2005 年 v1.0 開始到 2022 年的 v2022.1 版，如下圖所示，不斷地更新版本，開發及調整功能，2008 年召開第一屆 Tableau 大會、2014 年強化數據標籤、2017 年加入 ML 機器學習技術、2018 年收購 Empirical Systems 強化自動統計分析技術，2020 年將工作表轉換成多表數據模型等。

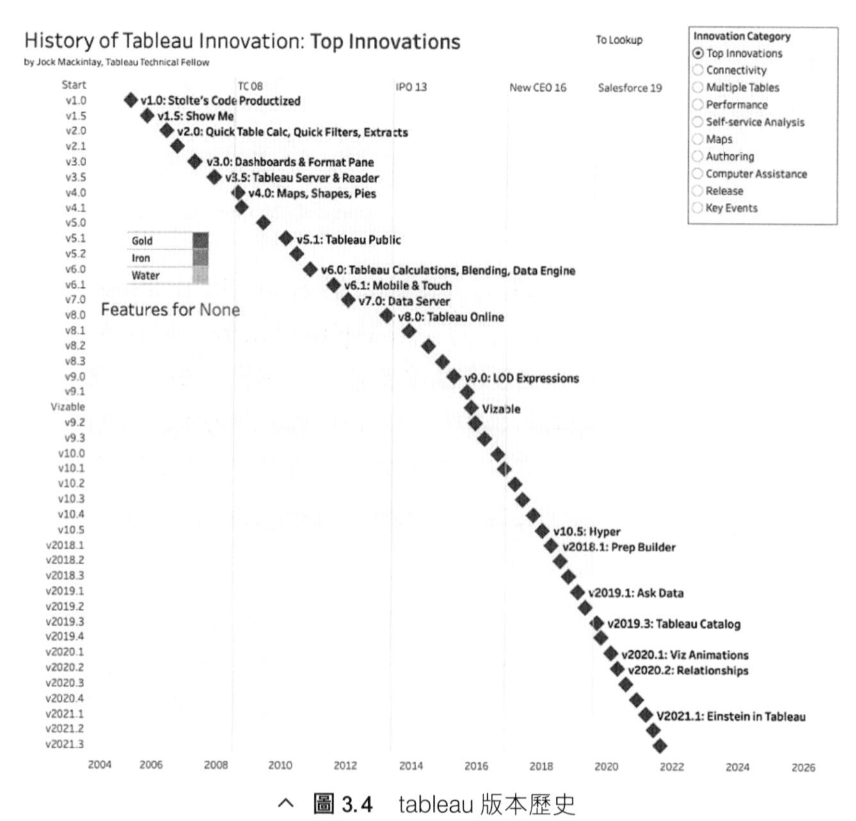


^ **圖 3.4** tableau 版本歷史
*資料來源：https://www.tableau.com/blog/analyzing-history-tableau-innovation*

Tableau 的產品版本定價方式，除了產品類型外，並且依照 Creator、Explorer、Viewer 等角色進行收費，Creator 是指企業組織內負責從原始數據資料中、透過 ETL 製作出對企業有幫助報表的人、Explorer 是報表設計的參與者，因其對業務深度瞭解，進而協助提出設計規劃想法、Viewer 是平常使用資料執行日常業務的人，從一般性操作人員到決策的 CEO 都有可能。

至於產品類型面，可分成 Tableau Desktop、Tableau Server、Tableau Cloud、Tableau Prep Builder、Tableau Public 等，Tableau Desktop 是資料視覺化工具，透過簡單拖放功能，幫助企業快速獲得數據洞察，以利企業進行數據驅動決策分析。而 Tableau Cloud 和 Tableau Server 都需要 Tableau Desktop Professional Edition 來發布可視化圖表和儀表版。兩者差別在於 Tableau Cloud 是由 Tableau 託管網站、而 Tableau Server 則是在企業自身的 IT 基礎架構中託管 Tableau。Tableau Prep Builder 類似於深度 ETL 的產品，也可以說是 Tableau Desktop 的補充工具，進行數據的準備工作，其結果可作為 Tableau Desktop 分析數據來源。Tableau Public 是資料視覺化成果線上發佈的免費版本，主要協助進行線上探索學習及成果分享，但因視覺化圖形與資料會公開於網路上，所以對於企業內部使用並不適合。

從前面文章所述，可知 Power BI 以易用性勝出，但 Tableau 以速度和功能勝出，下方針對 Power BI 及 Tableau 進行初步比較，以協助想要選擇商業智慧工具應用之參考。

**表 3.2** Power BI 與 Tableau 比較

| | Power BI | Tableau |
|---|---|---|
| 價格 | 免費 / 付費 | 免費 / 付費，付費版本價格較高 |
| 介面易用性 | 更直觀 | |
| 進入門檻 | 適用初學者 | 適用於具有經驗者 |
| 適用組織 | 大中小型企業 | 中大型企業 |
| 行動裝置支援 | 有 | 有 |
| 數據來源 | 超過 70 種 | 超過 100 種，並包含 Hadoop |
| 數據量 | 有限 | 大量 |
| 數據處理能力 | 有限數據 | 大量數據 |
| 操作模式 | 先圖表再資料 | 先資料再圖表 |
| 客戶支持 | 產品內 | 具有技術社群 |
| 部署靈活性 | 具 Local 和 Cloud 版本，但 Cloud 僅限 Azure | 具 Local 和 Cloud 版本 |
| 程式語言融合度 | Python、R | Python、R |

# 3.4 Matplotlib

Matplotlib 是一個在 Python 程式語言中運作之繪圖套件，於 2002 年由 John D. Hunter 開發，其目的是在 Python 中提供如同 MATLAB 般的繪圖功能，2003 年遵循 BSD 授權條款發布，所有人都可以免費使用，如今 Matplotlib 已成為非常成功的開源項目，目前是在 Python 環境下，進行數據分析和科學計算中常用的繪圖工具之一。

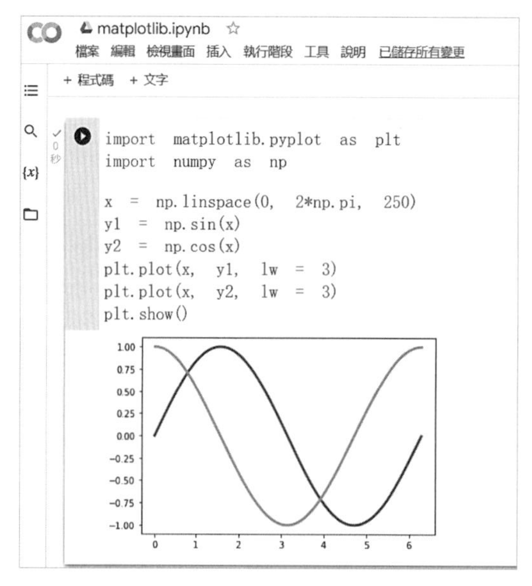


^ 圖 3.5 Matplotlib 繪圖範例（一）

Matplotlib 提供了多種繪圖類型，包括散佈圖、折線圖、柱狀圖、長條圖、直方圖、等值線圖、烏托邦圖、雷達圖、圓餅圖、箱形圖、對數座標圖…等，Matplotlib 同時也提供使用者對於圖形外觀客製的功能，例如圖形軸、刻度、標題…等，使用者都可以快速地透過參數設定整個圖形的外觀，而 Matplotlib 所繪製出來的圖形可以存檔為多種格式，例如：PNG、PDF、SVG 等，並且可以在多種平臺上運行，包括 Windows、Linux、MacOS 等。

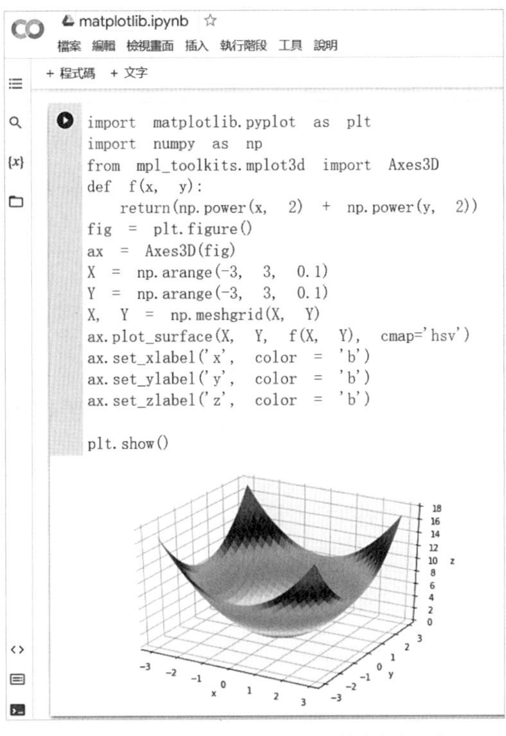


^ **圖 3.6** Matplotlib 繪圖範例（二）



Matplotlib 的功能不僅僅侷限於繪圖，它還可以與其他 Python 套件搭配使用，例如：NumPy、Pandas、Seaborn…等，進行數據分析和資料視覺化，Matplotlib 的特點和優勢如下：

1. **具備強大的繪圖功能：**Matplotlib 提供了大量的資料視覺化圖形，包括散佈圖、折線圖、柱狀圖、長條圖、直方圖、等值線圖、烏托邦圖、雷達圖、圓餅圖、箱形圖…等。
2. **為開源軟體：**Matplotlib 是一個免費、開源的自由軟體，並且提供了豐富的技術支援檔案和論壇支持。
3. **與 Python 中其他套件相容性強：**Matplotlib 架構於 Python 使用環境上，與其他 Python 科學計算套件，例如：NumPy、Pandas、Seaborn…等配合使用，在數據分析過程中得到廣泛的應用；同時 Matplotlib 能在多種作業系統上運作，並支援多種檔案輸出類型，意味著無論使用哪種作業系統或圖形輸出格式，都可以運用 Matplotlib，這是 Matplotlib 的巨大優勢之一。
4. **客制化程度高：**Matplotlib 支持自定義格式和主題，並且可輸出高品質圖像，適合用於學術論文、企業報告和技術文件。
5. **對熟悉 Python 指令之程式人員友善：**Matplotlib 在 Python 環境下可以輕鬆地創建和顯示圖像，並支持在多種平臺上運行。

Matplotlib 是一個功能強大、易用的資料視覺化工具，適合用於科學計算、數據分析和數據科學研究。

Matplotlib 與 Microsoft Excel 的差異在，Matplotlib 是 Python 的繪圖套件，用於繪製 2D 和 3D 圖表，Excel 是一個試算表軟體，用於分析、組織和存儲資料，並提供多種圖表和圖形選項，其中最主要差別在於：

1. **使用用途：**Matplotlib 用於科學計算和資料視覺化，而 Excel 主要用於資料分析和管理。
2. **功能不同：**Matplotlib 注重於圖形繪製功能，但沒有 Excel 的函式計算與資料管理功能。
3. **入手難度：**Matplotlib 需要一些程式語言基礎，沒有圖形使用介面，對程式設計人員容易使用，而 Excel 提供了圖形使用介面，非程式設計人員可以更快入手與操作。
4. **軟體價格：**Matplotlib 是免費的開源軟體，而 Excel 是微軟 Office 套裝軟體的一部分，需要購買才可使用。

因此，我們可以了解 Matplotlib 適合資料科學家和工程師使用，而 Excel 適合商業人員和非程式設計人員使用。

而 Matplotlib 與 Power BI/Tableau 也是不同類型的資料視覺化工具，Matplotlib 是一個 Python 的圖形庫，用於繪製 2D 和 3D 圖表，提供靜態資料視覺化功能，適合用於科學計算、數據分析和資料科學研究；Power BI 和 Tableau 是商業資料視覺化軟體，透過簡單易用的圖形介面以及強大的資料分析功能讓使用者快速理解資料，商業使用者和資料分析師可利用軟體提供的工具創建圖表和互動式報告，並具有較強的資料整合功能和圖表協作功能。因此，如果使用者是一位程式開發人員或者需要對數據進行資料探勘、機器學習…等後續處理，則可以選擇 Matplotlib；如果使用者是一位商業分析師，需要快速創建互動式資料報告，Power BI 與 Tableau 會是更好的選擇。

# 模擬試題

1. Microsoft Excel 最初是為哪個作業系統開發的？

   A. DOS
   B. Windows
   C. Macintosh
   D. Linux

2. Power BI 可以使用哪種資料進行連接？

   A. 僅本地檔
   B. 僅線上服務
   C. 本地檔和線上服務
   D. 無法連接資料

3. Tableau 用於什麼目的？

   A. 文字處理
   B. 資料庫管理
   C. 資料視覺化
   D. 專案管理

4. Matplotlib 是哪種類型的函式庫？

   A. 資料分析庫
   B. 機器學習庫
   C. 資料視覺化庫
   D. 數學計算庫

5. Microsoft Excel 的樞紐分析功能可以用於什麼目的？

   A. 重新進行分類彙總統計分析
   B. 生成高質量的 3D 打印模型
   C. 開發網頁應用程式
   D. 執行機器學習算法

6. Power BI 和 Tableau 在資料來源的支援上有何不同？

   A. Power BI 支援的資料來源少於 Tableau
   B. Tableau 無法連接到任何線上資料源
   C. Power BI 和 Tableau 都無法處理大量資料
   D. Tableau 只支援 Excel 作為資料來源

# 參考文獻


- Neil Dunlop (2015),Beginning Big Data with Power BI and Excel 2013: Big Data Processing and Analysis Using PowerBI in Excel 2013, Springer Science+Business Media New York
- Microsoft Excel, Retrieved Jan 31 2023, https://zh.wikipedia.org/zh-tw/Microsoft_Excel

- Microsoft 365, Retrieved Jan 31 2023, https://zh.wikipedia.org/wiki/Microsoft_365
- Microsoft Office, Retrieved Jan 31 2023, https://zh.wikipedia.org/wiki/Microsoft_Office
- Excel 的規格及限制 , Retrieved Jan 31 2023, https://support.microsoft.com/zh-tw/office/excel-%E7%9A%84%E8%A6%8F%E6%A0%BC%E5%8F%8A%E9%99%90%E5%88%B6.1672b34d-7043-467e-8e27.269d656771c3
- 使用圖表內容自訂圖表 ,Retrieved Jan 31 2023, https://help.salesforce.com/s/articleView?id=sf.bi_chart_reference_properties.htm&type=5
- Power BI, Retrieved Feb 1 2023, https://en.wikipedia.org/wiki/Microsoft_Power_BI
- Microsoft named a Leader in the 2021 Gartner Magic Quadrant for Analytics and BI Platforms, Retrieved Feb 2 2023, https://powerbi.microsoft.com/en-us/blog/microsoft-named-a-leader-in-2021-gartner-magic-quadrant-for-analytics-and-bi-platforms/
- 2022 Gartner® Magic Quadrant™ for Analytics and Business Intelligence Platforms，, Retrieved Feb 2 2023, https://info.microsoft.com/ww-landing-2022-gartner-mq-report-on-bi-and-analytics-platforms.html?LCID=EN-US
- The Digitization of the World From Edge to Core, Retrieved Feb 2 2023, https://www.seagate.com/files/www-content/our-story/trends/files/idc-seagate-dataage-whitepaper.pdf
- Power BI 定價, Retrieved Feb 2 2023, https://powerbi.microsoft.com/zh-tw/pricing/#features-compare-charts
- 依視覺效果類型套用資料點限制和策略 , Retrieved Feb 2 2023, https://learn.microsoft.com/zh-tw/power-bi/visuals/power-bi-data-points
- Power BI Premium 功能 , Retrieved Feb 2 2023, https://learn.microsoft.com/zh-tw/power-bi/enterprise/service-premium-features
- Tableau wiki, Retrieved Feb 3 2023, https://en.wikipedia.org/wiki/Tableau_Software
- Salesforce wiki, Retrieved Feb 3 2023, https://en.wikipedia.org/wiki/Salesforce
- TABLEAU HISTORY, Retrieved Feb 3 2023, https://www.zippia.com/tableau-software-careers-11157/history/
- Tableau 介紹 , https://www.tableau.com/pricing/how-to-decide
- 近年竄紅的 Tableau，Retrieved Feb 3 2023, https://www.managertoday.com.tw/articles/view/64716?
- Excel, Tableau, Power BI… What should you use? Retrieved Feb 3 2023, https://towardsdatascience.com/excel-tableau-power-bi-what-should-you-use-336ef7c8f2e0
- Advantages and Disadvantages of Tableau，Retrieved Feb 4 2023, https://absentdata.com/advantages-and-disadvantages-of-tableau/
- Power BI Vs Tableau: Top 10 Differences，Retrieved Feb 4 2023, https://intellipaat.com/blog/power-bi-vs-tableau-difference/

CHAPTER 4

# Microsoft Power BI 功能

Power BI 是一套商務分析工具，可為您的組織提供完整的深入解析。連接數以百計的資料來源、簡化資料準備，並推動特定分析。產生美觀的報表並加以發行，讓您的組織能在 Web 上及行動裝置之間加以使用。每個人都可以為自己的企業建立獨一無二且全方位的個人化儀表板。在企業中調整，且內建治理與安全性（Power BI 官網，2024）。

Power BI 可分為三大平台：

1. **Power BI 服務：**雲端應用平台，線上軟體即服務（SaaS）的服務。
2. **Power BI Desktop 版：**單機執行的應用程式。
3. **Power BI 行動應用程式：**提供 iOS、Android 作業系統的手機與平板瀏覽使用。

本書在後續開發與使用的版本為 Microsoft Power BI Desktop，可於本機安裝且執行，存取資料也較為多元。下載完安裝程式後，即可使用本軟體。

下載的官方網址：https://www.microsoft.com/zh-tw/download/details.aspx?id=58494

# 4.1 基本介紹

雙擊 Power BI Desktop 桌面圖式，開啟軟體執行畫面後，可以看到歡迎畫面。

^ 圖 4.1　歡迎畫面

^ 圖 4.2　歡迎畫面介紹

檢視模式區分為【 報表檢視】、【 資料表檢視】與【 模型檢視】等三種類別來讓使用者選擇使用。

【報表檢視】是將取得的資料，建立視覺化的效果，同時提供篩選、排序等功能的套用。

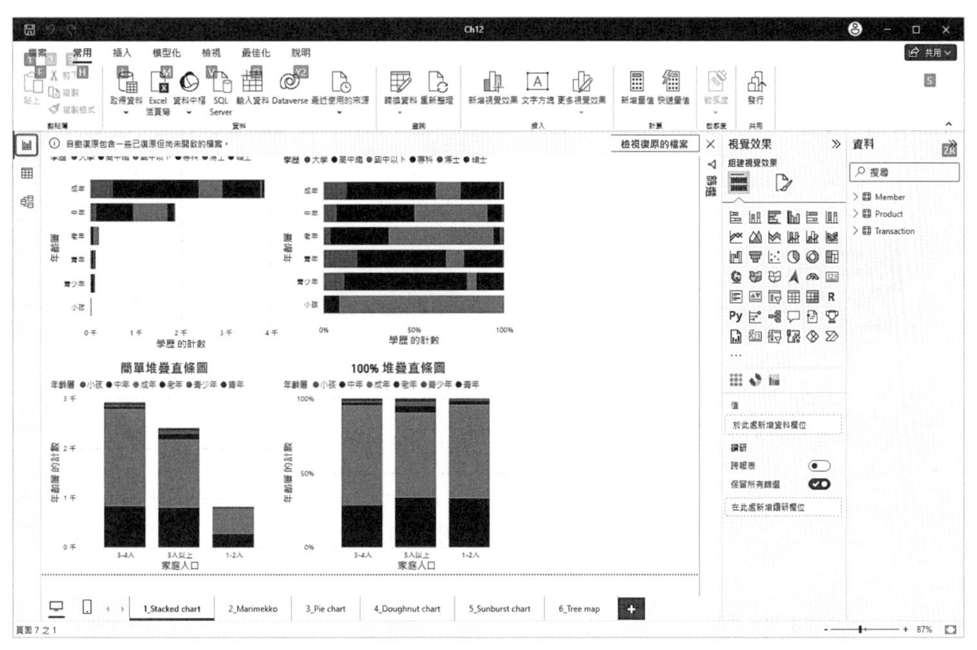


^ 圖 4.3　報表檢視畫面

【資料表檢視】可以檢視取得的資料內容、重新命名資料表及資料欄位、調整資料欄位的屬性與格式，以及新增資料欄位與量值等。

^ 圖 4.4　資料表檢視畫面

【模型檢視】是讓不同的資料表之間，能夠建立欄位的關聯性。

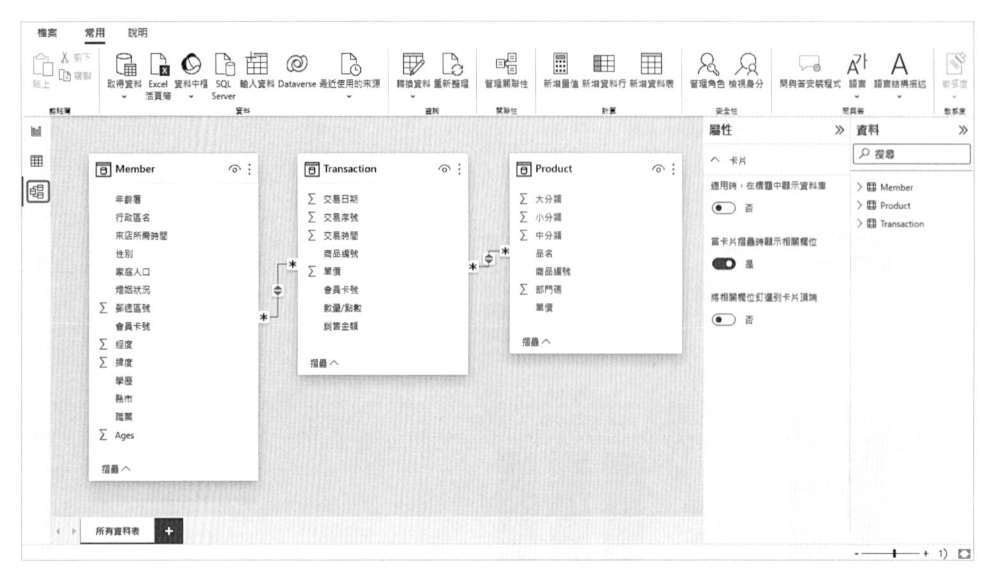


^ 圖 4.5　模型檢視畫面

## 4.1.1 資料來源

Power BI Desktop 可以選擇常用資料來源，快速連結欲使用的資料。

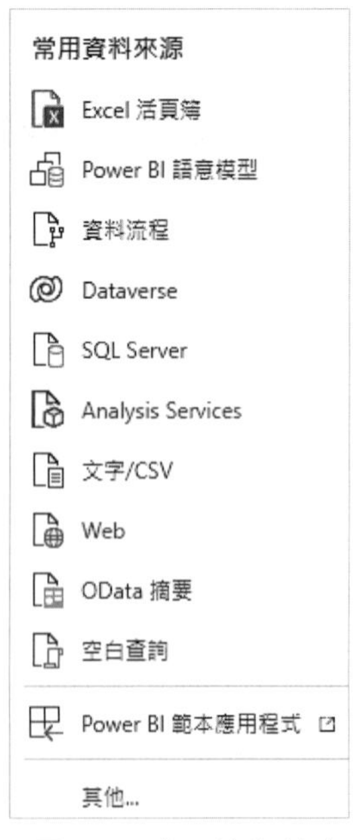


^ 圖 4.6　常用的資料來源

透過【常用】面板，選擇【取得資料】中的【其他】，可以連線到多個來源的資料。

^ 圖 4.7　連線到多個來源的資料

在【其他】的中有較為完整的選項供使用者進一步選擇。

^ 圖 4.8　取得資料的選擇面板

Power BI Desktop 可以取得多元且完整支援的各種資料。官方將資料來源分為以下七種：檔案（File）、資料庫（Database）、Microsoft Fabric（預覽）、Power Platform、Azure、線上服務（Oline Services）與其他（Other）。資料取得是讓 Power BI Desktop 以連線資料的方式進行操作，並非將原始資料全部倒入 Power BI Desktop。因此，若是需要修改原始資料檔，則需要回到於史資料集進行修改，或是使用 Power Query 來調整。

**表 4.1** 資料來源與類型

| 資料來源 | 類型 |
|---|---|
| 檔案 | Excel 活頁簿、文字 /CSV、XML、JSON、資料夾、PDF、Parquet、SharePoint 資料夾等 8 種檔案的類別。 |
| 資料庫 | SQL Server 資料庫、Access 資料庫、SQL Server Analysis Services 資料庫、Oracle Database、IBM Db2 資料庫…等 43 種資料庫的類別。 |
| Microsoft Fabric（預覽） | Power BI 語意模型、資料流程、Datamarts（預覽）、倉儲（預覽）、Lakehouses（預覽）、KQL 資料庫（預覽）等 6 種 Microsoft Fabric 的類別。 |
| Power Platform | Power BI 數據流（舊版）、Common Data Service（舊版）、Dataverse、資料流程等 4 種 Power Platform 的類別。 |
| Azure | Azure SQL Database、Azure Synapse Analytics SQL、Azure Analysis Services 資料庫、適用於 PostgreSQL 的 Azure 資料庫…等 24 種 Azure 的類別。 |
| 線上服務 | SharePoint Online 清單、Microsoft Exchange Online、Dynamics 365（Dataverse）、Google Analytics、Adobe Analytics、GitHub（搶鮮版（Beta）…等 59 種線上服務類別。 |
| 其他 | Web、SharePoint 清單、Hadoop 檔案（HDFS）、Spark、Microsoft Exchange、R 指令碼、Python 指令碼、ODBC…等 60 種類別。 |

以上內容若有更新，請查詢官方網站的說明（https://learn.microsoft.com/zh-tw/power-bi/connect-data/desktop-data-sources）。

## 4.1.2 資料的維度與量值

在 Power BI 中，資料表的資料欄位具有多種不同的類別，其中最常見且至關重要的是維度（Dimensions）和量值（Measures）。這兩種欄位的運用和轉換對於建立有意義的報表和視覺化呈現非常關鍵。透過充分理解和選用適當的維度和量值，我們能夠從資料中獲得更多有價值的資訊。尤其是當資料表中存在眾多欄位時，如何選擇和處理這些欄位，往往決定了報表的最終視覺效果。

首先，說明維度。維度通常包括類別型資料，它們用來描述特定物件的各種屬性、特性或狀態。在 Power BI 中，維度欄位可以是類別型的資料，例如會員卡號、年齡層、居住的行政區、婚姻狀況、學歷、職業…等。簡單來說，維度就是我們用來描述資料特性的類別（文字）型欄位。透過選擇合適的維度，我們可以實現更精確的資料分析和視覺化呈現，這有助於我們理解資料中的模式、趨勢和關聯性。

接著，說明量值。量值通常以數值型態表示，它們用來衡量屬性的品質或大小，在 Power BI 中，欄位會另加希臘符號 Σ，以供識別。量值欄位可以包括年齡、單價、交易數量、金額、經度、緯度等。簡單來說，量值就是用來描述屬性的具體數值。透過選擇適當的量值，我們可以進行數值計算、聚合和比較，這有助於我們深入了解資料中的數據趨勢和統計特性。

在 Power BI 的報表設計中，維度和量值的選擇至關重要。根據您的分析目標，您可以將維度拖放到報表的軸或分析區域，用來分類、分組和過濾資料。同時，您可以將量值放入視覺化元素中，例如圖表、表格或卡片，以顯示數值結果和指標。這樣的組合可以讓您建立強大的報表和視覺化，以便於決策制定和資料洞察。

總結而言，Power BI 中的資料表欄位可以分為維度和量值兩大類別，它們在資料分析和報表設計中扮演著不可或缺的角色。了解如何選擇和運用這兩種欄位是成為一名優秀的 Power BI 使用者的重要一環。透過充分利用維度和量值，我們能夠更深入去理解資料、發現洞察並做出更明智的決策。無論您是初學者還是有經驗的 Power BI 使用者，這些基本概念都是建立資料視覺化的基礎。

## 4.1.3 進行資料建模

資料建模的階段是使用【模型檢視】來完成多個資料表視覺化的資料關聯（Association）。藉由關聯，來建立不同資料表之間的連接。【模型檢視】的功能，與過去 Power Pivot 的功能類似。多個資料表之間的連結，需要藉由主鍵（Primary key）與外鍵（Foreign Key）的銜接，來完成資料表之間的關聯。這樣的觀念，來自於關聯式資料庫（Relational Database Management System）的設計概念。

主鍵是關聯式資料庫中的一個重要概念。它的主要功能是確保一個資料表中的每筆資料都具備唯一性和持有性的屬性。這意味著主鍵的值在整個資料表中必須是獨一無二的，而且每筆資料必須擁有主鍵的值。主鍵通常是資料表中的一個欄位，它可以幫助我們快速識別和查找特定的資料記錄。舉例來說，如果我們有一個資料表存儲顧客的資訊，主鍵可以是顧客的顧客編號。這個顧客編號在整個資料表中必須是唯一的，這樣我們可以確保每位顧客都有一個獨特的識別方式。唯一性是主鍵的一個關鍵特點，它確保了我們不會在資料表中有相同的主鍵值，這樣可以避免資料的重複或錯誤。除了唯一性，主鍵還需要考慮持有性。持有性指的是主鍵值在每筆資料中都應該存在，而不應該為空值或遺漏值。例如，如果我們選擇顧客的電子郵件信箱作為主鍵，但有些顧客可能沒有提供電子郵件信箱資訊，這樣的情況下電子郵件信箱就不適合作為主鍵，因為它不具備持有性。

外鍵則是另一個重要的關聯性概念。外鍵用來建立不同資料表之間的關係，並且通常與其他資料表的主鍵相關聯。外鍵的目的是建立資料表之間的參照完整性（Referential

Integrity），這意味著它確保在一個資料表中的某個值必須在另一個資料表中存在。舉例來說，如果我們有一個存儲商品資訊的資料表和一個儲存顧客資訊的資料表，我們可以使用顧客的顧客編號作為主鍵，然後在交易資料表中使用顧客編號作為外鍵，來建立顧客和交易資料之間的關聯。這樣，我們可以通過外鍵值來查詢顧客購買的商品，並確保只有存在於顧客資料表中的顧客才能交易相關的商品。

總之，主鍵和外鍵是關係型資料庫中用來建立資料表之間關聯性的重要工具。主鍵確保資料表中的每筆資料都有唯一性和持有性，而外鍵則用來建立不同資料表之間的參照關係，以確保資料的完整性和一致性。這些概念在資料庫設計和管理中扮演著關鍵的角色，以確保資料的準確性和可靠性。

圖 4.9 顯示在【模型檢視】的視角下，匯入三個範例資料之後的畫面。

^ 圖 4.9　匯入三個範例資料之後的【模型檢視】畫面

基於關聯式資料庫中的資料類型，關聯的類型可以分為以下三種關係：

1. **一對一的關係（One to One）**：如超級市場的交易資料，一位顧客只會擁有一個顧客帳號資料，而每個顧客帳號資料也只會對應到一位顧客。
2. **一對多的關係（One to Many）**：如超級市場的交易資料，一個分類通常會包含許多樣的商品，而一個商品只會對應到一個分類。
3. **多對多的關係（Many to Many）**：如超級市場的交易資料，一個商品可以提供給很多顧客來購買，但這些顧客也可以同時購買其他各式各樣的商品。

接下來，分別讓【Member】的【會員卡號】與【Transaction】的【會員卡號】、【Product】的【商品編碼】與【Transaction】的【商品編碼】建立關聯。

^ **圖 4.10** 建立【Member】的【會員卡號】與【Transaction】的【會員卡號】的關聯

^ **圖 4.11** 建立【Product】的【商品編碼】與【Transaction】的【商品編碼】的關聯

## 4.1.4 建立視覺效果

建立資料視覺效果的部分，使用的是主要工作區和輔助窗格的功能。其目的是將茲了以視覺化的方式來讓受眾理解其內容。資料視覺效果的階段是使用【報表檢視】來完成資料視覺化的效果。【報表檢視】的畫面，整合了過往 Power View 及 Power Map 的功能。

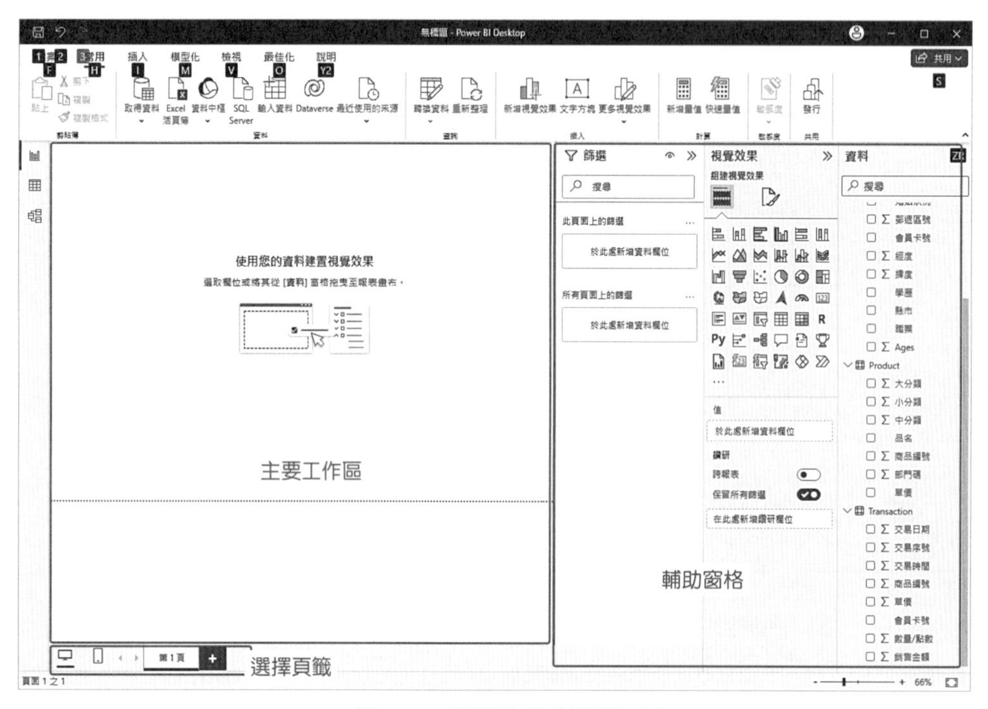


圖 4.12 視覺效果的選擇面板

- 【主要工作區】：啟動程式時，主要工作區的畫面會顯示載入資料來源的選項，供使用者選擇。接下來，就會進入工作的畫面。主要工作區的畫面，會依使用者使用資料的來源、視覺畫面的呈現方式，以及篩選條件而有不同的設計。所有視覺畫面的設計都在主要工作區呈現。
- 【選擇頁籤】：下方的選擇頁籤，提供使用者可以在現有的使用資料下，設計不同的資料視覺化設計觀點。同時，藉由連動按鈕的設計，提供快速切換的功能。當使用者需要在多個視覺畫面間切換，同時也需要互動式的視覺效果時，適當的頁籤設計，或許可以提供比簡報模式來得更佳的效果。
- 【輔助窗格】之【篩選】：篩選的功能，可以讓使用者提供指定項目的資料呈現方式。例如，當使用者想要呈現台北市與新北市的顧客年齡與性別差異時，即可使用篩選建立特定類別的樣貌。

- 【輔助窗格】之【視覺效果】之【組建視覺效果】：當設計者想要讓資料視覺化的畫面，進行更細緻與客製化的微調時，這個功能將提供微調（fine tune）的協助。例如，視覺化圖形的選擇與更換，以及資料欄位的取捨與更換。我們亦可以在這個功能中取得更多的視覺效果，讓資料視覺化的展示方式更為精彩。
- 【輔助窗格】之【視覺效果】之【格式化頁面】：當設計者想要讓資料視覺化的文字、格式、邊界、背景…等畫面呈現的方式進行調整時，此處的功能將能夠提供相對應的資源。
- 【輔助窗格】之【資料】：將資料匯入 Power BI 之後，即可在此位置看到所有可以使用的資料。資料的呈現，會依資料表分別展示。同時，也會呈現每一個欄位的維度、量值與時間。

### 4.1.5 依問題選擇視覺效果的類型

資料視覺化是一個強大的工具，它可以幫助我們呈現資料之間的關係，使資料更容易理解和解釋。為了有效地使用資料視覺化，需要以問題為導向的方式來選擇適合的視覺化類型。這意味著我們需要先了解我們想要回答的問題或傳達的資訊，然後選擇最合適的視覺化方式來呈現這些資料。

本書將視覺化的類型分為以下九種類別，並將在接下來的九個章節中詳細描述每一個類別的相關內容和實作步驟：

1. **離散差異之視覺化**：這種視覺化強調相對於一個固定參考值的變化，通常參考值是零，但也可以是一個目標數值或長期平均值。它可以用來展示正負值的變化，也可以用來展現態度傾向（正向 / 中立 / 負面）。這種視覺化的目的是強調資料的變化程度，以便更好地理解趨勢和差異。詳細的相關內容，請參見第 5 章。
2. **關聯性視覺化**：這種視覺化用於展示兩個或多個變數之間的關係。然而，需要注意的是，除非特別說明，否則大多數受眾會假設你展示的兩個變數之間存在因果關係。因此，在使用這種視覺化時，要小心不要誤導受眾，清楚地表明你想要呈現的是相關性而不是因果關係。詳細的相關內容，請參見第 6 章。
3. **排序之視覺化**：當資料中項目的排序位置比其絕對值或相對值更重要時，使用這種視覺化。這種視覺化的目的是強調需要關注的焦點，並使受眾更容易識別項目之間的差異。詳細的相關內容，請參見第 7 章。
4. **分佈之視覺化**：這種視覺化用於呈現資料中數值的分佈情況，包括數值和其出現的頻率。分佈的形狀和偏離程度可以用來強調資料的不一致性或不平均性，這有助於受眾更好地理解資料的特性。詳細的相關內容，請參見第 8 章。

5. **隨時間變化之視覺化**：這種視覺化強調趨勢的變化，可以是短期波動或長期趨勢。選擇正確的時間段對於提供適當的背景資訊至關重要，以幫助受眾理解趨勢的發展。詳細的相關內容，請參見第 9 章。
6. **量的比較之視覺化**：這種視覺化用於比較資料的規模，可以是比較相對性（顯示哪個比較大）或絕對性（需要顯示精確的差異）。通常用來比較數量，如桶、人數、金額等，而不是計算後的比率或百分比。詳細的相關內容，請參見第 10 章。
7. **部分和整體關係之視覺化**：這種視覺化可以顯示一個整體如何被拆解成不同的部分組成。如果受眾只關心個別部分的大小，這種視覺化可以非常有用。詳細的相關內容，請參見第 11 章。
8. **空間視覺化**：當資料中的精確位置和地理分佈規則比其他資訊對受眾更重要時，可使用這類圖表。這種視覺化可以幫助受眾理解地理資訊和空間關係。詳細的相關內容，請參見第 12 章。
9. **流向視覺化**：這種視覺化用於展示兩個或多個狀態、情境之間的流動量或流動強度，這些狀態或情境可以是邏輯關係或地理位置。流向視覺化有助於受眾理解不同情境之間的關聯和轉移。詳細的相關內容，請參見第 13 章。

在接下來的九個章節中，我們將深入探討每一種視覺化類型，包括如何選擇適當的視覺化工具，以及如何實作和呈現資料。這將幫助您更好地理解每種視覺化的應用場景，並使您成為一位更具洞察力的資料分析師。

## 4.2 Power Query

Power Query 是 Power BI 中的一款資料轉換與準備工具。它提供了一個使用者界面，用於從各種資料來源的獲取並藉由 Power Query 編輯器進行轉換。Power Query 支援資料擷取（extract）、轉換（transform） 和載入（load）（ETL）。它允許商業使用者連接到各種資料來源，提供互動、直觀地重整與清理資料，並且建立可重復使用的查詢環境。Power Query 可以在不同的產品中使用，如 Power BI 和 Excel，支持多種數據源和轉換。Power Query 亦提供包括一個進階編輯器，可用於 Power Query M 公式語言中的自行定義編碼方式。

## 4.2.1 啟動 Power Query 編輯器

匯入資料時，導覽器會將資料的基本狀態呈現在畫面上。若無需調整，直接按下【載入】後進入報表檢視畫面。若需要進一步對資料進行編輯，則可以按下【轉換資料】後，啟動 Power Query 編輯器。

Transaction.csv

檔案原點：950: 繁體中文 (Big5)　分隔符號：逗號　資料類型偵測：依據前 200 個列

| 會員卡號 | 商品編號 | 交易時間 | 交易序號 | 單價 | 數量/點數 | 銷售金額 | 交易日期 |
|---|---|---|---|---|---|---|---|
| Member_S8132 | 1932 | 2025 | 16488 | 1 | 1 | 1 | 20220930 |
| Member_S1 | 1932 | 1933 | 16230 | 1 | 1 | 1 | 20220930 |
| Member_S10743 | 1932 | 2001 | 87048 | 1 | 1 | 1 | 20221027 |
| Member_S9435 | 1932 | 1904 | 2154 | 1 | 1 | 1 | 20220927 |
| Member_S9716 | 1932 | 1438 | 1380 | 1 | 1 | 1 | 20220927 |
| Member_S8783 | 1932 | 1137 | 918 | 1 | 1 | 1 | 20220927 |
| Member_S8316 | 2106 | 1725 | 80598 | 1 | 1 | 1 | 20221019 |
| Member_S12626 | 2106 | 1621 | 37266 | 1 | 1 | 1 | 20221006 |
| Member_S12626 | 2142 | 1621 | 37266 | 1 | 1 | 1 | 20221006 |
| Member_S1 | 18054 | 1828 | 20688 | 1 | 1 | 1 | 20221002 |
| Member_S9056 | 18054 | 2151 | 48384 | 1 | 1 | 1 | 20221008 |
| Member_S13924 | 18054 | 1218 | 124812 | 1 | 1 | 1 | 20221117 |
| Member_S10462 | 18054 | 1014 | 26124 | 1 | 1 | 1 | 20221003 |

使用範例擷取資料表　載入　轉換資料　取消

^ 圖 4.13　從導覽器處啟動 Power Query 編輯器

在 Power BI 的工作環境中，可以透過【常用】頁籤，選擇【轉換資料 / 轉換資料】來啟動 Power Query 編輯器。

^ 圖 4.14　從工作畫面中啟動 Power Query 編輯器

## 4.2.2 Power Query 的工作畫面

Power Query 的工作畫面，可以區分為功能區、查詢區、DMX 運算式、資料區與查詢設定區。

1. **功能區：**由常用、轉換、新增資料行、檢視表、工具、說明等不同功能項目組成。可以建立與資料的互動。
2. **查詢區：**顯示目前已經載入的資料。若有多個資料表，也可以在此切換資料表。
3. **DMX 運算式：**顯示已經編輯的 DMX 運算式。
4. **資料區：**顯示所查詢的資料內容。
5. **查詢設定區：**顯示所查詢的資料表名稱，也可以在此更改資料表名稱。

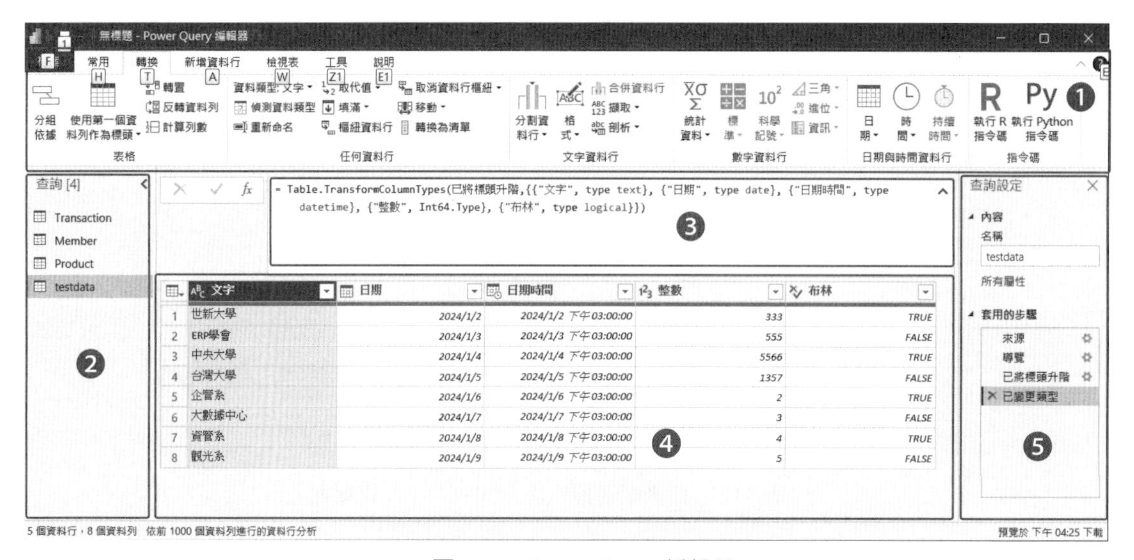


^ **圖 4.15** Power Query 編輯器

## 4.2.3 Power Query 中的資料格式與格式轉換

在 Power Query 中的資料，可以分為五種資料格式：

1. ：代表文字資料的格式。
2. ：代表日期資料的格式。
3. ：代表日期時間資料的格式。
4. ：代表整數資料的格式。
5. ：代表布林資料的格式。

在練習資料【Transaction】的【商品編號】欄位符號中，可以看到目前系統將該欄位預設為整數資料，將該欄位轉換為文字類別，修正格式。設定完之後，會跳出變更資料行類型的通知。按下【取代現有】，就會直接套用目前的轉換設定。【新增步驟】則表示會將這個動作，套用在右側的查詢設定，產生為一個資料處理流程的步驟。

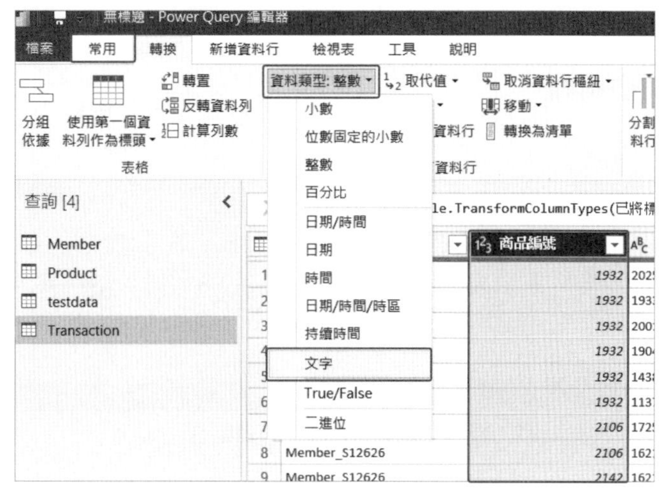


^ **圖 4.16** 欄位資料格式轉換

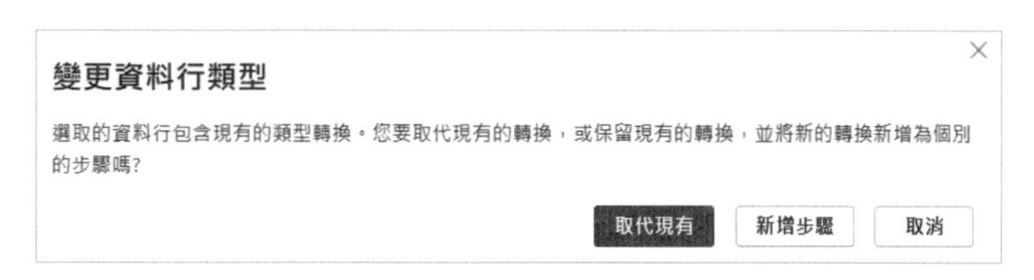


^ **圖 4.17** 變更資料行類型

我們亦可以將練習資料【Transaction】的【交易日期】欄位，由系統預判的整數資料格式，修正為日期資料格式。

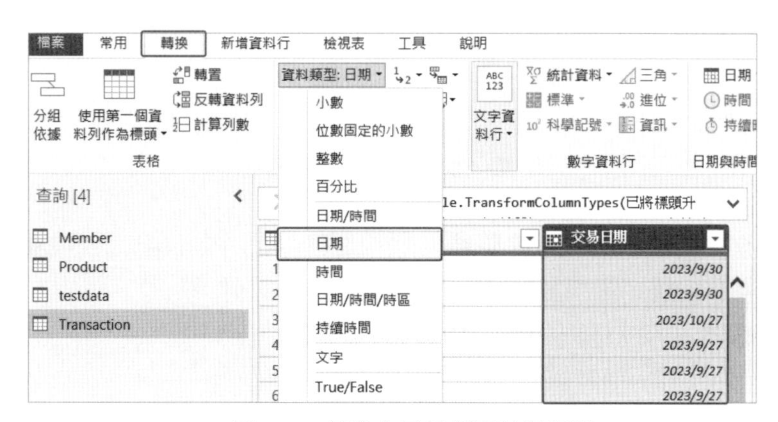


^ **圖 4.18** 轉換交易日期資料行類型

## 4.2.4 剔除遺漏值

在資料表當中，遺漏值或空值是用 null 來表示。在每一個欄位的標題旁，有一個向下的三角形按鈕。按下按鈕，就可以看到該資料行的資料類別。在【單價】、【數量】與【銷售金額】等三個欄位中，都有存在遺漏值，如圖所示，所以我們進一步進行資料的整理。

^ 圖 4.19　資料中的遺漏值

刪除【單價】、【數量】與【銷售金額】三個欄位中的遺漏值，我們可以使用【常用頁籤 / 縮減資料列 / 移除資料列 / 移除重複項目】的【移除錯誤】或是【移除空白資料列】來修正錯誤項目。

^ 圖 4.20　資料中的遺漏值

除此之外，我們也可以在需要整理的欄位標題旁，按下三角形按鈕，選擇移除空白後，按下【確定】，移除異常的資料列。

^ 圖 4.21　移除資料行中的空白值

# 4.3 資料分析運算式 DAX

資料分析運算式（DAX, Data Analysis Expressions）是一種用於資料分析和計算的強大公式語言，廣泛應用於 Power BI Desktop、Excel 中的 Power Pivot 和 Microsoft SQL Server Analysis Services 的表格式模型。DAX 允許使用者從現有資料中提取和計算新的資訊，適用於從基礎到高級的資料模型創建。

DAX 公式結合使用函數、運算子和值，進行複雜的資料分析和計算。這些函數類似於 Excel 公式，但專為處理大型資料集和關聯性資料而設計，使其更強大和靈活。DAX 的主要應用包括創建新的計算列、量值和表格。計算列用於資料模型中增加新列，每行計算一次；量值用於執行聚合運算，如總和、平均、最大、最小等，通常用於報表的動態計算；DAX 還能創建新的表，這對於複雜的資料分析特別有用。

總結來說，DAX 是從資料中提取深入洞察的強大工具。雖然學習曲線較陡峭，但掌握 DAX 對資料分析帶來巨大價值。DAX 在 Power BI 中扮演關鍵角色，特別適用於處理大型資料集，幫助使用者提煉新洞察。它不僅支援基本的數學和統計運算，還提供高級功能如動態篩選和時間智慧分析。理解 DAX 的基本概念對初學者而言非常重要，學習 DAX 可以提高創建動態、高效且互動式報表的能力。掌握 DAX 的語法、函數和前後內容是關鍵，這使得使用者能夠更有效地使用 Power BI，提高資料處理的效率和品質。

本小節僅是 DAX 的簡單入門介紹，若是需要更有更佳完整的函數庫功能、說明與介紹，請參考官方網站：https://learn.microsoft.com/zh-tw/dax/dax-function-reference。

## 4.3.1 DAX 使用的運算子

DAX 的運算式類似於 Excel 的函數公式，但是提供的函數功能遠比 Excel 更豐富。DAX 運算是由函數、運算子與常數組成，針對資料表與資料行為計算基礎做運算。DAX 的運算子類型，可以分為算術運算子、比較運算子、文字串聯算子、與邏輯運算子等。

**表 4.2** DAX 運算子的類型

| 類別 | 符號 | 說明 | 範例 |
|---|---|---|---|
| 算數運算子 | + | 加號 | 9 + 3 = 12 |
| | - | 減號 | 9 – 3 = 6 |
| | * | 乘號 | 9 * 3 = 27 |
| | / | 除號 | 9 / 3 = 3 |
| | ^ | 乘冪 | 9 ^ 3 = 729 |

| 類別 | 符號 | 說明 | 範例 |
| --- | --- | --- | --- |
| 比較運算子 | = | 等於 | 'Transaction'[ 銷售金額 ] = 100 |
| | == | 嚴格等於 | 'Transaction'[ 銷售金額 ] == 100 |
| | > | 大於 | 'Transaction'[ 銷售金額 ] > 100 |
| | < | 小於 | 'Transaction'[ 銷售金額 ] < 100 |
| | >= | 大於或等於 | 'Transaction'[ 銷售金額 ] >= 100 |
| | <= | 小於或等於 | 'Transaction'[ 銷售金額 ] <= 100 |
| | <> | 不等於 | 'Transaction'[ 銷售金額 ] <> 100 |
| 文字串連運算子 | & | 連結字串 | 'Transaction'[ 銷售金額 ] & " 元 " |
| 邏輯運算子 | && 或 and | 且 | 'Product'[ 品名 ] = " 金蘭醬油 " && 'Member'[ 性別 ] = " 女 " |
| | \|\| 或 or | 或 | 'Product'[ 品名 ] = " 金蘭醬油 " \|\| 'Member'[ 性別 ] = " 女 " |

## 4.3.2 用 DAX 新增資料行

STEP01 在資料表檢視模式下，移至想要新增資料行的資料表【Transaction_Ch04】旁，按下【更多選項】的【…】符號後，選擇【新增資料行】來開始。

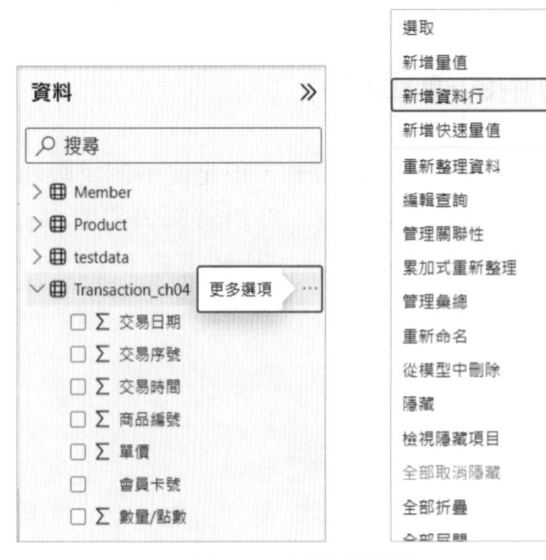


^ 圖 4.22 新增資料行

STEP 02　在運算式編輯列中新增的資料行更改名稱為【小計】。接下來，依序完成公式的建立與輸入。在此，要建立的公式如下：

小計 = 'Transaction_ch04'[ 單價 ]*'Transaction_ch04'[ 數量 / 點數 ]

在運算式編輯列中輸入【'】的符號時，即會自動帶出資料表與資料行讓我們選擇使用。輸入完公式，按下 Enter 後，即完成新資料行的建立與計算。

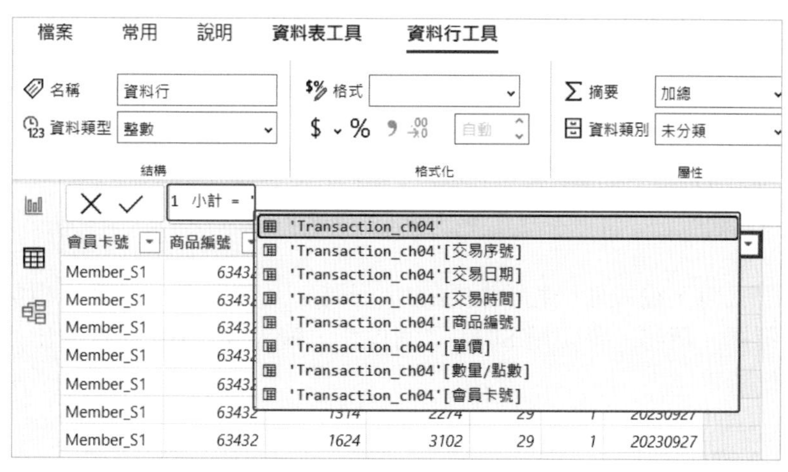


^ 圖 4.23　更改新資料行名稱為小計

檔案　常用　說明　資料表工具　資料行工具

名稱：小計　資料類型：整數　格式：整數　0　摘要：加總　資料類別：未分類

結構　格式化　屬性

1 小計 = 'Transaction_ch04'[單價]*'Transaction_ch04'[數量/點數]

| 會員卡號 | 商品編號 | 交易時間 | 交易序號 | 單價 | 數量/點數 | 交易日期 | 小計 |
|---|---|---|---|---|---|---|---|
| Member_S1 | 63432 | 1727 | 3450 | 29 | 1 | 20230927 | 29 |
| Member_S1 | 63432 | 1006 | 1068 | 29 | 1 | 20230927 | 29 |
| Member_S1 | 63432 | 939 | 900 | 29 | 1 | 20230927 | 29 |
| Member_S1 | 63432 | 1304 | 2208 | 29 | 1 | 20230927 | 29 |
| Member_S1 | 63432 | 1006 | 1068 | 29 | 1 | 20230927 | 29 |
| Member_S1 | 63432 | 1314 | 2274 | 29 | 1 | 20230927 | 29 |
| Member_S1 | 63432 | 1624 | 3102 | 29 | 1 | 20230927 | 29 |
| Member_S1 | 63432 | 1036 | 1080 | 29 | 1 | 20230927 | 29 |
| Member_S1 | 63432 | 1756 | 1980 | 29 | 1 | 20230927 | 29 |

^ 圖 4.24　建立計算公式

## 4.3.3 用 DAX 新增量值

STEP 01　使用者亦可以使用 DAX 對於資料表新增一個量值來使用。在資料表檢視模式下，移至想要新增資料行的資料表【Transaction_Ch04】旁，按下【更多選項】的…符號後，選擇【新增量值】來開始。同時，請將新的量值名稱更改為【總銷售金額】。

^ 圖 4.25 新增量值

STEP02 建立公式時，輸入任一指令相關的字母時，系統即會自動帶出相關的函式供使用者選擇。例如，要使用 SUM 這個指令，輸入 SU 時，即會列出相關的所有使用以供選用。

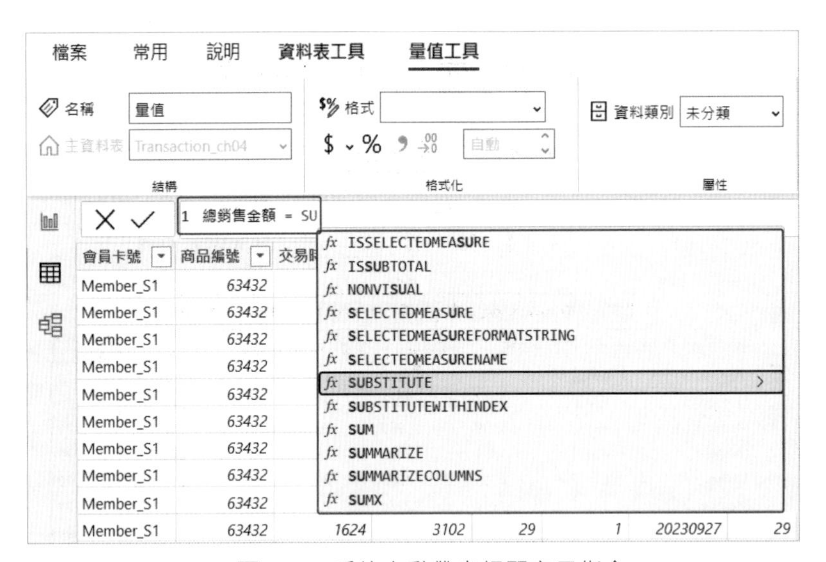


^ 圖 4.26 系統自動帶出相關字元指令

STEP03 輸入公式，按下 Enter 之後，就完成新增量值的設定與計算。然而，因為總銷售金額是一個量值，所以在 Power BI 中沒有發生任何變化。

^ 圖 4.27　完成量值的設定與計算



STEP04 為了呈現新增量值的效果，先回到報表檢式模式後，在視覺效果的式輔助窗格中，選擇卡片來呈現視覺化。把【資料窗格】的【總銷售金額】拖曳到【視覺效果】的【欄位】中。

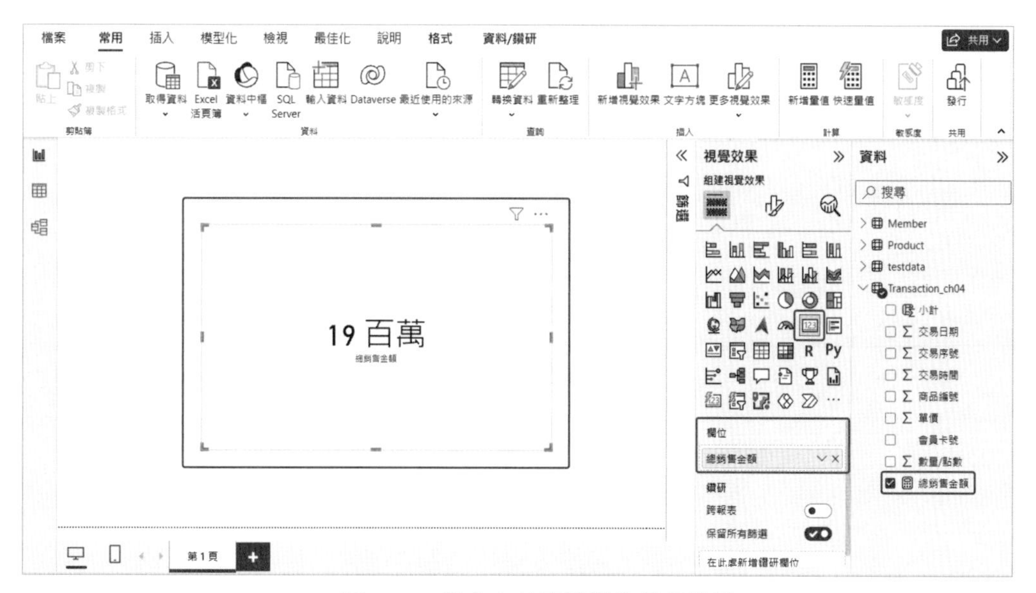


^ 圖 4.28　建立卡片來視覺化量值效果

STEP 05 點選【格式化視覺效果】，設定【視覺效果 / 圖說文字值 / 顯示單位】為【無】。接著，添加【文字方塊】，設定適當的字型大小，即可得到下圖的效果。

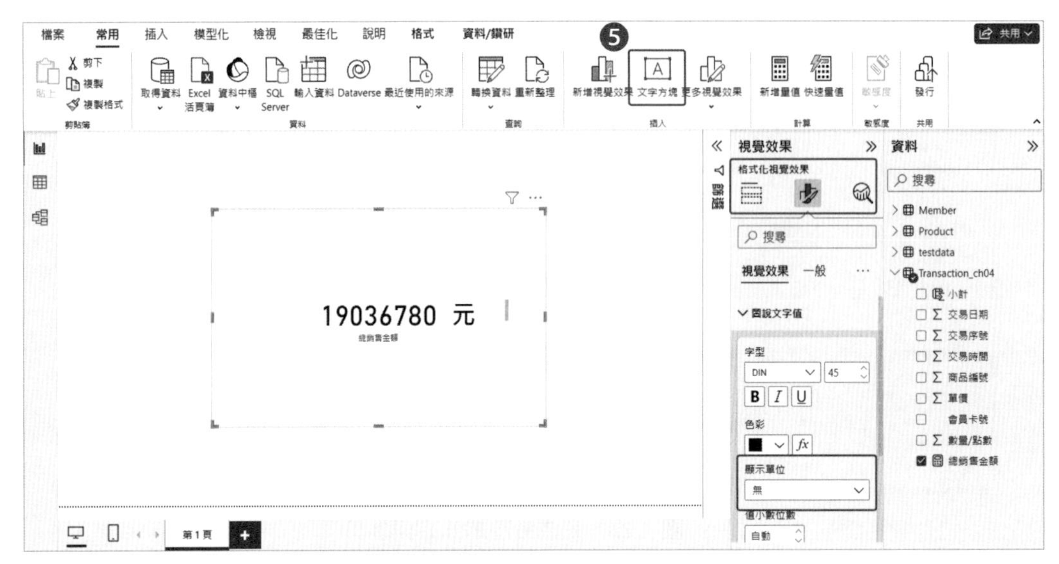


^ **圖 4.29** 調整卡片的視覺呈現樣貌

# 模擬試題

1. Power BI 可分為哪三大平臺？

   A. Power BI 服務、Power BI Desktop 版、Power BI 行動應用程式

   B. Power BI 分析、Power BI 視覺設計、Power BI 資料管理

   C. Power BI 雲服務、Power BI 本機服務、Power BI 開發者工具

   D. Power BI 資料庫、Power BI 報表、Power BI 模型

2. 在 Power BI 中，檢視模式有幾種類別？

   A. 一種　　C. 三種

   B. 二種　　D. 四種

3. Power Query 在 Power BI 中的作用是什麼？

   A. 資料視覺化　　C. 資料轉換與準備

   B. 資料分析　　D. 資料存儲

4. Power BI Desktop 支援哪些類型的資料來源？

   A. 僅支持本地檔

   B. 僅支援線上服務

   C. 支援檔案、資料庫、Power Platform、Azure、線上服務等多種資料來源

   D. 不支援任何資料來源

5. 若要使用 DAX 的運算子來連結字串，應該選擇以下何種 “" 內的符號？

   A. “ == "　　C. “ & "

   B. “ <> "　　D. “ * "

# 參考文獻


- https://learn.microsoft.com/zh-tw/power-query/power-query-what-is-power-query
- https://www.microsoft.com/zh-tw/power-platform/products/power-bi/
- https://daxpowerbi.com/what-is-power-bi/
- https://blog.104.com.tw/powebi-feature-scenes-to-be-used/

- https://powerbiacademy.medium.com/%E4%BB%80%E9%BA%BC%E6%98%AF-power-bi-power-bi-%E4%BD%BF%E7%94%A8%E6%96%B9%E6%B3%95-%E6%8A%80%E5%B7%A7-%E5%AD%B8%E7%BF%92%E8%B3%87%E6%BA%90-%E4%B8%80%E5%AE%9A%E8%A6%81%E6%94%B6%E8%97%8F%E7%9A%84%E6%87%B6%E4%BA%BA%E5%8C%85%E5%A4%A7%E5%85%A8-42f9c05d176b
- https://learn.microsoft.com/zh-tw/power-bi/transform-model/desktop-quickstart-learn-dax-basics
- https://powerbiacademy.medium.com/%E4%BD%BF%E7%94%A8-power-bi-%E4%B8%80%E5%AE%9A%E8%A6%81%E6%87%82%E5%BE%97-dax-%E5%87%BD%E6%95%B8-%E7%9C%8B%E5%AE%8C%E9%80%99%E7%AF%87%E7%AB%8B%E5%8D%B3%E4%B8%8A%E6%89%8B-4af46fd5f12
- https://mastertalks.tw/blogs/mastertalks-%E8%81%B7%E5%A0%B4%E5%8D%87%E7%B4%9A/%E4%BD%BF%E7%94%A8-power-bi-%E4%B8%80%E5%AE%9A%E8%A6%81%E6%87%82%E5%BE%97-dax-%E5%87%BD%E6%95%B8-%E7%9C%8B%E5%AE%8C%E9%80%99%E7%AF%87%E7%AB%8B%E5%8D%B3%E4%B8%8A%E6%89%8B

CHAPTER

# 5

# 離散差異之視覺化 (Deviation)

## 5.1 離散差異視覺化圖表特色及使用之資料格式

離散差異視覺化圖表是一種用於顯示兩個或多個類別變數之間特定數量值差異的圖表，幫助閱圖者解讀不同類別間的離散對比差異。常用於展現相對於一個固定參照值的變化，表達參照值兩側對立量值或比率；參照值的設定很常見的是零或表達態度傾向的中立點，也可以是一個預設的目標值或該資料平均水平值。

離散差異視覺化圖表所使用的資料格式一般需要以特定類別變項（包含兩個或多個類別值）做前提，再進一步展示各類別值下的某特定數值變項值，例如本年度各商品大分類（類別變項）之獲利數值（數值變項）。這些類別變項之值域，常見有定性變數，例如性別、地區、產品類型等，或是將數值變數做區間化後之有序類別，例如年齡層區段、收入區間等。

# 5.2 圖形介紹

## 5.2.1 分向長條圖（Diverging bar）

- **圖表名稱：**分向長條圖
- **資料格式：**二維－類別 vs 數值
- **元件展示方式：**橫線、水平、長度、顏色
- **用途：**比較（compare）（類別項目間）
- **特點：**指定參照值，展現偏離參照值的正 / 反向數值。
- **範例意涵：**呈現出公司不同產品線（類別）的獲利（數值）情形，因其以零值做參照點，故圖 5.1 用以特別強調特定產品類別是否獲利。

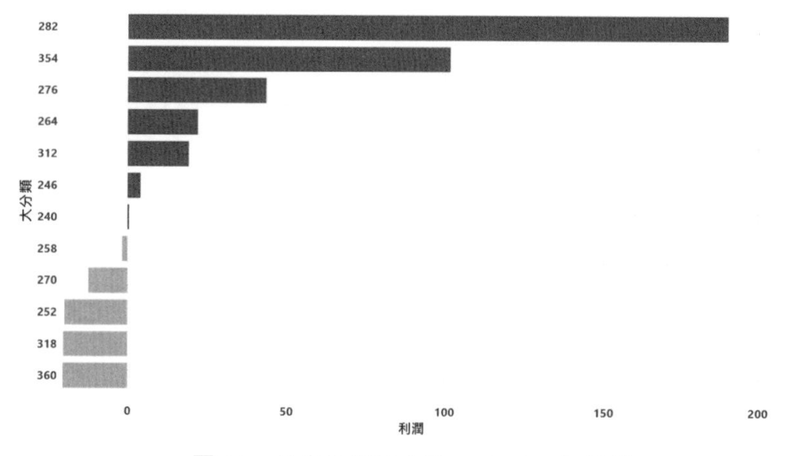


^ **圖 5.1** 分向長條圖（Diverging bar）範例

分向長條圖（Diverging bar）是長條圖（Bar Chart）的衍生應用。長條圖（Bar Chart）是最廣泛使用的圖表之一，通常是用來展示某類別變項下，不同類別值所對應的特定數值變項之大小，以利圖表閱讀者進行數據比較（compare）。此類圖形條形所展示的方向，一般區分成直式或橫式，在本書後續章節中以直條圖表示橫式條形圖，以柱狀圖表示直式柱形圖。而製圖者在選擇使用直式或橫式時，通常是以排版效果與美觀度做考量，當類別眾多以致需跨頁時，較常見以橫式長條圖表示之；另由於大多數人眼的觀察習慣是從左到右或從上到下的，因此分向長條圖的方向相對較符合人們的觀察習慣，可提供良好的視覺體驗。而不同類別值該如何排列順序則常以類別資料是否有特別的順序意義為考量，比如若類別資料有時序性，則可依時間先後順序做排列；而當沒有其它意義時，則建議以數值資料的大小遞減（增）排序來呈現（如圖 5.1）。另外，當類別值域是時間順序時，一般較傾向使用直式柱狀圖來展示。

分向長條圖，圖如其名是以橫式長條圖的形式展示，繪製元件主要是以水平線條為主；分向的概念是設立一個參考點，並將參考點擺放在圖表中間，而左右擺放橫式長條，在視覺效果上較為直觀且符合圖表的美感設計。

分向長條圖使用的時機主要是分向凸顯出特定類別值在某一參考點的特定數列值其偏離的方向與大小程度，方向通常指的是正 / 反方向也就是高 / 低於參考點的概念，程度則就是數值高 / 低於參考點幅度的展現，色彩常用來加強展現水平線條的美觀與洞察。圖 5.1 示意了某公司不同大分類產品的獲利情形，其大分類的排列方式乃採數值高低做排序。當不同的大分類以不同顏色做區分可增添圖表的色彩。同時亦可以參考點為基礎，高 / 低於參考點的數值可考慮採用對比色系來加強正反向的感知洞察。

## 5.2.2 分向堆疊長條圖（Diverging stacked bar）

- **圖表名稱：**分向堆疊長條圖
- **資料格式：**三維－類別 vs 順序類別 vs 數值
- **元件展示方式：**橫線、水平、長度、顏色
- **用途：**比較（compare）（類別項目間）、組成（composition）（順序類別的數值統計）。
- **特點：**通常以順序類別的中間為指定參照值，展現順序類別偏離參照值的數值統計。
- **範例意涵：**如問卷調查中，不同問題（類別）中的李克特量表（Likert scale）（順序類別）的數值分佈或占比（類別）。（圖 5.2）

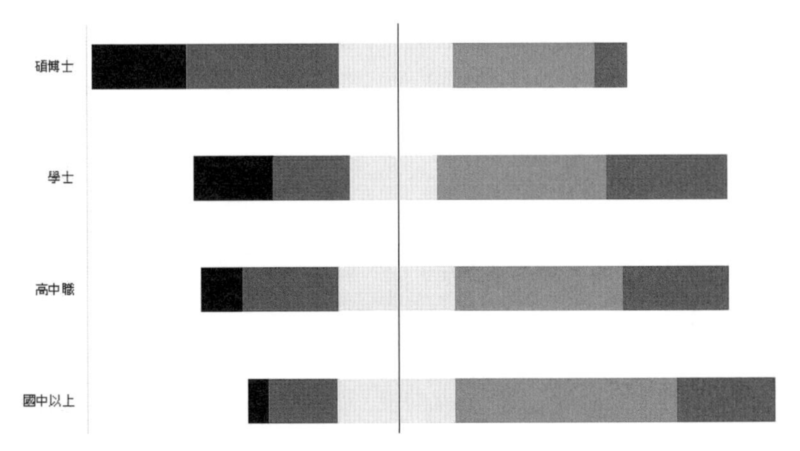


^ **圖 5.2** 分向堆疊長條圖（Diverging stacked bar）範例 1

分向堆疊顧名思義是要分方向且展現出長條的成份組成關係，應用在有兩個類別變項的資料中，通常第一個維度是單純的類別資料（如問卷調查中的題目），它在圖形中的排列順序則依類別資料是否需呈現出順序意義或單從圖表美觀度做考量。第二個

類別維度則是具有順序的類別值（如問卷題目的回答，如李克特 5 尺度），而圖中展現出的條狀堆疊長度則為依其順序性各自統計其數值（如李克特 5 尺度中回答“中性 3”的人數共幾位）；因長條與堆疊特性，同時展現出第一類別變項中，第二維度之組成（composition）概況。

分向堆疊長條圖（Diverging stacked bar）中，“分向”係指的順序類別中之參照點，製圖者可以依所要展示的重點，訂立參照點以突顯和比較對立之兩側數值。但以李克特 5 尺度問卷量表來說，如果以“中性”為參照值時，當用意是想看正反意向的相對比例，正反向發散情形的適用性可能會受到影響。根據定義，中立的回應為既不同意也不反對，應該不屬於任何類別，將中性類別沿垂直基線放置在圖表中間時，基線會造成左右兩側的錯位，隱性顯現中性反應的條形長度在兩種情緒當中，造成對右左數值正反傾向強度的誤判。為解決此疑慮，圖 5.3 是另一種可以考慮的替代呈現方式。

除此，倘若順序類別的項目過多，可能會因各項目未直接對齊而不好比較，此時可以考慮使用小型倍數圖（如圖 5.4）來對齊資料，讓數據更容易被準確比較。

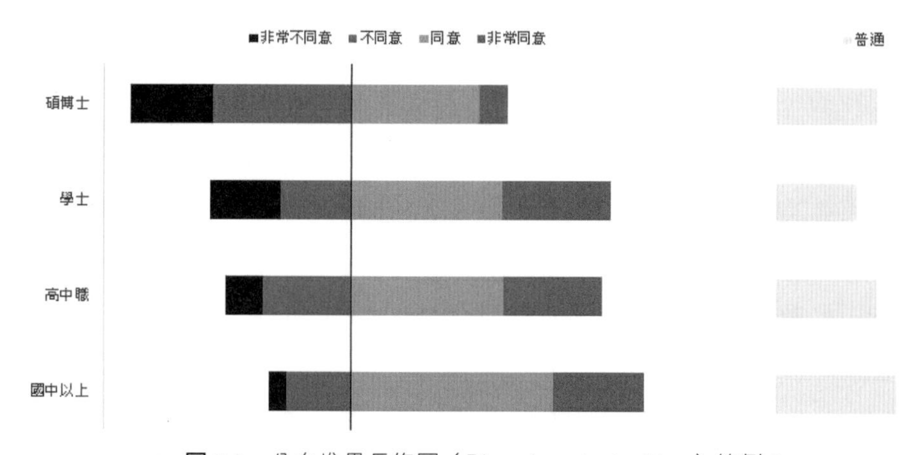


^ 圖 5.3 分向堆疊長條圖（Diverging stacked bar）範例 2

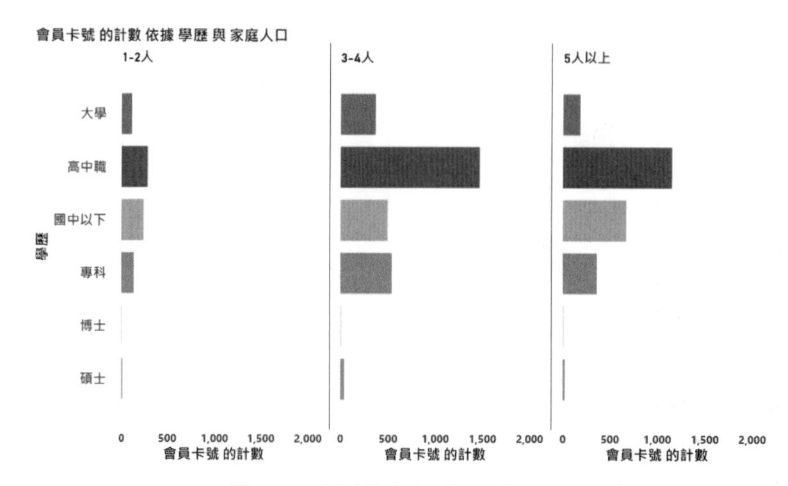


^ 圖 5.4 小型倍數圖（small multiples）

## 5.2.3 成對長條圖（Spine）

- **圖表名稱：**成對長條圖
- **資料格式：**三維－類別 vs 類別（成對）vs 數值
- **元件展示方式：**橫線、水平、長度、顏色
- **用途：**比較（compare）（兩類別項目）
- **特點：**中間參照值為成對類別的分野。
- **範例意涵：**不同國家（類別）男女（成對類別）的奢侈品平均消費（數值）。（圖 5.5）

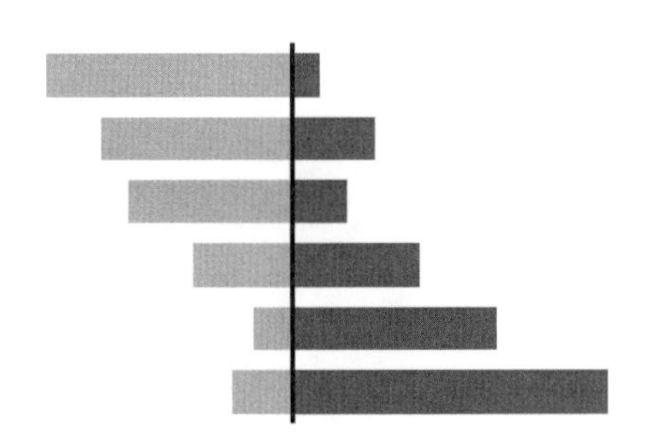

圖 5.5　成對長條圖（Spine）範例

成對長條圖（Spine）主要應用於三維資料中，第一個類別變項主要是用來排列長條圖的順序，可依特定意義或圖表美觀度做排列順序的考量。而第二個類別變項則扮演圖中分向的基礎線，既為成對分向的概念，此類別變項需為能粗分成 2 個類別值的欄位（如圖 5.5 中的男或女）。而條狀之長度則表示數值欄位數值的大小。

基於成對長條圖可以被視為以基礎線為主左右分開的兩組長條圖，因此亦可用群組長條圖來製圖；而當以群組長條圖表達方式比較時，因其會將基礎線左右的長條並排對齊做比較，或更容易察覺出成對長條之大小差異，但對第一類別間的比較來說，可能相對效果就比較弱。

另由於長條的長度是可以數值類別的原始數值呈現，同時亦可以將成對的數值轉換成比率的概念，如此能展示出成對資料的數值佔比；此時，該圖可展示出成對資料的組成比例關係。

成對的概念可以寬鬆定義成只要同維度有兩類別值，期望對數值欄位值做對比比較時使用。亦可應用在同一件事件發生前後的差異比較（如縱向時序），藉由視覺化的對比差異，圖表閱讀者能快速察覺到事件發生前後之差異。

## 5.2.4 損益線圖（Surplus/deficit filled line）

- **圖表名稱：**損益線圖
- **資料格式：**二維－類別（時序）vs 數值
- **元件展示方式：**線條、垂直、面積、顏色
- **用途：**比較（compare）
- **特點：**參照值（線）自訂，模擬比較參照線之損益（負正）值隨時序的變化。
- **範例意涵：**不同時間（時序類別）的損益值（數值）之變化趨勢。（圖 5.6）

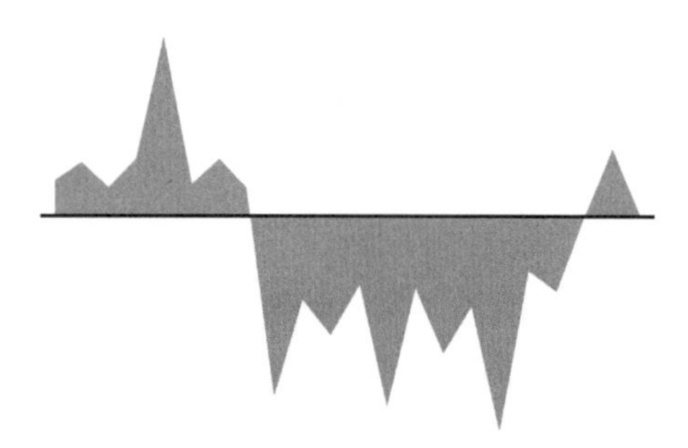

^ **圖 5.6**　損益線圖（Surplus/deficit filled line）?

損益線圖（Surplus/deficit filled line）綜合了兩個基礎的圖表：折線圖（Line chart）和面積圖（Area chart），折線圖和長條圖可能是世界上最常見的圖表。折線圖表清晰易閱讀，數值資料透過線條連接以顯示連續期間特定值的趨勢走向和分佈模式，特別適用在時間序列的資料中。而當使用折線圖來展示資料時，需留意時間顆粒度的問題，同樣資料如果採用日、月、季或年等不同顆粒度當做是橫軸刻度時，可能某些週期起伏會被忽略而導致部分訊息未被觀測到，故可搭配採用互動式圖表來讓閱讀者變更資料的時間顆粒度，以免除此一顧慮。圖 5.7~8 展示出以月平均或季（年）平均為時間顆粒度製圖，所揭露的訊息確實存在差異。最後，區域圖（Area Chart）則是折線圖的附加應用，主要是填充折線圖線條下方的區域，使得視覺上對數字的份量更為直觀有感。另當加入色彩運用時，則可搭配參照值（線）之損或益值做區隔，有助於視覺的辨識與觀察。

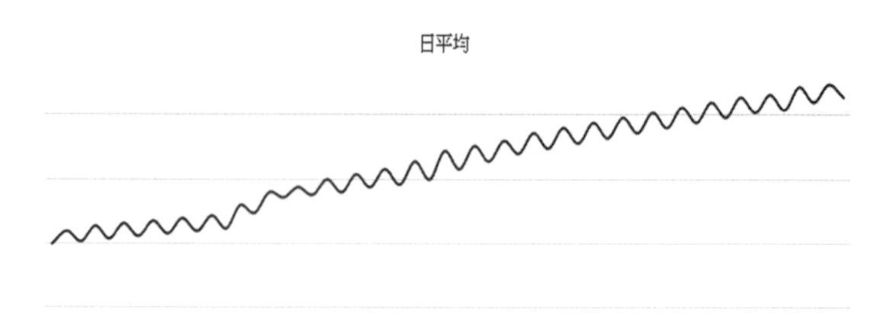


^ **圖 5.7**　折線圖 - 日（Line Chart）

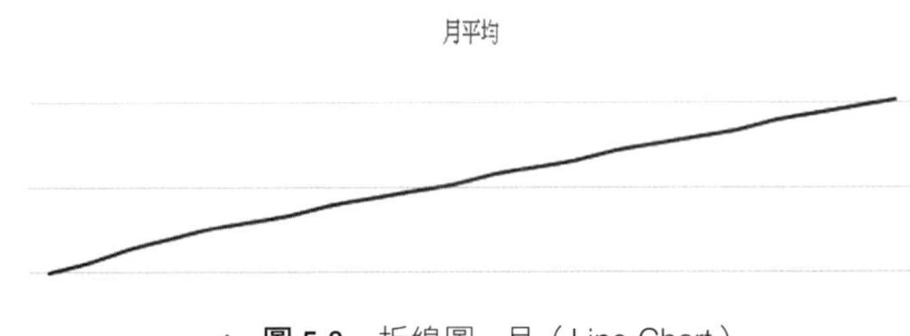


^ **圖 5.8** 折線圖 - 月（Line Chart）

簡言之，損益線圖結合折線圖、面積圖，以資料的基準比較點為依歸，讓閱圖者依時間序列的趨勢走向，快速地覺察到基準點之上與其下的份量與平衡關係。常用於企業以顯示經營績效，透過時間序列的軸線顯示營收和營損的數據，幫助閱圖者了解企業的總體盈利或虧損，快速檢視企業的財務狀況和經營績效。同時搭配時間的進程，閱圖讀者可自行運用視覺上的裁切能力，聚焦在所關注的特定時段中，了解其間損與益數值的平衡關係。

## 5.3 離散差異圖形之優缺點比較

在第二節中我們介紹了用來表達離散差異的四個圖形，匯整如表 5.1 所列。

**表 5.1** 離散差異圖形彙整

| 圖表名稱 | 資料格式 | 元件展示方式 | 用途 | 特點 |
| --- | --- | --- | --- | --- |
| 分向長條圖（Diverging bar） | 二維<br>類別 vs 數值 | 橫線、水平、長度、顏色 | 比較（compare）（類別項目間） | 指定參照值，展現偏離參照值的正 / 反向數值 |
| 分向堆疊長條圖（Diverging stacked bar） | 三維<br>類別 vs 順序類別 vs 數值 | 橫線、水平、長度、顏色 | 比較（compare）（類別項目間）<br>組成（composition）（順序類別的數值統計） | 通常以順序類別的中間為指定參照值，展現順序類別偏離參照值的數值統計 |
| 成對長條圖（Spine） | 三維<br>類別、類別（成對）、數值 | 橫線、水平、長度、顏色 | 比較（compare）（兩類別維度） | 中間參照值為成對類別值的分野 |
| 損益線圖（Surplus/deficit filled line） | 二維<br>類別（時序）、數值 | 垂直、線條、面積、顏色 | 比較（compare） | 參照值（線）自訂，模擬比較參照線之損益（負正）值隨時序的變化 |

這四張圖最大的共通點就是依資料的特性設有參照值（線），繼而以參照值（線）為基準點呈現出數據偏離此基準之方向與程度，比參照值低的為負向偏離反之則為正向偏離，條形長度或線形面積的大小則表達出其偏離程度之大小。緣此，當欲運用參照值來對比顯示不同方向的值差異大小時，離散差異圖為良好的製圖選擇。

整體而言，此四張圖十分簡潔清晰，成對長條圖和分向堆疊長條圖可展現出三維資料，分向長條圖和損益線圖則以二維資料為主。四張圖的優缺點比較整理於表 5.2。

**表 5.2** 離散差異圖形之優缺點比較

| 圖表名稱 | 優點 | 缺點 |
| --- | --- | --- |
| 分向長條圖（Diverging bar） | 簡潔清晰 | 僅涵蓋兩個維度的資料 |
| 分向堆疊長條圖（Diverging stacked bar） | 1. 簡潔清晰<br>2. 可表達三個維度的資料 | 1. 當順序類別值過多時，各順序類別因數值未能對齊而比較困難<br>2. 參考值（線）若設立在中間值時，中間值之大小會引發偏離負正向程度的誤解 |
| 成對長條圖（Spine） | 1. 簡潔清晰<br>2. 可表達三個維度的資料 | 1. 成對類別資料的差異是以條形長度來辨識，倘若差異不明顯時不易覺察<br>2. 成對類別的特定值差異因未直接對齊不易比較 |
| 損益線圖（Surplus/deficit filled line） | 1. 簡潔清晰<br>2. 可同時表現出隨時間變化的趨勢走向與參照線兩側方向的數值平衡情形 | 1. 僅涵蓋兩個維度的資料<br>2. 時間順序的資料顆粒度可能會影響連線的形狀而影響資料的觀察 |

# 5.4 範例資料介紹

本書所使用的軟體版本資訊為 Microsoft Power BI Desktop 版本：2.130.930.0 64-bit（2024 年 6 月）。

## 5.4.1 範例資料檔案

本書第二篇主要使用的資料是來自國內某超市經過整理後的 ERP 資料檔案，分別是【會員資料】、【商品資料】和【交易資料】，依序儲存在三個 csv 檔案中，相關欄位名稱與資料類型如表 5.3、表 5.4、表 5.5 所介紹。

表 5.3　會員資料檔（Member.csv）

| 資料表名稱 | 欄位 | 資料類型 | 主鍵 / 外來鍵 |
|---|---|---|---|
| Member.csv | 會員卡號 | 文字 | 主鍵 |
| | 性別 | 文字 | |
| | 郵遞區號 | 文字 | |
| | 縣市 | 文字 | |
| | 行政區名 | 文字 | |
| | 家庭人口 | 文字 | |
| | 職業 | 文字 | |
| | 學歷 | 文字 | |
| | 婚姻狀況 | 文字 | |
| | 來店所需時間 | 文字 | |
| | 年齡層 | 文字 | |
| | Ages（年齡） | 浮點數 | |
| | 經度 | 浮點數 | |
| | 緯度 | 浮點數 | |

表 5.4　商品資料檔（Product.csv）

| 資料表名稱 | 欄位 | 資料類型 | 主鍵 / 外來鍵 |
|---|---|---|---|
| Product.csv | 商品編號 | 文字 | 主鍵 |
| | 部門碼 | 文字 | |
| | 大分類 | 文字 | |
| | 中分類 | 文字 | |
| | 小分類 | 文字 | |
| | 品名 | 文字 | |
| | 單價 | 整數 | |

**表 5.5** 交易資料檔（Transaction.csv）

| 資料表名稱 | 欄位 | 資料類型 | 主鍵 / 外來鍵 |
|---|---|---|---|
| Transaction.csv | 會員卡號 | 文字 | 外來鍵（Member.csv） |
| | 商品編號 | 文字 | 外來鍵（Product.csv） |
| | 交易時間 | 文字 | |
| | 交易序號 | 文字 | |
| | 單價 | 整數 | |
| | 數量 / 點數 | 整數 | |
| | 銷售金額 | 整數 | |
| | 交易日期 | 日期 | |

## 5.4.2 資料取得

本小節主要介紹 Power BI Desktop 應用程式如何連接到數據源以及如何設定資料關聯。

### 任務 1：開啟 Power BI Desktop

STEP01 預設情況下，【啟始對話視窗】會在 Power BI Desktop 前面打開。可以直接選擇修改為點選空白報表開始操作。

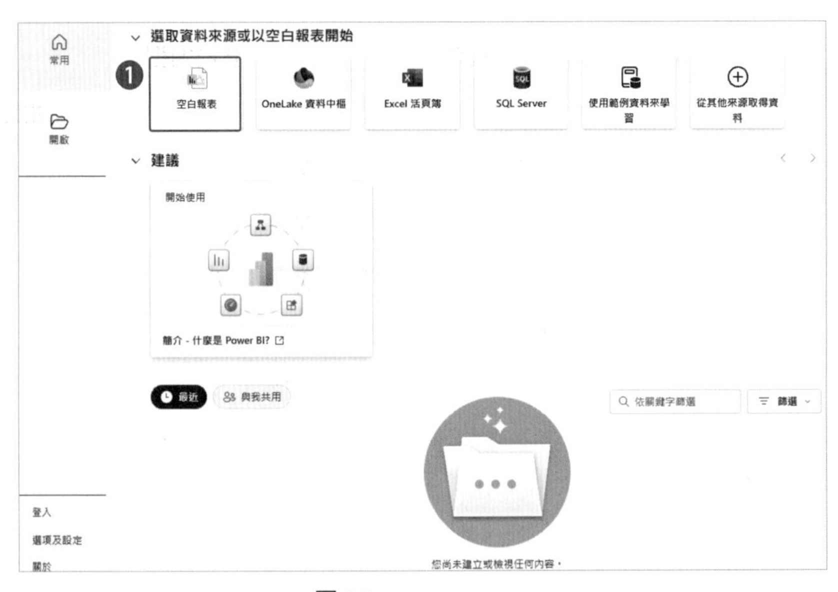


^ 圖 5.9

STEP02 在視窗左上角選取【選擇 / 儲存】，將檔案儲存在指定目錄下，將檔案命名成"Ch05.pbix"。

## 任務 2：從 csv 檔案中取得資料

STEP01 選擇【常用】，在【資料】功能表按下【取得資料】，點選【文字 /CSV】。

^ 圖 5.10

STEP02 挑選檔案【Member.csv】。

STEP03 按右下角【轉換資料】鈕。

^ 圖 5.11

STEP04 調整【郵遞區號】，將 123 改成文字（ABC）。

= Table.TransformColumnTypes(已將標頭升階,{{"會員卡號", type text}, {"性別", type

|  | 會員卡號 | 性別 | 郵遞區號 | 縣市 | 行政區名 |
|---|---|---|---|---|---|
| 1 | Member_S10554 | 女 | 100 | 臺北市 | 臺北市中正區 |
| 2 | Member_S13941 | 女 | 100 | 臺北市 | 臺北市中正區 |
| 3 | Member_S7867 | 女 | 100 | 臺北市 | 臺北市中正區 |
| 4 | Member_S7865 | 女 | 100 | 臺北市 | 臺北市中正區 |
| 5 | Member_S7699 | 女 | 100 | 臺北市 | 臺北市中正區 |
| 6 | Member_S13594 | 男 | 100 | 臺北市 | 臺北市中正區 |
| 7 | Member_S7791 | 女 | 100 | 臺北市 | 臺北市中正區 |
| 8 | Member_S7888 | 女 | 100 | 臺北市 | 臺北市中正區 |
| 9 | Member_S7800 | 女 | 100 | 臺北市 | 臺北市中正區 |
| 10 | Member_S11525 | 女 | 100 | 臺北市 | 臺北市中正區 |
| 11 | Member_S11268 | 男 | 100 | 臺北市 | 臺北市中正區 |
| 12 | Member_S12493 | 女 | 100 | 臺北市 | 臺北市中正區 |
| 13 | Member_S12999 | 女 | 100 | 臺北市 | 臺北市中正區 |
| 14 | Member_S7532 | 男 | 100 | 臺北市 | 臺北市中正區 |
| 15 | Member_S7525 | 男 | 100 | 臺北市 | 臺北市中正區 |
| 16 | Member_S8360 | 女 | 100 | 臺北市 | 臺北市中正區 |

^ 圖 5.12

STEP05 按【取代現有】鈕。

^ 圖 5.13

STEP06 按左上【關閉並套用】鈕。（從 Power Query 編輯器回到 Power BI Desktop）（由於不影響後續之製圖，請忽略套用後的資料錯誤訊息）

^ 圖 5.14

STEP07 重覆上面的 Step 1~6，其中 Step 2 挑選檔案【Product.csv】。

STEP08 調整【商品編號】、【大分類】、【中分類】、【小分類】將 123 改成文字（ABC），按【取代現有】鈕。

STEP09 調整【單價】將 ABC 改成數字（123），按【取代現有】鈕。

STEP10 重覆上面的 Step 1~6，其中 Step 2 挑選檔案【Transaction.csv】。

STEP11 調整【商品編號】、【交易時間】、【交易序號】將 123 改成文字（ABC），按【取代現有】鈕。

STEP12 調整【數量 / 點數】【銷售金額】，將 ABC 改成整數（123），按【取代現有】鈕。

STEP13 調整【交易日期】將 123 改成日期，按【取代現有】鈕。

## 任務 3：設定模型關聯

STEP01 確認最右側【資料】窗格中有【Member】、【Product】、【Transaction】三個資料表。

STEP02 點選最左側【模型】功能。

STEP03 點選【Member】，將【會員卡號】拖曳到【Transaction】，按【確定】。

STEP04 點選【Product】，將【商品編號】拖曳到【Transaction】，按【確定】。

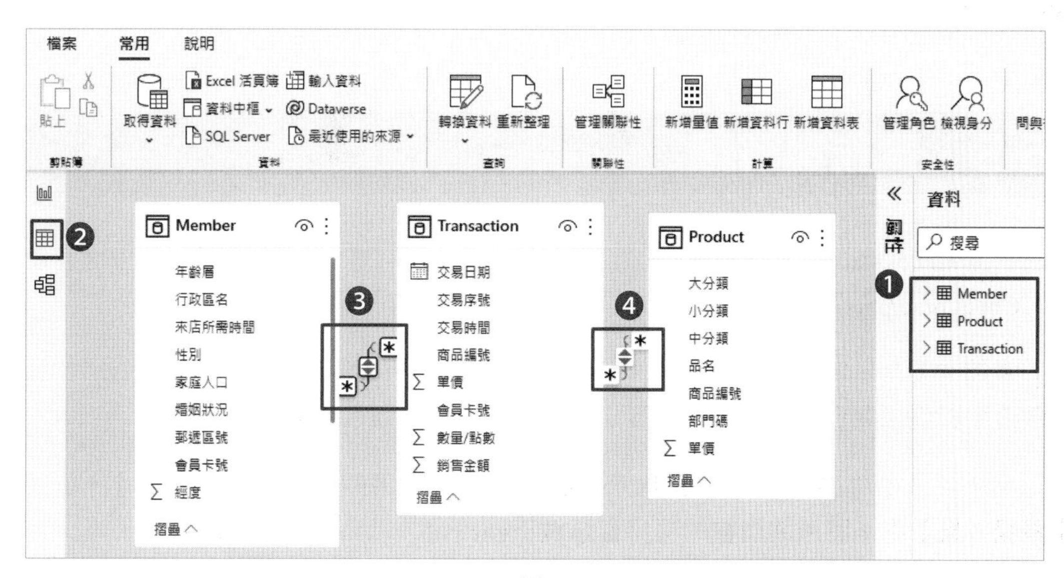


^ 圖 5.15

## 任務 4：資料瀏覽

STEP01 可透過最右側【資料】窗格，分別點開【Member】、【Product】、【Transaction】查看各資料表格欄位。

STEP02 點最右側按住【Member】後，點選最左側【資料檢視】功能查看資料與筆數（Member 約 6148 筆、Product 約 7377 筆、Transaction 約 362054 筆）。

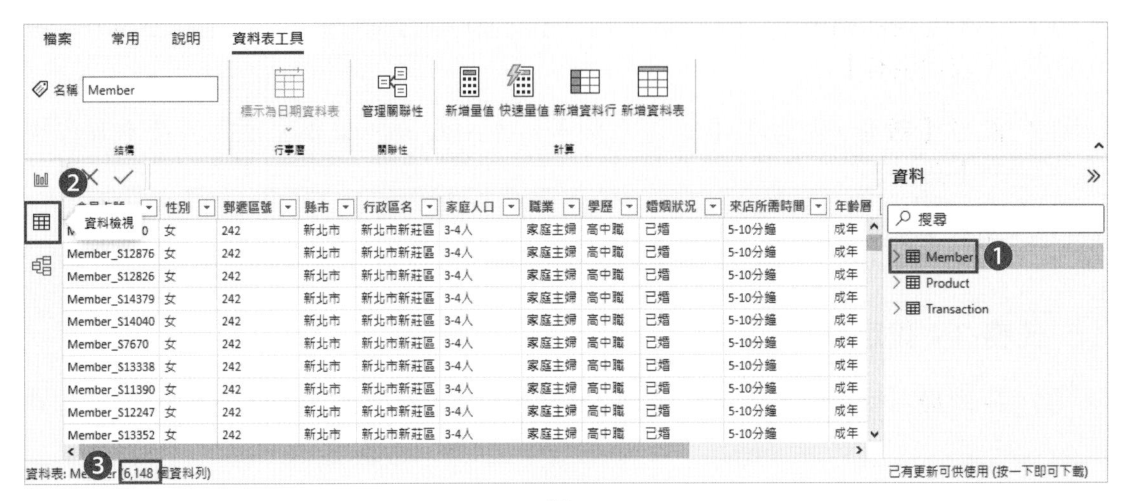


^ 圖 5.16

本書接續將以上述資料匯入之結果，預存在各章節的目錄中，如 Ch05_start.pbix。讀者可以直接使用 start 檔依照實作步驟做練習，同時最後的操作結果也提供於 Ch05_solution.pbix。

# 5.5 實作與解釋

打開 Ch05_start.pbix，選擇【另存新檔】將檔案另存在指定目錄下，可將檔案命名成“Ch05_prac.pbix”。

本節主要是示範相關圖表之製作，實際商務應用需依讀者自有資料，針對所欲探索之數值配對到相關資料軸線或其它設定，以達查看資料離散差異之效。

另，各子節中的圖形都可依循下列步驟做視覺效果的調整：點按【圖】，依序在【視覺效果】中，將所欲調整的項目嘗試做不同設定，以完成更精美的製圖。

## 5.5.1 分項長條圖之製作

- **製圖目的**：依產品的大分類展示是否獲利和利潤高低

### 任務 1：資料準備 - 在【Product】資料表中新增「成本」和「利潤」兩個量值。

STEP01 選取右側資料視窗中的【Product】資料表，在【資料表工具】中選取「新增量值」。

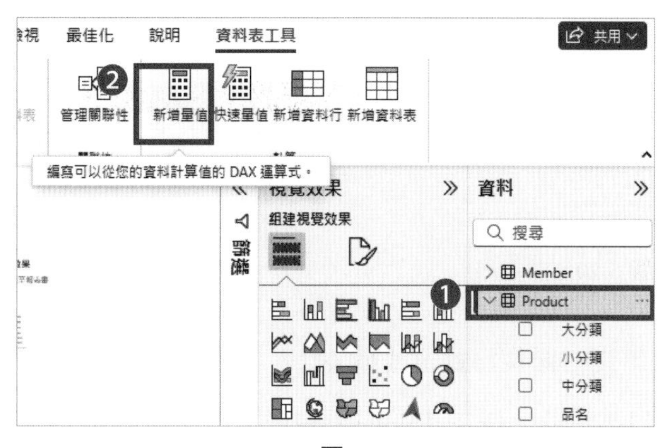


圖 5.17

STEP02 設定 DAX 公式為「成本 =60」，按下【Enter】完成。

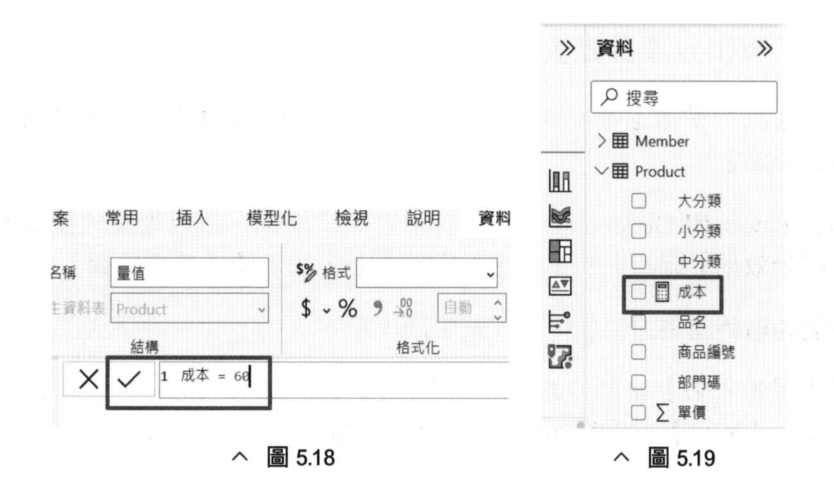


圖 5.18

圖 5.19

STEP03 選取右側資料視窗中的【Product】資料表，在【資料表工具】中選取【快速量值】。

STEP04 在【計算】中選取【減法】，【基底值】從右側資料拖曳挑選【單價】，並下拉將其改成【平均】。

^ 圖 5.20 ^ 圖 5.21 ^ 圖 5.22

STEP05 在要相減的值從右側資料挑選【成本】，按確定。

STEP06 更改名稱為【利潤】，按下【Enter】完成。

STEP07 完成後請確認右側資料視窗中的【Product】資料表，已產出【成本】和【利潤】兩個新量值。

## 任務 2：製作分項長條圖

STEP01 請在左上方點選【報表檢視】，接著於左下將頁籤【第 1 頁】重新命名為【分項長條圖】。

STEP02 由於 Power BI Desktop 沒有直接支援分項長條圖，故以堆疊橫條圖製作，請在【視覺效果】視窗中的【組建視覺效果】先按下【堆疊橫條圖】。

STEP03 在製圖區將圖表的區域拉大成適中的大小。

STEP04 在【視覺效果】視窗中的【組建視覺效果】，將【Product】表中的【大分類】拖曳到【Y 軸】，再將 Product 表中的【利潤】拖曳到【X 軸】。

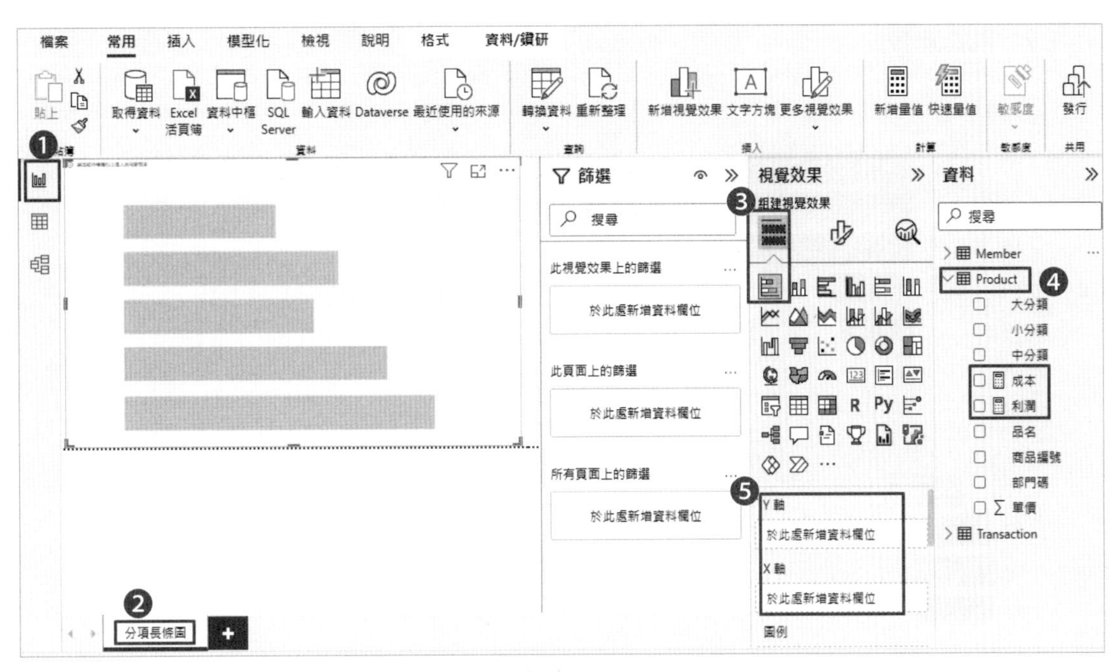


^ 圖 5.23

STEP05 色彩調整：先按【圖】，依序在【視覺效果】的【列 / 色彩 / 預設】選【*fx*】。

STEP06 【格式樣式】選【規則】，以【利潤】為基礎規則如下圖所示，按下【確定】。

^ 圖 5.24

^ 圖 5.25

STEP07 完成圖表。

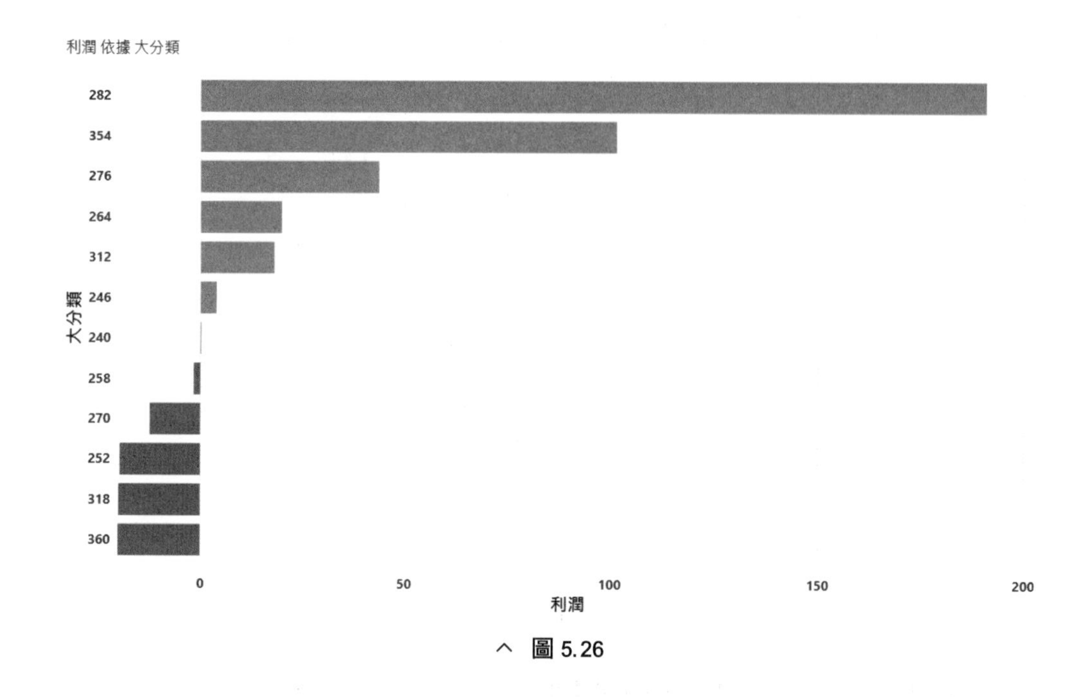


^ 圖 5.26

## 5.5.2 分向堆疊長條圖（小倍數）（small multiples）之製作

- 製圖目的：依不同【學歷背景】顯示出不同【家庭人口】會員數統計

### 任務：分向堆疊長條圖（小倍數）

STEP01 請在左上方點選【報表檢視】，接著於下方頁籤按【+】新增頁籤並重新命名為【小倍數】。

STEP02 由於 Power BI Desktop 沒有直接支援分項堆疊長條圖，故以堆疊橫條圖加上小倍數的型式製作，請在【視覺效果】視窗中的【組建視覺效果】先按下【堆疊橫條圖】。

STEP03 在製圖區將圖表的區域拉大成適中的大小。

STEP04 在【視覺效果】視窗中的【組建視覺效果】，將【Member】表中的【學歷】拖曳到【Y 軸】，再將 Member 表中的【會員卡號】拖曳到【X 軸】，再將 Member 表中的【家庭人口】拖曳到【小倍數】。

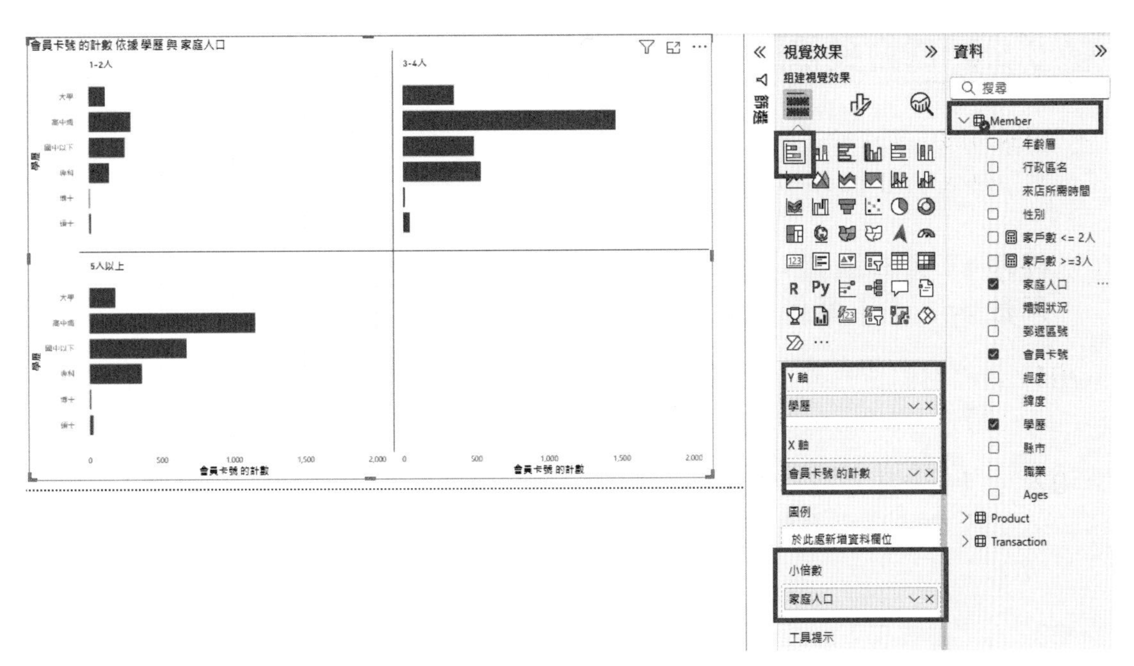

^ 圖 5.27

STEP05 圖形配置調整：先按【圖】，依序在【視覺效果】的【小倍數】下拉選取【配置】，將【資料列】設成 1、【資料欄】設成 3。

STEP06 接續做色彩調整，往下找到【列】、在【色彩】下的全部顯示開啟接續設定各值組的顏色針對不同【學歷】值分別挑選所欲展示的顏色，即完成製圖。

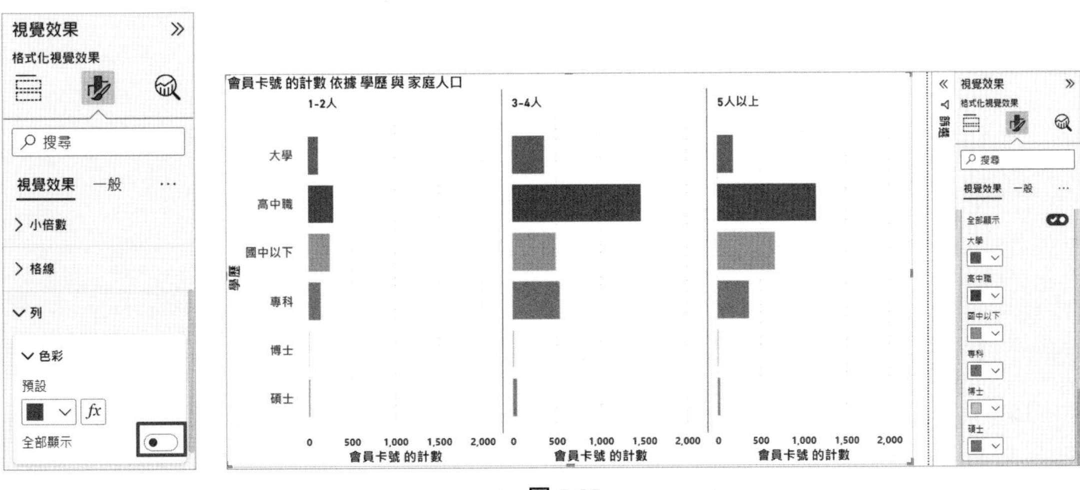

^ 圖 5.28

## 5.5.3 成對長條圖（Spine）之製作

- **製圖目的**：依不同【學歷背景】顯示出不同【家庭人口】會員數統計，針對【家戶數 <=2 人】和【家戶數 >=3 人】做成對比較

### 任務 1：資料準備 - 在 Member 資料表中新增【家戶數 <=2 人】和【家戶數 >=3 人】兩個量值

STEP01 選取右側資料視窗中的 Member 資料表，在【資料表工具】中選取【快速量值】。

STEP02 在【計算】中選取【篩選過的值】，【基底值】從右側資料拖曳挑選【家庭人口】會呈現出【家庭人口 的計數】，【篩選】從右側資料拖曳挑選【家庭人口】。

STEP03 再下拉選取【1~2 人】，按下確定。

圖 5.29

STEP04 此新量值之【名稱】改成【家戶數 <=2 人】，並修改 DAX 將其值上負號【[ 家戶數 <=2 人 ] =-(CALCULATE(COUNTA('Member'[ 家庭人口 ]), 'Member'[ 家庭人口 ] IN { "1-2 人 " }))】。

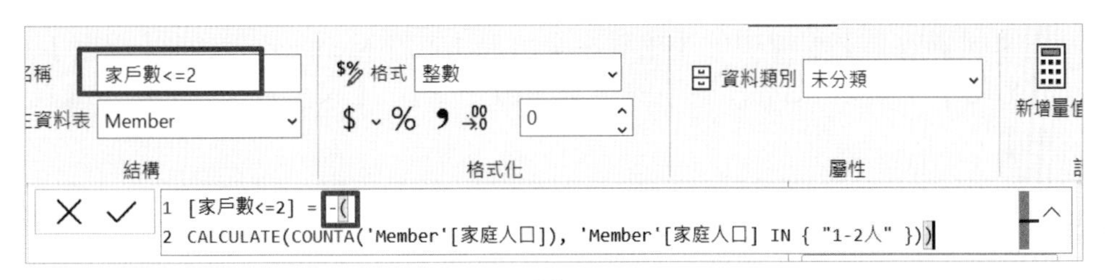


^ 圖 5.30



STEP05 重複 Step 1~2 後，再下拉選取【3~4 人】，按下確定。

STEP06 此新量值之【名稱】改成【家戶數 >=3 人】，並修改 DAX 將【5 人以上】也包含進來【[ 家戶數 >=3] =CALCULATE(COUNTA('Member'[ 家庭人口 ]), 'Member'[ 家庭人口 ] IN { "3-4 人 " ,"5 人以上 " })】按下【Enter】完成。

STEP07 完成後請確認右側資料視窗中的 Member 資料表，已產生出【家戶數 <=2 人】和【家戶數 >=3 人】兩個新量值。

STEP08 關閉【快速量值】。

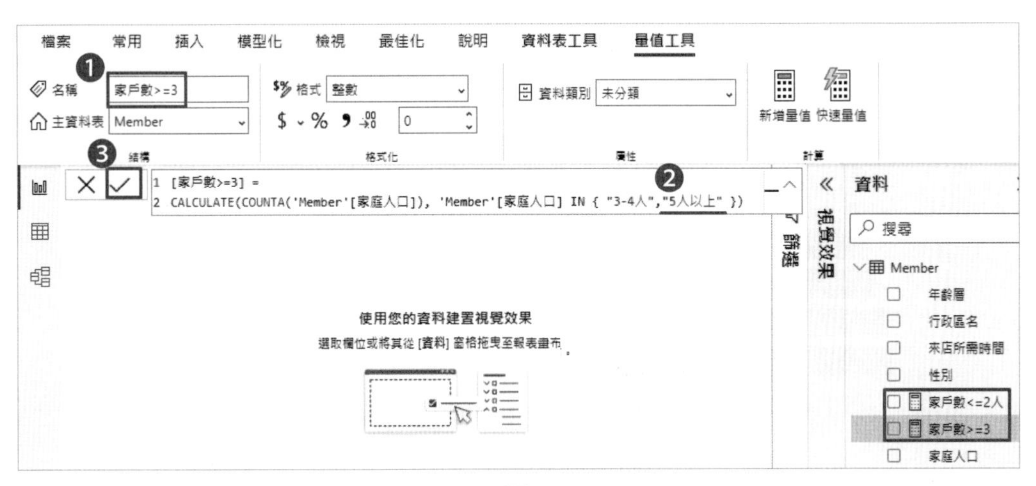


^ 圖 5.31

## 任務 2：製作成對長條圖（Spine）

STEP01 請在左上方點選【報表檢視】，接著於下方頁籤按【+】新增頁籤，並重新命名為【成對長條圖】。

STEP02 由於 Power BI Desktop 沒有直接支援分項堆疊長條圖，故以堆疊橫條圖製作，請在【視覺效果】視窗中的【組建視覺效果】先按下【堆疊橫條圖】。

STEP03 在製圖區將圖表的區域拉大成適中的大小。

STEP04 在【視覺效果】視窗中的【組建視覺效果】，將 Member 表中的【學歷】拖曳到【Y 軸】，再將 Member 表中的【家戶數 >=3】、【家戶數 <=2】依序拖曳到【X 軸】。

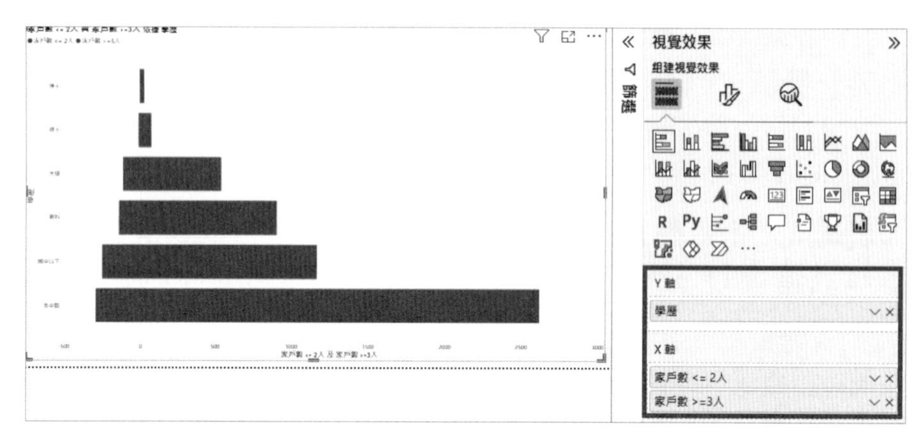


^ 圖 5.32

STEP05 色彩調整：先按【圖】，依序在【視覺效果】的【列】，針對【家戶數 >=3】、【家戶數 <=2】分別挑選所欲展示的顏色，完成製圖。

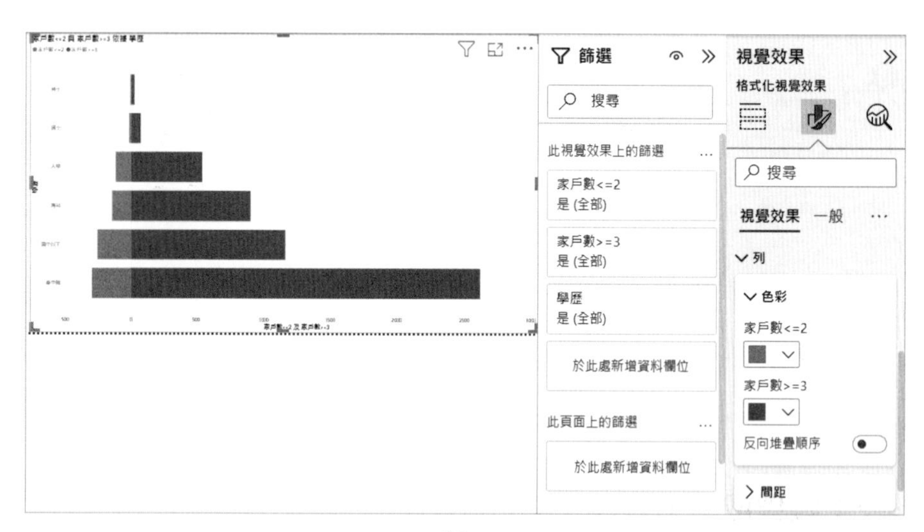


^ 圖 5.33

## 5.5.4 損益線圖（Surplus/deficit filled line）之製作

- 製圖目的：繪製銷售金額與上月相比（%）之損益線圖

### 任務 1：資料準備 - 在 Transaction 資料表中新增【銷售金額 與上月相比 %】量值

STEP01 選取右側資料視窗中的 Transaction 資料表，在【資料表工具】中選取【快速量值】。

STEP02 在【計算】中選取【與上月相比的變化】，【基底值】從右側資料拖曳挑選【銷售金額】後呈現出【銷售金額 的總和】，【日期】從右側資料拖曳挑選【交易日期】，按下【確定】即完成新量值【銷售金額 與上月相比 %】準備。

^ 圖 5.34

### 任務 2：損益線圖（Surplus/deficit filled line）之製作

STEP01 請在左上方點選【報表檢視】，接著於下方頁籤按【+】新增頁籤並重新命名為【損益線圖】。

STEP02 由於 Power BI Desktop 沒有直接支援損益線圖，故以區域圖製作。請在【視覺效果】視窗中的【組建視覺效果】先按下【區域圖】。

STEP03 在製圖區將圖表的區域拉大成適中的大小。

STEP04 在【視覺效果】視窗中的【組建視覺效果】，將【Transaction】表中的【交易日期】下的【日期階層】下的【月】拖曳到【X 軸】，再將【Transaction】表中的【銷售金額 與上月相比 %】拖曳到【Y 軸】，即完成製圖。

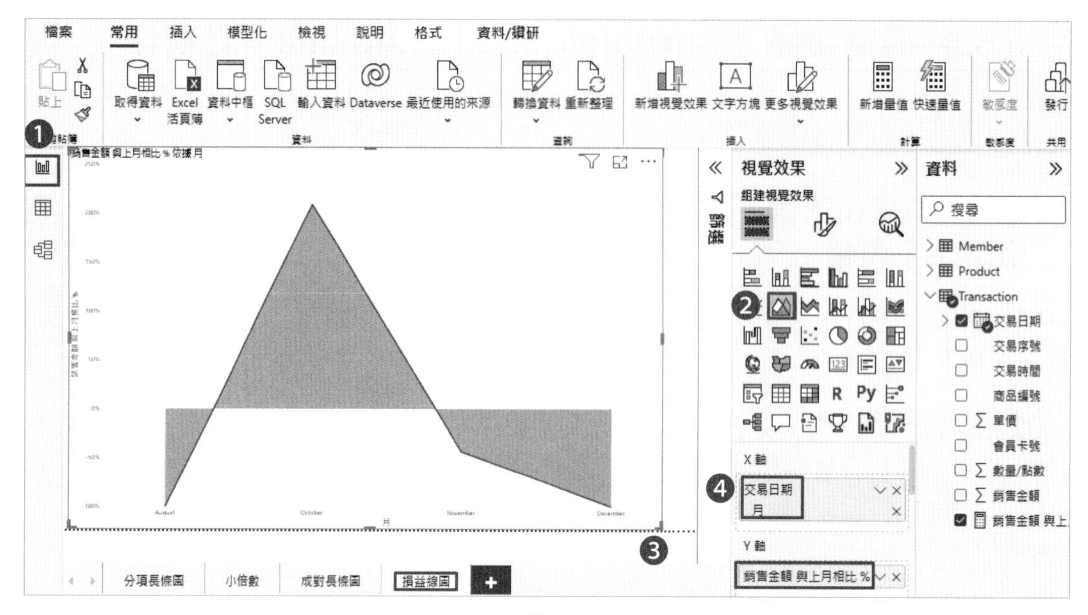


^ 圖 5.35

## 模擬試題

1. 分向長條圖（Diverging bar）的特點是什麼？

   A. 僅展示正值

   B. 僅展示負值

   C. 指定參照值，展現偏離參照值的正 / 反向數值

   D. 展示類別之間的累計值

2. 在離散差異視覺化中，成對長條圖（Spine）主要用於比較什麼？

   A. 兩類別維度的數值比較

   B. 不同時間序列的資料

   C. 相同類別的不同數值

   D. 不同地區的統計資料

3. 損益線圖（Surplus/deficit filled line）通常用於顯示什麼？

   A. 企業的經營績效

   B. 不同產品的市場佔比

   C. 顧客滿意度的變化

   D. 產品的銷售週期

4. 分向堆疊長條圖（Diverging stacked bar）與其他圖表相比，其獨特之處在於能同時展示哪些資訊？

   A. 比較和組成

   B. 時間序列分析

   C. 地理資訊系統資料

   D. 網路流量資料

CHAPTER

# 6

# 關聯性之視覺化（Relationship）

## 6.1 關聯性視覺化圖表特色及使用之資料格式

在進行數據分析時，探索資料間的關聯是很重要的前置步驟之一，當對資料的分佈或特性有一定了解時，有助於進一步預測資料的趨勢走向，進一步對相關主題做出有利的判斷或決策參考。

相關性主要是用於展現兩（多）項變數間的連動關係，一般而言平面視覺圖表主要是用來展現兩（多）個變數間的數值變化關係，常被用來展示兩變數間是否進一步存在因果關係（例如一個變數的變化如何影響另一個變數變化）。

常見的關聯性視覺化圖表包括散佈圖（Scatter plot）、折線 + 柱狀圖（Line + Column）、連接散佈圖（Connected scatterplot）、泡泡圖（Bubble chart）、XY 熱圖等分述於本章。而常見的圖表應用例如：年齡與薪資的關係、所得收入與居住房價的關係、分析市場需求和產品利潤率之間的關係…等，可協助讓閱圖者掌握現況以及預測趨勢走向。

# 6.2 圖形介紹

## 6.2.1 散佈圖（Scatter plot）

- **圖表名稱：**散佈圖
- **資料格式：**二維（以上）－ 數值 vs 數值
- **元件展示方式：**點、水平 / 垂直、顏色
- **用途：**關聯性（relationship）（兩數值變數間）
- **特點：**兩變數（以上）間其數值的變化與分佈關係。
- **範例意涵：**某動物頭部大小（數值）和體重（數值）之間的關係，用以觀測是否頭部愈大體重愈重。（圖 6.1）

^ **圖 6.1** 散佈圖（Scatter plot）範例 1

散佈圖（Scatter plot）是最廣泛使用的圖表之一，需要兩個數值變數的配對資料，例如 x 軸值和 y 軸值。其通常是被用來觀察兩數值資料彼此間的連動關係，以利圖表閱讀者理解兩數值變項之關聯（relationship）性。一般來說它很常被用於探索變數之間的線性關係，而散佈圖可以顯示出包括正向關係、負向關係和沒有關係。當有明顯之關聯存在，可再進一步加上輔助線以展示其可能存在之關係。當兩數值呈現正向關係，散佈圖上的點會形成一條往右上的直線；如果呈現負向關係，則散佈圖上的點會形成一條傾向右下的直線；如果呈現無關係，則散佈圖上的點會呈現出隨機分散的形狀。

散佈圖中的每個點代表一組個別之資料，所有資料點組合起來亦可觀測出數據的趨勢；同時倘若數據中含有離群值或極端值時，製圖者可用不同的標記或顏色將其標識出來，以增進對數據的理解。

此外亦可再引入其它類別變項，綜合展示可能存在的關係；如圖 6.2 展示出繪圖者使用顏色將數據區分成“公”和“母”兩組，閱圖者可進一步觀察是否不同性別（類別變項），此二數值變項間各有何的關聯或影響。

簡言之，散佈圖是一種簡單而有效的圖形工具，可協助人們探索數值變數間的關係、視覺化個別資料點、描繪整體趨勢以及識別離群值。

圖 6.2　散佈圖（Scatter plot）範例 2

## 6.2.2 折線 + 柱狀圖（Line + Column）

- **圖表名稱：**折線 + 柱狀圖
- **資料格式：**三維－類別（順序）vs 數值 vs 數值
- **用途：**比較（compare）（兩數值變數間）、關聯（relationship）（數值的變化關係）。
- **元件展示方式：**點、線條、長度、水平 / 垂直、顏色
- **特點：**展現兩種不同數值在有序類別上的變化關係。
- **範例意涵：**如不同大城市（有序類別），總人口數（數值）與疫苗施打率（數值）間的關係。（圖 6.3）

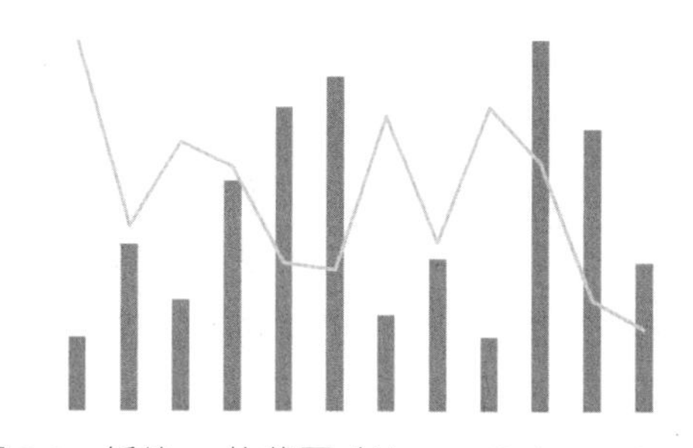

圖 6.3　折線 + 柱狀圖（Line + Column chart）範例

折線＋柱狀圖顧名思義是由折線圖和柱狀圖所組成，兩個圖形以一個有序的類別變項做連結。藉由此有序變項可同步觀察兩變項之數值的變化情形，方便閱圖者理解與推想變項間的關係。例如我們可從圖 6.3 中觀察出，最左側的城市人口數最多，但疫苗施打率並不是最高的。而針對有序類別，折線圖可以輕易展示出數值的趨勢走向；倘若該類別變數沒有特定排列方式，則建議選定折線或長條圖擇一數值做升 / 降冪排列，以避免資訊太過發散，以致不利觀察出數值間的關聯。

### 6.2.3 連接散佈圖（Connected scatterplot）

- **圖表名稱：**連接散佈圖
- **資料格式：**二維－類別（有序）vs 數值
- **元件展示方式：**點、線條、長度、水平 / 垂直、顏色
- **用途：**比較（compare）（類別與數值變數間）、關聯（relationship）（類別與數值變數的變化關係）
- **特點：**從圖中可直接觀察數值數列隨時序（順序）類別上升或下跌的趨勢走向。
- **範例意涵：**不同年度（順序類別）的就業比率（數量）。（圖 6.4）

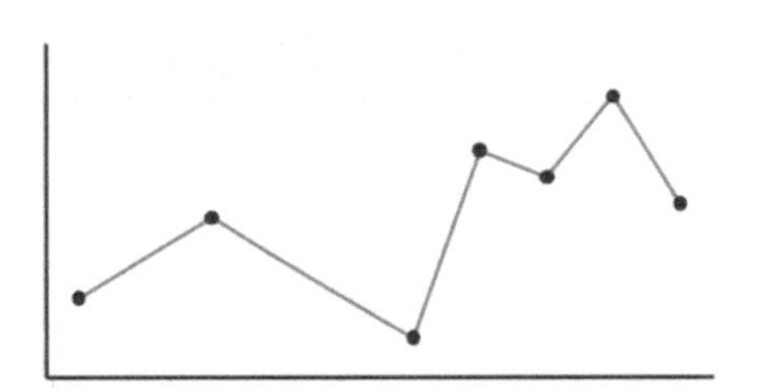

^ **圖 6.4** 連接散佈圖（Connected scatterplot）範例

連接散佈圖（Connected scatterplot）顧名思義是一種複合圖表，將散佈圖和連接線結合在一起，與折線圖（Line chart）也有相同意涵；折線圖的概念就是將資料點以線條型式連接起來，如此易於觀察出數值資料點隨有序類別變數的散佈和整體趨勢走向、易於觀察出離群異常值，以及比較多個數值變項數列等特色。折線圖表清晰易閱讀，數值資料透過線條連接，特別適用在時間序列的資料中，顯示連續期間的值趨勢走向和分佈的模式。

使用連接散佈圖（Connected scatterplot）和使用折線圖來展示資料時，都需留意時間顆粒度的問題，同樣的資料如果採用日、月、季或年等不同顆粒度視為橫軸刻度時，可能會有某些週期起伏被忽略了而引發資料解讀的不夠精準。（請參考圖 5-7、圖 5-8）

## 6.2.4 泡泡圖（Bubble chart）

- **圖表名稱：**泡泡圖
- **資料格式：**三維－數值 vs 數值 vs 數值（類別 vs 類別 vs 數值）
- **元件展示方式：**點、面積、水平 / 垂直、顏色
- **用途：**關聯（relationship）（兩數值變數的分佈關係）、比較（compare）（加上第三數值的大小）
- **特點：**從平面圖中直接觀察第三軸數值的大小（泡泡大小）。
- **範例意涵：**某地區人口的身高（數量）和體重（數量）的分佈與人數的關係（數量，泡泡）。（圖 6.5）



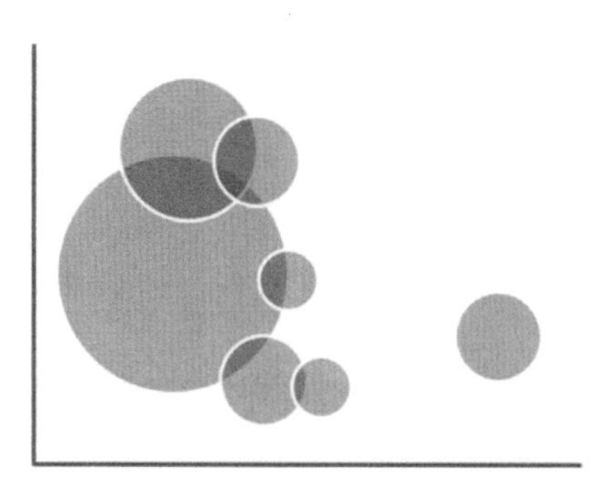

^ **圖 6.5** 泡泡圖（Bubble chart）範例

泡泡圖主要用來展示兩個及以上的連續變數之間的關係，相較於散佈圖，泡泡圖在視覺上更增添趣味感；泡泡之大小為原圖中加強展現第三變量的數值，增加原二維圖形所能呈現出來的資訊量，故常見於各種視覺化圖表中。

在實務上，除了泡泡大小可增加展現出數值變項的訊息外，亦可將泡泡塗上色彩以再加突顯出第四個類別型維度的資訊。

在準備泡泡圖數據時，還應考慮去除任何不必要的資料點，例如缺失數據或極端值，如此有助於更有效地運用泡泡圖來探索數據潛在的關係和洞察。另，常見將不同時間點依序繪製平面泡泡圖，最後以動畫的形式依時間軸做播放，可協助讀者對各泡泡依不同時點的大小變化有更直覺的觀察。此外，泡泡的大小可能會導致數據重疊，故泡泡圖可同步採用互動式顆粒大小的縮放選擇，讓閱圖者自行截切所欲分析數據的範圍。

## 6.2.5 XY 熱圖（XY heatmap）

- **圖表名稱：**XY 熱圖
- **資料格式：**數值 vs 數值
- **用途：**關聯（relationship）、比較（compare）
- **元件展示方式：**水平 / 垂直、面積、密度、顏色
- **特點：**展示兩個連續變數間強度、方向、密度關係，不適合展示數據的細微差異。
- **範例意涵：**氣象數據中，溫度（數量）和降雨量（數量）之間的關係。（圖 6.6）

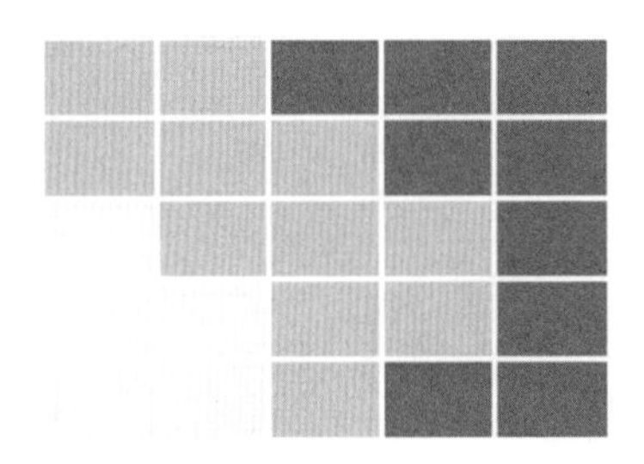

^ **圖 6.6** XY 熱圖（XY heatmap）範例

XY 熱圖用於顯示兩個連續變數之間關係的二維散布之延伸，相較於散佈圖，XY 熱圖在視覺上更增添豐富感；透過顏色或大小的使用來表示變數之間的強度、方向或密度，例如強度強 / 密度高的數值會採用較深的顏色，而強度弱 / 密度低則用淺色表示。

在延伸應用下，XY 熱圖可以額外增加類別變項，以區分不同類型的資料點，例如可以引進性別變項，使用不同的色系區隔之。另外，依據不同的資料和分析目的，製圖者可能在圖中加入特定權重變項，以控制加權不同資料點在圖表中的強度（以色系的深淺強度表示）。

## 6.3 關聯性視覺化圖表之優缺點比較

在 6.2 節中我們介紹了用來表達關聯性的五個圖形，匯整如表 6.1 所列。

**表 6.1** 關聯性圖形彙整

| 圖表名稱 | 資料格式 | 元件展示方式 | 用途 | 特點 |
|---|---|---|---|---|
| 散佈圖 | 二維<br>數值 vs 數值 | 點、水平 / 垂直、顏色 | 關聯性（relationship）（兩數值變數間） | 變數間其數值的變化與分佈關係 |
| 折線 + 柱狀圖 | 三維<br>類別（順序類別）vs 數值 vs 數值 | 點、線條、長度、水平 / 垂直、顏色 | 比較（compare）（兩數值變數間）、關聯（數值的變化關係） | 展現兩種不同數值在順序類別上的變化關係 |
| 連接散佈圖 | 二維<br>類別（有序）vs 數值 | 點、線條、長度、水平 / 垂直、顏色 | 比較（類別與數值變數間）、關聯（類別與數值變數的變化關係） | 觀察數值隨時序（順序）類別上升或下跌的趨勢走向 |
| 泡泡圖 | 三維<br>數值 vs 數值 vs 數值<br>或<br>類別 vs 類別 vs 數值 | 點、面積、水平 / 垂直、顏色 | 關聯（兩數值變數的分佈關係）、比較（加上第三數值的大小） | 從平面圖中可直接觀察第三軸數值的大小（泡泡大小） |
| XY 熱圖 | 二維<br>數值 vs 數值 | 水平 / 垂直、面積、密度、顏色 | 關聯、比較 | 展示兩個連續變數間強度、方向、密度關係 |

這五張圖基本上最大的共通點就是依二維軸去展現出資料的數值分佈資訊，從單純的資料描點如散佈圖以了解二維資料是否呈現出因果變化等相關情形；到將描點數值做連線以了解其可能的隨順序資料的變化趨勢（如：折線 + 柱狀圖和連接散佈圖）。除此之外，亦可擴展呈現出第三維以上的資訊；如折線 + 柱狀圖多加圖形來揭示另一個數值變量、而連接散佈圖再加不同顏色的線條來展示不同類型的數值趨勢。最後泡泡圖和熱點圖，進一步可使用顏色、大小、透明度、深淺等各種不同變化來擴增到三維四維資訊的揭露。惟以上這些表達的形式，人類可能無法非常精準的做絕對大小的判斷，故原則上用來揭示方向性的指引使用。一般來說，當二維的圖形被擴增用來表達三維以上的訊息時，多少會讓圖形的解讀更加複雜化，讀者在解讀時難免有可能會出錯或不易觀察出資料的樣貌，是故製圖者首要掌握的是繪製圖形時最主要想傳達的訊息是什麼，最終的成品是否有達到該效果；行有餘力時才考量能否加上其它變項訊息，並需要再次確

認新變項訊息在加上去之後，是否會妨礙原本要傳達的主要訊息，以便挑選出最適合的圖形。

不同的圖表可用於不同的數據探索和分析任務，以展現出不同的訊息；在選擇圖表時，需綜合考量數據的特性、製圖目標和閱圖者的理解情形等始能達到預期之成效。

本章所介紹的五張圖的優缺點比較表整理於表 6.2。

**表 6.2** 關聯性圖形之優缺點比較

| 圖表名稱 | 優點 | 缺點 |
|---|---|---|
| 散佈圖 | 簡潔清晰 | 僅涵蓋兩個維度的資料，所呈現的資料範圍有限 |
| 折線 + 柱狀圖 | 1. 簡潔清晰<br>2. 可展現三維以上的資料 | 1. 需留意折線和柱狀圖軸線刻度是否為不同的值域範圍<br>2. 所呈現的資料範圍有限 |
| 連接散佈圖 | 1. 簡潔清晰<br>2. 可展現三維以上的資料 | 相同時序資料點，如日、月、季或年等採不同橫軸顆粒度時，可能有週期起伏被忽略 |
| 泡泡圖 | 1. 圖形親和有趣<br>2. 可展現出三維以上的資料 | 1. 視覺上無法精準理解泡泡所代表的絕對大小<br>2. 泡泡的重疊造成判斷不夠精準<br>3. 不適合展示數據的細微差異 |
| XY 熱圖 | 1. 圖形親和有趣<br>2. 可同時表現出三維以上的資料 | 1. 視覺上熱圖的密度無法被精準理解其值的絕對大小<br>2. 不適合展示數據的細微差異 |

## 6.4 實作與解釋

打開 Ch06_start.pbix，選擇【另存新檔】將檔案另存在指定目錄下，可將檔案命名成“Ch06_prac.pbix”。

本節主要是示範相關圖表之製作，實際商務應用需依讀者自有之資料，針對所欲探索之數值搭配到相關資料軸線或其它設定，以達查看資料關聯性之效。

另，各子節中的圖形都可依循下列步驟做視覺效果的調整：點按【圖】，依序在【視覺效果】中，將所欲調整的項目嘗試做不同設定，以完成更精美的製圖。

## 6.4.1 散佈圖（Scatter plot）的製作

- **製圖目的**：展示銷售大分類銷售金額和銷售次數間的散佈關係

STEP01 請在左上方點選【報表檢視】，接著於下方頁籤按【第 1 頁】重新命名為【散佈圖】。

STEP02 在【視覺效果】視窗中的【組建視覺效果】先按下【散佈圖】。

STEP03 在製圖區將圖表的區域拉大成適中的大小。

STEP04 在【視覺效果】視窗中的【組建視覺效果】，將【Transaction】表中的【銷售金額】拖曳到【X 軸】，再將【Transaction】表中的【銷售金額】拖曳到【Y 軸】並同時下拉改成【計數】。

STEP05 將【Product】表中的【大分類】拖曳到【值】，即完成製圖。

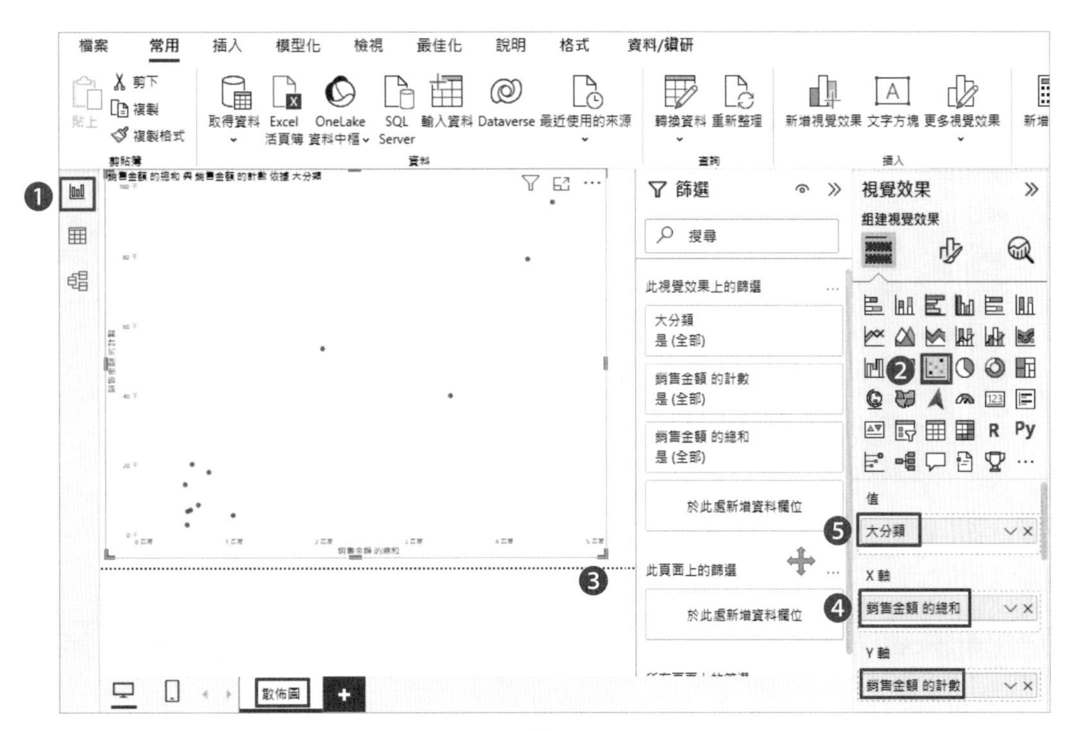


^ 圖 6.7

## 6.4.2 折線 + 柱狀圖（Line + Column chart）的製作

- **製圖目的：**展示大分類銷售金額 ( 柱狀 ) 和銷售次數 ( 折線 ) 的分佈

STEP01 請在左上方點【報表檢視】，接著於下方頁籤按【+】新增頁籤並重新命名為【折線 + 柱狀圖】。

STEP02 在【視覺效果】視窗中的【組建視覺效果】先按下【折線 + 柱狀圖】。

STEP03 在製圖區將圖表的區域拉大成適中的大小。

STEP04 在【視覺效果】視窗中的【組建視覺效果】，將【Product】表中的【大分類】拖曳到【X 軸】，再將【Transaction】表中的【銷售金額】拖曳到【資料行 y 軸】，再將【Transaction】表中的【銷售金額】拖曳到【線條 y 軸】並同時下拉改成【計數】，即完成製圖。

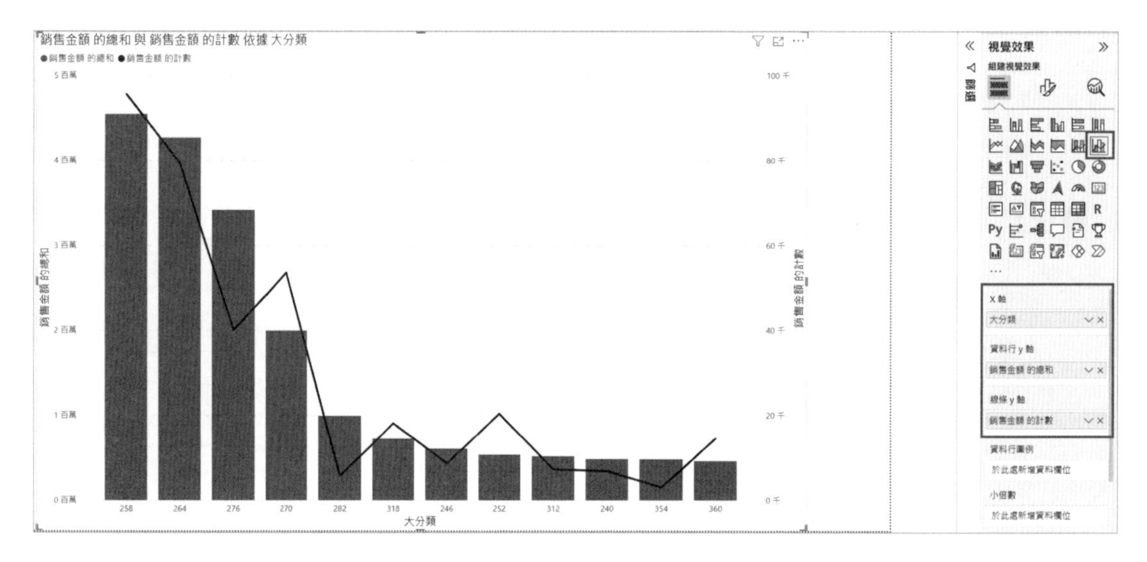


^ 圖 6.8

## 6.4.3 連接散佈圖（Connected scatterplot）之製作

- **製圖目的：**依銷售日期顯示每天的總銷售金額

STEP01 請在左上方點【報表檢視】，接著於下方頁籤按【+】新增頁籤並重新命名為【連接散佈圖】。

STEP02 在【視覺效果】視窗中的【組建視覺效果】先按下【折線圖】。

STEP03 在製圖區將圖表的區域拉大成適中的大小。

STEP04 在【視覺效果】視窗中的【組建視覺效果】，將【Transaction】表中的【交易日期】下的【日期階層】下的【日】拖曳到【X 軸】，再將【Transaction】表中的【銷售金額】拖曳到【資料行 y 軸】。

STEP05 圖形配置調整：先按【圖】，依序在【視覺效果】將【標記】開啟。

STEP06 在【標記】下方選擇顏色拉選取【色彩】改為【橘】，點選圖區完成製圖。

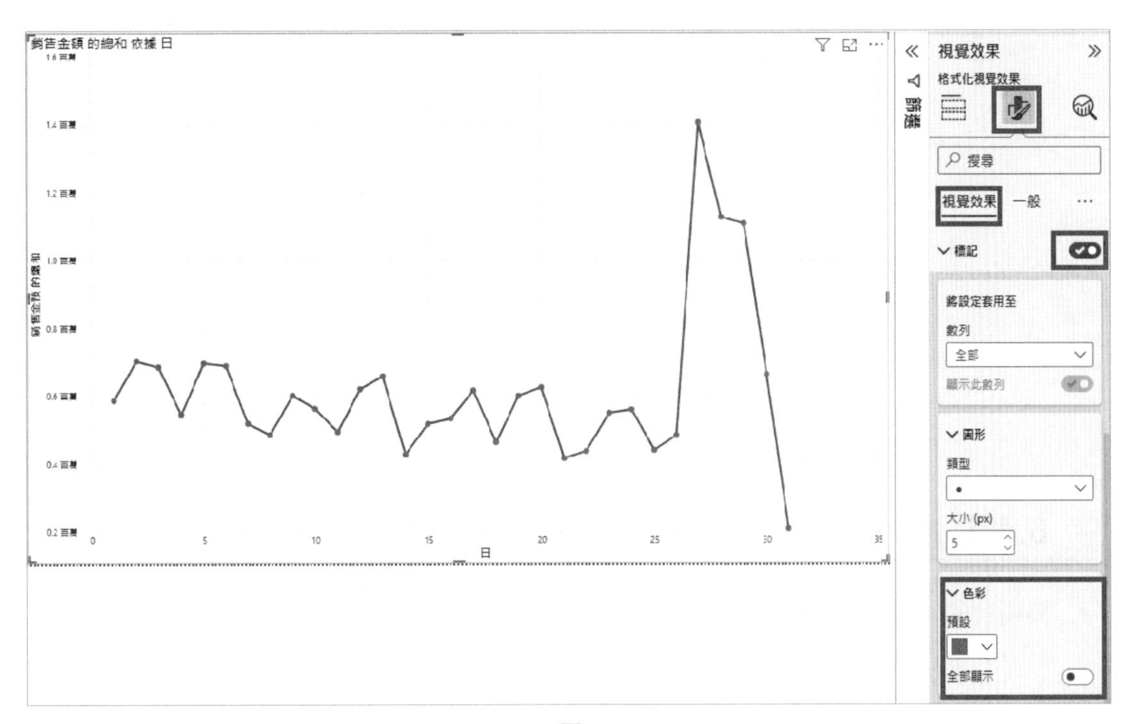


圖 6.9

## 6.4.4 泡泡圖（Bubble chart）之製作

- **製圖目的：**展示銷售的大分類銷售金額和銷售次數間的散佈關係，同時展示出平均銷售金額之大小。

STEP01 請在左上方點選【報表檢視】，接著於下方頁籤按【+】新增頁籤並重新命名為【泡泡圖】。

STEP02 在【視覺效果】視窗中的【組建視覺效果】先按下【散佈圖】。

STEP03 在製圖區將圖表的區域拉大成適中的大小。

STEP04 在【視覺效果】視窗中的【組建視覺效果】，將【Product】表中的【大分類】拖曳到【值】，再將【Transaction】表中的【銷售金額】拖曳到【X 軸】，再將 Transaction 表中的【銷售金額】拖曳到【Y 軸】並同時下拉改成【計數】。

STEP05 最後將【Transaction】表中的【銷售金額】拖曳到【大小】並同時下拉改成【平均】即完成製圖。

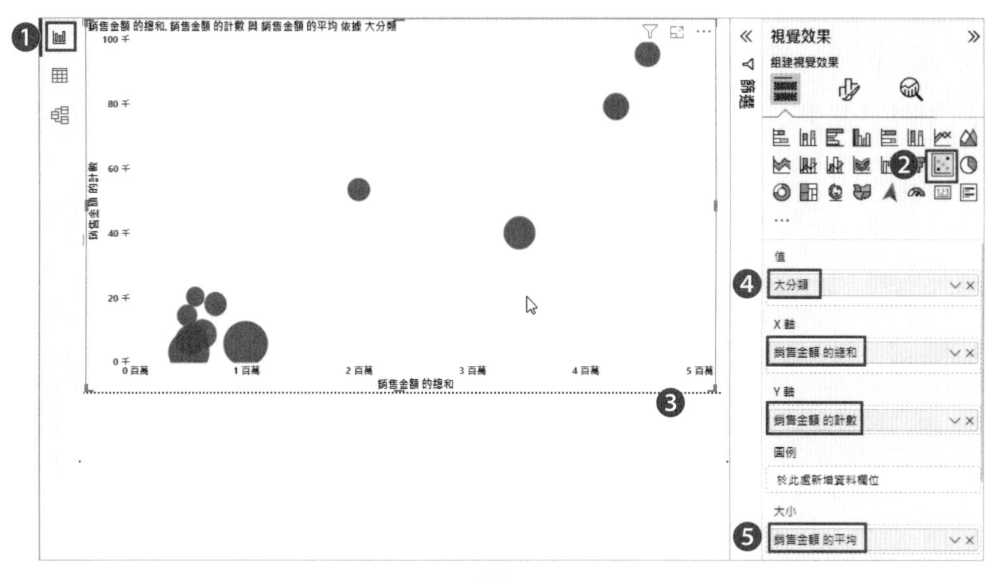


^ 圖 6.10

## 6.4.5 XY 熱圖（XY heatmap）之製作

- **製圖目的：**展示臺北各行政區的產品大分類之銷售金額

STEP01 請在左上方點選【報表檢視】，接著於下方頁籤按【+】新增頁籤並重新命名為【XY 熱圖】。

STEP02 在【視覺效果】視窗中的【組建視覺效果】先按下【矩陣】。

STEP03 在製圖區將圖表的區域拉大成適中的大小。

STEP04 在【視覺效果】視窗中的【組建視覺效果】，將【Product】表中的【大分類】拖曳到【資料列】，再將【Member】表中的【行政區名】拖曳到【資料行】，再將【Transaction】表中的【銷售金額】拖曳到【值】。

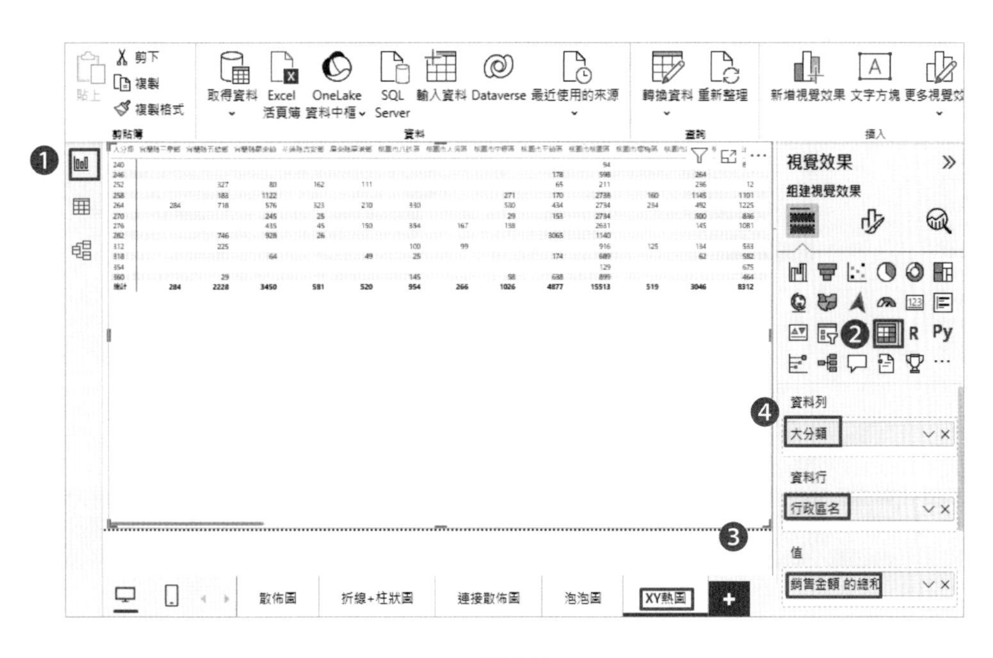


^ 圖 6.11

STEP05 到【篩選】視窗，在【此視覺效果上的篩選 / 行政區名】中僅勾選台北市的 12 個行政區。

STEP06 圖形配置調整：先按【圖】，依序在【視覺效果】將【資料行小計】和【資料列小計】關閉。

STEP07 往下找到【儲存格元素】，打開【背景色彩】和【字型色彩】。

STEP08 完成製圖。

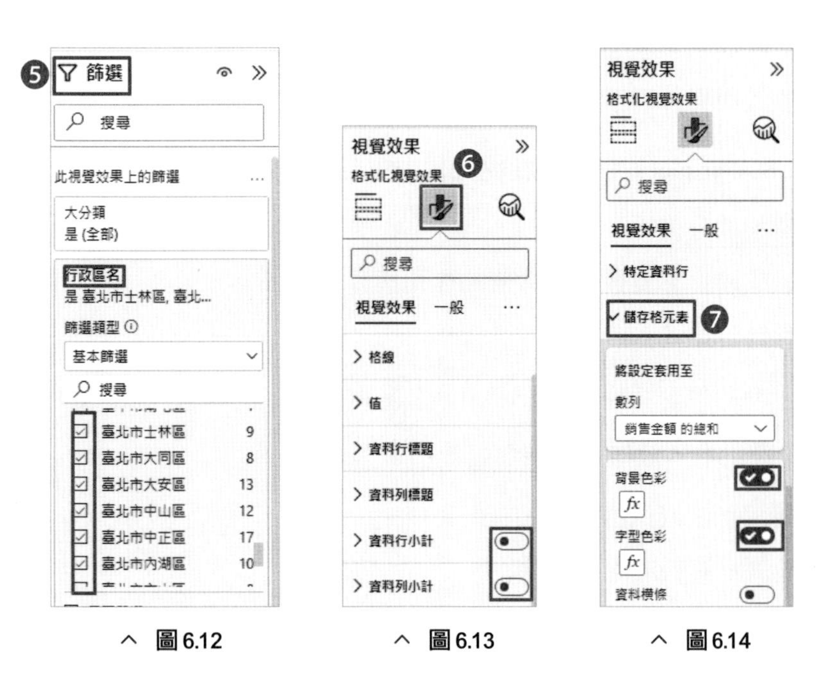


^ 圖 6.12 ^ 圖 6.13 ^ 圖 6.14

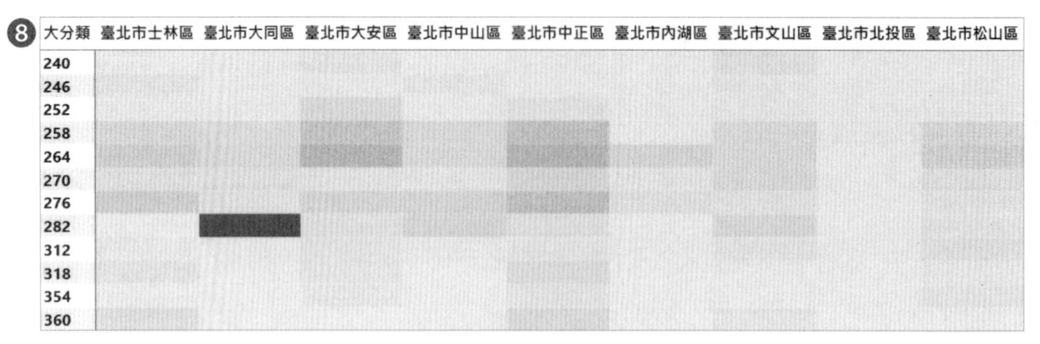


^ 圖 6.15

## 模擬試題

1. 在資料分析中，探索資料間的關聯性的重要性體現在哪裡？

   A. 減少資料的存儲空間

   B. 增加資料的處理速度

   C. 說明理解資料的分佈或特性，有助於進一步預測資料的趨勢

   D. 降低資料的安全性

2. 關聯性視覺化圖表的常見應用不包括下列哪項？

   A. 年齡與薪資的關係

   B. 資料加密技術

   C. 分析市場需求和產品利潤率之間的關係

   D. 所得收入與居住房價的關係

3. 散佈圖（Scatter plot）在關聯性視覺化中主要用於展示什麼？

   A. 一維資料的分佈

   B. 兩個（或以上）變數間其數值的變化與分佈關係

   C. 分類資料的比較

   D. 時間序列資料的變化趨勢

4. 關聯性視覺化中，散佈圖的特點是什麼？

   A. 只能展示正值或負值

   B. 側重於展示資料的累積分佈

   C. 觀察兩數值資料彼此間的連動關係

   D. 主要用於展示分類變數之間的關係

CHAPTER

# 7

# 排序之視覺化（Ranking）

## 7.1 排序視覺化圖表特色及使用之資料格式

因應大量數據，我們經常透過分組輔以解說標籤有次序地展現出分析結果與比較，以利閱讀者判斷。排序圖表主要是用於展現變數項目在數列中的排序位置，換言之，強調資料的順序感遠比資料的絕對數值來得重要。故使用這類型的圖表大部分是用來針對所關注的焦點，快速瞭解資料項目的相對排序，且易於與其他資料項目進行比較為目的。

常見的排序視覺化圖表包括排序長條 / 柱狀圖（Ordered bar/column）、排序比例符號（Ordered proportional symbol）、點狀條紋圖（Dot strip plot）、坡度圖（Slope）、棒棒糖圖（Lollipop）、凹凸線圖（Bump）…等分述於本章。而常見的圖表應用例如：排名與比較不同的國家 / 地區人口的增減、新冠肺炎的染疫 / 康復 / 施打疫苗人數…等，可以讓閱讀者迅速地掌握並表現現在的狀況。

# 7.2 圖形介紹

## 7.2.1 排序長條 / 柱狀圖（Ordered bar/column）

- **圖表名稱：**排序長條 / 柱狀圖
- **資料格式：**二維－類別 vs 數值
- **用途：**比較（compare），展示不同類別變項的大小排序資訊
- **元件展示方式：**線條、水平 / 垂直、長度、顏色
- **特點：**依照順序排列時，條形 / 柱狀圖是顯示數值排序的良好工具。
- **範例意涵：**呈現某項產品類別（類別）的銷售（數值）量排名關係。（圖 7.1）

^ 圖 7.1　排序長條 / 柱狀圖 Ordered bar/column

長條 / 柱狀圖是最廣泛使用的圖表之一，加上排序的功能則是用來突顯所欲表現之資料的排名位置，相對來說數值的絕對大小不是最重要的，由於本章主要是強調排序之效果，長條 / 柱狀圖皆可有效率地透過類別變項之順序，直接指出對應數值最大 / 小的值與項目，並易於比較與其它類別項目間的排序與差距。

橫式長條圖與直式柱狀圖的用法可以互通，但一般來說如果類別資料的類型太多，橫式長條圖比直式柱狀圖常用，因其提供了更多的空間，容納較多的項目名稱和相關數據，可輕易地進行比較和分析。此外，橫式長條圖亦可優化視覺體驗，由於人眼的觀察習慣是從左到右或從上到下，因此橫式長條圖的方向較符合人們的觀察習慣，故長條的橫向展示可更容易、直觀地看出哪些項目更重要或更突出，提供了良好的視覺效果。但當表示一段時間的數據趨勢時，直式柱狀圖則易讀性將更高。

## 7.2.2 排序比例符號（Ordered proportional symbol）

- **圖表名稱：**排序比例符號
- **資料格式：**二維（以上）－類別 vs 數值（排序用）
- **元件展示方式：**圓點、水平 / 垂直、面積、顏色

- **用途：**比較（compare），展示不同類別變項的大小排序資訊。
- **特點：**以圓形大小展示排序效果，合適於無需表現數據之間的細微差異時使用。
- **範例意涵：**如在做冰淇淋冰口味喜好調查時，以圓形面積來表達喜歡巧克力或香草或薄荷（類別）的人數比例（數值）。（圖 7.2）

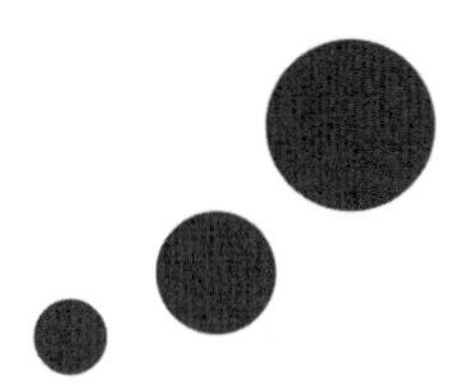

^ **圖 7.2** 排序比例符號（Ordered proportional symbol）範例

排序比例符號圖（ordered proportional symbol chart）是常用於顯示數值大小比較的圖表，依所欲排序之數值大小以圓形面積呈現之，由於圓形大小比例是按數值的大小繪製，也被稱為比例符號圖。當製圖者遵守排序比例符號圖將數據按照數值大小排序時，閱圖者可輕易比較不同數據的大小，並快速辨識出數據的最小值和最大值。

排序比例符號主要是以較誇大的形式來展現出排序的相對感，其 X 軸或 Y 軸可能不特別用來展現資料，主要是以圓形之大小和該圓形背後所代表的類別意涵為主。閱讀者憑直覺區辨出圓形大小，以解讀出什麼資料是排序最高或次高…等，由於人們對圓形面積大小的比較並不在行，故不合適使用於數據間的精確且細微差異比較。

除了使用圓形大小來表示數值外，排序比例符號圖亦可使用不同的顏色或形狀（符號）來表示不同的數據類別，有助於快速地比較和理解數據大小和類別的關係。

## 7.2.3 點狀條紋圖（Dot strip plot）

- **圖表名稱：**點狀條紋圖
- **資料格式：**二維－類別 vs 數值
- **元件展示方式：**圓點、水平、密度
- **用途：**比較（compare），類別與數值變數間的全部資料之排序和分佈關係。
- **特點：**在一張圖中呈現所有數據，數據以圓點依序在線條上排列，展現出多重類別的排序和分佈情形。
- **範例意涵：**某投資社團的投資人上半年，在不同股票的投資收益情形（圖 7.3），每一圓點代表某位投資人投資某一隻股票（類別）的實現利得比率（數值）。

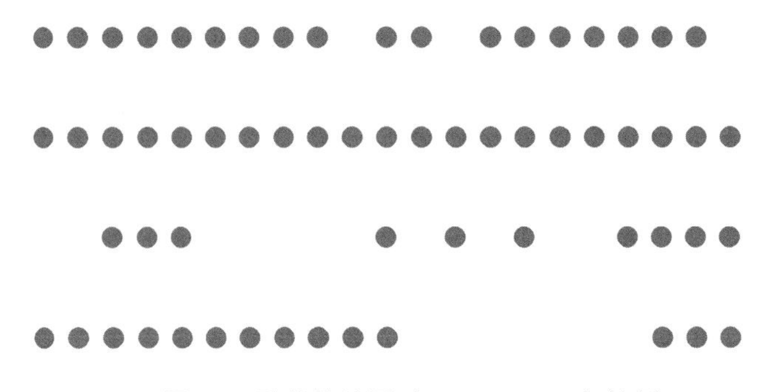

^ 圖 7.3　點狀條紋圖（Dot strip plot）範例

點狀條紋圖用來展示多類別的排名情形，它以有效率且節省空間的方式將每一個資料點放置在條狀帶，非常適合比較兩個或多個類別之間的數值差異。點狀條紋圖相當簡單、易於理解和解釋，圖中的每個圓點代表一個數值資料點，而條紋則用以區分不同類別。在點狀條紋圖中，由於數值通常按大小排列，因此可清楚地比較出不同類別間的趨勢，例如某類別的點都在另一個類別的點之上時，可得出該類別的數值較大的結論，故用來展示類別項目之排名效果。

然此圖更常用於顯示資料點的分佈情形，透過各條狀的圓點密度顯示，可展現出數據集中的值域區間以及其所出現的頻率，直覺地呈現出資料分佈的偏斜或形狀。由於點狀條紋圖會呈現出所有資料點，故當觀測值的數量較少或需要突出個別觀測值或異常值時，點狀圖可以提供一種快速而簡單的方法來識別資料集的中心趨勢、變異性和偏度。

## 7.2.4 坡度圖（Slope）

- **圖表名稱：**坡度圖
- **資料格式：**三維－類別 vs 類別 vs 數值
- **元件展示方式：**圓點、線條、水平、傾斜度、顏色
- **用途：**比較（compare），比較類別變化的情形。
- **特點：**從坡度圖中可直接觀察兩對比情況下的數值變化情形。
- **範例意涵：**某事件發生之前後（類別），兩黨參選的候選人（類別）支持度（數值）的變化（圖 7.4），請留意本範例展示了三維的資料變化。

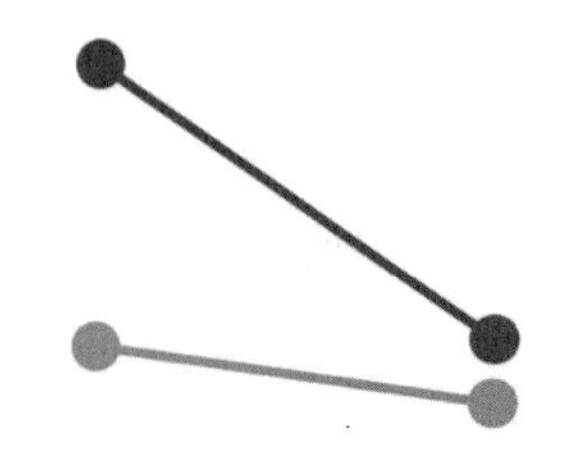

^ 圖 7.4　坡度圖（Slope）範例

坡度圖可對兩對比狀態（如事件前後）特定類別變項其數值變化做出展示，除了可以看出兩對比狀況的絕對排序外，亦可藉由斜率的陡峭坡度呈現出對比狀況下其數值變化程度的排序訊息。換言之，坡度圖使用線段來表示兩個時間點或兩種類別之間的變化量，線段越長表示變化量越大，顏色常被套用來區隔不同線段以代表不同類別；而線段的坡度來表示變化率和方向，坡度越陡峭表示變化率越大。由於坡度圖僅使用簡單的線段，不需複雜的標籤說明，非常清晰易讀。需特別留意的是坡度圖由於非從原點開始，閱圖者需謹慎觀察坡度是否被製圖者做誇大或隱藏的引導。

## 7.2.5 棒棒糖圖（Lollipop）

- **圖表名稱：**棒棒糖圖
- **資料格式：**二維－類別 vs 數值
- **用途：**比較（compare），展示不同類別變項的大小排序資訊。
- **元件展示方式：**圓點、橫線、水平、長度
- **特點：**棒棒糖外形有趣，大圓點用於強調數列之絕對數值時採用。
- **範例意涵：**呈現某項產品類別（類別）的銷售量（數值）的排名關係（圖 7.5）。

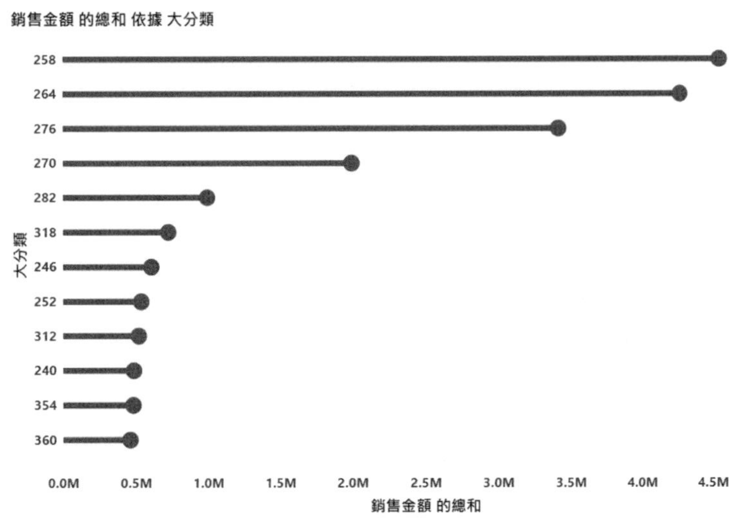


^ **圖 7.5**　棒棒糖圖（Lollipop）範例

棒棒糖圖依照順序排列時，如同長條圖一樣，都是顯示數值排序的良好工具。在長條末端設有一個大圓點，突顯出資料間的相對位置，用於比較多個類別的數值，顯示兩組或更多組的數值之間的差異。由於其形狀較有趣，更容易吸引人們注意，圓點的突顯可於特別要強調絕對數值時採用。棒棒圖長條線形的簡潔可減少傳統條狀圖的雜亂，使

各類別的資料值更容易比較。惟閱圖者需特別注意其長條數值之原點，倘若非為零時，需留意是否在判斷類別間的數值差異時，被過度引導而影響解讀。

### 7.2.6 凹凸線圖（Bump）

- **圖表名稱：**凹凸線圖
- **資料格式：**三維－類別（有序）vs 類別（有序）vs 數值（排名）
- **元件展示方式：**線條、長度 / 傾斜度、顏色
- **用途：**比較（compare），展示各類別的排名在多個有序類別（時序）的變化。
- **特點：**展示不同類別資料的某特定數值之排名在有序時點的變化，可用顏色將不同類別的線條區分，如此更容易觀察其排名的消長情形。
- **範例意涵：**呈現某程式語言列（類別），近十年來（時序 , x 軸）其受歡迎程度之排名（數值 , y 軸）變化。（圖 7.6）

^ **圖 7.6** 凹凸線圖（Bump）範例

凹凸線圖可以突顯數據的趨勢，被解讀為凸性或凹性，以便更好地傳達趨勢的方向和強度，而數據時凸時凹的情境，也傳達了數據趨勢的不確定性。此外，凹凸線圖的形狀獨特形成特殊視覺，可以吸引閱圖者的注意力，增強了視覺效果。

凹凸線圖主要是用來展示排名之變化，對以排名來做訊息傳遞的資料來說，在時序上的排名的變化肯定是重要的訊息指標。常應用的情境如：各季度特定產品市場佔有率排名、某人事物受歡迎的程度排名…等，凹凸線圖提供了良好的展示效果。

## 7.3 排序視覺化圖表之優缺點比較

在第二節中我們介紹了用來表達排序的六個圖形，匯整如表 7.1 所列。

**表 7.1** 排序圖形彙整

| 圖表名稱 | 資料格式 | 元件展示方式 | 用途 | 特點 |
|---|---|---|---|---|
| 排序長條 / 柱狀圖 | 二維<br>類別 vs 數值 | 線條、水平 / 垂直、長度、顏色 | 比較，展示不同類別變項的大小排序資訊 | 依照順序排列時，條形 / 柱狀圖是顯示數值排序的良好工具 |
| 排序比例符號 | 二維（以上）<br>類別 vs 數值 | 圓點、水平 / 垂直、面積、顏色 | 比較，展示不同類別變項的大小排序資訊 | 當數值差距明顯可區別時，直接以圓形大小展示於圖中，明確簡潔，合適於無需表現數據之間的細微差異時使用 |
| 點狀條紋圖 | 二維<br>類別 vs 數值 | 圓點、水平、密度 | 比較，（類別與數值變數間的全部資料之排序和分佈關係） | 資料點以圓點依序在線條上排列，可展現出排序與數據集中和偏斜等分佈形狀 |
| 坡度圖 | 三維<br>類別 vs 類別 vs 數值 | 圓點、線條、水平、傾斜度 | 比較，（比較類別變化的情形） | 可直接觀察兩對比情況下的數值變化情形。圖中的斜率亦呈現出數值變化大小的程度 |
| 棒棒糖圖 | 二維<br>類別 vs 數值 | 圓點、橫線、水平、長度 | 比較，展示不同類別變項的大小排序資訊 | 除排序訊息外，特別需要強調所對應之絕對數值時採用 |
| 凹凸線圖 | 三維<br>類別（有序）vs 類別（有序）vs 數值（排名） | 線條、長度 / 傾斜度、色彩 | 比較，展示各類別的排名在多個時點的變化，以觀察其排名的消長情形 | 觀察各類別的排名在多個時點的消長情形 |

這六張圖主要是用於排序的資訊呈現。排序長條 / 柱狀圖和棒棒糖圖都是用來顯示數值排序的良好工具，惟類別變項值過多時較適合使用橫式長條圖。而當除排序訊息外，需要特別強調該排序變項之絕對數值時，棒棒糖圖是良好的選擇。排序比例符號（Ordered proportional symbol）圖也是來顯示數值排序的良好工具，適用於單純展示某類別變項其值的大小排序感，圓形面積的展示可增添圖形的有趣性，但不合適於精確地展現其原始絕對數值。

坡度圖和凹凸線圖兩圖都可展示不同時點的資料排序變化，有別於凹凸線圖主要是用來表現出連續多時點的排名變化，坡度圖則較簡潔聚焦在兩情境下的排名變化。除此之外，坡度圖和凹凸線圖都可藉由斜率的陡峭程度，額外展現出排序趨勢變化的排名情形。凹凸線圖因其特殊的凹凸特性所形成的視覺效果，很合適用來展現數據之趨勢走向與不確定性。

最後，點狀條紋圖以有效且節省空間的方式將每個資料點放置在條狀帶上，除可展示出多個類別的排名外，其主要用途還包括展現出資料集中的值區段以及它們出現的頻率，並直覺地呈現出資料分佈的偏斜或形狀。以上六張圖的使用巧妙各有不同，製圖者可依不同情境加以運用。

本章所介紹的六張圖的優缺點比較表整理於表 7.2。

**表 7.2** 排序圖形之優缺點比較

| 圖表名稱 | 優點 | 缺點 |
| --- | --- | --- |
| 排序長條 / 柱狀圖 | 簡潔清晰 | 1. 當類別數值過多時不易解讀<br>2. 對展示排序在前頭的資料較為有意義 |
| 排序比例符號 | 1. 圖形親和有趣<br>2. 簡潔清晰 | 1. 當資料點過多時，圖表會雜亂無章，不易閱讀<br>2. 不合適表現數據之間的細微差異 |
| 點狀條紋圖 | 1. 可展示出多類別的排名<br>2. 可額外呈現出資料點之分佈情形 | 當使用單一資料類項描點此圖而無展示多個類別的排名時，不合適用來做排名的解說與使用 |
| 坡度圖 | 1. 圖形親和有趣<br>2. 簡潔清晰<br>3. 可額外展現出排名變化之排名（斜率陡峭程度） | 1. 當以排名為主要展示資訊，有可能未同時展示出排名背後的原始數值<br>2. 需特別注意數值是否始自零點，以免誤判數據之變化尺度 |
| 棒棒糖圖 | 1. 圖形親和有趣<br>2. 簡潔清晰 | 1. 類別不宜過多<br>2. 需特別注意數值是否始自零點，以免誤判數據之變化尺度 |
| 凹凸線圖 | 1. 圖形特異有趣<br>2. 呈現出多類別在多時段的排名變化<br>3. 可額外展現出排名變化之排名（斜率陡峭程度） | 1. 過多類別與過多時段點，會讓圖形過於複雜以致難以解讀<br>2. 以排名為主要展示資訊時，未能同時展示出排名背後的原始數值 |

# 7.4 實作與解釋

打開 Ch07_start.pbix，選擇【另存新檔】將檔案另存在指定目錄下，可將檔案命名成“Ch07_prac.pbix”。

本節主要是示範相關圖表之製作，實際商務應用需依讀者自有資料，針對所欲探索之數值配對到相關資料軸線或其它設定，以達查看資料排序之效。

另，各子節中的圖形都可依循下列步驟做視覺效果的調整：點按【圖】，依序在【視覺效果】中，將所欲調整的項目嘗試做不同設定，以完成更精美的製圖。

## 7.4.1 排序長條 / 柱狀圖（Ordered bar/column）的製作

- **製圖目的**：展示產品大分類銷售金額間的排序關係

STEP01 請在左上方點選【報表檢視】，接著於下方頁籤按【第 1 頁】重新命名為【排序長條 / 柱狀圖】。

STEP02 在【視覺效果】視窗中的【組建視覺效果】先按下【堆疊橫條圖】。

STEP03 在製圖區將圖表的區域拉大成適中的大小。

STEP04 在【視覺效果】視窗中的【組建視覺效果】，將【Product】表中的【大分類】拖曳到【Y 軸】，再將【Transaction】表中的【銷售金額】拖曳到【X 軸】。

STEP05 圖形配置調整：先按【圖】，於圖的左上或左下方按下【…】，將【排序 軸】設定為【銷售金額 的總和】且勾【遞減排序】，即完成製圖。

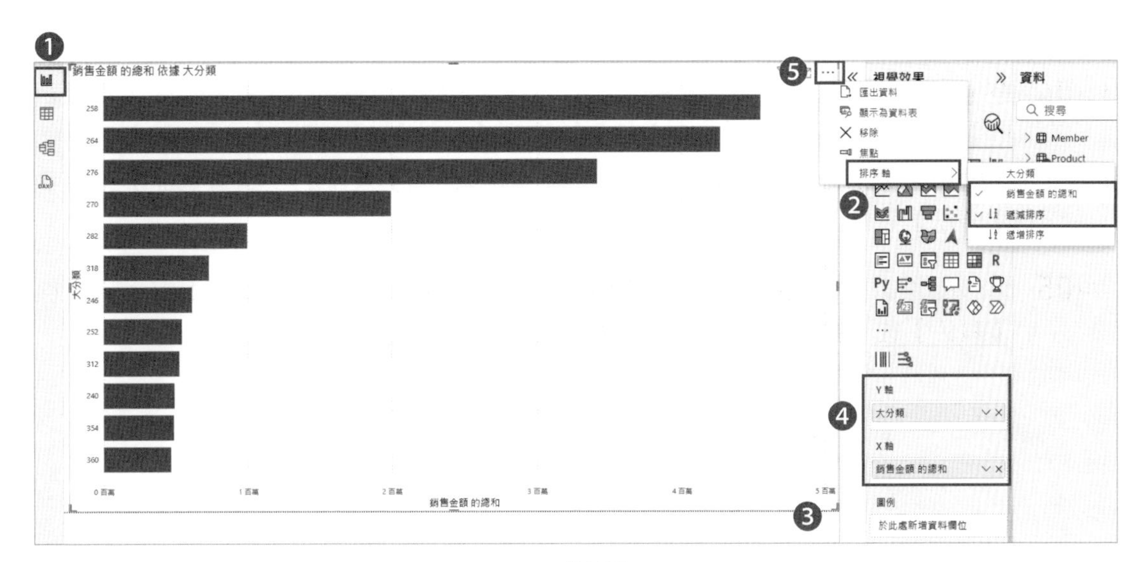


圖 7.7

STEP06 重複上述步驟 2~5 選擇並完成【堆疊直條圖】，請在同一報表頁籤中排版使兩圖並列。

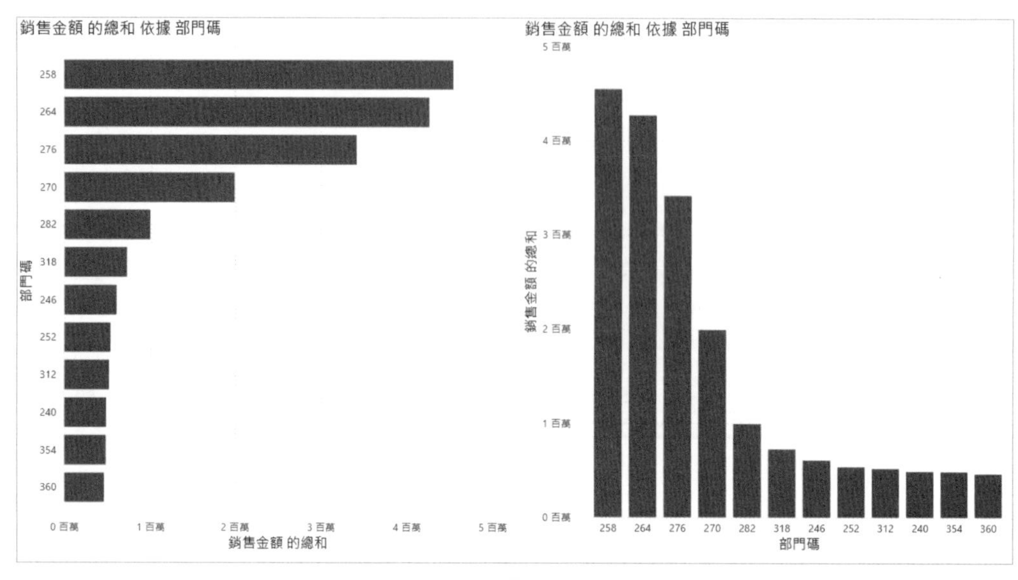


^ 圖 7.8

## 7.4.2 排序比例符號（Ordered proportional symbol）的製作

- **製圖目的：**展示月份和銷售金額並使用泡泡大小表示

STEP01 請在左上方點選【報表檢視】，接著於下方頁籤按【+】新增頁籤並重新命名為【排序比例符號】。

STEP02 在【視覺效果】視窗中的【組建視覺效果】先按下【散佈圖】。

STEP03 在製圖區將圖表的區域拉大成適中的大小。

STEP04 在【視覺效果】視窗中的【組建視覺效果】，將【Transaction】表中的【交易日期】下的【日期階層】下的【月】拖曳到【X 軸】，再將【Transaction】表中的【銷售金額】拖曳到【Y 軸】，再將【Transaction】表中的【銷售金額】拖曳到【大小】。

STEP05 圖形配置調整：先按【圖】，依序在【視覺效果】將【標記】往下拉，再點開【顏色】往下拉，將依【類別上色】開啟。

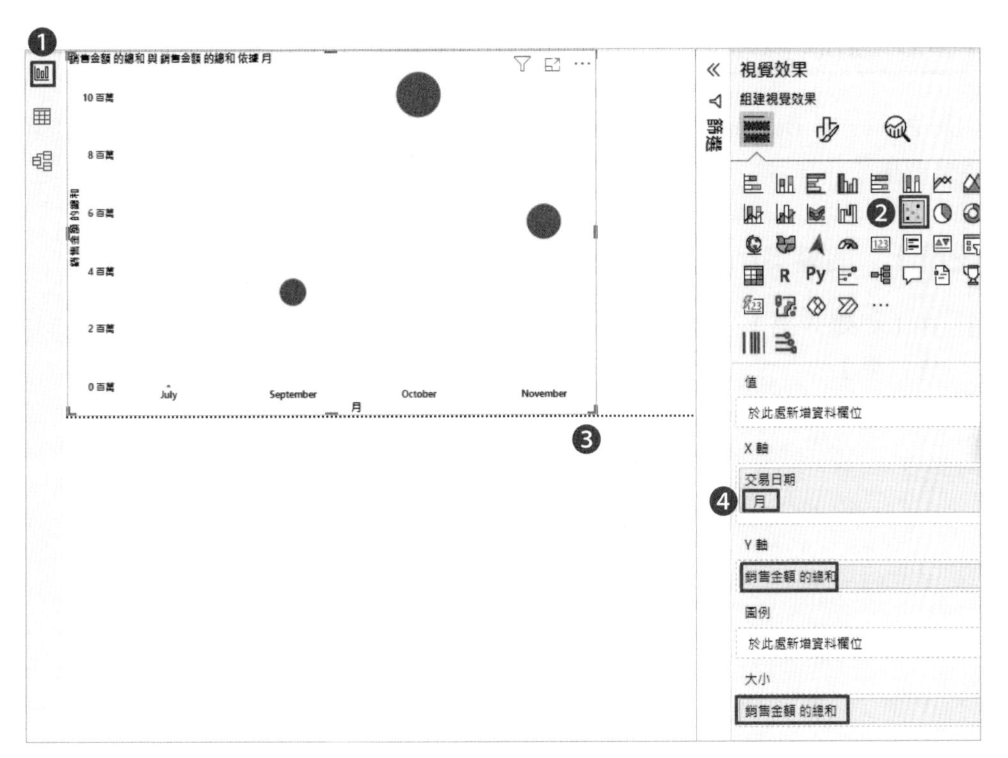
銷售金額 的總和 與 銷售金額 的總和 依據 月
10 百萬
8 百萬
6 百萬
4 百萬
2 百萬
0 百萬
銷售金額 的總和
July
September
October
November
月
視覺效果
組建視覺效果
篩選
值
於此處新增資料欄位
X 軸
交易日期
月
Y 軸
銷售金額 的總和
圖例
於此處新增資料欄位
大小
銷售金額 的總和

^ 圖 7.9

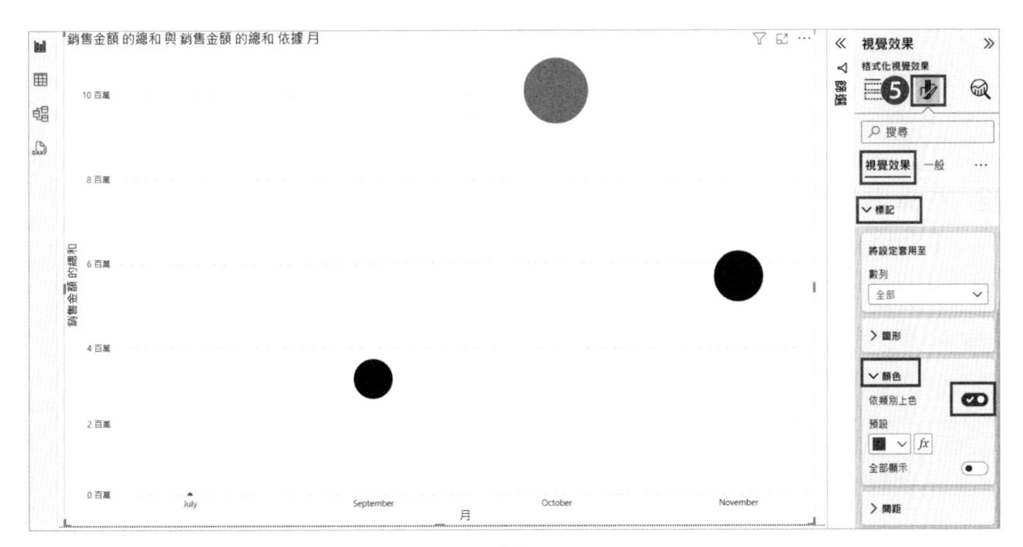
銷售金額 的總和 與 銷售金額 的總和 依據 月
10 百萬
8 百萬
6 百萬
4 百萬
2 百萬
0 百萬
銷售金額 的總和
July
September
October
November
月
視覺效果
格式化視覺效果
篩選
搜尋
視覺效果
一般
標記
將設定套用至
數列
全部
圖形
顏色
依類別上色
預設
fx
全部顯示

^ 圖 7.10

## 7.4.3 點狀條紋圖（Dot strip plot）的製作

由於 Power BI Desktop 沒有直接支援點狀條紋圖（Dot strip plot），故從外部匯入相關的視覺效果使用。

### 任務 1：加裝 Strip Plot 視覺效果

STEP01 在【視覺效果】視窗中，於【組建視覺效果】按下【…】，再選【取得更多視覺效果】。

圖 7.11

STEP02 在彈出的【Power BI 視覺效果】視窗中，右上鍵入【strip】搜尋後，再按下【Strip Plot】。

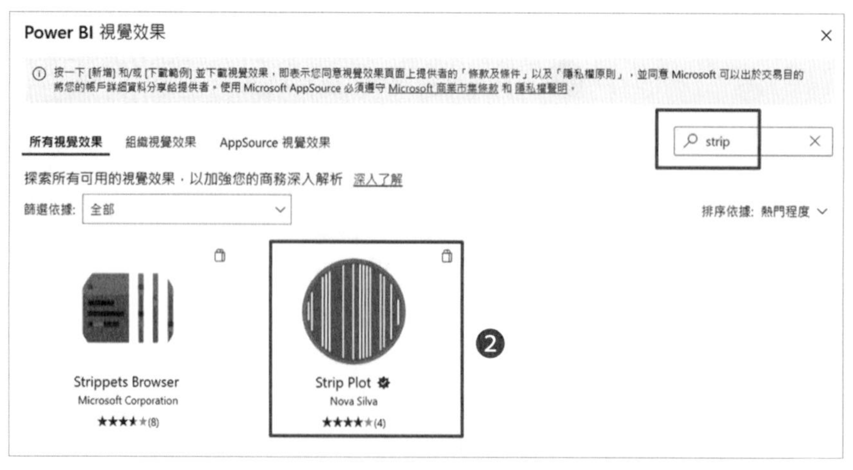


圖 7.12

STEP03 在彈出的【AppSource】視窗中，左上部按下【新增】。完成【Strip Plot】視覺效果的安裝。

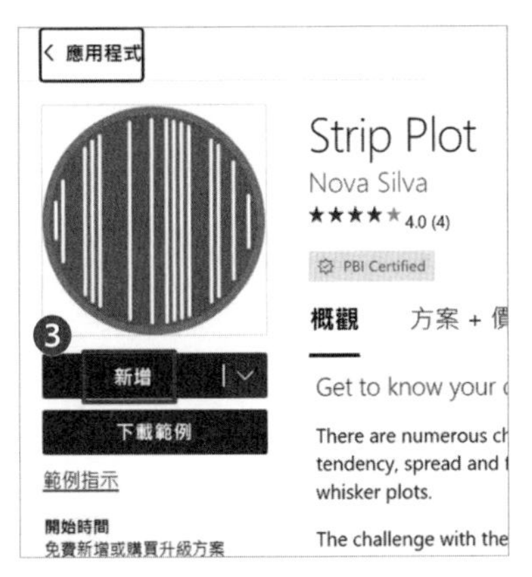


^ 圖 7.13

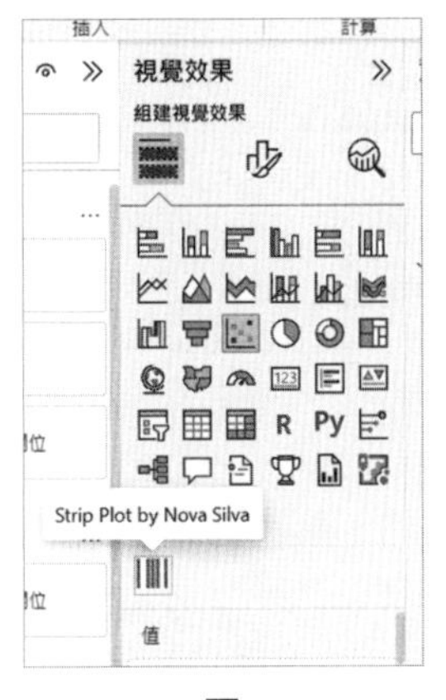


^ 圖 7.14

## 任務 2：製作點狀條紋圖

- 製圖目的：依銷售月份描點出每月的各筆銷售金額

STEP01 請在左上方點選【報表檢視】，接著於下方頁籤按【+】新增頁籤並重新命名為【點狀條紋圖】。

STEP02 在【視覺效果】視窗中的【組建視覺效果】先按下剛新增的【Strip Plot】。

STEP03 在製圖區將圖表的區域拉大成適中的大小。

STEP04 在【視覺效果】視窗中的【組建視覺效果】，將【Transaction】表中的【交易日期】下的【日期階層】下的【月】拖曳到【Axis】，再將【Transaction】表中的【銷售金額】拖曳到【Values】，再將【Transaction】表中的【銷售金額】拖曳到【Details】。

STEP05 圖形配置調整：先按【圖】，依序在【視覺效果】中將【Shapes】往下拉，再下拉點開【Marker shape】，選擇【•】即完成製圖。

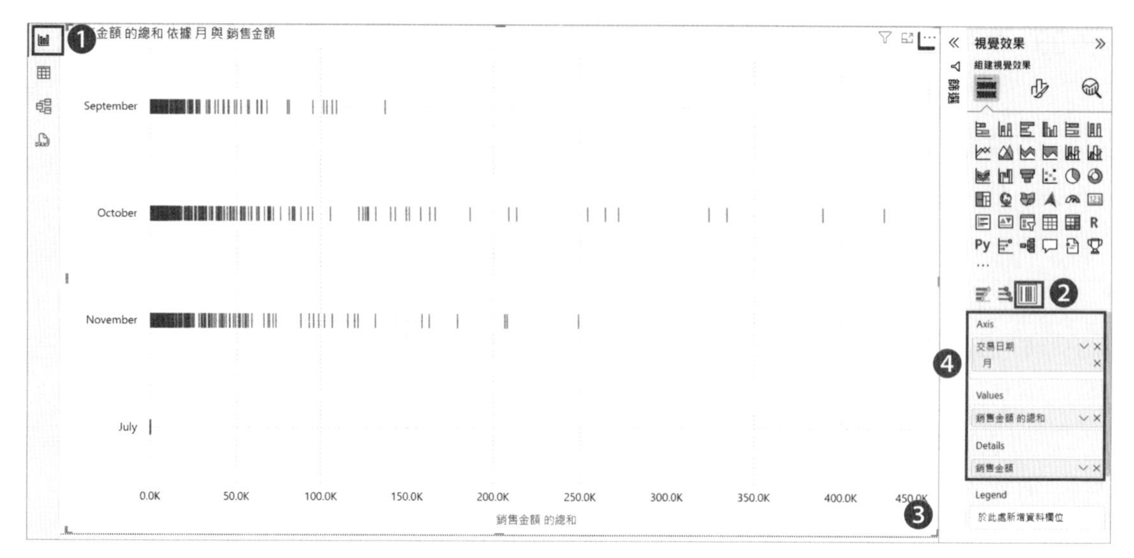


^ 圖 7.15

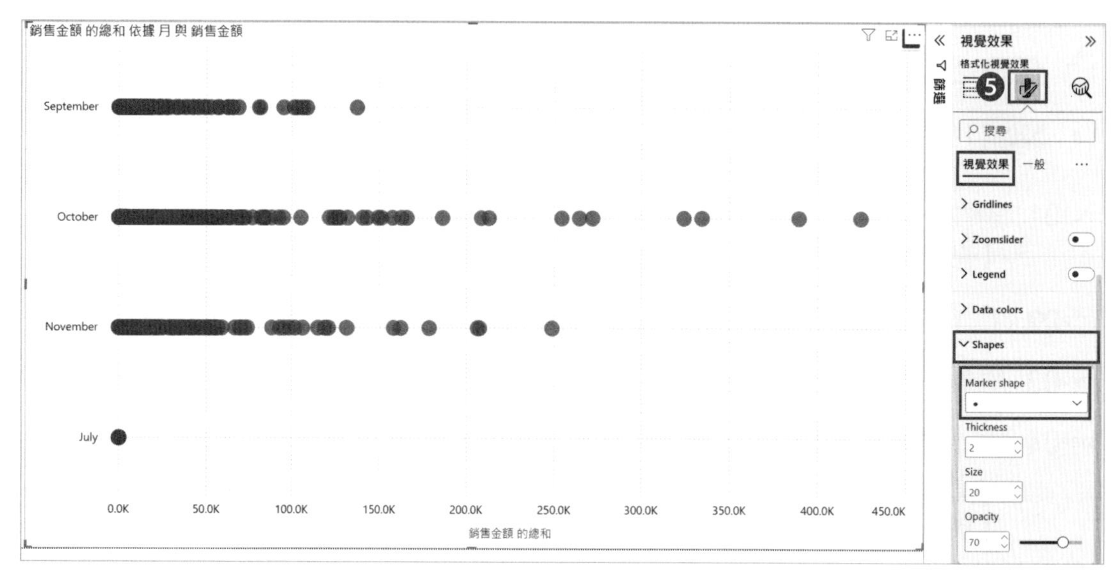


^ 圖 7.16

## 7.4.4 坡度圖（Slope）的製作

- **製圖目的：**展示產品大分類第 3 季和第 4 季的銷售金額變化

STEP01 請在左上方點選【報表檢視】，接著於下方頁籤按【+】新增頁籤並重新命名為【坡度圖】。

STEP02 在【視覺效果】視窗中的【組建視覺效果】按下【折線圖】。

STEP03 在製圖區將圖表的區域拉大成適中的大小。

STEP04 在【視覺效果】視窗中的【組建視覺效果】，將【Transaction】表中的【交易日期】下的【日期階層】下的【季】拖曳到【X 軸】，再將【Transaction】表中的【銷售金額】拖曳到【Y 軸】，再將【Product】表中的【大分類】拖曳到【圖例】。

STEP05 圖形配置調整：先按【圖】，依序在【視覺效果】中將【標記】開啟，完成製圖。

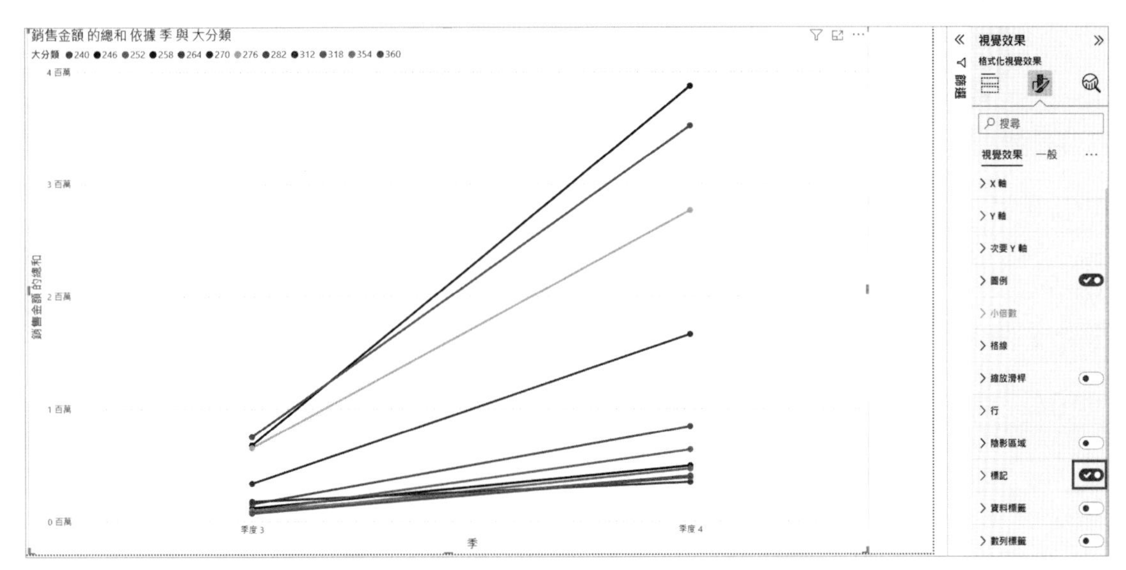


^ 圖 7.17

## 7.4.5 棒棒糖圖（Lollipop）的製作

由於 Power BI Desktop 沒有直接支援棒棒糖圖（Lollipop），故從外部匯入相關的視覺效果來使用。

### 任務 1：加裝 Lollipop Bar Chart 視覺效果

STEP01 在【視覺效果】視窗中，【組建視覺效果】按下【…】，再選【取得更多的視覺效果】。

STEP02 在彈出的【Power BI 視覺效果】視窗中，右上鍵入【lollipop bar】搜尋後，再按下【Lollipop Bar Chart】。

^ 圖 7.18

STEP03 在彈出的【AppSource】視窗中，左上部按下【新增】。

STEP04 完成【Lollipop Bar Chart】視覺效果的安裝。

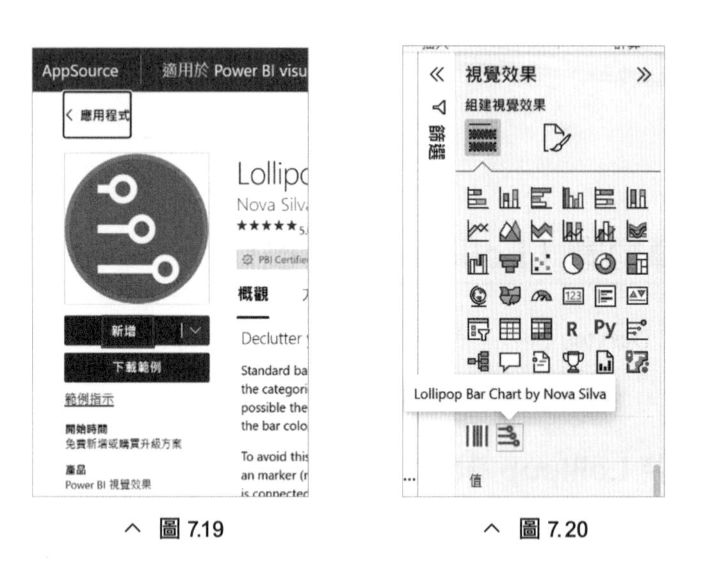


^ 圖 7.19　　^ 圖 7.20

## 任務 2：製作棒棒糖圖

- **製圖目的：**展示產品大分類的銷售金額

STEP01 請在左上方點選【報表檢視】，接著於下方頁籤按【+】新增頁籤並重新命名為【棒棒糖圖】。

STEP02 在【視覺效果】視窗中的【組建視覺效果】，按下剛新增的【Lollipop Bar Chart】。

STEP03 在製圖區將圖表的區域拉大成適中的大小。

STEP04 在【視覺效果】視窗中的【組建視覺效果】，將【Product】表中的【大分類】拖曳到【Axis】，再將【Transaction】表中的【銷售金額】拖曳到【Values】，完成製圖。

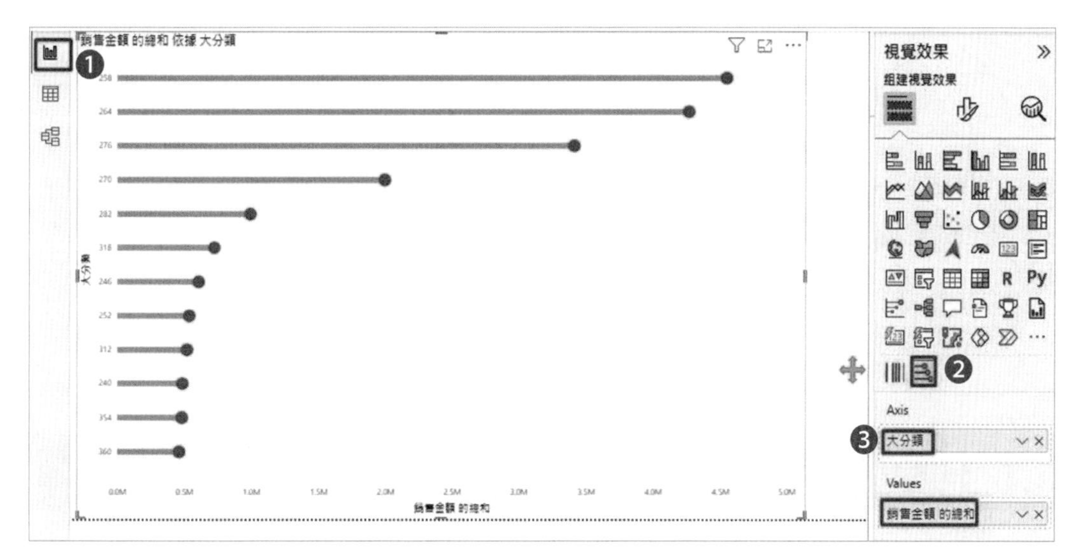


^ 圖 7.21

## 7.4.6 凹凸線圖（Bump）的製作

由於 Power BI Desktop 沒有直接支援凹凸線圖，故使用折線圖取代之。

- **製圖目的**：展示產品大分類的日銷售金額

STEP01 請在左上方點選【報表檢視】，接著於下方頁籤按【+】新增頁籤並重新命名為【凹凸線圖】。

STEP02 在【視覺效果】視窗中的【組建視覺效果】，按下【折線圖】。

STEP03 在製圖區將圖表的區域拉大成適中的大小。

STEP04 在【視覺效果】視窗中的【組建視覺效果】，將【Transaction】表中的【交易日期】下的【日期階層】下的【日】拖曳到【X 軸】，再將【Transaction】表中的【銷售金額】拖曳到【Y 軸】，再將【Product】表中的【大分類】拖曳到【圖例】。

STEP05 圖形配置調整：先按【圖】，依序在【視覺效果】中將【標記】開啟，完成製圖。

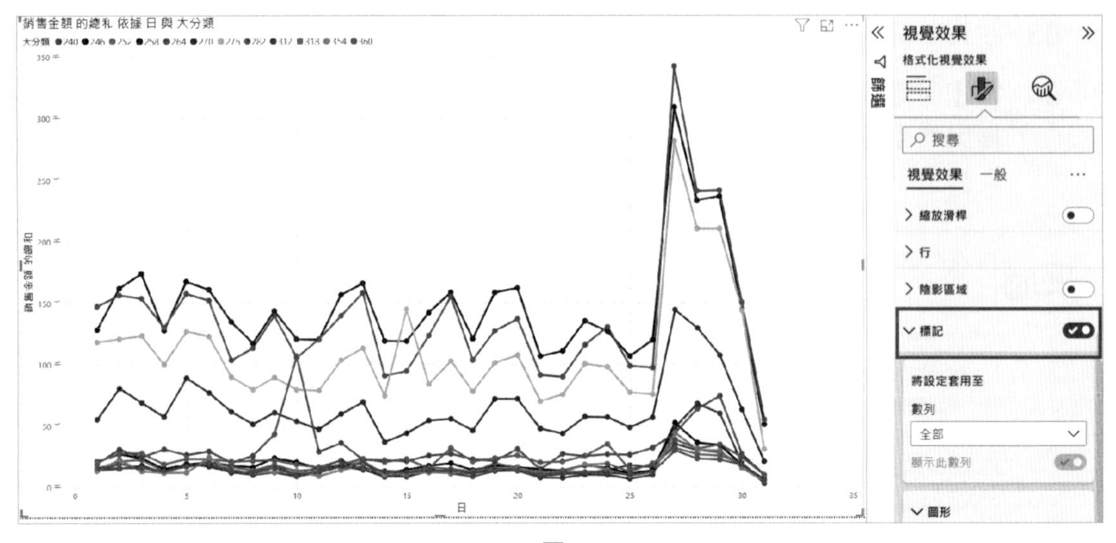


^ 圖 7.22

# 模擬試題

1. 排序視覺化的主要用途是什麼？

   A. 強調資料的絕對數值大小
   B. 展現變數項目在數列中的排序位置
   C. 分析資料的時間序列
   D. 探索資料的地理分佈

2. 哪一個不是排序視覺化中常見的圖表類型？

   A. 排序比例符號（Ordered proportional symbol）
   B. 點狀條紋圖（Dot strip plot）
   C. 坡度圖（Slope）
   D. 直方圖（Histogram）

3. 在進行排序視覺化時，以下哪項是重要的考慮因素？

   A. 資料的絕對數值大小
   B. 資料的地理位置
   C. 資料的排序
   D. 資料的時間變化

4. 凹凸線圖（Bump）主要用於展示什麼？

   A. 不同國家、地區人口的增減
   B. 新冠肺炎的染疫、康復、施打疫苗人數
   C. 某程式語言近十年來的受歡迎程度排名變化
   D. 企業的經營績效

CHAPTER

# 8

# 分佈之視覺化（Distribution）

## 8.1 分佈視覺化圖表特色及資料格式

在進行數據分析專案時，對所擁有的資料進行先期探索是相當重要的前置作業，而了解資料的分佈概況更是資料探索的第一步驟。一般而言，觀察資料的分佈包含了資料的範圍、中心趨勢、離散狀況、異常值、偏度、峰度…等作業。分佈視覺化圖表主要是用於展現資料中的數值及其出現的頻率。從圖中可以看出特定變數其整體的分佈形狀及其是否存在偏離的情形，這類型的圖表有助於閱圖者對整體的資料有初步的概念。

常見的分佈視覺化圖表包括直方圖（Histogram）、箱形圖（Boxplot）、小提琴圖（Violin plot）、人口金字塔圖（Population pyramid）、點狀條紋圖（Dot strip plot）、點狀圖（Dot plot）、二維條碼圖（Barcode plot）、累積曲線圖（Cumulative curve）、頻率多邊圖（Frequency polygons）…等分述於本章。製圖者可依繪圖目的與閱圖者之理解難易，選擇合適的圖形來呈現數據。

# 8.2 圖形介紹

## 8.2.1 直方圖（Histogram）

- **圖表名稱：**直方圖
- **資料格式：**二維－數值（區間）vs 數值（次數統計）
- **元件展示方式：**直線、垂直、長度
- **用途：**分佈（distribution），展示某數值變數區間及其出現的頻率統計。
- **特點：**針對單一數值變項，展示其數值分佈和分散情形之良好工具。
- **範例意涵：**呈現某個考試分數級距（數值）和得分人數統計（數值）的情形。（圖 8.1）

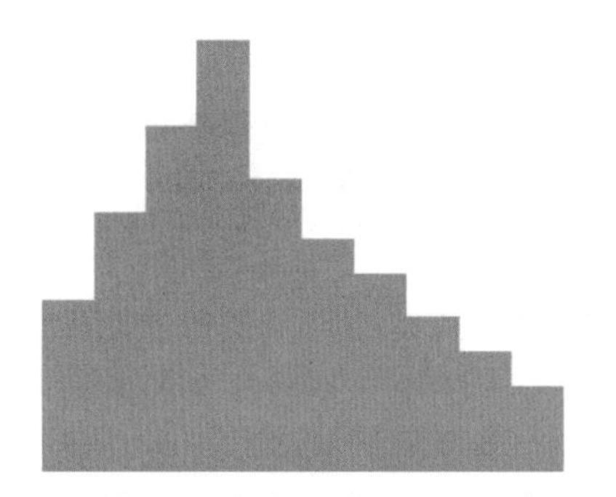

^ **圖 8.1** 直方圖（Histogram）

直方圖是一個相當常見的圖，用以做為理解特定數值變項其值大致的分佈情形。直方圖乍看之下看似柱狀圖，但有別於柱狀圖以類別變數做為統計或呈現的維度，直方圖是僅以一個數值型變項做基礎，其繪製時首先是要將該變項的值域範圍分割成數個相等寬度的的數值區間（x 軸），接下來再統計每一個數值區間的涵蓋了幾個資料點，將這個統計數值當做是 y 軸的柱狀高度。繪製時盡可能縮小每一個柱狀之間的間隙，將其組合成一個看似連續的圖以凸顯出數據呈現的【形狀】，亦即所謂的展示出該變項資料的分佈情形。但當該數值型變項的數值區間切割的不夠細緻時，有可能會遺漏了部分數值分佈的細節，例如雙峰分佈被誤判成單峰分佈。

簡言之，直方圖是一種非常有用的工具，可協助理解連續變數的分佈情況和細節，例如平均值、中位數、標準差、最小值和最大值等，亦可針對數據中的異常值或極端值進行處理，進而優化數據。而從直方圖的形狀可觀測出資料是否為常態分佈、對稱分佈或右 / 左偏分佈等。

### 8.2.2 箱形圖（Boxplot）

- **圖表名稱：**箱形圖
- **資料格式：**二維（以上）－類別 vs 數值 vs 數值（順序統計）
- **元件展示方式：**線條、面積、垂直 / 水平、長度
- **用途：**分佈（distribution）、比較（compare），展示不同類別數列五數分析等數據範圍呈現。
- **特點：**使用箱形圖（盒鬚形狀）來標示出特定數值變項之五數──最大值、Q3（第 3 四分位數）、中位數（第 2 四分位數）、Q1（第 1 四分位數）和最小值，藉此展示出該數值資料的大致分佈情形。
- **範例意涵：**針對三個國家（類別），以箱形圖展示該國國民所得（數值）的分佈情形。（圖 8.2）

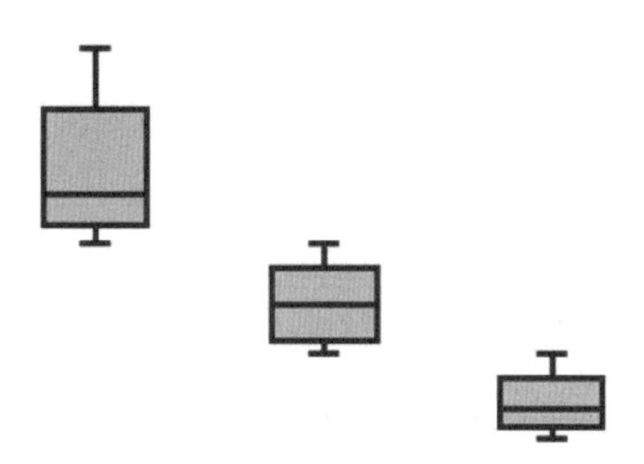

^ **圖 8.2** 箱形圖（Boxplot）範例

箱形圖是非常有用的圖表，用以展示資料分佈的良好工具之一，透過箱形可以讓人們快速理解資料的分佈與偏斜情形，而由於其繪製起來很精簡，比直方圖更快速地描述數據的分佈狀況和統計特徵，而且可以同時做數個數值序列之比較，清晰且簡潔。以圖 8.2 的兩側箱形來看，可以觀察出資料明顯右偏：也就是大部份的資料集中在小於中位數的區間，相對另一半的資料拉大間距且分佈在大於中位數之上。而圖 8.2 的中間箱形圖其資料則分佈較為對稱僅存在些微右偏。

### 8.2.3 小提琴圖（Violin plot）

- **圖表名稱：**小提琴圖
- **資料格式：**二維（以上）－類別 vs 數值 vs 數值（次數統計）
- **元件展示方式：**曲線、垂直 / 水平、面積

- **用途：**分佈（distribution），展示某數值變項值區間及統計其出現的次數分佈。
- **特點：**針對單一數值變項，展示其數值分佈情形之良好工具，類似於箱形圖但可呈現較複雜的分佈。
- **範例意涵：**呈現某個考試分數和得分人數統計的情形。

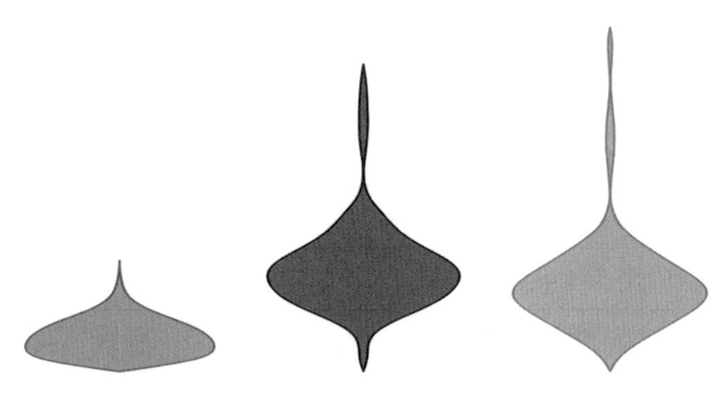

^ **圖 8.3** 小提琴圖（Violin plot）範例

小提琴圖通常被用來展示資料分佈較為複雜的情形，它可被解讀成類似箱形圖，但有別於箱形圖的箱形將資料集中於 Q3（第 3 四分位數）和 Q1（第 1 四分位數）之間，僅往外延伸最小最大值，小提琴圖提供了更精緻的刻度去描繪資料的分佈曲線。

小提琴圖同時展示資料的數值分佈情況和密度估計，更可用於比較多個組別之間的數值分佈。小提琴上下兩邊的形狀表示資料的對稱性或偏斜情況，左右的寬度表示資料密度的大小。它可被視為是兩個豎立、背對背相同對稱、且進一步細緻合併平滑化的直方圖所組成。細緻化的直方圖可讓資料的分佈情形鉅細靡遺的呈現不失真，平滑化則有助於展現出資料的連貫與整體感，而左右對稱加強突顯了分佈情形之差異與增加圖表的美觀度，一如小提琴外觀線條般的優雅而命名之。

## 8.2.4 人口金字塔圖（Population pyramid）

- **圖表名稱：**人口金字塔圖
- **資料格式：**三維－類別 vs 數值（區間）vs 數值（次數統計）
- **元件展示方式：**線條、水平 / 垂直、長度、顏色
- **用途：**分佈（distribution）、比較（compare），展示某對比類別其特定數值變項值區間及其出現次數統計之分佈。
- **特點：**可直接觀察兩對比前提下的數值分佈的情形。
- **範例意涵：**男女性別在不同年齡的人口數。

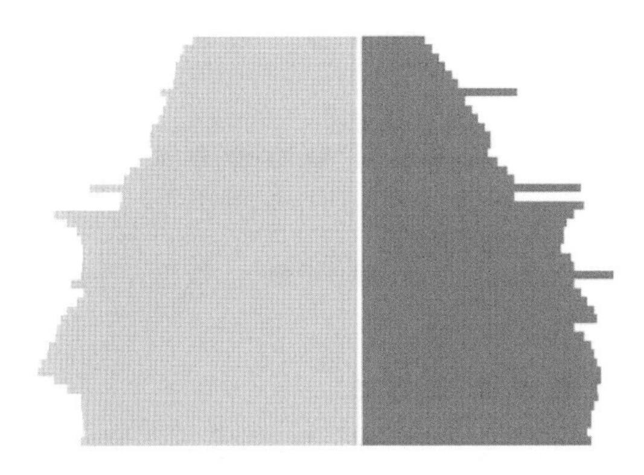

^ **圖 8.4** 人口金字塔圖（Population pyramid）範例

人口金字塔圖顧名思義就是用來展示一個國家長期的人口分佈狀況，常用於於展示不同年齡和性別人口分佈的圖表，圖形由兩個相互對映的長方形組成，左為男性人口，右邊為女性人口，縱軸表示年齡。藉由不同年齡段和性別之間的人口數量差異比較，從而反映人口結構的變化，還可用於預測未來的人口將會發生變化。

人口金字塔圖可被擴充利用於兩對比條件下其數值分佈情形，由於展示時是依數值區間畫分，能讓閱讀者更細緻地去比較兩對比條件在某數值區段的差異，同時並兼顧該數值區段之於整體資料分佈的情形與其對比類別整體分佈之差異。簡而言之，人口金字塔圖的繪製是由兩個細緻的數值區間之直方圖的豎立後，將其背對背組合而成，因其數值區間相互對齊故易於比較與觀察數據。

### 8.2.5 點狀條紋圖（Dot strip plot）

- **圖表名稱：**點狀條紋圖
- **資料格式：**二維－類別 vs 數值
- **元件展示方式：**圓點、水平、密度
- **用途：**分佈（distribution）、比較（compare），類別與數值變數間的全部資料之分佈關係。
- **特點：**所有數據以圓點依序在條紋上排列於圖中，展現出多重類別的資料分佈情形。
- **範例意涵：**某投資社團的投資人上半年在不同股票的投資收益情形（圖 8.5），每一圓點代表某位投資人投資某一隻股票（類別）的實現利得（數值）。

^ 圖 8.5 點狀條紋圖（Dot strip plot）範例

點狀條紋圖以有效率且節省空間的方式將每一個資料以圓點放置在條紋帶，可展現出數據集中的值域區間以及其所出現的頻率，可直覺地呈現出資料分佈的偏斜或形狀，亦非常適合用來比較兩個或多個類別之間的數值差異。點狀條紋圖相當簡單、易於理解和解釋，圖中的每個圓點代表一個數值資料點，而條紋則用以區分不同類別。在點狀條紋圖中，由於數值通常由小到大排列，因此可清楚地比較出不同類別間的趨勢。

由於點狀條紋圖會呈現出所有資料點，故當觀測值的數量較少或需要突出個別觀測值或異常值時，點狀圖可以提供一種快速而簡單的方法來識別資料集的中心趨勢、變異性和偏度。

## 8.2.6 點狀圖（Dot plot）

- **圖表名稱：**點狀圖
- **資料格式：**二維－類別 vs 數值
- **元件展示方式：**圓點、橫線、水平、長度
- **用途：**分佈（distribution）、比較（compare），展示不同類別數列的資料範圍（最小值 / 最大值）或數據變化。
- **特點：**展現各資料集最小和最大值的範圍，或展示不同類別資料的在某事件前後的數據變化。。
- **範例意涵：**呈現不同國家，大學畢業與否其薪資加值的變化。（圖 8.6）

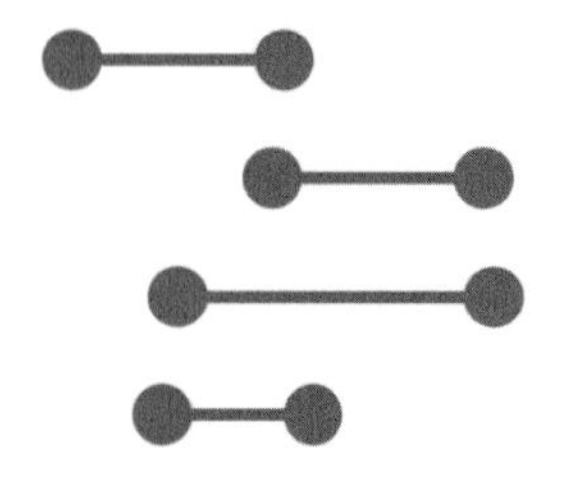

^ 圖 8.6 點狀圖（Dot plot）範例

點狀圖主要是用來比較不同數列之數值範圍以增進對資料分佈有個大致上的理解，或可展示某特定事件不同數列（不同類別資料）之數值變化。但由於該圖本質上非以零做數值原點，閱圖者需加以留意線段長短所帶來的實質差異，切勿被視覺效果所誤導。

## 8.2.7 二維條碼圖（Barcode plot）

- **圖表名稱：**二維條碼圖
- **資料格式：**二維－類別 vs 數值
- **元件展示方式：**直線、水平、密度
- **用途：**分佈（distribution）、比較（compare），類別與數值變數間的全部資料之分佈關係。
- **特點：**所有數據以直線依序在條紋上排列於圖中，展現出多重類別的資料分佈情形。
- **範例意涵：**某投資社團的投資人，上半年在不同股票的投資收益情形（圖 8.7），每一直線代表某位投資人投資某一隻股票（類別）的實現利得（數值）。

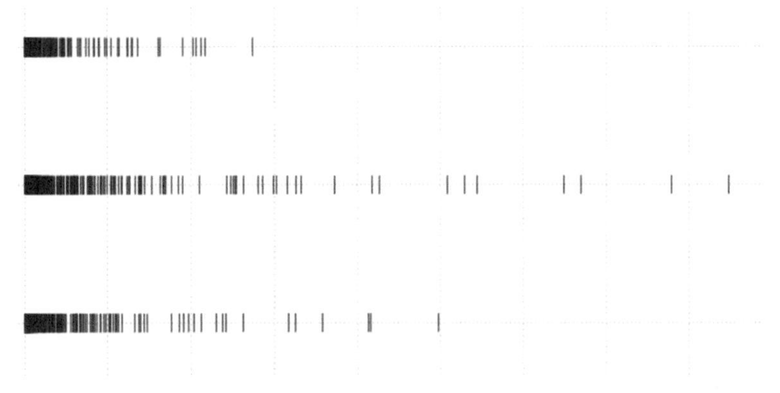

^ **圖 8.7**　二維條碼圖（Dot plot）範例

二維條碼圖將每一個資料以直線形狀放置在條紋帶，常用於顯示資料的分佈情形，可展現出數據集中的值域區間以及其所出現的頻率（直線條密度），可直覺地呈現出資料分佈的偏斜或形狀，因其近似商品的二維條碼而命名。二維條碼圖功能同於點狀條紋圖，僅將圓點狀改成直線，相關說明請見點狀條紋圖。

## 8.2.8 累積曲線圖（Cumulative curve）

- **圖表名稱：**累積曲線圖
- **資料格式：**二維－數值 vs 數值
- **元件展示方式：**曲線
- **用途：**分佈（distribution），數值區間與數值變數間的累計分佈關係。
- **特點：**呈現連續變量的累積分佈情況，為展示數據分佈不均等的繪圖選擇。
- **範例意涵：**某科目考試的學員成績（數值）由低分到高分其累計人數（數值）之統計。

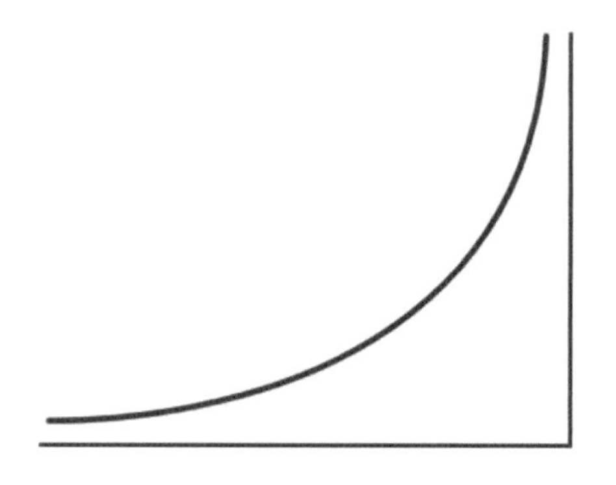

^ 圖 8.8　累積曲線圖（Cumulative curve）範例

累積曲線圖是一種展示連續變量累積分佈的視覺化圖表，針對特定連續變量的累積分佈情況，即在某數值前有多少筆資料，以及這些資料筆數佔總體的比例。主要適用於呈現數據分佈不均等，當曲線呈現出特別陡峭時表示該值的出現次數特別頻繁，特別平坦時則表示該值出現頻率相對低，可以一目瞭然資料的大致分佈。累積曲線圖更可反映出整體數值變量的變異程度，當整體曲線的斜率越陡峭時，數值變量的變異程度就越大。除此，累積曲線圖亦可進一步將多個數值的分佈累積曲線圖繪製在同一張圖上做比較。

## 8.2.9 頻率多邊圖（Frequency polygons）

- **圖表名稱：**頻率多邊圖
- **資料格式：**二維以上－類別 vs 數值（區間）vs 數值（次數統計）
- **元件展示方式：**線條、斜率、顏色
- **用途：**分佈（distribution），展示不同類別數列的數據分佈狀況。

- **特點：**同時呈現多重類別數據集其數值之分佈狀況。
- **範例意涵：**數學和國文考試科目（類別）的學員成績（數值）之分佈統計（數值）。

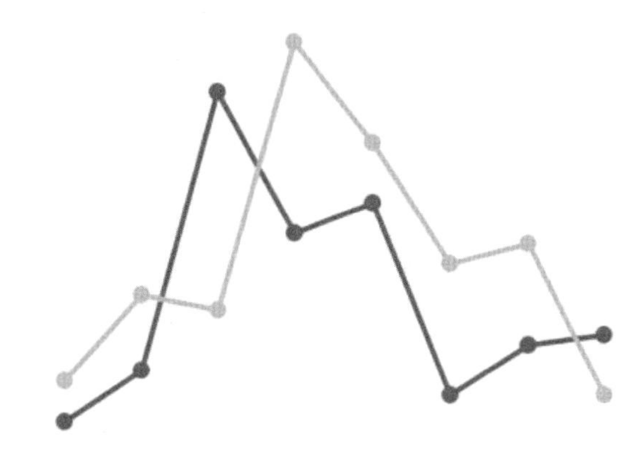

^ **圖 8.9** 頻率多邊圖（Frequency polygons）範例

頻率多邊圖是一種以折線圖方式呈現連續數值變數的分佈的圖表，可以清楚地呈現峰值、尖峰、離散程度等資訊，以及資料有明顯陡峭或平坦的面貌，可一目瞭然特定資料區間的分佈。與直方圖相比，頻率多邊圖可以更加平滑地呈現分佈情況，加強視覺閱圖的流暢度，並清晰地顯示分佈的趨勢和變化。亦常用來呈現多個數值數列的分佈情況，可以不同的顏色區隔比較之。

單一類別數列的頻率多邊圖之繪製雷同於直方圖，當直方圖繪製完成之後，將各分組的組中點標出，並以直線做連接。接續再依同樣的步驟重複施作於其它類別數列上，最終將所有類別的頻率多邊圖（共 x 軸）呈現於同一個頻率多邊圖中。雖然理論上可以共同呈現無數個數列，但考量圖形的可讀性，一般來說不建議超過四個類別為佳。此外因各數列其數值區間共用 x 軸且數值區間對齊，故易於比較與觀察不同數列之數據分佈。

## 8.3 分佈視覺化圖表之優缺點比較

在第二節中我們介紹了用來表達分佈的九個圖形，匯整如表 8.1 所列。

**表 8.1** 分佈圖形彙整

| 圖表名稱 | 資料格式 | 元件展示方式 | 用途 | 特點 |
|---|---|---|---|---|
| 直方圖 | 二維<br>數值（區間）vs 數值（次數統計） | 直線、垂直、長度 | 分佈，展示特定數值變項值區間及統計其出現的次數 | 針對單一數值變項，展示其數值分佈和分散情形之良好工具。 |

| 圖表名稱 | 資料格式 | 元件展示方式 | 用途 | 特點 |
|---|---|---|---|---|
| 箱形圖 | 二維（以上）<br>類別 vs 數值（區間）vs 數值（次數統計） | 線條、面積、垂直 / 水平、長度 | 分佈、比較，展示不同類別數列的五數分析等數據範圍呈現 | 箱形圖用以標示出數值變項之五數——最大值、Q3（第 3 四分位數）、中位數（第 2 四分位數）、Q1（第 1 四分位數）和最小值，精簡展示數據分佈情形 |
| 小提琴圖 | 二維（以上）<br>類別 vs 數值（區間）vs 數值（順序統計） | 曲線、垂直 / 水平、面積 | 分佈，展示某數值變項值區間及統計其出現的次數分佈 | 展示單一數值變項數值分佈情形之良好工具，合併箱形與直方圖，可呈現較細緻的分佈 |
| 人口金字塔圖 | 三維<br>類別 vs 數值（區間）vs 數值（次數統計） | 線條、水平 / 垂直、長度、顏色 | 分佈、比較，展示某對比類別其特定數值變項值區間及統計其出現的次數分佈 | 可直接觀察與比較兩對比前提下的數值分佈的差異情形 |
| 點狀條紋圖 | 二維<br>類別 vs 數值 | 圓點、水平、密度 | 分佈、比較，類別與數值變數間的全部資料之分佈關係 | 所有數據以圓點依序在條紋上排列於圖中，展現出多重類別的資料分佈情形 |
| 點狀圖 | 二維<br>類別 vs 數值 | 圓點、橫線、水平、長度 | 分佈、比較，展示不同類別數列的數據變化或資料範圍（最小值 / 最大值） | 展現各資料集的最小和最大值的範圍，或展示不同類別資料在某事件前後的數據變化 |
| 二維條碼圖 | 二維<br>類別 vs 數值 | 直線、水平、密度 | 分佈、比較，類別與數值變數間的全部資料之分佈關係 | 所有數據以直線依序在條紋上排列於圖中，展現出多重類別的資料分佈情形 |
| 累積曲線圖 | 二維<br>數值（區間）vs 數值（次數統計） | 曲線 | 分佈，連續變量的累積分佈情況的累積分佈關係 | 呈現連續變量的累積分佈情況，為展示數據分佈不均等的繪圖選擇 |
| 頻率多邊圖 | 二維（以上）<br>類別 vs 數值（區間）vs 數值（次數統計） | 線條、斜率、顏色 | 分佈，展示不同類別數列的數據分佈狀況 | 同時呈現多重類別數據集其數值之分佈狀況 |

這九張圖主要是用於展示資料分佈情形的資訊。當資料量少且欲將所有資料點依不同類別全部呈現於同一張圖時，點狀條紋圖和二維條碼圖是好的選擇，此兩圖使用點或線條的密度陳列於條紋帶上，並同時可呈現多類別的資料分佈情形以利比較。而點狀圖則是以強調各類別在特定對比事件之數值變化或僅表示各組數值之最大和最小值，用於展示資料量不多且形成強列對比的情境。

針對單一數值變項，直方圖是最常被用來展示資料分佈的圖形，箱形圖（Boxplot）亦常被用來以五個數字表現數值變項分佈之工具，由於箱形圖簡捷清晰且可合併數個箱子做數個類別數列之比較，是重要的關鍵圖表。細緻平滑化的直方圖可被背對背對稱豎立成小提琴圖，如此可加強並細緻地呈現各區間數值與資料分佈密度的情形。此外，人口金字塔圖是由兩個對立類別數列所形成之直方圖背對背豎立展現，藉由數值區間的對齊，可輕易比較出兩對立類別之特定數值分佈差異。

有別於直方圖僅展現數值區間的分佈情形，累積曲線圖以數值區間之累積頻率製圖，藉由曲線陡峭 / 平緩的程度，理解不同資料區間的分佈狀況。最後頻率多邊圖則以直方圖為出發點，於各分組區間中僅留下組中點和該區間之頻率統計數字後，以直線連接起來；當同步加上數個類別數列的直方圖於同一頻率多邊圖中，可輕易比較各組類別數列之資料分佈情形。以上九張圖的使用巧妙各有不同，製圖者可依不同的製圖目的加以選用。

本章所介紹的九張圖的優缺點比較表整理於表 8.2。



**表 8.2** 分佈圖形之優缺點比較

| 圖表名稱 | 優點 | 缺點 |
|---|---|---|
| 直方圖 | 1. 理解連續變數的分佈情況和細節的良好工具<br>2. 直方圖的形狀可觀測出資料是否為常態分佈、對稱分佈或右偏分佈等 | 需留意數值的分組數目，過少的分組數目會致使資料分佈統計的不夠精確而失真 |
| 箱形圖 | 1. 圖形親和有趣<br>2. 可比較多類別序列<br>3. 簡潔清晰 | 僅用五數來展示資料的分佈和偏斜情形，可能不夠精確而失真 |
| 小提琴圖 | 1. 圖形美觀優雅<br>2. 可呈現較複雜的分佈 | 圖形看起來複雜而不易理解 |
| 人口金字塔圖 | 1. 易於比較兩對比類別序列之差異<br>2. 圖形親和有趣 | 數值組數過細時不易理解與閱讀 |
| 點狀條紋圖 | 1. 可比較多類別序列<br>2. 展現出全部的資料點 | 1. 資料點不宜過多<br>2. 資料分佈不易觀察 |

| 圖表名稱 | 優點 | 缺點 |
| --- | --- | --- |
| 點狀圖 | 1. 可比較多類別序列<br>2. 可展示兩對比的情境或最大最小值之差距<br>3. 圖形親和有趣<br>4. 簡潔清晰 | 1. 資料點不宜過多<br>2. 資料具明顯差異時較能發揮使用效益<br>3. 需留意於非零原點做差異值比較可能產生的偏差 |
| 二維條碼圖 | 1. 可比較多類別序列<br>2. 展現出全部的資料點<br>3. 圖形親和有趣 | 1. 資料點不宜過多<br>2. 資料分佈不易觀察 |
| 累積曲線圖 | 1. 清楚地呈現峰值、尖峰、離散程度等分佈的趨勢和變化。<br>2. 平滑地呈現分佈情況，加強視覺閱圖的流暢度。 | 數值組數過細時不易理解與閱讀 |
| 頻率多邊圖 | 可做多類別數值序列比較 | 類別序列過多時不易理解與閱讀 |

# 8.4 實作與解釋

打開 Ch08_start.pbix，選擇【另存新檔】將檔案另存在指定目錄下，可將檔案命名成“Ch08_prac.pbix”。

本節主要是示範相關圖表之製作，實際商務應用需依讀者手上自有之資料表，針對所欲探索之數值配對到相關資料軸線或其它設定，以達查看資料分佈之效果。

另，各子節中的圖形都可依循下列步驟做視覺效果的調整：點按【圖】，依序在【視覺效果】中將所欲調整的項目嘗試做不同設定，以完成更精美的製圖。

## 8.4.1 直方圖（Histogram）的製作

- **製圖目的：**依產品銷售金額設立數個等寬的群組區間，並統計各區間的銷售次數。

STEP01 請在左上方點選【報表檢視】，接著於下方頁籤按【第 1 頁】重新命名為【直方圖】。

STEP02 在【視覺效果】視窗中的【組建視覺效果】先按下【群組直條圖】。

STEP03 製圖區將圖表拉大成適中的大小。

STEP04 在【視覺效果】視窗中的【組建視覺效果】，將【Transaction】表中的【銷售金額】拖曳到【X 軸】，再將【Transaction】表中的【銷售金額】拖曳到【Y 軸】並下拉選擇【計數】。

STEP05 到【篩選】視窗於【此視覺效果上的篩選】，於【銷售金額】中下拉，在【在其值如下時顯示項目】設定【小於】【200】，按【套用篩選】。

STEP06 在【視覺效果】視窗中的【組建視覺效果】，【X 軸】下拉，選【新增群組】，修改量化大小為【20】（步驟 5 已設定值介於 0 到 200 之間，設定量化大小可以將資料切分成 200/20=10 個區間）。

STEP07 將名稱修改成【銷售金額（10 群）】，按【確定】。

STEP08 圖形配置調整：先按【圖】，依序在【視覺效果】中將【資料行】下拉，再下拉【配置】、調整【類別間距（%）】到【1】，完成製圖。

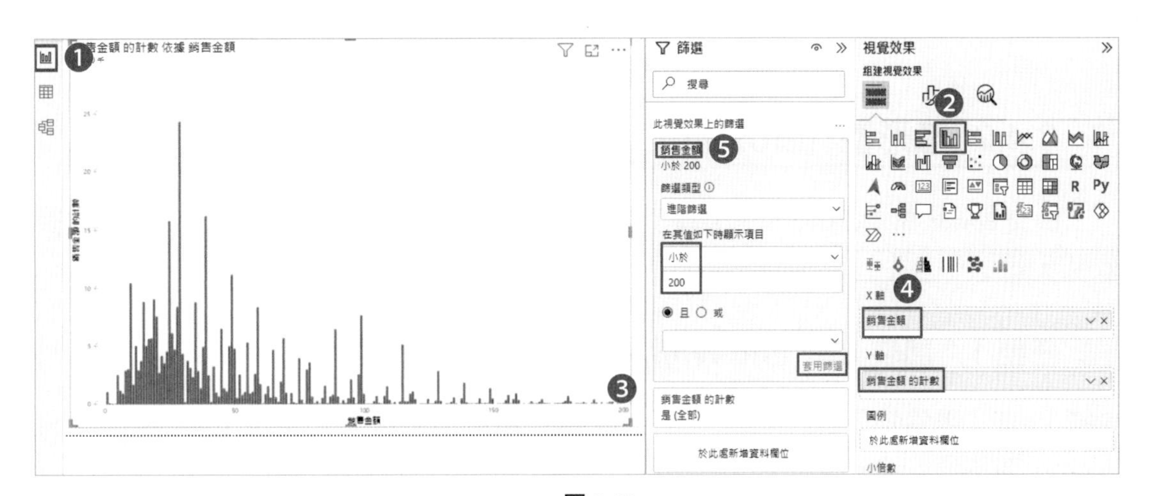


^ 圖 8.10

^ 圖 8.11

^ 圖 8.12

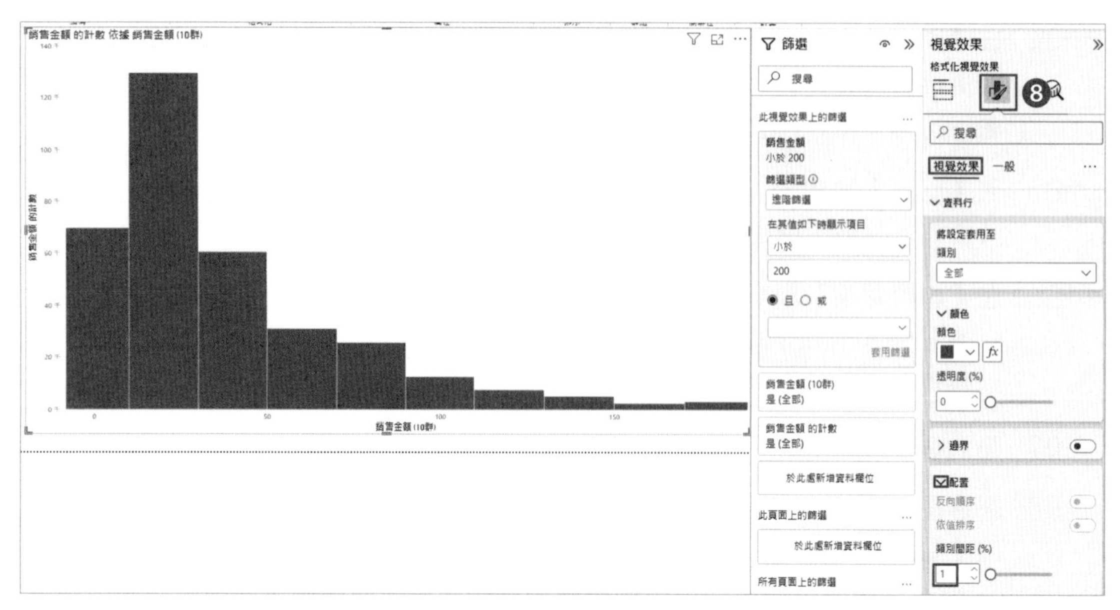


^ 圖 8.13

## 8.4.2 箱形圖（Boxplot）的製作

由於 Power BI Desktop 沒有直接支援箱形圖（Boxplot），故從外部匯入相關的視覺效果來使用。

### 任務 1：加裝 Box and Whisker chart 視覺效果

STEP01 在【視覺效果】視窗中，【組建視覺效果】按下【…】，再選【取得更多的視覺效果】。

STEP02 在彈出的【Power BI 視覺效果】視窗中，右上鍵入【box】搜尋後，再按下【Box and Whisker chart】。

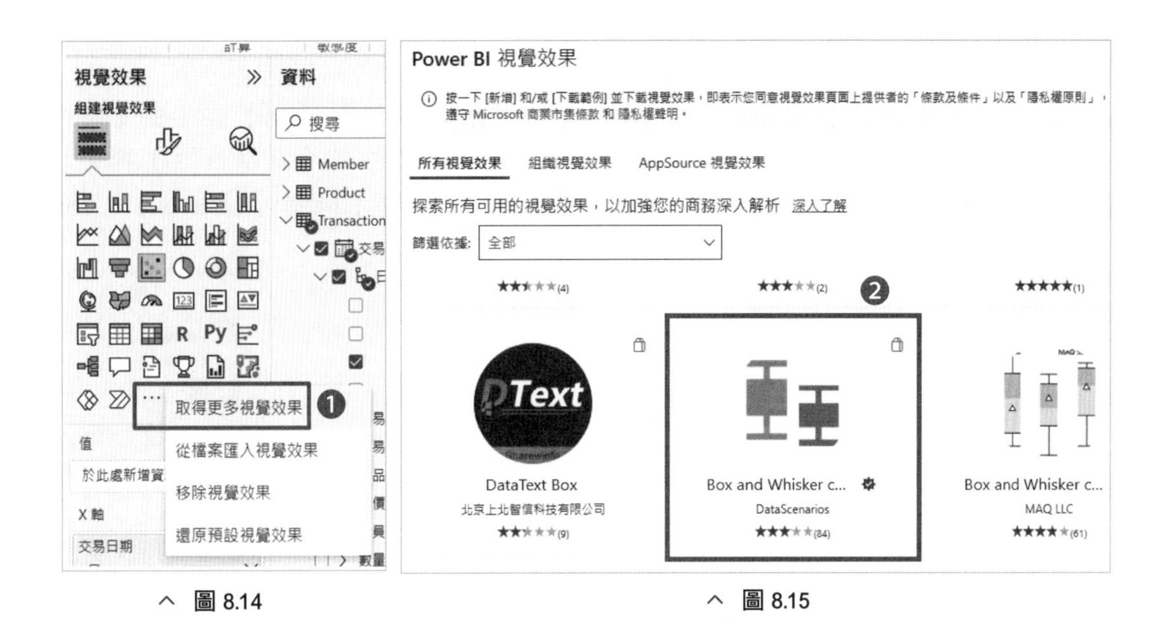


^ 圖 8.14　　^ 圖 8.15

STEP03 在彈出的【AppSource】視窗中，左上部按下【新增】。

STEP04 完成【Box and Whisker chart】視覺效果的安裝。

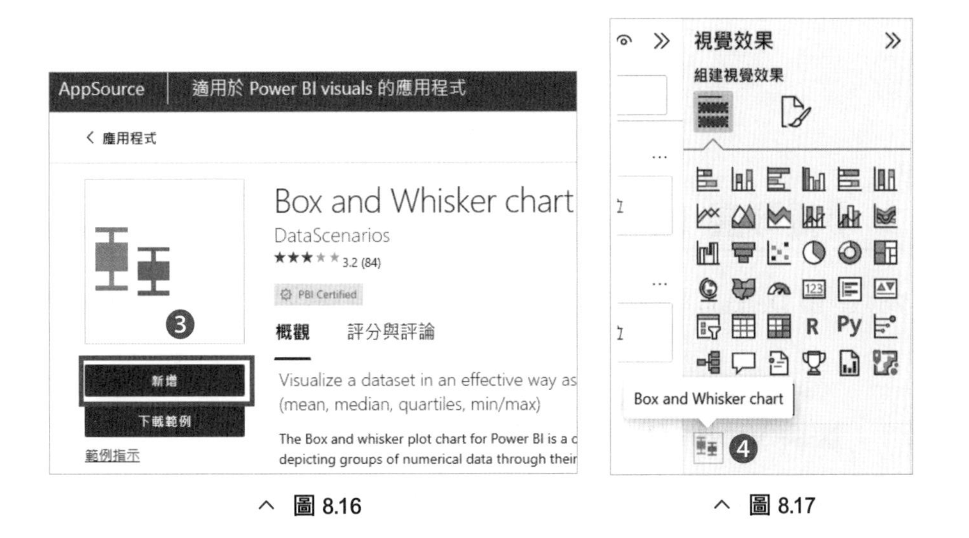


^ 圖 8.16　　^ 圖 8.17

## 任務 2：製作箱形圖（Boxplot）

- **製圖目的**：依不同「家庭人口」顯示出「銷售金額」的加總之五數統計

STEP01 請在左上方點選【報表檢視】，接著於下方頁籤按【+】新增頁籤並重新命名為【箱形圖】。

STEP02 在【視覺效果】視窗中的【組建視覺效果】先按下【Box and Whisker chart】。

STEP03 在製圖區將圖表拉大成適中的大小。

STEP04 在【視覺效果】視窗中的【組建視覺效果】，將【Member】表中的【家庭人口】拖曳到【Category】，再將【Transaction】表中的【交易日期】拖曳到【Sampling】，再將【Transaction】表中的【銷售金額】拖曳到【Values】，完成製圖。

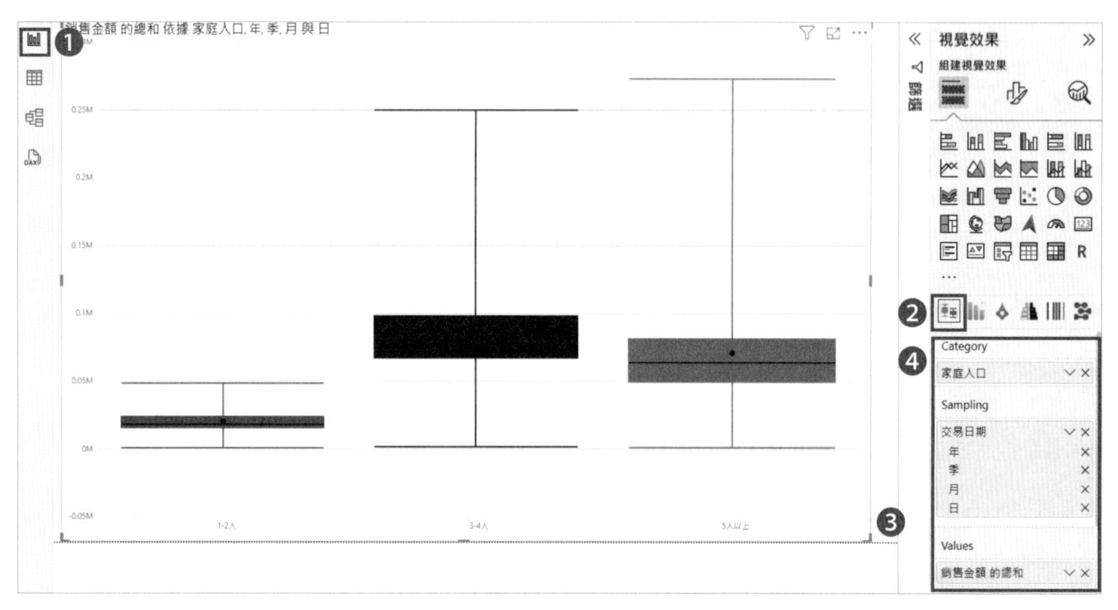


^ 圖 8.18

## 8.4.3 小提琴圖（Violin plot）的製作

由於 Power BI Desktop 沒有直接支援小提琴圖，故從外部匯入相關的視覺效果來使用。

### 任務 1：加裝 Violin Plot 視覺效果

STEP01 在【視覺效果】視窗中，【組建視覺效果】按下【…】，再選【取得更多的視覺效果】。

STEP02 在彈出的【Power BI 視覺效果】視窗中，右上鍵入【Violin】搜尋後，再按下【Violin Plot】。

^ 圖 8.19

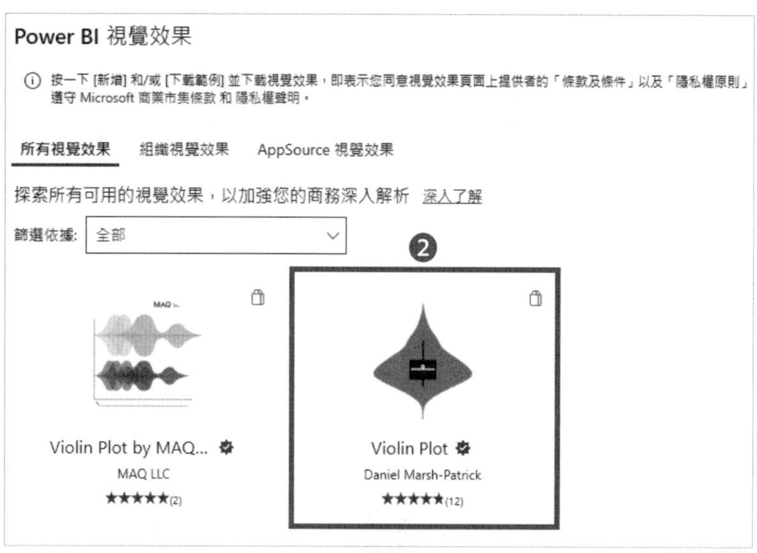


^ 圖 8.20

STEP03 在彈出的【AppSource】視窗中，左上部按下【新增】。

STEP04 完成【Violin Plot】視覺效果的安裝。

^ 圖 8.21

^ 圖 8.22

## 任務 2：製作小提琴圖

- **製圖目的**：依不同「家庭人口」顯示出「銷售金額」的分佈情形

STEP01 請在左上方點選【報表檢視】，接著於下方頁籤按【+】新增頁籤並重新命名為重新命名為【小提琴圖】。

STEP02 在【視覺效果】視窗中的【組建視覺效果】先按下【Violin Plot】。

STEP03 在製圖區將圖表的區域拉大成適中的大小。

STEP04 在【視覺效果】視窗中的【組建視覺效果】，將【Transaction】表中的【交易日期】拖曳到【Sampling】，再將【Transaction】表中的【銷售金額】拖曳到【Measure Data】，再將【Member】表中的【家庭人口】拖曳到【Category】。

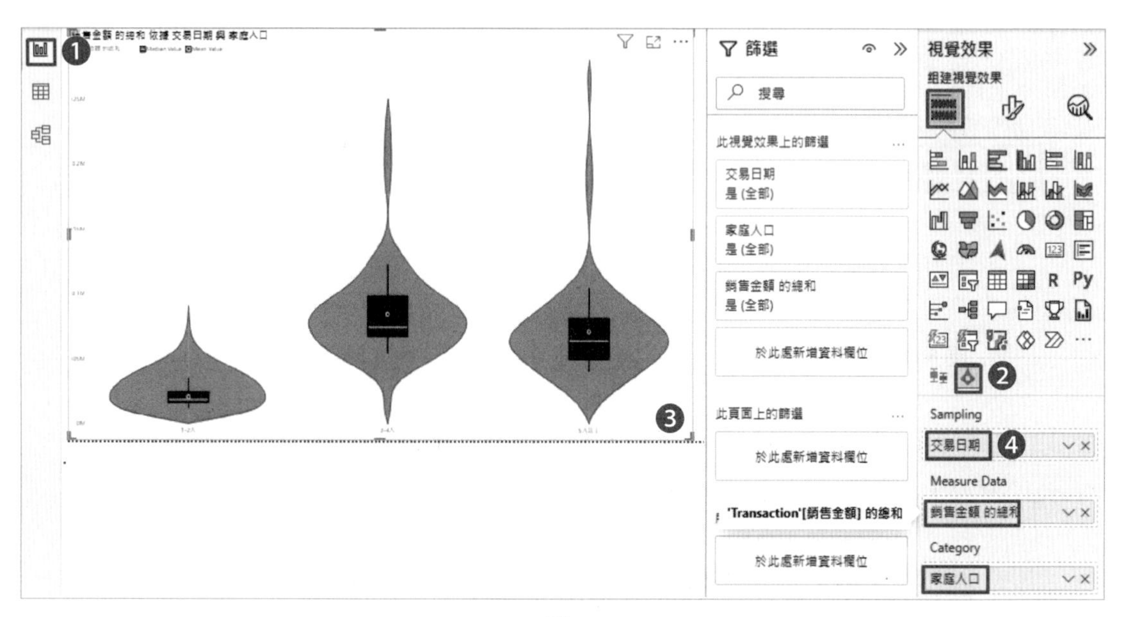


^ 圖 8.23

STEP05 圖形配置調整：先按【圖】，依序在【視覺效果】將【Combo Plot】關閉。

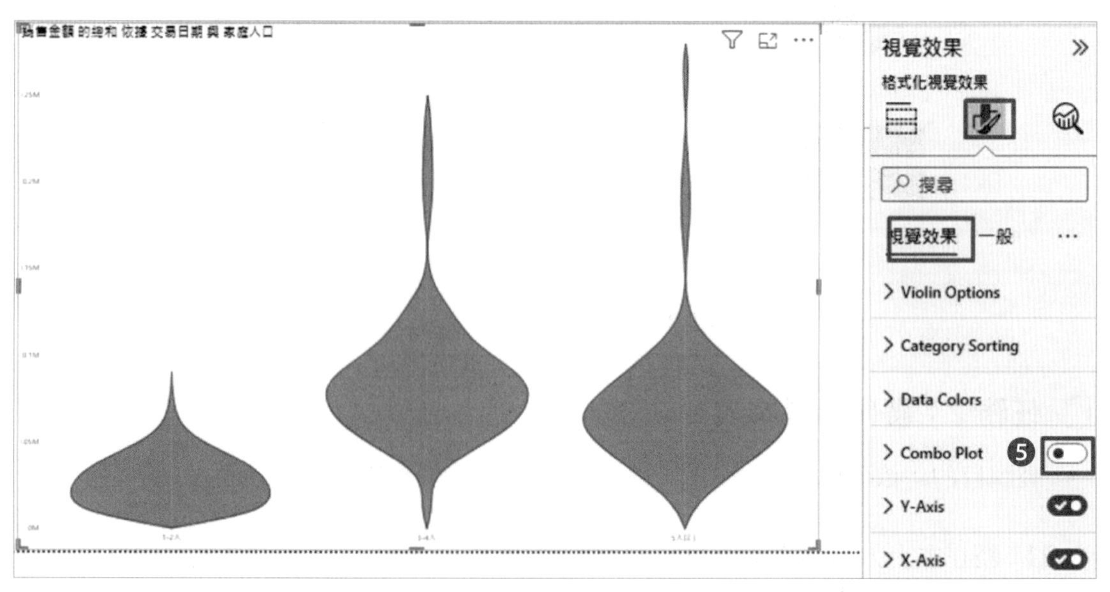


^ 圖 8.24

STEP06 圖形配置調整：先按【圖】，依序在【視覺效果】中將【Data Colors】的【By Category】開啟，即完成製圖。

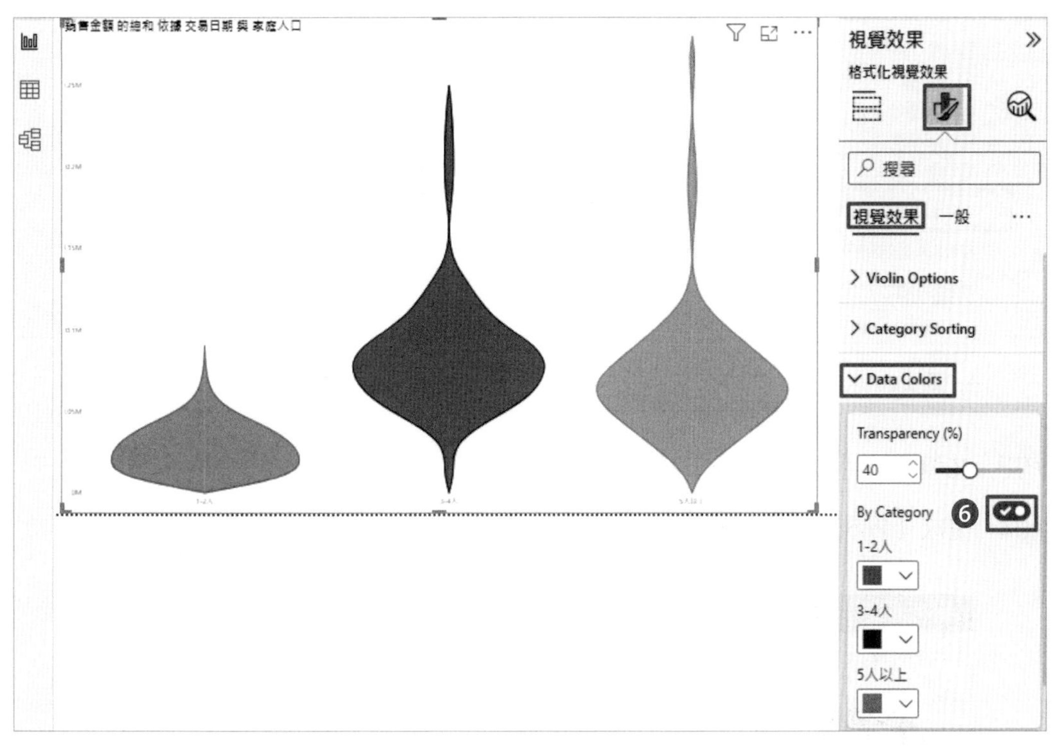


圖 8.25

## 8.4.4 人口金字塔圖（Population pyramid）的製作

由於 Power BI Desktop 沒有直接支援人口金字塔圖，故從外部匯入相關的視覺效果來使用。

### 任務 1：加裝 Population Pyramid 視覺效果

STEP01 在【視覺效果】視窗中，【組建視覺效果】按下【…】，再選【取得更多的視覺效果】。

STEP02 在彈出的【Power BI 視覺效果】視窗中，右上鍵入【pyramid】搜尋後，再按下【Population Pyramid（Standard）】。

^ 圖 8.26

^ 圖 8.27

STEP03 在彈出的【AppSource】視窗中，左上部按下【新增】。

STEP04 完成【Population Pyramid】視覺效果的安裝。

^ 圖 8.28

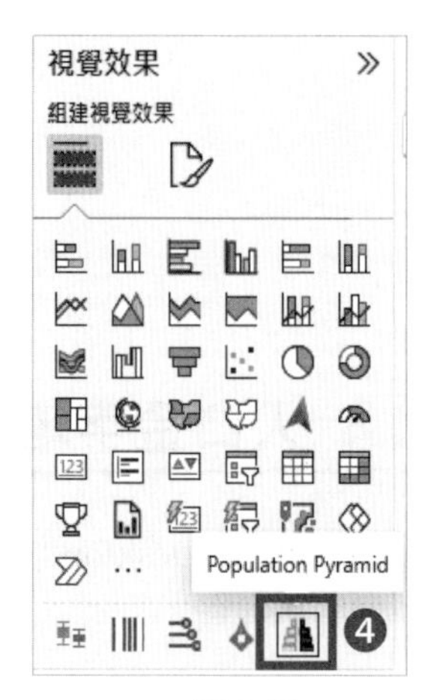


^ 圖 8.29

## 任務 2：資料準備 - 在【Member】資料表中新增【會員卡號 的計數（男）】和【會員卡號 的計數（女）】兩個量值

STEP01 選取右側資料視窗中的【Product】資料表，在【資料表工具】中選取【快速量值】。

圖 8.30

STEP02 在【計算】中選取【篩選過的值】，【基底值】從右側資料拖曳挑選【會員卡號】，【篩選】從右側資料拖曳挑選【性別】，值下拉選取【女】，按下【確定】完成【會員卡號 的計數（女）】量值的新增。

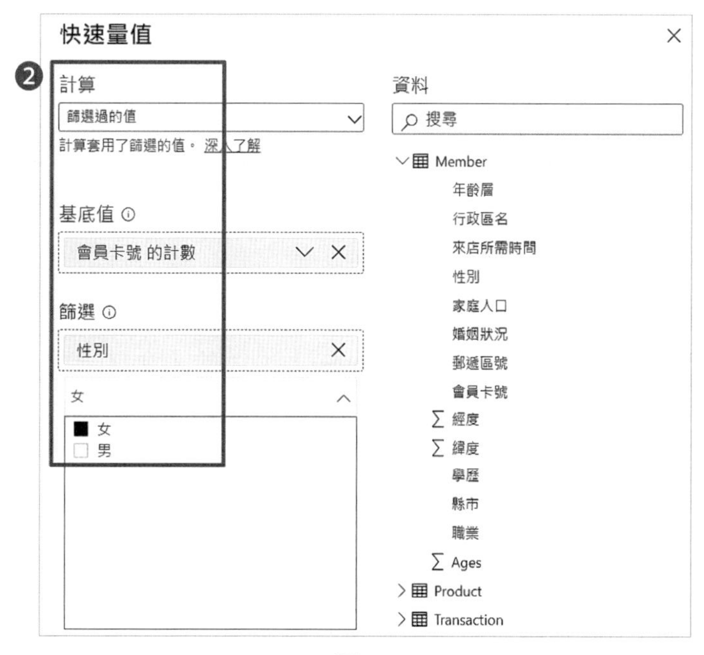


圖 8.31

STEP03 重覆上面的 Step 1~2，完成【會員卡號 的計數（男）】量值的新增。

STEP04 完成後請確認右側資料視窗中的【Member】資料表，已產生出【會員卡號 的計數（女）】和【會員卡號 的計數（男）】兩個新量值。

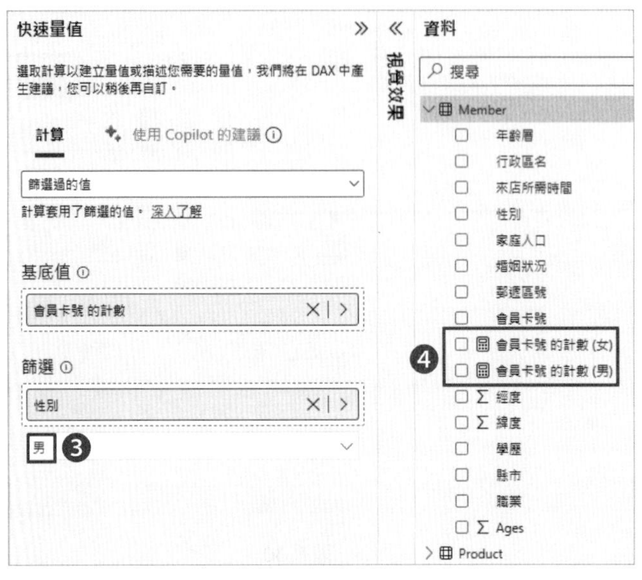


^ 圖 8.32

## 任務 3：製作點人口金字塔圖

- **製圖目的**：依不同「年齡 」區段顯示出「男」「女」會員數統計。

STEP01 請在左上方點選【報表檢視】，接著於下方頁籤按【+】新增頁籤並重新命名為【人口金字塔圖】。

STEP02 在【視覺效果】視窗中的【組建視覺效果】先按下任務 1 新增的【Population Pyramid】。

STEP03 在製圖區將圖表拉大成適中的大小。

STEP04 在【視覺效果】視窗中的【組建視覺效果】，將【Member】表中的【年齡層】拖曳到【Age cohorts】，再將【Member】表中的【會員卡號 的計數（男）】拖曳到【Male %】，再將【Member】表中的【會員卡號 的計數（女）】拖曳到【Female %】，完成製圖。

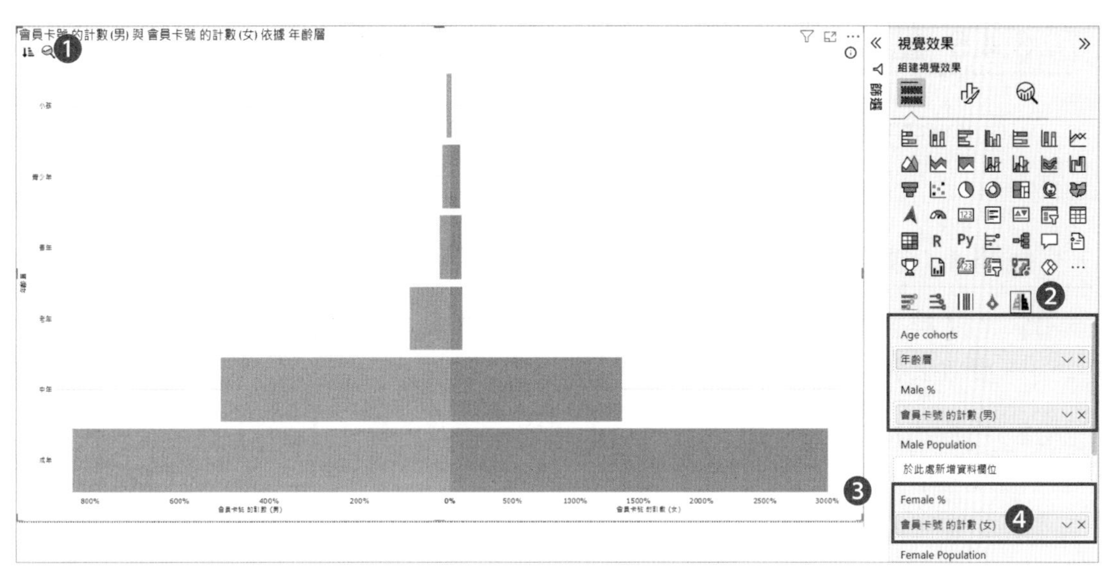


^ 圖 8.33

STEP05 圖形配置調整：先按【圖】，依序在【視覺效果】中將【X axis (male)】展開後，將【Auto range】關閉，在【To】填入 【3200】。再將【Label suffix】的【%】清除。

STEP06 圖形配置調整：先按【圖】，在【視覺效果】中將【X axis (female)】展開後，將【Auto range】關閉，在【To】填入 【3200】，完成製圖再將【Label suffix】的【%】清除。

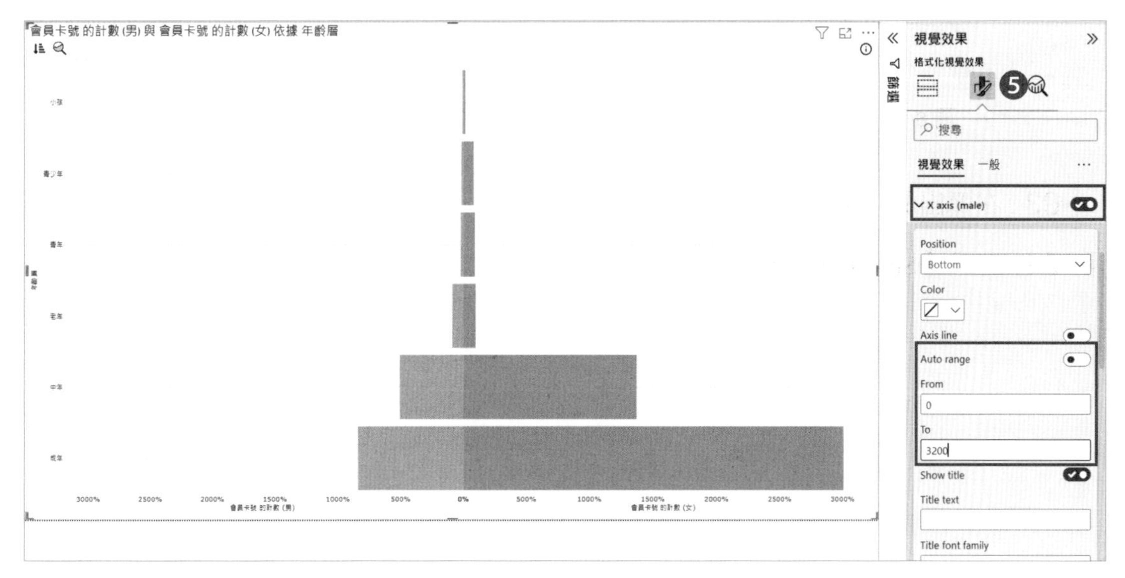


^ 圖 8.34

## 8.4.5 點狀條紋圖（Dot strip plot）的製作

由於 Power BI Desktop 沒有直接支援點狀條紋圖，故從外部匯入相關的視覺效果來使用。

### 任務 1：加裝 Strip Plot 視覺效果

STEP01 在【視覺效果】視窗中，【組建視覺效果】按下【…】，再選【取得更多的視覺效果】。

STEP02 在彈出的【Power BI 視覺效果】視窗中，右上鍵入【strip】搜尋後，再按下【Strip Plot】。

^ 圖 8.35

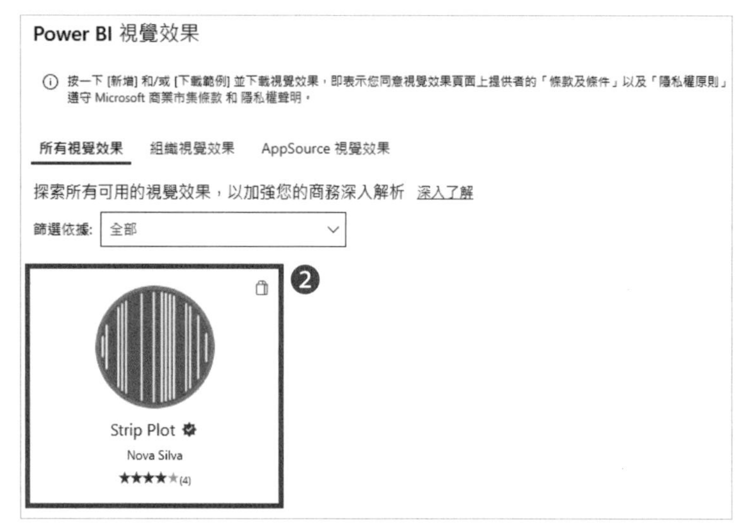


^ 圖 8.36

STEP03 在彈出的【AppSource】視窗中，左上部按下【新增】。

STEP04 完成【Strip Plot】視覺效果的安裝。

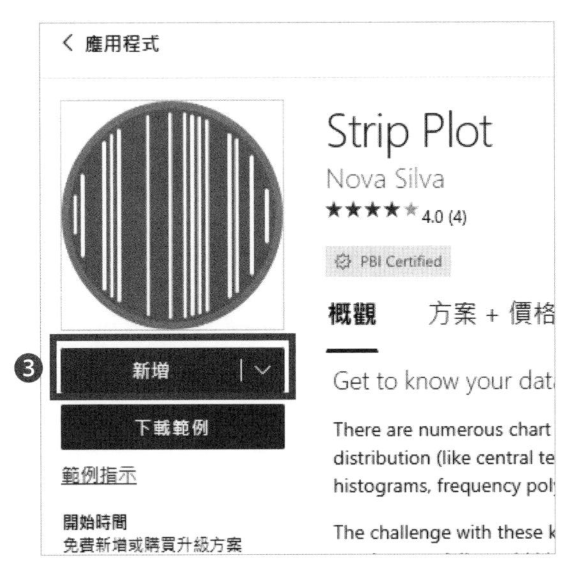


^ 圖 8.37

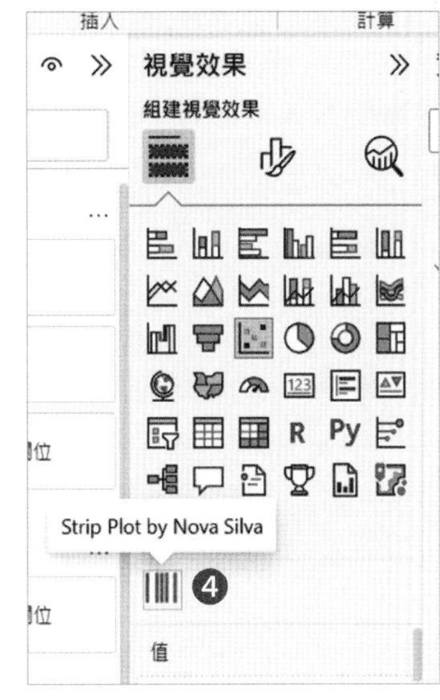


^ 圖 8.38

## 任務 2：製作點狀條紋圖

- **製圖目的：**依月份描點出每月的各筆銷售金額

STEP01 請在左上方點選【報表檢視】，接著於下方頁籤按【+】新增頁籤並重新命名為【點狀條紋圖】。

STEP02 在【視覺效果】視窗中的【組建視覺效果】先按下剛新增的【Strip Plot】。

STEP03 在製圖區將圖表拉大成適中的大小。

STEP04 在【視覺效果】視窗中的【組建視覺效果】，將【Transaction】表中的【交易日期】下的【日期階層】下的【月】拖曳到【Axis】，再將【Transaction】表中的【銷售金額】拖曳到【Values】，再將【Transaction】表中的【銷售金額】拖曳到【Details】。

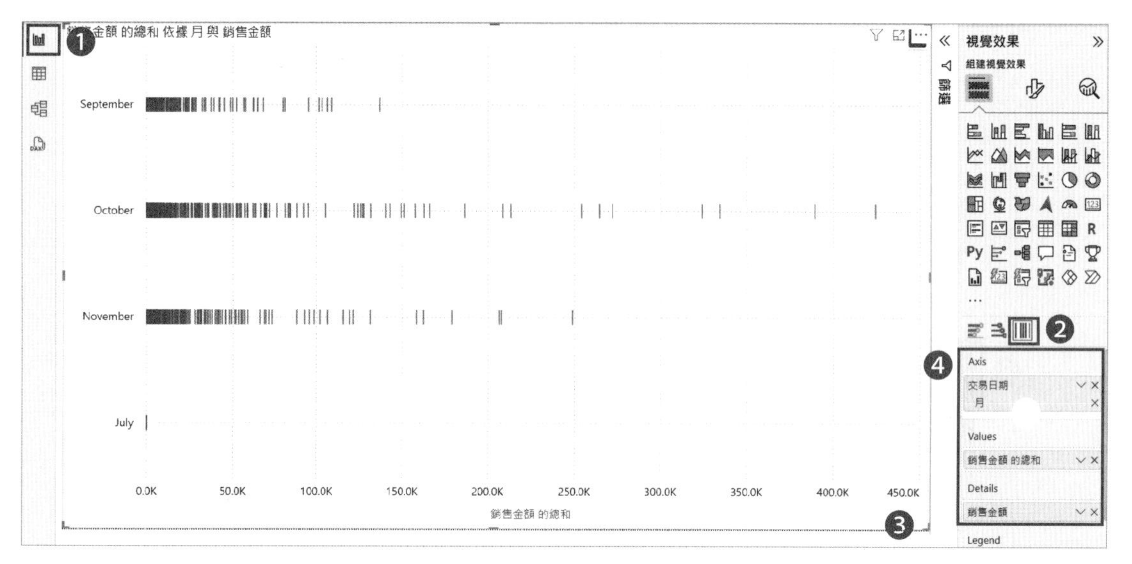


^ 圖 8.39

STEP05 圖形配置調整：先按【圖】，依序在【視覺效果】中將【Shapes】往下拉，再下拉點開【Marker shape】，選擇【•】即完成製圖。

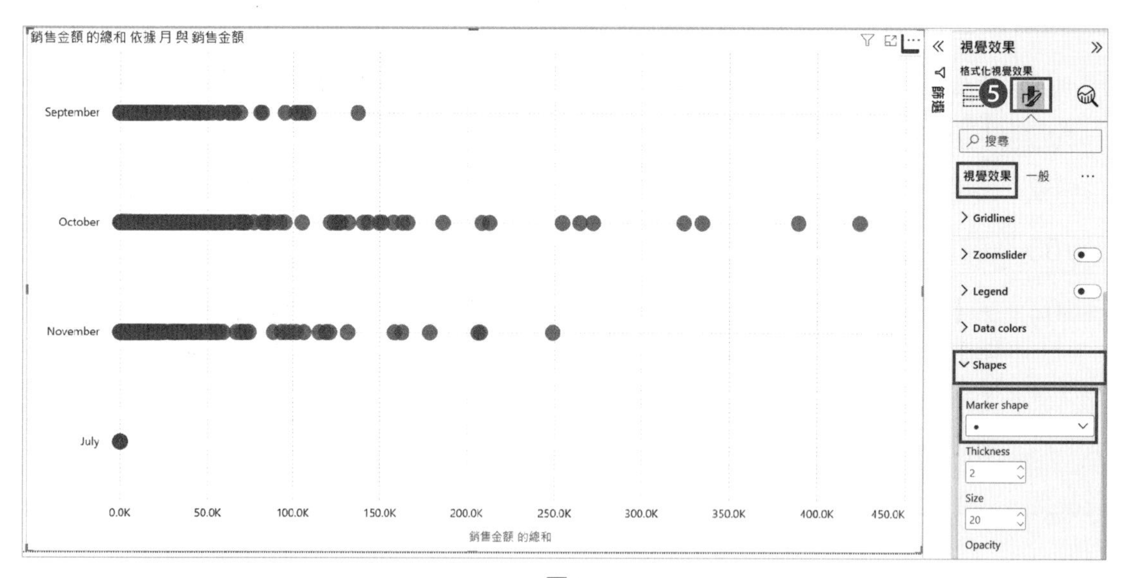


^ 圖 8.40

## 8.4.6 點狀圖（Dot plot）的製作

由於 Power BI Desktop 沒有直接支援點狀圖，故從外部匯入相關的視覺效果來使用。

## 任務 1：加裝 Dumbbell Bar Chart 視覺效果

STEP 01　在【視覺效果】視窗中，【組建視覺效果】按下【…】，再選【取得更多的視覺效果】。

STEP 02　在彈出的【Power BI 視覺效果】視窗中，右上鍵入【dumbbell】搜尋後，再按【Dumbbell Bar Chart】。

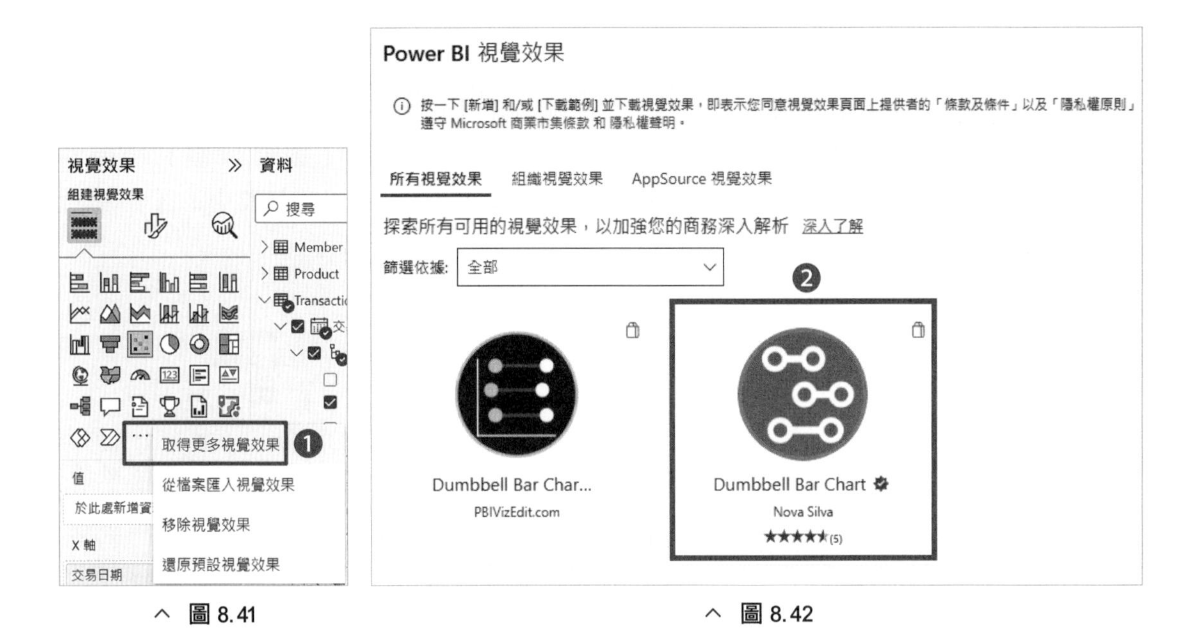


^ 圖 8.41　　^ 圖 8.42

STEP 03　在彈出的【AppSource】視窗中，左上部按下【新增】。

STEP 04　完成【Dumbbell Bar Chart】視覺效果的安裝。

^ 圖 8.43　　^ 圖 8.44

### 任務 2：製作點狀圖

- **製圖目的：**依不同「家庭人口」顯示出「銷售金額」的最大值和最小值

STEP01 請在左上方點選【報表檢視】，接著於下方頁籤按【+】新增頁籤並重新命名為【點狀圖】。

STEP02 在【視覺效果】視窗中的【組建視覺效果】先按下剛新增的【Dumbbell Bar Chart】。

STEP03 在製圖區將圖表的區域拉大成適中的大小。

STEP04 在【視覺效果】視窗中的【組建視覺效果】，將【Member】表中的【家庭人口】拖曳到【Y-Axis】，再將【Transaction】表中的【銷售金額】拖曳到【X-Axis】並下拉選擇【最大值】，再重複將【Transaction】表中的【銷售金額】拖曳到【X-Axis】並下拉選擇【最小值】，即完成製圖。

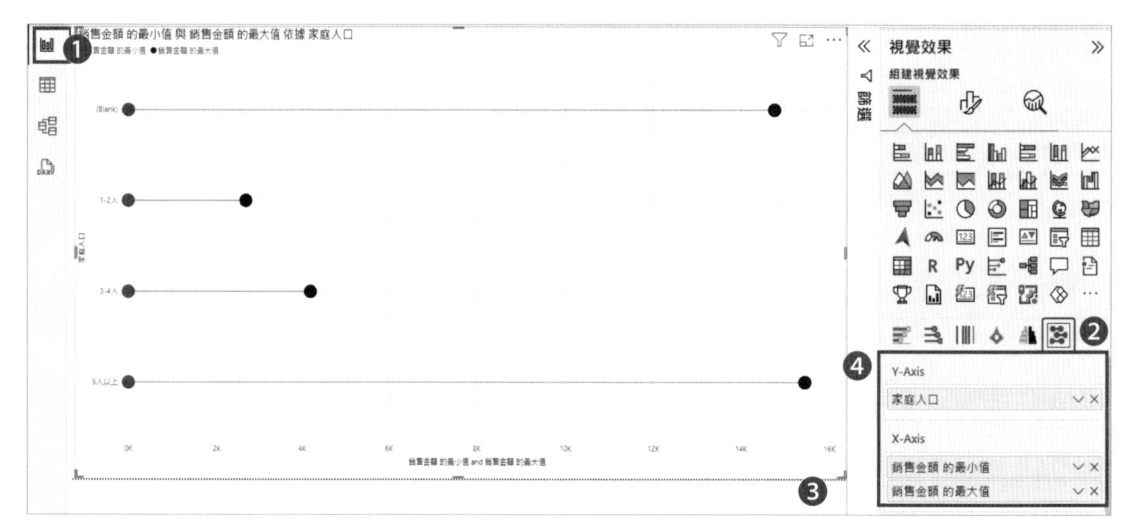


^ 圖 8.45

## 8.4.7 二維條碼圖（Barcode plot）的製作

由於 Power BI Desktop 沒有直接支援二維條碼圖，故使用 8.4.5 所新增的【Strip Plot】來製圖。

- **製圖目的：**依月份描線出每月的各筆銷售金額

STEP01 請在左上方點選【報表檢視】，接著於下方頁籤按【+】新增頁籤並重新命名為【二維條碼圖】。

STEP02 在【視覺效果】視窗中的【組建視覺效果】先按下剛新增的【Strip Plot】。

STEP03 在製圖區將圖表的區域拉大成適中的大小。

STEP04 在【視覺效果】視窗中的【組建視覺效果】，將【Transaction】表中的【交易日期】下的【日期階層】下的【月】拖曳到【Axis】，再將【Transaction】表中的【銷售金額】拖曳到【Values】，再將【Transaction】表中的【銷售金額】拖曳到【Details】即完成製圖。

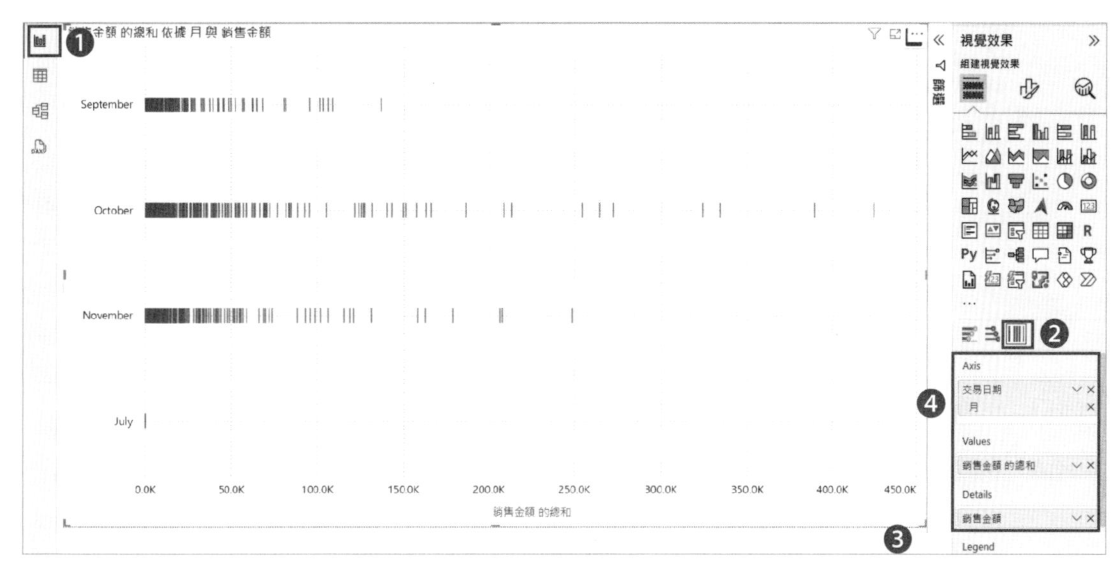


^ 圖 8.46

## 8.4.8 累積曲線圖（Cumulative curve）的製作

由於 Power BI Desktop 沒有直接支援累積曲線圖，故從外部匯入相關的視覺效果來使用。

### 任務 1：加裝 Cumulative by sio2Graphs 視覺效果

STEP01 在【視覺效果】視窗中，【組建視覺效果】按下【…】，再選【取得更多的視覺效果】。

STEP02 在彈出的【Power BI 視覺效果】視窗中，右上鍵入【cumulative】搜尋後，再按下【Cumulative by sio2Graphs】。

^ 圖 8.47

^ 圖 8.48

STEP03 在彈出的【AppSource】視窗中，左上部按下【新增】。

STEP04 完成【Cumulative by sio2Graphs】視覺效果的安裝。

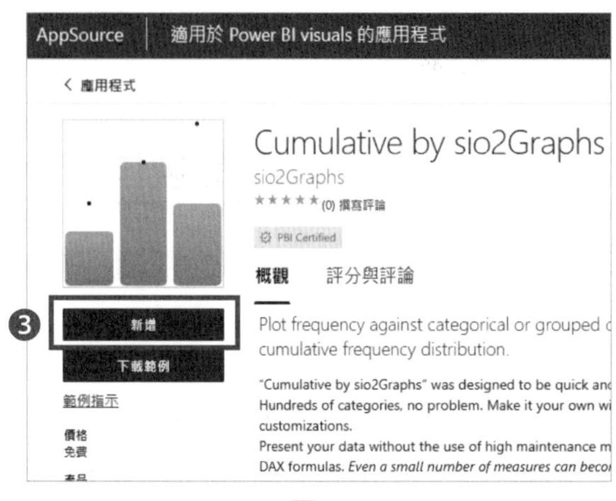


^ 圖 8.49

^ 圖 8.50

## 任務 2：製作累積曲線圖

- **製圖目的：**顯示出不同「年齡層」對累積的「銷售金額」的貢獻

STEP01 請在左上方點選【報表檢視】，接著於下方頁籤按【+】新增頁籤並重新命名為【累積曲線圖】。

STEP02 在【視覺效果】視窗中的【組建視覺效果】先按下剛新增的【Cumulative by sio2Graphs】。

STEP03 在製圖區將圖表的區域拉大成適中的大小。

STEP04 在【視覺效果】視窗中的【組建視覺效果】，將 Member 表中的【年齡層】拖曳到【Categories】，再將【Transaction】表中的【銷售金額】拖曳到【Values】，即完成製圖。

STEP05 圖形配置調整：先按【圖】，依序在【視覺效果】中將【Bar】下拉，再下拉【Color】，【Transparency】調成【50】，即完成製圖。

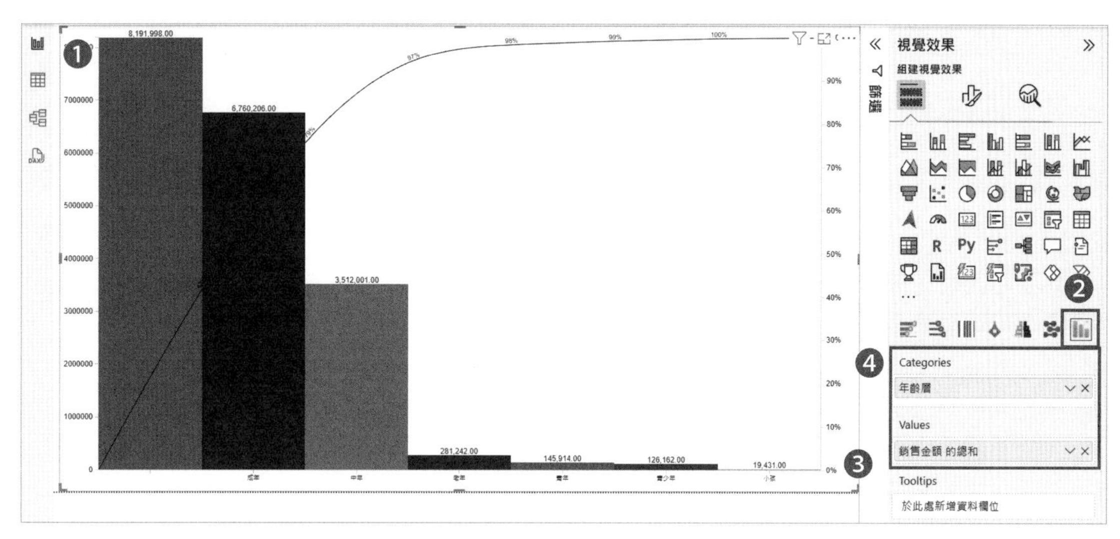


^ 圖 8.51

## 8.4.9 頻率多邊圖（Frequency polygons）的製作

- **製圖目的：**依會員的「家庭人口數」分別繪製各「銷售金額 (10 群 )」和「銷售金額 (10 群 ) 」消費次數之頻率多邊圖

STEP01 頻率多邊圖主要是使用 8.4.1 直方圖的概念，將其切分【銷售金額】的資料區段，取各區段的組中點連線而成，故本圖將使用 8.4.1 直方圖製圖 Step 6~7 所產生的欄位【銷售金額（10 群）】製圖。

STEP02 請在左上方點選【報表檢視】，接著於下方頁籤按【+】新增頁籤並重新命名為【頻率多邊圖】。

STEP03 在【視覺效果】視窗中的【組建視覺效果】按下【折線圖】。

STEP04 在製圖區將圖表的區域拉大成適中的大小。

STEP05 在【視覺效果】視窗中的【組建視覺效果】，將【Transaction】表中的【銷售金額（10 群）】拖曳到【X 軸】，再將【Transaction】表中的【銷售金額（10 群）】重覆拖曳到【Y 軸】並下拉選擇【計數】，再將 Member 表中的【家庭人口】拖曳到【圖例】。

**STEP 06** 到【篩選】視窗在【此視覺效果上的篩選】，在【銷售金額（10 群）】中下拉，在【其值如下時顯示項目】設定【小於】【200】，按【套用篩選】。

**STEP 07** 圖形配置調整：先按【圖】，在【視覺效果】中將【標記】開啟並下拉，將【大小】調成【8】，即完成製圖。

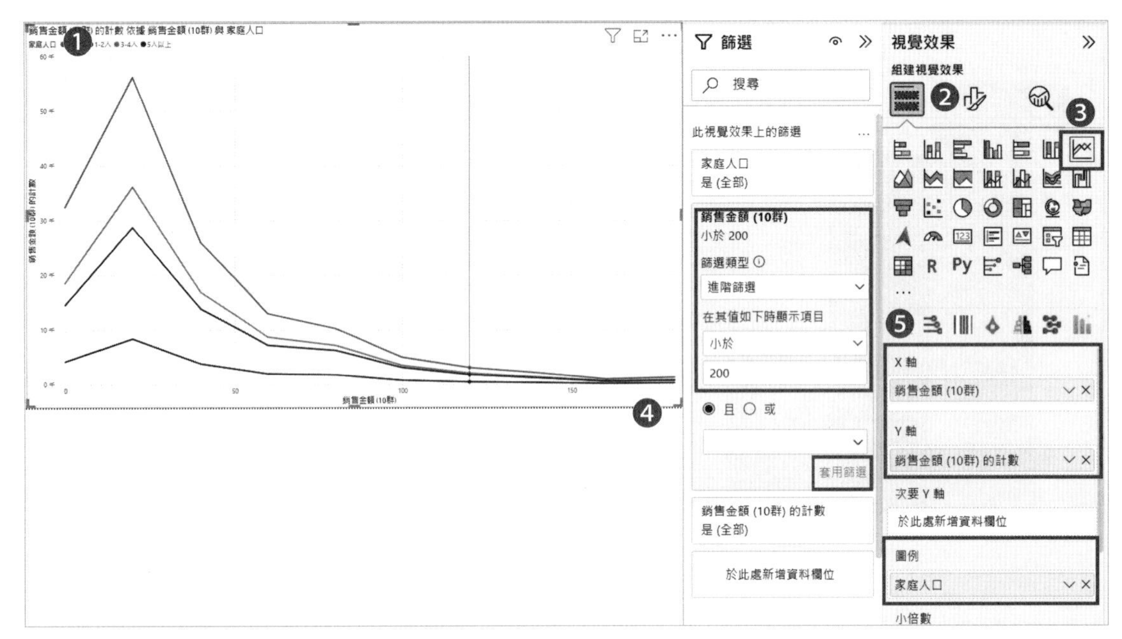


^ 圖 8.52

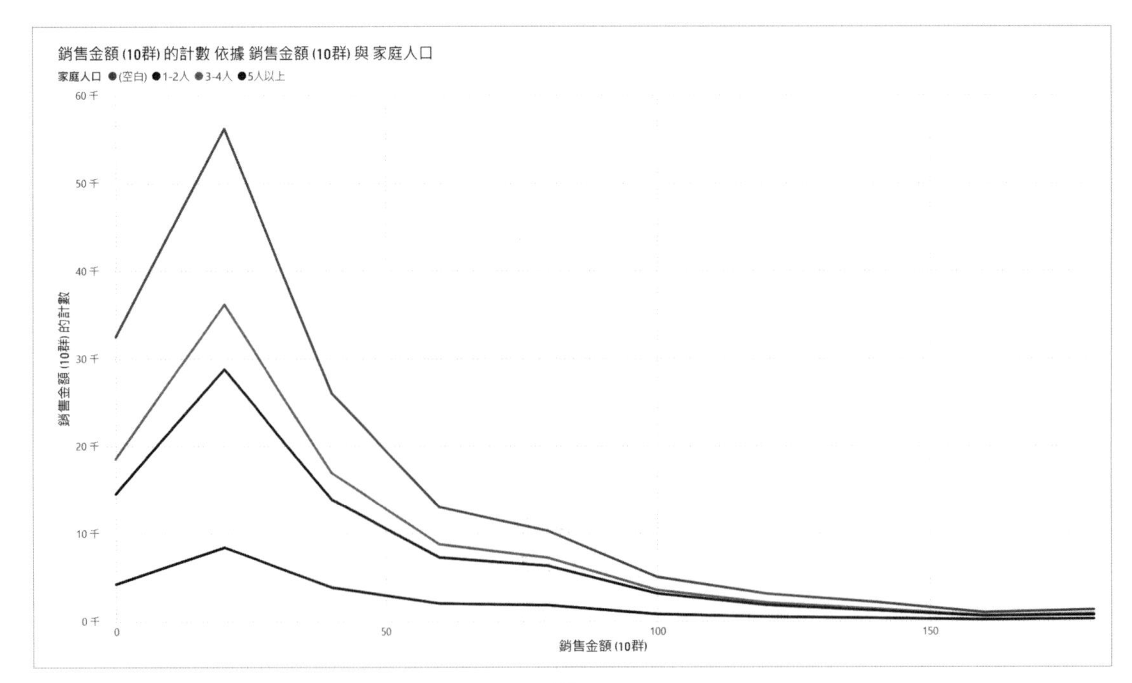


^ 圖 8.53

## 模擬試題

1. 分佈視覺化的主要目的是什麼？

   A. 展示資料的時間序列

   B. 展示資料的地理分佈

   C. 瞭解資料的分佈概況

   D. 比較不同資料集

2. 在分佈視覺化中，直方圖的用途是什麼？

   A. 展示分類資料

   B. 展示某數值變數區間及其出現的頻率統計

   C. 比較不同時間序列的資料

   D. 展示資料的地理分佈

3. 在分佈視覺化中，箱形圖的特點不包括下列哪一項？

   A. 展現全部的資料點

   B. 顯示資料的最大值和最小值

   C. 描述資料的中心趨勢

   D. 比較不同類別的資料分佈

4. 在進行分佈視覺化時，為什麼頻率多邊圖是一個有用的工具？

   A. 它可以用於資料加密

   B. 它可以清晰地呈現峰值、尖峰和離散程度等分佈的趨勢和變化

   C. 它專門用於展示分類資料

   D. 它可以直接用於預測資料趨勢

CHAPTER

# 9

# 隨時間變化之視覺化 (Change over Time)

## 9.1 隨時間變化圖表特色及使用之資料格式

隨時間變化的圖表，通常用於顯示數據在時間軸上的變化趨勢，例如股票走勢圖、氣象預報圖、交通流量圖等。此類型的圖表第一是要有時間軸，通常是在 X 軸，表示時間變化對資料的影響，時間軸的刻度和間隔可以根據需要調整，從小時的波動或長到數十年或數百年的改變，選擇正確時間段可以讓閱讀者對整體的資料走向有所理解；第二則是要能呈現數據趨勢，呈現數據在時間軸上的趨勢和變化；第三是比較性，因為涉及大量的數據和時間序列，因此通常需要具有不同數據間的可比較性，以便使用者能夠更好地探索和理解數據。

選擇最合適的圖表來呈現隨時間變化的趨勢對於有效傳達數據至關重要，在各類圖表類型中，折線圖是展示隨時間變化趨勢的常見選擇，透過使用折線圖，可以描述趨勢、模式和數據隨時間的變化；柱狀圖通常更適合呈現離散型數據，尤其是當類別定義明確且數量有限時；折線 + 柱狀圖對於劃分為離散類別的數據集特別有價值，例如各種產品的銷售額或不同公司的季度利潤。在比較不同類別或展示特定時間範圍內的值變化時，這類圖形特別有用。

設計隨時間變化圖表時，要注意讓基線歸零，讓條形長度和實際值比率一致，這樣使用者在進行比較分析時才有意義。另外在圖表呈現上，一是數據要簡單易懂，要簡化圖表內容，二是顏色是描繪隨時間變化的絕佳方式之一，可突顯欲關注特定數據的資料，三是間距的設計要一致且大小合理化，否則也會不易閱讀。

# 9.2 圖形介紹

## 9.2.1 折線圖（Line chart）

- **圖表名稱：**折線圖
- **資料格式：**二維－時序 vs. 數值
- **用途：**隨時間變化（Change over Time）、比較（compare）
- **特點：**以線條連線的方式展示某數值在時間上的變化關係
- **範例意涵：**歷年黃金價格（圖 9.1）

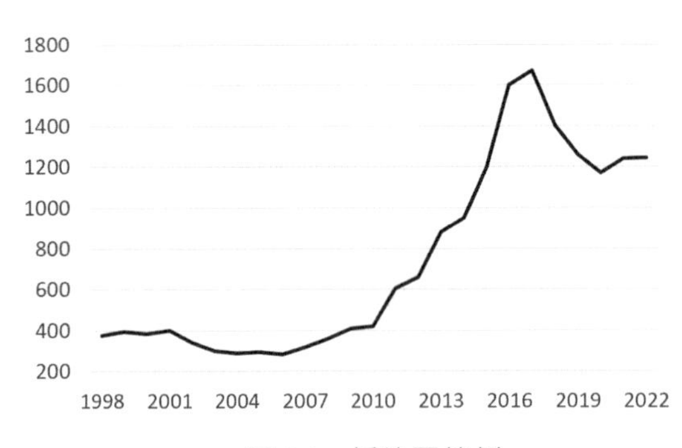


^ **圖 9.1** 折線圖範例

折線圖可說是隨時間變化的最佳視覺呈現方式之一，折線圖簡單清晰易閱讀，並使用直線連接數據點，可以用來反映出連續型數據，並識別峰值，顯示隨時間變化數值所產生的上升或下降趨勢，最常見用來繪製每年度銷售額成長或衰退、財務狀況分析、網站流量分析、股市趨勢分析、天氣變化分析等。折線圖透過從左到右移動的線段來展示資料變化。通常在 X 軸表達時間變量，其值以固定的時間間隔如每小時、每天、每季、每年等逐漸變化，以便於測量觀察，Y 軸上描述的想要分析事件的平均值或總數。折線圖可透過斜率直觀的表達資料量的變化，當數據中存在高峰值和低谷值時，折線圖能夠清晰地顯示它們的位置和大小，可以快速理解數據的波動性。此外，也可以透過繪製多條線進行趨勢比較，顯示指定時間範圍內的相對的數據變化。如有重要資訊需要突顯時，亦可在折線圖中使用標籤、顏色、粗細和樣式等方式突出顯示重要的數據，從而提高數據的可讀性。

折線圖讓數據的變化可以被精準地表達，更容易瞭解數據的變化趨勢和規律，也可比較不同數據之間的差異和變化，從而更好地分析數據，甚至預測未來趨勢，提前做好應對布局。使用折線圖來展示資料時需留意時間顆粒度的問題，同樣的資料如果採用日、月、季或年等不同顆粒度當做是橫軸刻度時，可能某些週期起伏會被忽略而導致部分訊息未被解析出來，故如果可以使用互動式圖表（例如：使用商業智慧軟體）來讓閱讀者變更資料顆粒度則可避免此一顧慮。

折線圖多用於展示多時間點且非循環週期性資料，並可同時展示不同數量變數之趨勢線條，以為做多維度數值變化之比較，如果將不同組別的數據放在同一個圖表上比較時，可觀察不同組別之間的趨勢和差異，如比較不同地區的銷售數據、人口數等。也因其有過往的數據資料，如果從線圖中看到整體過往趨勢呈現往上或往下時，則可用來預測未來數據的走向，有助於企業制定計畫及預測市場發展。此外，如果折線圖中有特別突顯的異常值時，本圖可以直觀的識別出異常的數據點，可用於呈現極端天氣或特殊事件對數據的影響。



## 9.2.2 柱狀圖（Column chart）

- **圖表名稱：**柱狀圖
- **資料格式：**二維－時序 vs. 數值
- **用途：**隨時間變化（Change over Time）、比較（compare）
- **特點：**以直柱高度的方式展示某數值在時間上的變化關係
- **範例意涵：**公司在不同時間的營收變化

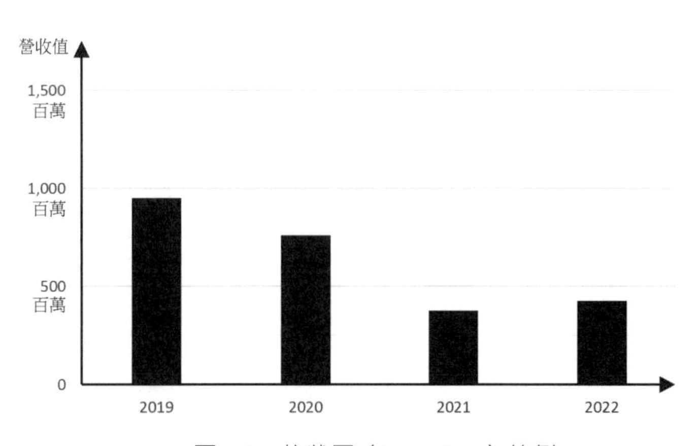


^ **圖 9.2** 柱狀圖（Line chart）範例

柱狀圖將數據顯示為垂直條狀，以高度方式將資料視覺化，以利將不同的數據併排比較，其類似於長條圖，不同之處在於長條圖以水平方式呈現數據。柱狀圖常用來繪製各種產品的銷售額或不同公司的季度利潤、公司生產數量、員工數量或離職率、鐵路每月誤點次數等。其針對兩個軸度呈現兩個變量，透過從左到右移動的線段來展示資料變化，通常在 X 軸表達時間變量，其值以固定的時間間隔如每小時、每天、每季、每年等逐漸變化，以便於測量觀察。Y 軸多為描述變量的資料如數量、次數、比率等。

柱狀圖透過長度來概覽資料量，可以清晰地比較不同時間段的數據，強調於數據的大小比較，同時也可以透過顏色或樣式來區分不同的數據，讓資訊更容易被理解和記憶。但如果數據量太大，多個柱狀呈現於一張圖中時，柱狀圖可能會變得混亂，難以比較和分析，簡單而言，柱狀圖比較適合顯示時間變數與另一個變數間關係。

折線圖和柱狀圖可說是世界上最常見的圖表，因為兩種圖表都具備可清晰地比較不同間時段的數據趨勢及變化，但折線圖與柱狀圖的應用上有些許不同，如果在時間序列中的數據點之前後資料間存在連續的關係，如股票市場的股價波動，是基於前一天股價向上或向下發展，因此會建議用折線圖來可視化這些類型的時間序列，而使用者也可以透過兩個數據點之間的斜率進行了解趨勢發展；如果時間序列是數據點間不具有相關性，例如不同年度的比賽獎牌數，歷史數據與現在數據不具備連續性，則可以使用條形圖來呈現數據。因此，折線圖適合用來展示數值經過時間的變化，柱狀圖則適合展示單一非連續型變數，在不同時序中的不同數值資料。

### 9.2.3 折線 + 柱狀長條圖（Line + Column）

- **圖表名稱：**折線 + 柱狀長條圖
- **資料格式：**三維－時序 vs. 數值 vs. 數值
- **用途：**隨時間變化（Change over Time）、比較（compare）
- **特點：**以時間順序展現兩種不同數值在順序類別上的變化關係。
- **範例意涵：**使用柱狀圖表示每個月的銷售額，使用折線圖表示每個月的利潤率，以同時了解每個月的銷售額以及利潤的增長情況。（圖 9.3）

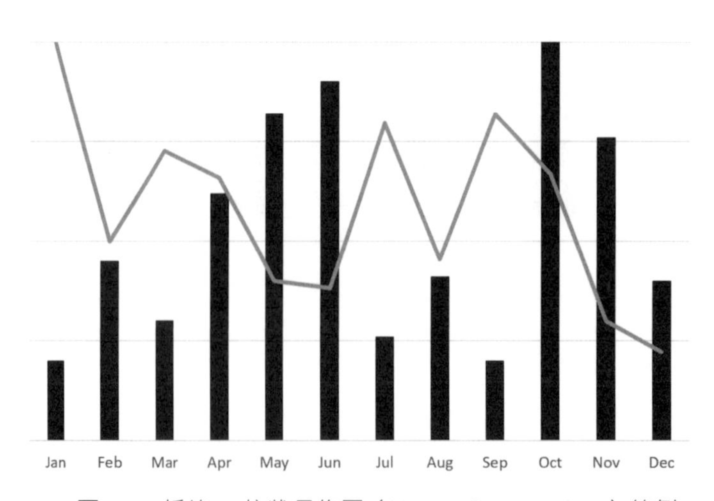


^ **圖 9.3** 折線 + 柱狀長條圖（Line + Column chart）範例

折線 + 柱狀圖顧名思義是由折線圖和柱狀圖所組成，兩個圖形以時間變數做連結，藉由時間變數可同步觀察兩變項之數值的變化情形，方便讀者理解與推想變項間的關係，例如我們可從圖 9.3 中觀察出，10 月的營業收入最高，但其利潤率並不是最高的，兩者的走向並不一致，在管理實務上可以進行深入了解與討論。



折線 + 柱狀圖同時表示兩個不同的資料集，在同一張圖表呈現更多的資訊，常見的表示方法為一個數值資料集和一個百分比數據資料集，柱狀圖通常用於表示數值或總和，折線圖則用於表示趨勢或變化百分比，整合兩者可以提供更全面的資訊，以更全面地了解數據意涵。若兩個資料集皆為數值時，建議以欲加強展現出趨勢走向的數值資料集作為折線圖為佳。除了前面所述銷售數據分析外，折線 + 柱狀圖也可用於網站流量分析，透過柱狀圖表示每個月的網站訪問量，透過折線圖表示每個月的訪問量增長率，這樣可以同時了解每個月的網站訪問量以及訪問量的增長情況。如果用於股票價格分析時，可以使用柱狀圖表示每個月的股票成交量，使用折線圖表示股票價格的變化趨勢。這樣可以同時了解股票成交量和價格的變化情況。

透過折線圖與柱狀圖的整合，可以清晰地展示資料趨勢和變化，透過折線圖可以清楚地展示趨勢和變化，柱狀圖則可以清晰地展示數量和大小，將兩者整合在一起，可以更好地展示數據的變化趨勢和數量大小。但也因柱狀圖和折線圖顯示的是不同的數據類型，使用者須了解兩種數據的含義不同，避免混淆。另外因整合兩種不同的圖表會使得圖表變得更為複雜，會降低閱讀者理解數據的速度，且兩種圖表之間的座標比例應是一致的，如果柱狀圖和折線圖之間的比例不適當，可能會影響圖表的可讀性與可解釋性。

### 9.2.4 坡度圖（Slope）

- **圖表名稱：**坡度圖
- **資料格式：**二維－時序 vs. 數值
- **用途：**隨時間變化（Change over Time）、比較（compare）
- **特點：**從坡度圖中可直接觀察兩前後時間的數值變化情形，重點在於觀察時間變化影響，但若加入不同分類的類別型變量時，則可突出不同類別之間之差異。
- **範例意涵：**顯示不同縣市產品銷售量，與時間比較。

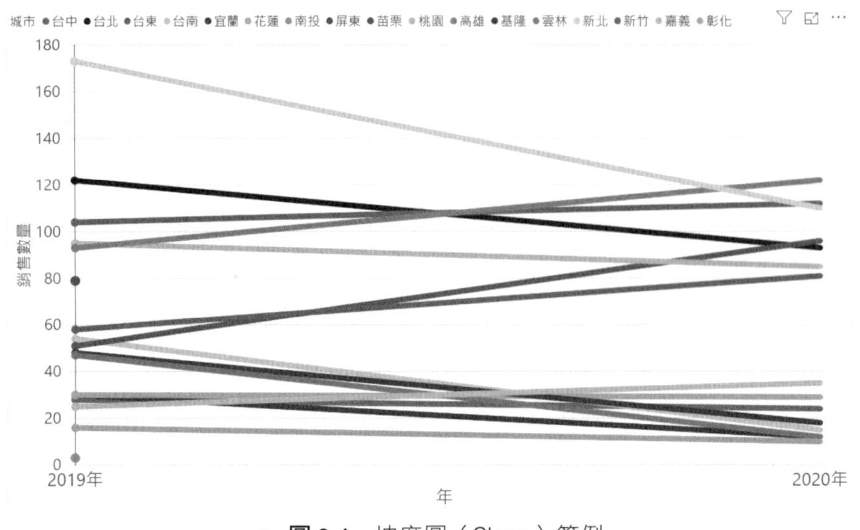


圖 9.4 坡度圖（Slope）範例

坡度圖可呈現兩前後時間點其數值變化，除了可以看出兩時間點的絕對高低狀態外，亦可藉由斜率的陡峭情況呈現出對比狀況下其數值變化程度的排序訊息，簡而言之，斜率愈陡峭，兩時序前後的變化愈大。坡度圖類似折線圖，折線圖每條線顯示三個或更多時間點，而坡度圖每條線只顯示兩個時間點，以利比較兩個不同分類，透過其變化的方向性，向上或向下傾斜或坡度，當坡度越陡，變化越大，從變化程度找出突顯出類別之間的差異，Power BI 中可以使用折線圖繪製此圖形或是下載外部視覺效果繪製。

坡度圖可應用於顯示產品銷售趨勢，來比較不同產品、地區、客戶等的銷售情況。用於投資理財上，可協助投資者比較不同股票的價格變化趨勢，或比較不同城市的房價變化。用於國家發展上，可比較不同國家或地區的經濟增長率、人口統計相關變化趨勢。也可用於個人各類型成績的比較，從國家到個人的應用可說應用範圍十分寬廣。

坡度圖可以比較不同數據之間的差異、突出數據的趨勢、透過斜率顯示數據變化的速度，讓使用者能夠更直觀地理解數據的變化。

## 9.2.5 區域圖（Area）

- **圖表名稱：**區域圖
- **資料格式：**二維（或以上）－時序 vs. 數值
- **用途：**隨時間變化（Change over Time）、比較（compare）
- **特點：**填充折線圖線條下方的區域加強數值大小效果
- **範例意涵：**不同時序上，產品使用人數

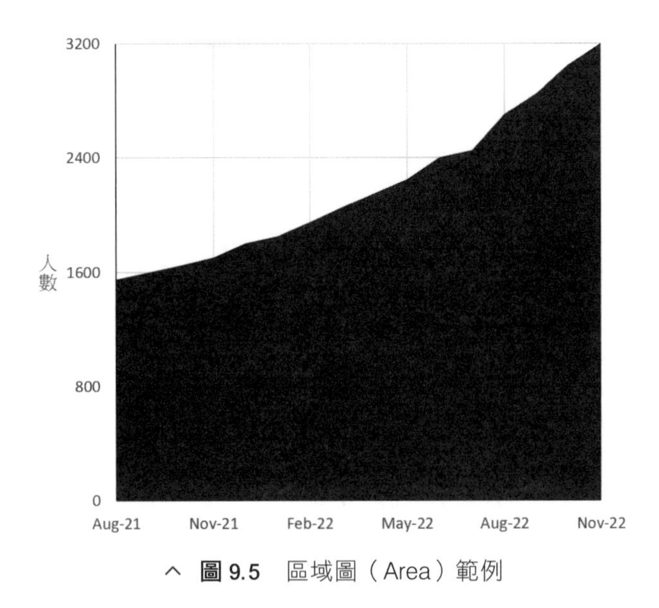


^ **圖 9.5** 區域圖（Area）範例

區域圖又稱面積圖，是一種結合了折線圖以及顯示數量隨時間變化的條形圖。其圖形類似於折線圖，因為數據點由線段繪製和連接，但線下方的區域是彩色的或有陰影的，如數值中含有不同類別則在線條下方以不同的顏色著色，從而產生具有圖層的圖表。

區域圖（Area Chart），顯示一個或多個組的數值如何隨著時間變量而變化，可以同時顯示數據的趨勢和總量，突顯不同數據之間的差異，使得視覺上對數字的份量更為直觀有感，但當多個區域重疊時，因人們對面積的理解不夠精準更容易混淆，在沒有輔助格線時，難以精確分辨出各組成部分的變化，故在多變數的數一起呈現時，整體的變遷會是比較容易辨識的重點。

區域圖顯示隨時間變化的不同趨勢，通常使用以總數表示數據資料、且有時間段可以比較，希望傳達整體趨勢時使用。其中也有許多變種的圖形應用，如重疊區域圖可透過面積大小去比較組之間的值，突顯每個組別在總體中的相對大小，如用於比較各時間車站出入人潮，可比較它們之間的差異和變化幅度，以利進行車站進出口控管設計。另一種常見的是堆疊區域圖，將各類別的值由下往上疊在一起，也就是每一次繪製一條線，最近繪製的組的高度用作移動基線，下一條線往上累加，因此最上面的所堆疊線就等於各組總數的結果。因此當需要追蹤總數變化，並需要按組了解各類細項時，透過比較曲線每段的高度可以讓我們大致了解每個分組的總數貢獻，並與其他組間進行比較。如用於顯示不同產品的使用人數變化及相對於總客戶數的大小。

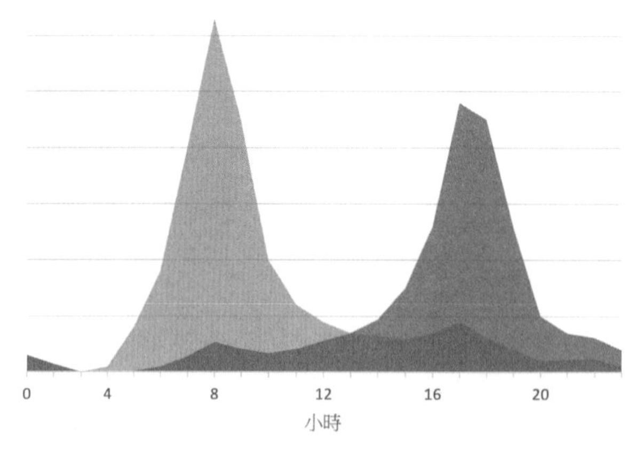


^ 圖 9.6 兩車站的人流重疊面積圖

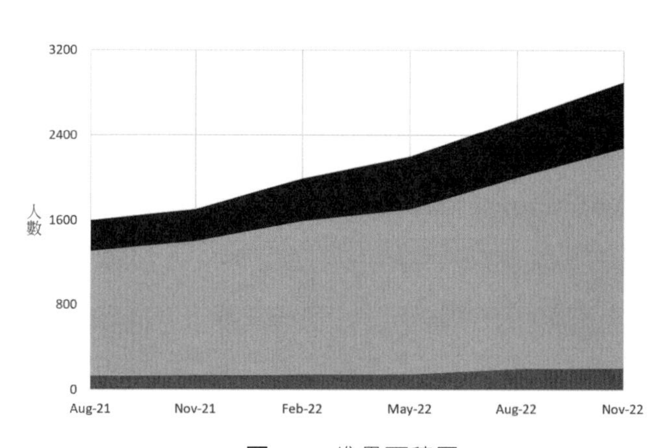


^ 圖 9.7 堆疊面積圖

## 9.3 隨時間變化圖表之優缺點比較

在 9.2 節中我們介紹了用來表達分佈的六個圖形，匯整如表 9.1 所列。

**表 9.1** 隨時間變化圖表彙整

| 圖表名稱 | 資料格式 | 用途 | 特點 |
|---|---|---|---|
| 折線圖 | 二維（或以上）<br>時序類別 vs 數值 | 隨時間變化、比較 | 以線條連線的方式展示某數值在時間上的變化關係 |
| 柱狀圖 | 二維<br>時序類別 vs 數值 | 隨時間變化、比較 | 以直柱高度的方式展示某數值在時間上的變化關係 |
| 折線 + 柱狀長條圖 | 三維<br>時序類別 vs 數值 vs 數值 | 隨時間變化、比較 | 以時間順序展現兩種不同數值在順序類別上的變化關係 |

| 圖表名稱 | 資料格式 | 用途 | 特點 |
| --- | --- | --- | --- |
| 坡度圖 | 三維<br>類別 vs 類別 vs 數值 | 隨時間變化、比較 | 從坡度圖中可直接觀察兩前後時間的數值變化情形，重點在於觀察時間變化影響，但若加入不同分類的類別型變量時，則可突出不同類別之間之差異 |
| 區域圖 | 二維（或以上）<br>時序類別 vs 數值 | 隨時間變化、比較 | 填充折線圖線條下方的區域加強數值大小效果，用以了解整體的變遷 |



以上圖形主要是用於展示隨著時間推移而變化的數據的圖表，這些圖表可以幫助我們理解數據在時間軸上的變化及發現趨勢。這類型的圖表有幾大特色，一為動態性，可顯示數據在時間軸上的變化，從而理解數據的趨勢和模式。二為視覺化效果佳，透過以視覺化形式呈現，可以更直觀地理解數據。三為比較性佳，透過呈現多個變量在同一時間軸上的變化，可比較不同變量之間的差異和相似之處。四為預測性，透過過去和現在的數據呈現，甚至未來的推估，有助於商業決策、政策方針制定。

當資料量少時，可選擇柱狀圖，而折線 + 柱狀長條圖可藉由增加一個時序的數值變數，提供更多對資料的理解，建議折線可挑選想強調未來走向的變數來使用。折線圖是用來展示數值資料隨時間變化的趨勢和週期性的良好工具，惟在時間顆粒度之挑選時需要留意，以避免遺漏了重要的時間趨勢和週期之訊息展示。區域圖是折線圖之加強版，以線條下圍出的面積來加深讀者對數據大小的直觀感受，惟人們不擅長在開放的圖形中辨識面積大小的區別，特別是在多數值維度線條與面積時，故區域圖不合適做精確之細部組成部分的大小變化判斷。

本章所介紹的圖形優缺點比較表整理於表 9.2。

**表 9.2** 隨時間變化圖表之優缺點比較

| 圖表名稱 | 優點 | 缺點 |
| --- | --- | --- |
| 折線圖 | 1. 簡潔清晰易懂<br>2. 可比較多數值序列<br>3. 易於直觀呈現趨勢、突顯高峰值和谷底值 | 1. 需留意時序顆粒度的選擇以免遺漏資料之週期或趨勢性<br>2. 當比較過多個數據集，變得過於複雜，難以解讀和比較。<br>3. 不適合用於非連續數據、離散數據 |
| 柱狀圖 | 1. 簡潔清晰易懂<br>2. 易於直觀呈現趨勢<br>3. 適合不同類型的數據 | 1. 時間範圍較小<br>2. 僅能展現一個數值序列<br>3. 不適合過多組數，圖表將變得複雜不易閱讀 |

| 圖表名稱 | 優點 | 缺點 |
|---|---|---|
| 折線 + 柱狀長條圖 | 1. 混和圖表具豐富視覺效果<br>2. 同時顯示不同類型的數據<br>3. 突顯趨勢和數量變化 | 1. 降低理解數據的速度<br>2. 可能造成視覺混亂或解讀偏差<br>3. 需要額外的標記說明 |
| 坡度圖 | 1. 圖表資料呈現較少，更為直觀<br>2. 可同時比較多個資料項目，適合比較趨勢 | 1. 僅涵蓋兩個維度的資料<br>2. 以呈現資料關係為主，未顯示詳細資料。<br>3. 僅適用具線性具連續關係的資料 |
| 區域圖 | 1. 清晰顯示數據的變化範圍<br>2. 適合展示大量數據<br>3. 可比較多類別序列 | 1. 填色區塊過多容易產生視覺干擾<br>2. 面積大小不易判斷，不利於數據比較<br>3. 不易看出更細的數據資訊 |

## 9.4 實作與解釋

請先開啟本書所附的範例檔案——Ch09.pbix。

### 9.4.1 繪製折線圖（Line chart）

STEP01 繪製柱狀圖，點選【視覺效果】的【折線圖】。

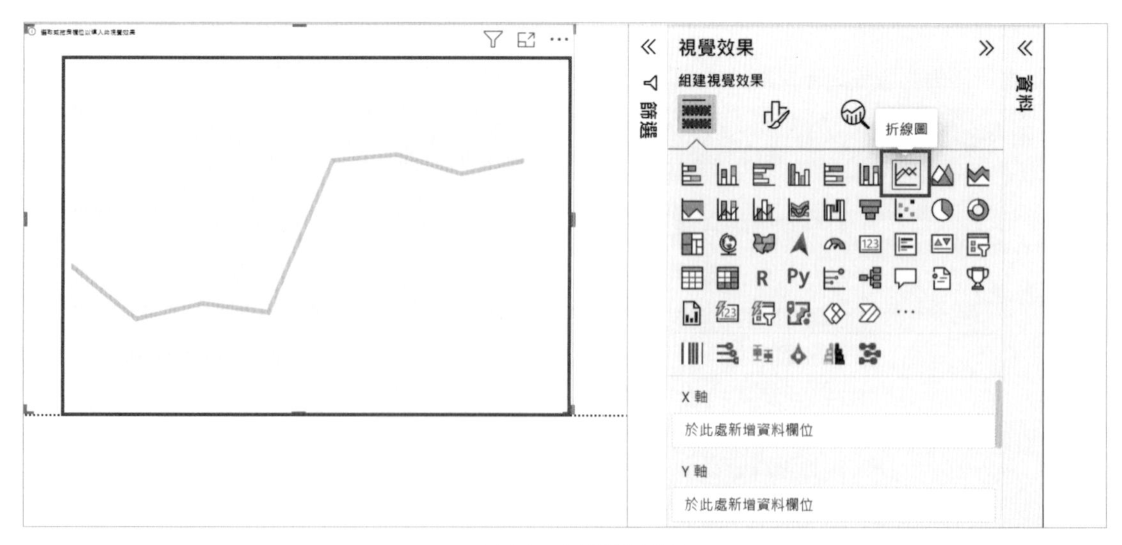


^ 圖 9.8 點選折線圖

STEP02 將【Transaction】中的【交易日期】選至 X 軸，【銷售金額】選至 Y 軸，並設定為加總。

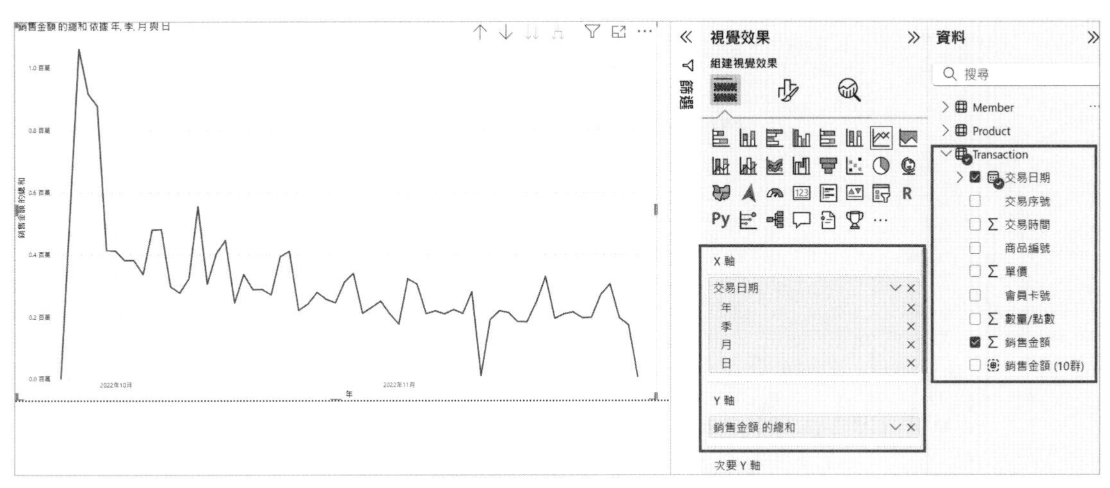


^ **圖 9.9** 設定折線圖參數

STEP03 在設定視覺效果格式的選項中，設定本圖的標題為【折線圖 (Line chart)】，字體大小為 16 粗體，文字黑色且置中。

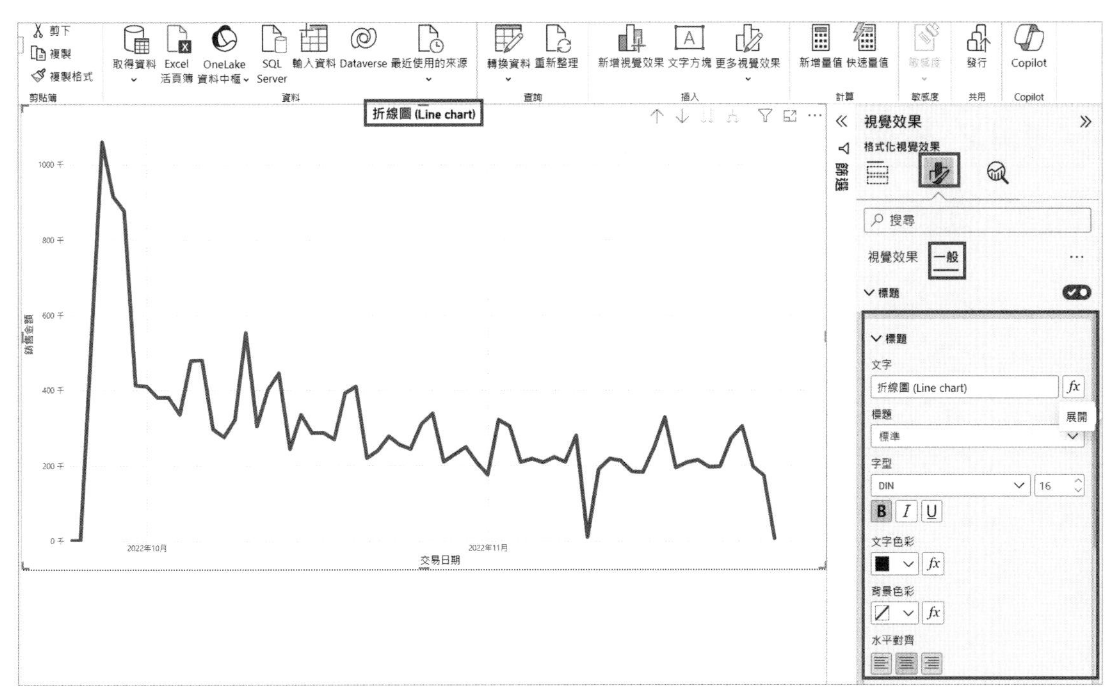


^ **圖 9.10** 設定折線圖視覺效果格式（一）

STEP04 在視覺效果中變更折線的外觀，在【視覺效果】內的【行】中，我們可以調整折線的【線條樣式】、折線的【筆觸寬度 (px)】，以及折線的【色彩】。如下圖，我們在【線條樣式】選擇了實線，【筆觸寬度 (px)】設定為 6，銷售金額的總和【色彩】則維持為藍色。

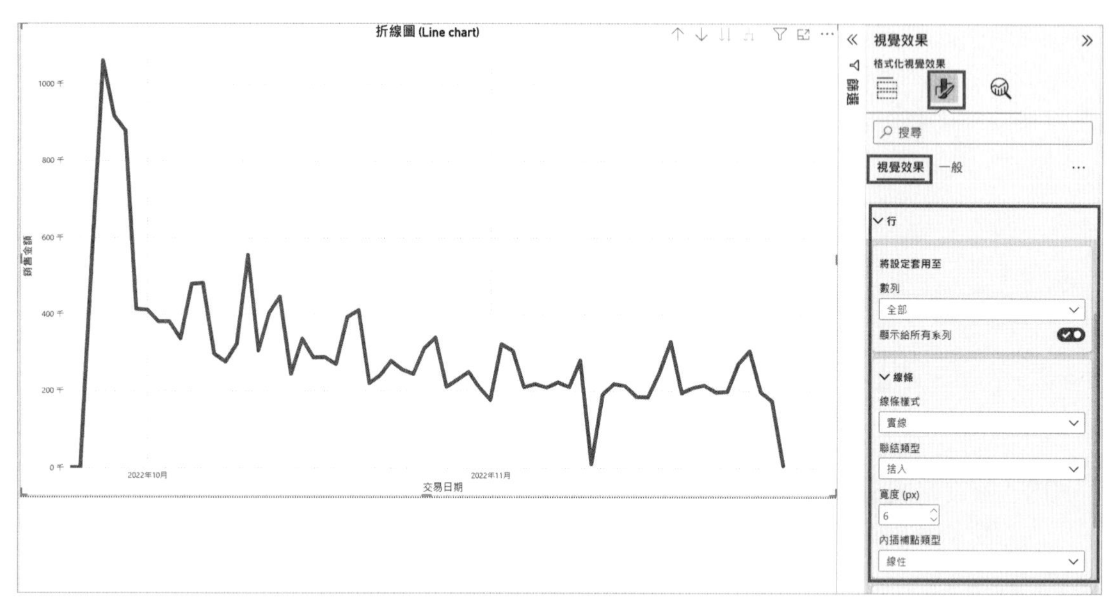


^ 圖 9.11　設定折線圖視覺效果格式（二）

## 9.4.2 繪製柱狀圖（Column chart）

STEP01 繪製柱狀圖，點選【視覺效果】的【群組直條圖】。

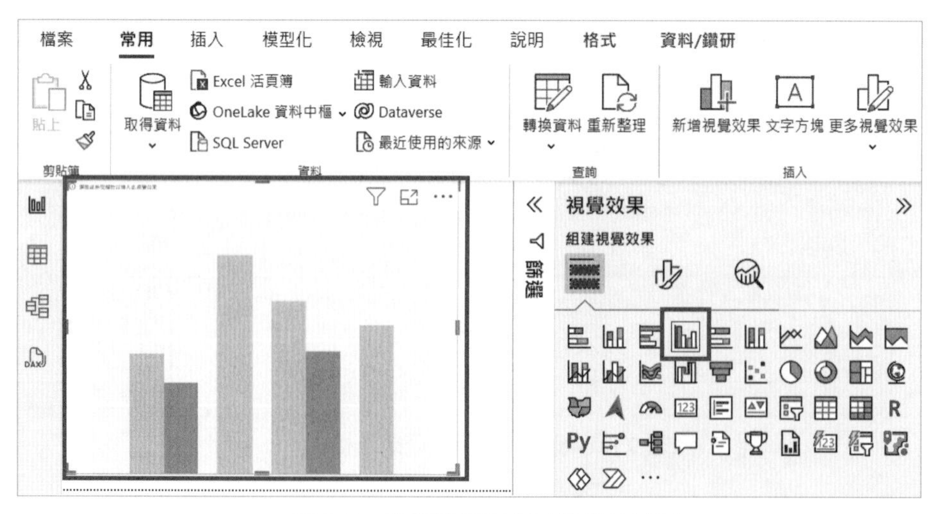


^ 圖 9.12　點選群體直條圖繪製柱狀圖

STEP02 將【Transaction】中的【交易日期】選至 X 軸，並取消【日】的階層，【數量/點數】選至 Y 軸，並設定為加總。

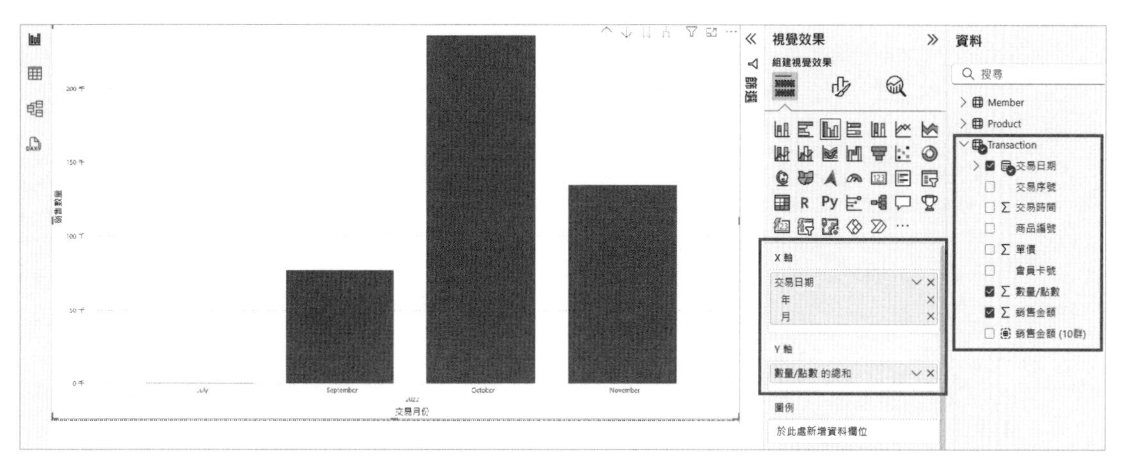


^ 圖 9.13　設定柱狀圖參數（月份比較）

STEP03 設定視覺效果格式的選項中，設定本圖的標題文字為【柱狀圖 (Column chart)】，字體大小為 16 粗體，文字黑色且置中。

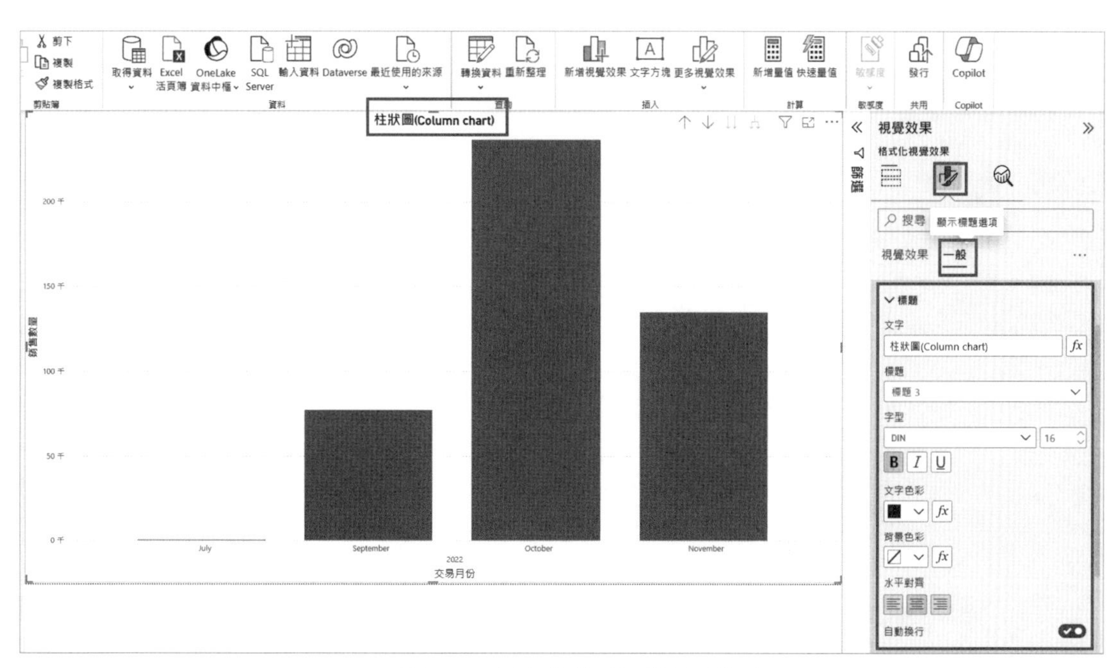


^ 圖 9.14　設定柱狀圖視覺效果格式

### 9.4.3 繪製折線 + 柱狀長條圖（Line + Column chart）

STEP01 繪製折線 + 柱狀長條圖前，點選【視覺效果】的【折線與群組直條圖】。

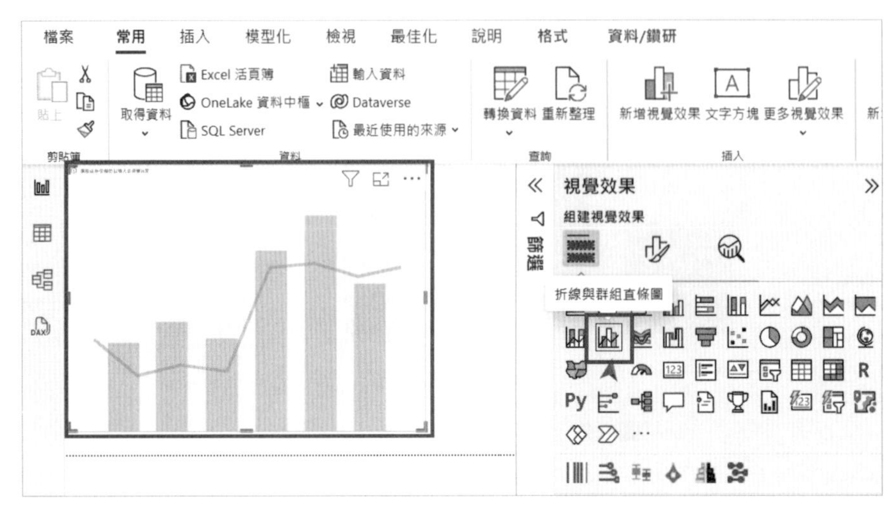


^ 圖 9.15 點選折線與群組直條圖繪製折線 + 柱狀長條圖

STEP02 將【Transaction】中的【交易日期】選至 X 軸，並取消【日】的階層；【銷售金額】選至資料行 Y 軸，並設定為加總；【數量 / 點數】選至線條 Y 軸，也設定為加總。

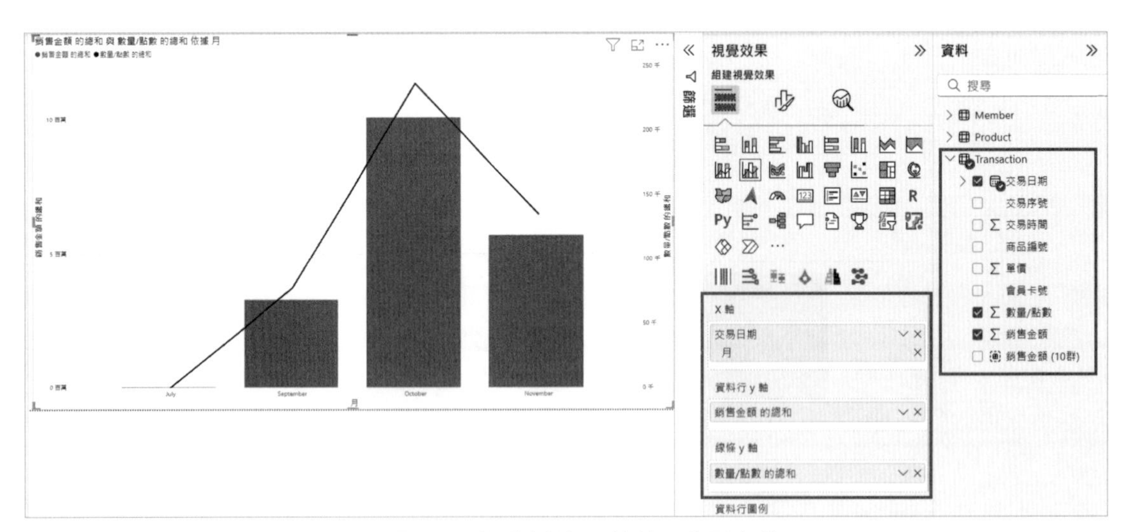


^ 圖 9.16 設定折線 + 柱狀長條圖參數

STEP03 在設定視覺效果格式的選項中，設定本圖的標題為【折線 + 柱狀長條圖 (Line + Column chart)】，字體大小為 16 粗體，文字黑色且置中。

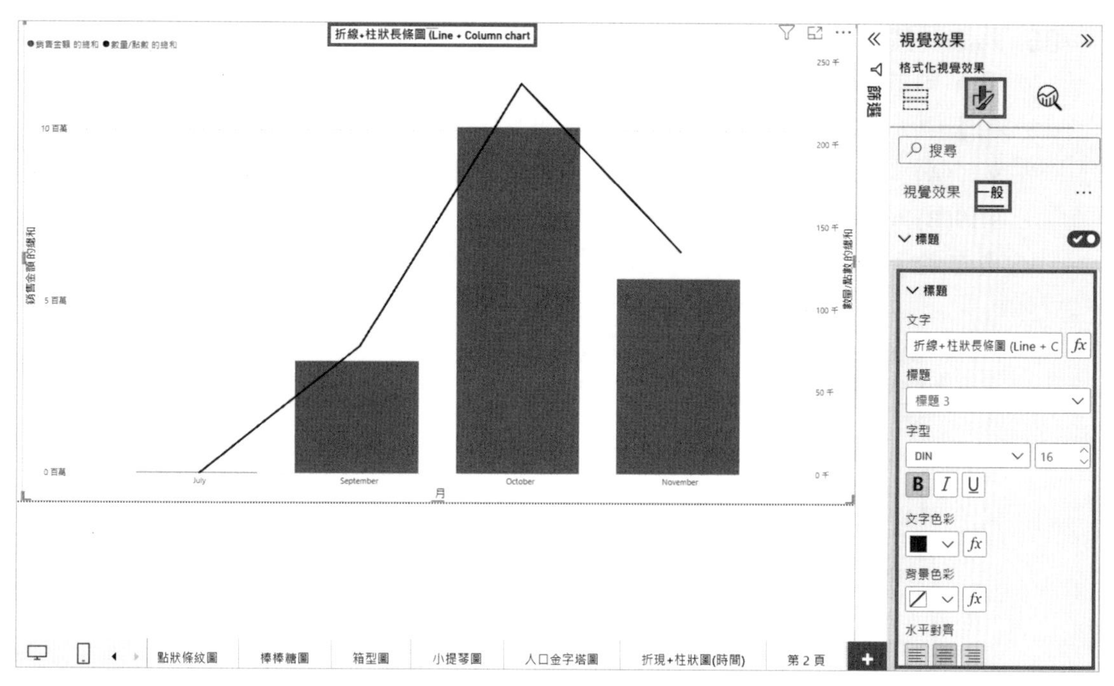


^ **圖 9.17** 設定折線 + 柱狀長條圖視覺效果格式（一）

STEP04 在視覺效果中變更折線的外觀，讓折線跟柱狀長條有顏色上的顯著差異，在【視覺效果】內的【行】中，我們可以調整折線的【線條樣式】以及折線的【寬度 (px)】以及折線的【色彩】。如下圖，我們在【線條樣式】選擇了實線，【寬度 (px)】設定為 6，銷售金額的總和【色彩】則選擇為橘色。

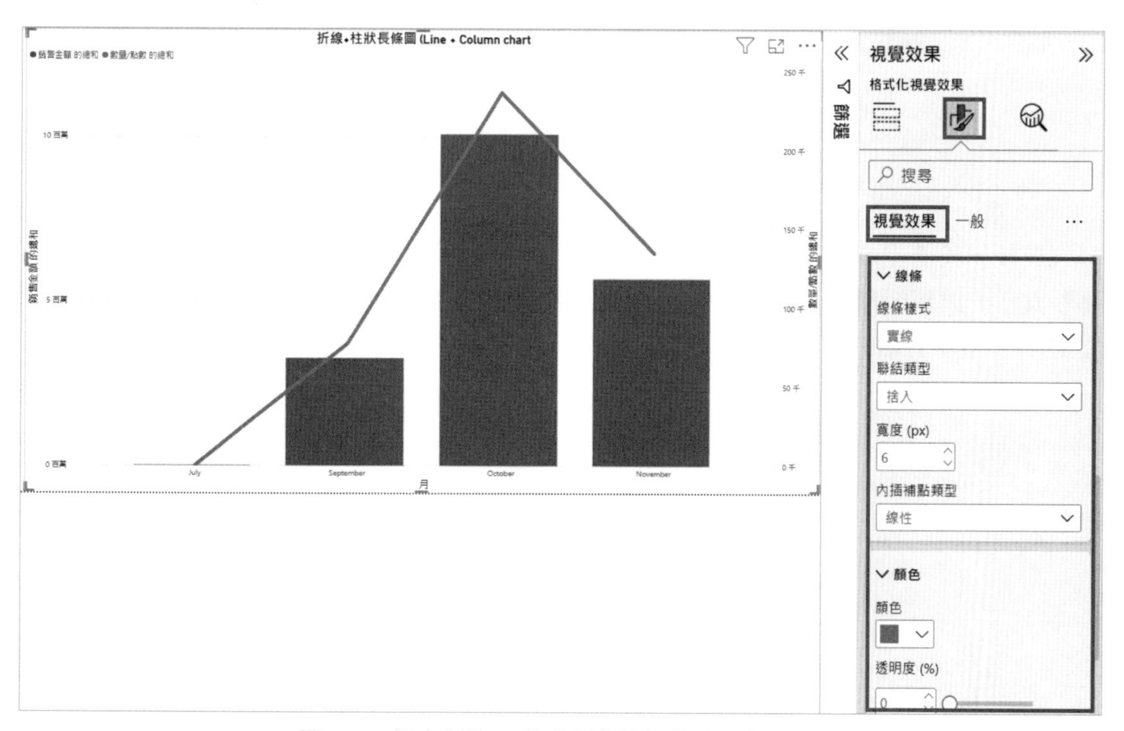


^ **圖 9.18** 設定折線 + 柱狀長條圖視覺效果格式（二）

STEP05 為讓閱讀者更容易閱讀我們設計的內容，我們可以修改 X 軸、左側 Y 軸與右側 Y 軸的【標題文字】。在【視覺效果】內的【X 軸】、【Y 軸】、【次要 Y 軸】中，我們可以調整 X 軸的【標題文字】、【字型】大小與【顏色】，如圖 9.19(A)，我們在【X 軸】中的【標題文字】輸入「交易日期」；其次，如圖 9.19(B)，我們在【Y 軸】中的【標題文字】輸入「銷售金額」；最後，在【次要 Y 軸】中的【標題文字】輸入「數量 / 點數」，如下圖的 (C)。

^ 圖 9.19　設定折線 + 柱狀長條圖視覺效果格式（三）

最後，我們完成了折線 + 柱狀長條圖的繪製，如圖 9.20，在圖形中銷售金額為柱狀圖形表示，銷售金額單位請參考左側 Y 軸單位，銷售數量 / 點數則為橘色曲線表示，單位請參考右側 Y 軸單位。

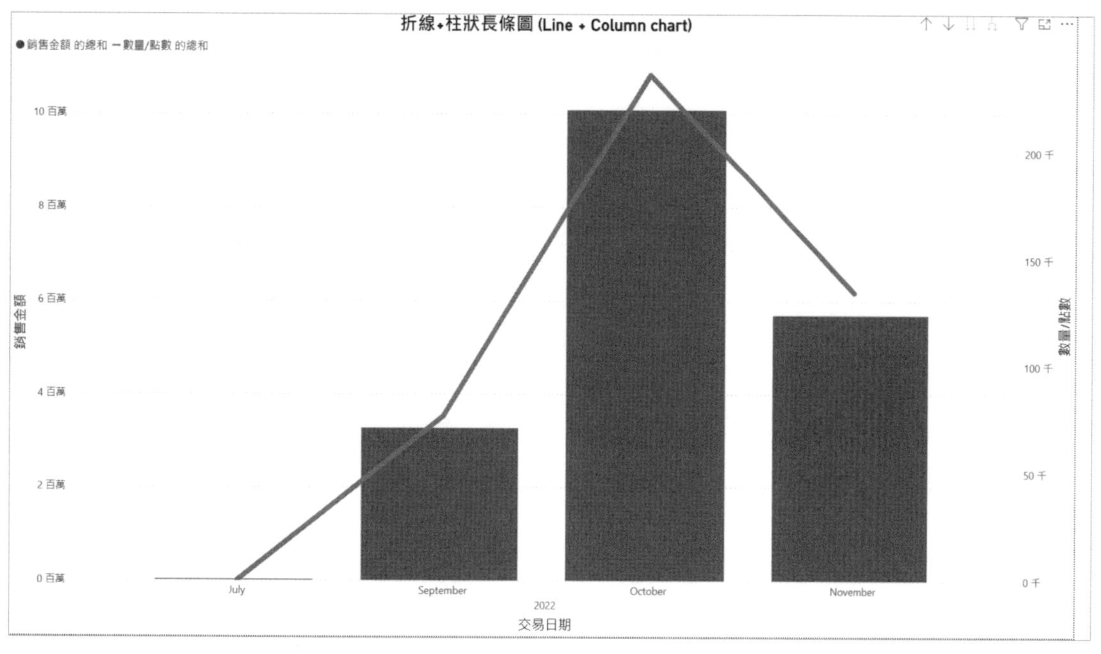


^ 圖 9.20　折線 + 柱狀長條圖

## 9.4.4 繪製坡度圖

STEP01　使用 Power BI 的折線圖進行繪製，先點選【視覺效果】的【折線圖】。

^ 圖 9.21　點選折線圖繪製坡度圖

STEP02　將【Transaction】中的【交易日期】選至 X 軸，並取消【年】、【季】【日】的階層；【數量 / 點數】選至資料行 Y 軸，並設定為加總；圖例則選擇【Member】中的【家庭人口】。

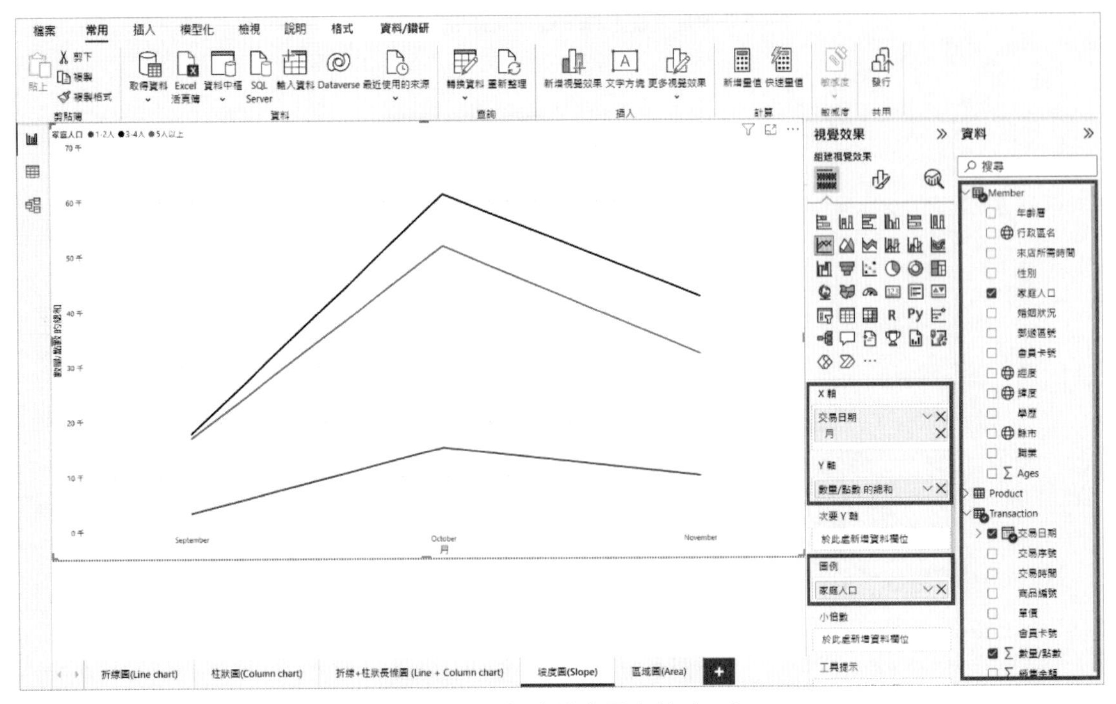

^ 圖 9.22　設定坡度圖參數（一）

STEP03 坡度圖只顯示兩個時間點，以利比較分類變數其變化的方向性，因此我們透過【篩選】，在【交易日期 - 月】中選擇 September 與 October 兩個時間點。

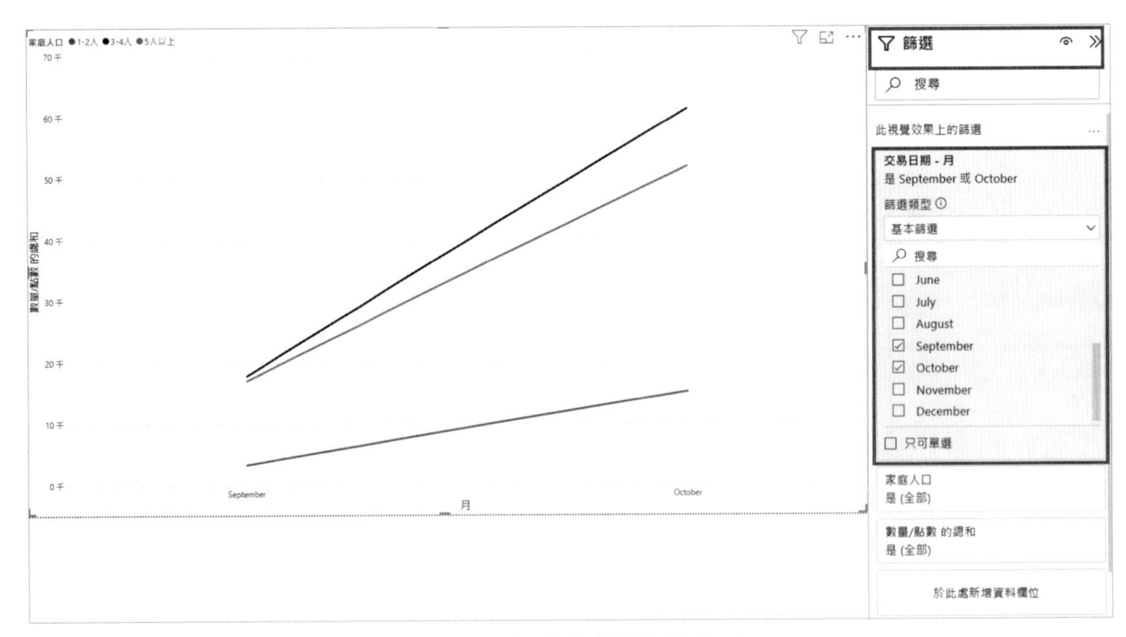

^ 圖 9.23　設定坡度圖參數（二）

STEP04 在設定視覺效果格式的選項中，設定本圖的標題為【坡度圖 (Slope Chart)】，字體大小為 16 粗體，文字黑色且置中。

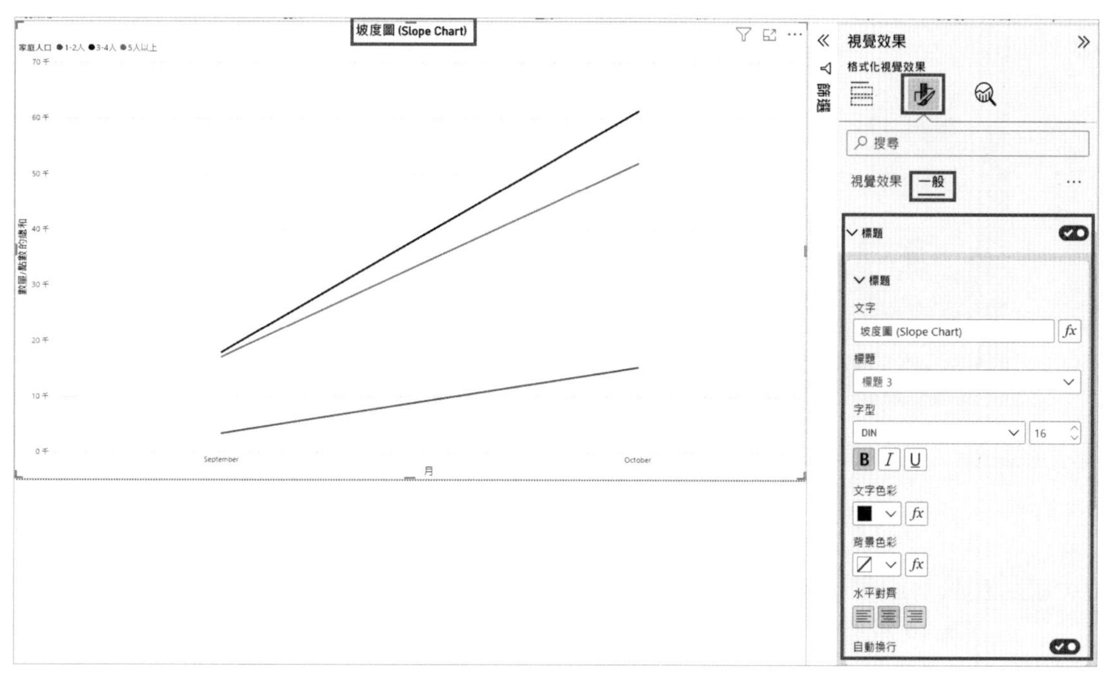


^ 圖 9.24 設定坡度圖視覺效果格式

## 9.4.5 繪製區域圖（Area）

STEP01 點選【視覺效果】的【區域圖】。

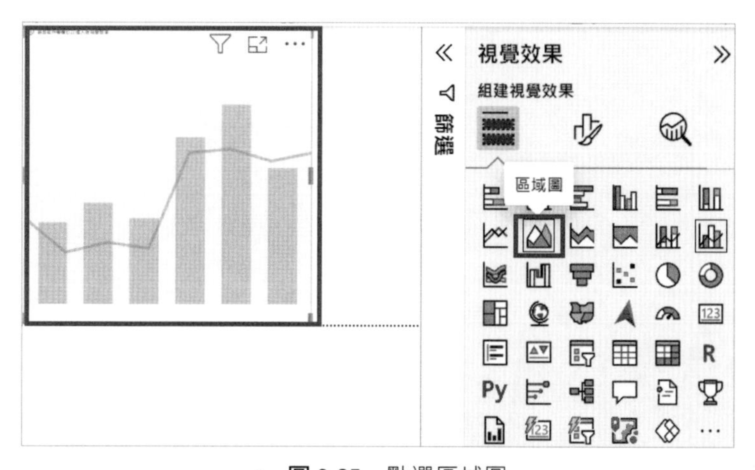


^ 圖 9.25 點選區域圖

STEP02 將【Transaction】中的【交易日期】選至 X 軸，【銷售金額】選至 Y 軸，並設定為加總；【圖例】則選擇【Member】中的【性別】。

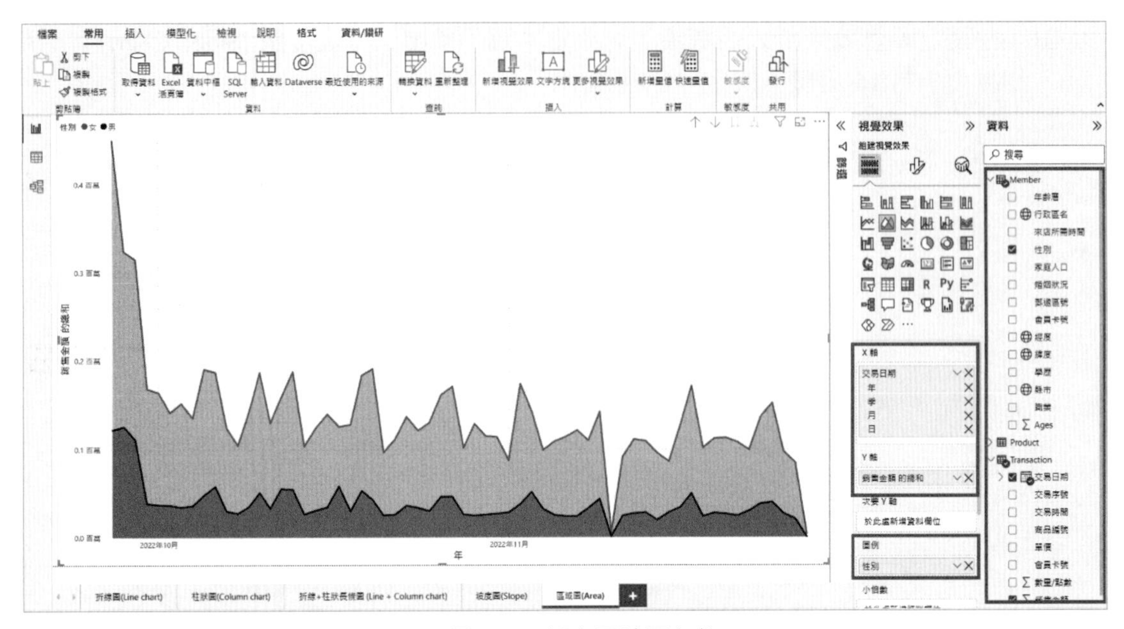

^ 圖 9.26 設定區域圖參數

STEP03 在設定視覺效果格式的選項中，設定本圖的標題為【區域圖 (Area)】，字體大小為 16 粗體，文字黑色且置中。

最後，我們完成區域圖的繪製，如圖 9.27，在圖形中銷售金額為折線，折線下方區域涵蓋兩種不同顏色，兩種不同顏色區域，可讓讀者瞭解【性別】中的男、女所佔銷售金額之大小比例。

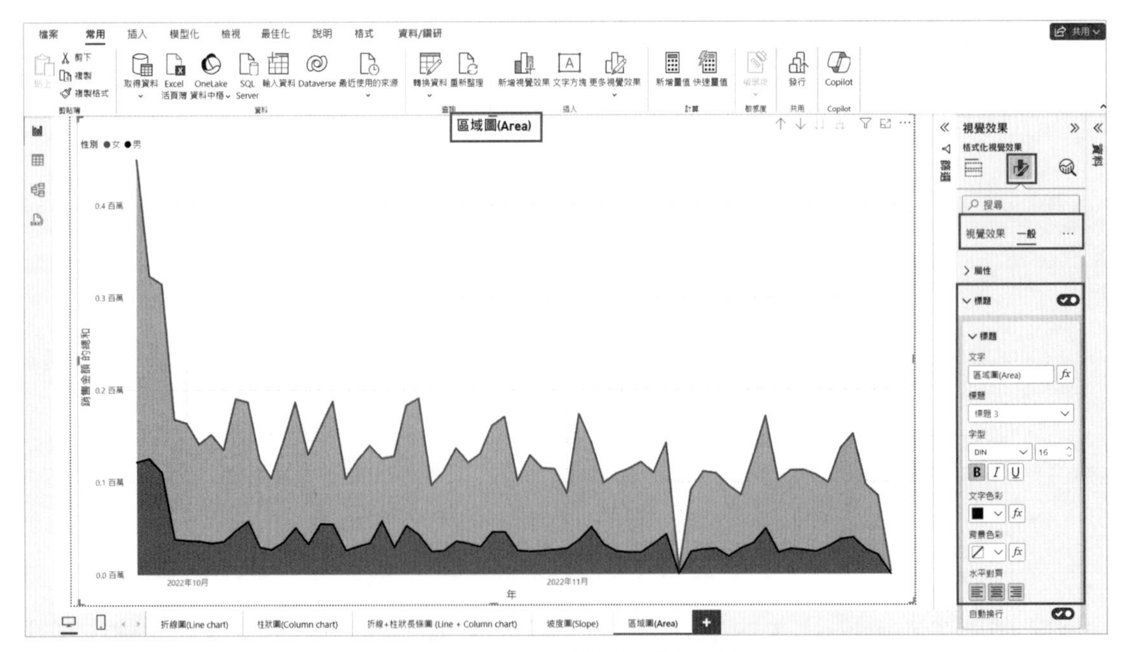


^ 圖 9.27 設定區域圖視覺效果格式

# 模擬試題

1. 隨時間變化之視覺化圖表的主要目的是什麼？

   A. 展示資料的靜態分佈

   B. 瞭解資料在不同地理位置的分佈

   C. 瞭解資料隨時間的變化趨勢

   D. 比較不同資料集之間的差異

2. 折線圖在隨時間變化之視覺化中的應用是什麼？

   A. 展示資料的分類

   B. 展示資料隨時間的變化

   C. 展示資料的地理分佈

   D. 比較不同時間點的資料差異

3. 坡度圖（Slope）適用於展示什麼類型的資料？

   A. 不同類別在特定時間內的數量比較

   B. 一個或多個資料組隨時間的累計變化

   C. 兩個時間點的資料變化和相對位置

   D. 資料在不同地理位置的分佈

4. 柱狀圖（Column chart）的特點是什麼？

   A. 以直柱高度的方式展示某數值在時間上的變化

   B. 通過連接資料點的線條展示資料隨時間的變化

   C. 通過填充折線圖線條下方的區域加強數值大小的效果

   D. 通過比較兩個時間點的位置變化來展示資料的變化

5. 繪製區域圖時，若想要設定圖面的標題，應該在【格式化頁面】的何處完成設定？

A.

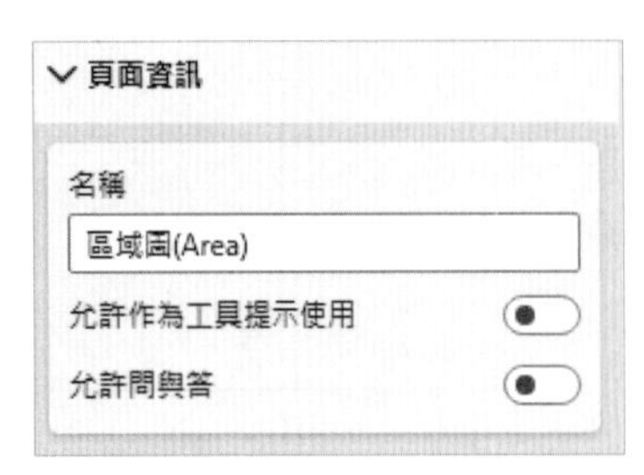


B.

畫布設定
類型
16:9
高度 (px)
720
寬度 (px)
1280
垂直對齊
上

C.

畫布背景
顏色
影像
瀏覽...
圖片最適大小
標準
透明度 (%)
100

D.

桌布
顏色
影像
瀏覽...
圖片最適大小
標準
透明度 (%)
0

# 參考文獻


- Fundamentals of Data Visualization A Primer on Making Informative and Compelling Figures, Claus O. Wilke, O'RELLY (2019).
- How to Visualize Data with Business Growth Chart? , Retrieved Mar 6, https://ppcexpo.com/blog/business-growth-chart
- Jonathan Schwabish - Better Data Visualizations A Guide For Scholars, Researchers, And Wonks. Johnathan Schwabish, Columbia University Press (2021)

CHAPTER

10

# 量的比較之視覺化（Magnitude）

## 10.1 量的比較視覺化之圖表特色及使用之資料格式

資料視覺化的呈現可協助閱讀者進行現象的分析，提升其洞察力與決策有效性，使用不同變項、群體之間的數值比較，有助於讓我們更了解現況以及分析差異。當有需要進行兩類以上數值比較，或需比較同一類別的不同時間點的數值時，就可以使用量的比較圖表。例如：比較不同的國家、地區人口數量、GDP 或新冠肺炎的染疫 / 康復 / 施打疫苗人數的比較圖表，都可以讓使用者迅速掌握現在狀況以及跟競爭對手之間的差異。

量的比較視覺化圖表主要是用來比較資料數值的大小規模，有可能是比較相對性（顯示出哪一個比較大）或絕對性（需要看出精確的差異），通常在實務上經常用來比較的資料量值以【次數】、【人次】、【金額】、【數量】居多。

本章所敘述多個與量的比較相關的視覺化圖形，多數圖形都將數值從同一基準線上進行表示，使得數值比較變得非常容易，常見的量的比較視覺化圖表包括柱狀圖（直）（Column）、長條圖（橫）（Bar）、成對柱狀圖（直）（Paired column）、成對長條圖（橫）（Paired bar）、象形圖（Isotype /Pictogram）、棒棒糖圖（Lollipop）、雷達圖（Radar）等。透過量的比較視覺化圖表可以讓使用者快速的瞭解資料，並且易於與其他資料進行比較。

# 10.2 圖形介紹

## 10.2.1 柱狀圖（直）（Column）

- **圖表名稱：**柱狀圖（直）
- **資料格式：**二維－類別 vs. 數值
- **用途：**比較（compare），比較不同類別資料
- **特點：**以柱狀直欄的方式比例高度的方式呈現數值，展示不同類別之大小，類別可以是時序。
- **範例意涵：**顯示公司各年度的利潤，以便快速比較那些年份的利潤較高（圖 10.1）。

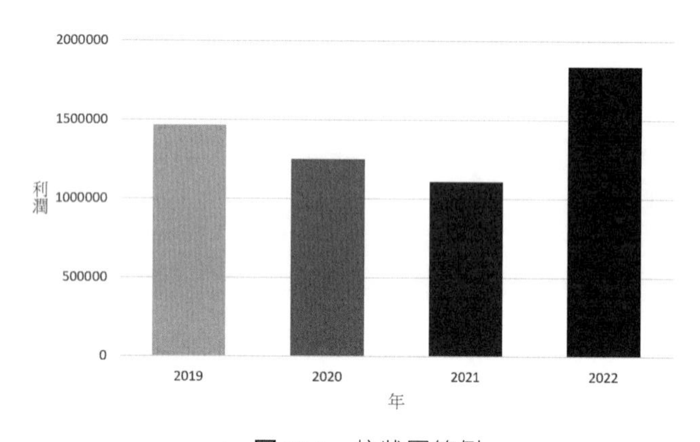


^ **圖 10.1**　柱狀圖範例

柱狀圖是以垂直資料條顯示數據，在柱狀圖中 X 軸顯示類別，Y 軸通常顯示指標資料值，柱狀圖用途與長條圖類似，但將資料顯示方式以垂直柱狀而不是水平柱狀方式呈現。因這兩種都是常用的資料比較圖表，故可依照圖表的易讀性進行選擇，如當類別軸需要呈現多個分類類別使得分類空間有限，或是每個類別的標題過長，亦或是分類類別需要依數值進行從大到小或從小到大，升冪或降冪排序時，可以使用長條圖，但如只需要表示一段時間的數據趨勢，柱狀圖的易讀性會更高。

## 10.2.2 長條圖（橫）（Bar Chart）

- **圖表名稱：**長條圖（橫）
- **資料格式：**二維－類別 vs. 數值
- **用途：**比較，比較類別項目間相對大小

- **特點**：以橫式條狀的方式展示不同類別（非時序）之數值，在比較時很容易顯示數值的大小差異，因為它將量化的數值編碼為同一基線上的長度，使得比較數值非常容易。
- **範例意涵**：顯示公司各個產品的銷售額排名，以便快速瞭解哪些產品的銷售額較高（圖 10.2）。

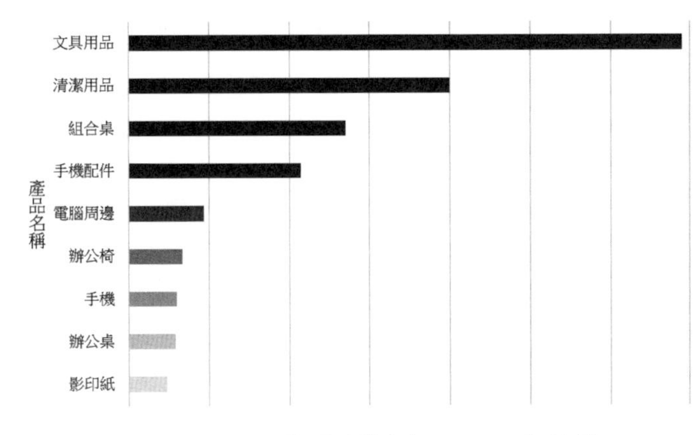


^ **圖 10.2** 長條圖（橫）（Bar Chart）範例

長條圖的特色是以水平資料條顯示數據，並用於比較不同類別的值。條形的長度與其代表的值成正比，通常 X 軸顯示指標資料值、Y 軸顯示類別。長條圖用於以橫條狀方式顯示數據的分佈或對不同分類群組的重要指標值比較，分類多按數值大小升冪或降冪排列，顯示不同資料類別的相對大小。長條圖（橫）與柱狀圖（直）功能相仿，惟柱狀圖難以跨頁故不宜類別過多，因為閱讀習慣的限制，長條圖較柱狀圖不適合用來展示時間序列類別，但長條圖因其可協助使用者以簡單而有效的方式來理解和解釋資料，在各類型領域使用非常普遍。

## 10.2.3 成對柱狀圖（直）（Paired column）

- **圖表名稱**：成對柱狀圖（直）
- **資料格式**：二維－類別 vs. 組別 vs. 數值
- **用途**：以直條方式比較兩個或更多組別之間的顯著變化
- **特點**：同柱狀圖是一種垂直條形圖，但同時呈現類別變數內不同組別（兩組或兩組以上）的數值，每個類別變數之間具有間距區隔，各類別變數內各組使用連接柱狀顯示各組數值大小，因此在視覺的呈現上，每個數據按類別分組並共享相同的軸標籤。
- **範例意涵**：比較各地區每季銷售量（圖 10.3）。

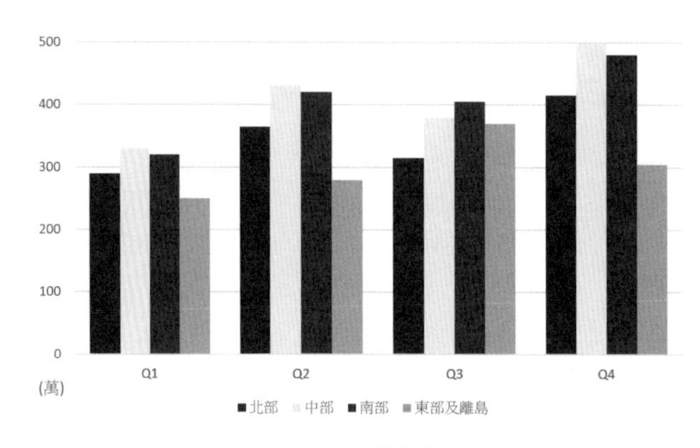


^ 圖 10.3　成對柱狀圖

成對柱狀圖可說是柱狀圖延伸擴展，以垂直方式呈現了兩個以上分類的數值，柱狀圖形依照不同分類進行分組，各個分類內不同組別數值透過顏色繪製以便使用者區分。成對柱狀圖除了可用於顯示不同類別的數值分佈並進行比較之外，其主要特點在於它可以同時呈現在類別下不同組別之數值，用以協助使用者進行群組間之比較，因此，使用者可透過成對柱狀圖比較在同一個類別（例如：時間）內二個以上組別之間表現的差異。

成對柱狀圖因在圖表中添加組別使得可呈現的數據量加倍，並且聚集之間的間距使比較更為清晰。但也因資料量多，視覺上會變得複雜，建議於有限類別與組別的情況下使用，並善用配色進行區分，如果類別內的各長條顏色不同，會讓使用者更著重於類別內的數據比較而不是比較類別之間的數據。如果希望強調類別之間的比較，則各聚集內資料的配色應要偏向一致，才能更清楚地進行類別之間的比較。

當成對柱狀圖所呈現的類別數量越多，其類別間的比較就越為困難。此時用其他圖表，會更為合適。如只需要針對某類別內不同組別的比較時，可單獨篩選該類別資料，使用篩選後資料依照需求選擇柱狀圖或折線圖進行視覺化；如果希望比較分類變量的總數，建議可使用堆疊柱狀圖或繪製標準柱狀圖會更為合適。

## 10.2.4 成對長條圖（橫）(Paired bar)

- **圖表名稱：**成對長條圖（橫）
- **資料格式：**二維－類別 vs. 組別 vs. 數值
- **用途：**以橫條方式比較兩個或更多變數之間的顯著變化
- **特點：**是一種水平條形圖，每個主要類別都以組的方式呈現，並同時顯示類別變數內不同組別（兩組或兩組以上）的數值，每個數據按類別分組共享相同的軸標籤。因資料呈現量多視覺上會變得複雜，建議於有限數據的情況下使用。
- **範例意涵：**比較不同季節、各地區的銷售量。

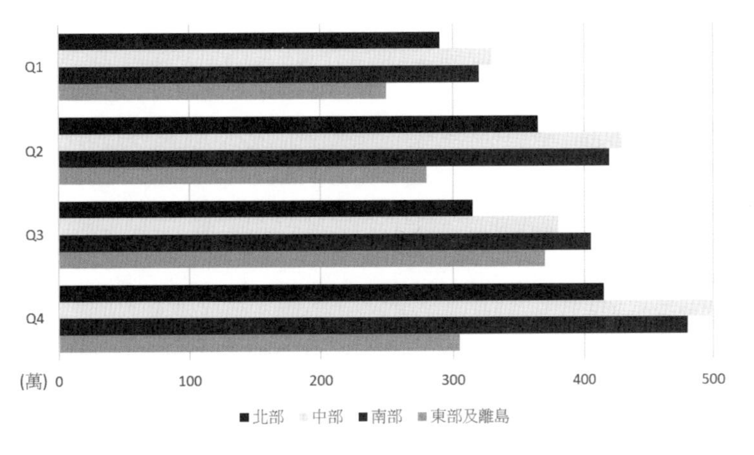


圖 10.4　成對長條圖範例

成對長條圖可說是長條圖延伸擴展，以水平方式呈現了兩個以上分類的數值。繪製分組條形圖時的一個重要考慮因素是確定兩個分類（類別、組別）中的哪一個將是主要變量，哪個將是次要變量。長條形按一個分類變量分組，顏色表示每個組內的次級類別數值。

成對長條圖因其水平方向設計，故也提供與標準長條圖相同的優點，也就是讓一些類別標籤需放入較長的文字的分類說明提供額外空間，可以更完整呈現，不需要換行或是其他調整。

## 10.2.5 象形圖（Isotype/Pictogram）

- **圖表名稱：**象形圖
- **資料格式：**二維－類別 vs. 數值
- **用途：**比較（compare），以視覺方式讓統計數據簡單好懂。
- **特點：**將資料數值編碼為重複圖象符號，每個圖象符號代表一個固定數量，以可視化圖表呈現，所用圖象符號通常切合資料主題或類別，此類型圖表多用於人口、社會、經濟分析上。
- **範例意涵：**比較台灣地區的發電結構。

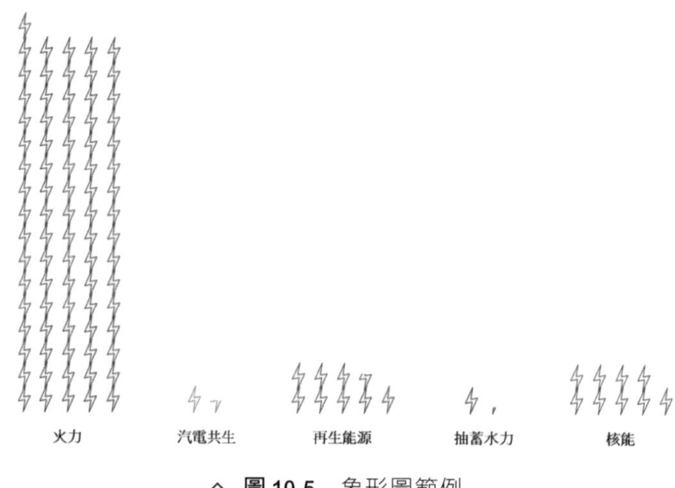


^ **圖 10.5** 象形圖範例

象形圖可以使用圖像符號來增加視覺效果，使得資料更加吸引眼球，易於引起讀者的注意，也使各種資訊更容易被人理解，例如常見人口分析時，資料的圖表將使用人物圖案，經濟分析資料圖表通常使用金錢圖案。每個圖案都表示一定數量單位，藉由列或行中的圖案數的多少進行每個類別間比較。但要注意，象形圖不建議使用於大型數據集或僅顯示部分資料的圖形上，因為大型資料內類別的差異如果過大，或是類別不完整，可能無法完整呈現圖表要表達的意涵。另外關於象形圖如何呈現小數點後之資料有許多討論，目前常見的作法為將最後一個圖象以虛框表達，再依所欲呈現的比率做塗滿。

象形圖除了一般以原始數據轉換成圖案外，還有一種比例象形圖，可以用來表達比例值，例如整體的一部分或百分比，其所占比例為多少，就填入多少的圖案。象形圖使用圖案克服語言、文化和教育水準方面的差異，是更具說服力與親民易懂的資料顯示方式，因此受到社群媒體上懶人包的大量應用。

## 10.2.6 棒棒糖圖（Lollipop Chart）

- **圖表名稱：**棒棒糖圖
- **資料格式：**二維－類別 vs. 數值
- **用途：**比較（compare），展示不同類別變項數值大小，特別是需要關注各類別之絕對數值以及彼此之間數值差異比較時使用。
- **特點：**由一個圓形代表資料值，一根線段代表與坐標軸的差距。
- **範例意涵：**顯示公司內各產品銷售額比較（圖 10.6）。

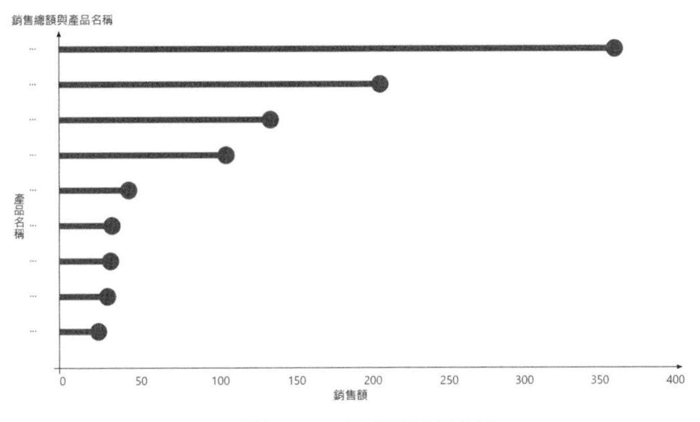


^ **圖 10.6**　棒棒糖圖範例

棒棒糖圖是長條圖、柱狀圖的一種變體，在長條圖或柱狀圖上的末端或頂端設有一個大圓點，突顯出資料間的相對位置。棒棒糖圖可用於比較多個類別的數值，顯示兩組或更多組的數值之間的差異，或顯示某一數值隨時間的變化。當資料有大量類別時，棒棒圖可以減少傳統條狀圖的雜亂，並使每個類別的資料值更容易比較，目前 Power BI 需使用 Python 視覺效果或下載外部視覺效果才能繪製此圖形。

棒棒糖圖它可以突出顯示不同數據之間的差異進行比較，同時也可以呈現數據的分佈情況。常見的應用包括比較不同城市的人口數量、比較不同區域的房價分佈，凸顯出某個地區的人口增長率，以便更好地分析不同區域的房價情況及未來趨勢。在商業環境上，比較各地區不同商品的銷售量，分析未來商品可能趨勢，找出有潛力的市場。

## 10.2.7 雷達圖（Radar）

- **圖表名稱：**雷達圖
- **資料格式：**二維－類別 vs. 數值
- **用途：**比較（compare），一種用於比較多個類別變量之間關係的圖表，雷達圖主要用於比較不同變量的分佈和關聯性，常用於市場分析、競爭分析和績效評估等領域。
- **特點：**利用空間呈現出類別數值的大小，類別順序會遵照一定邏輯排列。
- **範例意涵：**顯示一大學生各科目學習能力比較（圖 10.7）。

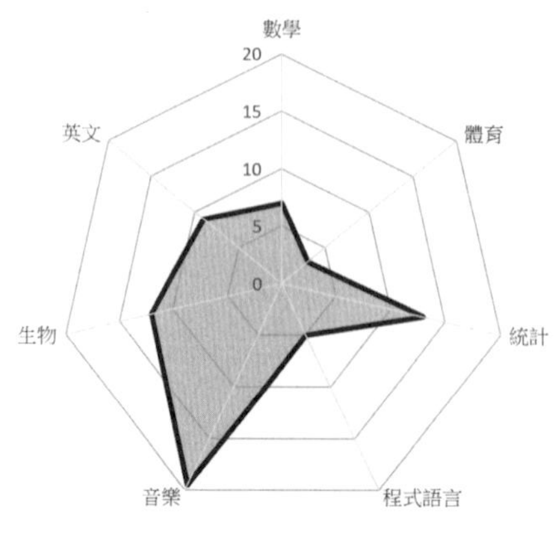


^ **圖 10.7** 雷達圖範例

雷達圖的圖形呈多邊形狀，每個類別變量都有一個從中心開始的軸，呈現放射狀排列，彼此之間的距離相等，同時在所有軸之間保持相同的比例，圖形的頂點對應到類別變量的最大值，圖形中心點則對應到所有類別變量的最小值或基準值，每個類別變量的中心點與頂點應均為一致，每個類別變量依其數值大小在雷達圖上用一單點表示，點與圓形中心點的距離代表類別變量的數值大小，不同類別變量之各點會使用線段會相互連接，形成一個封閉的多邊形圖形。

使用雷達圖時，可以透過多邊形圖形的形狀、大小與顏色…等方式，來展示不同變量之間的關係，至少需三個以上類別變量才能繪製雷達圖，但同時也建議不要使用太多類別變量，否則雷達圖可能會變得混亂。此外，還可以將多個雷達圖疊加在一起，比較不同時間、地區或群體之間的變化和差異，此時也建議填入的顏色應該是透明，以利多個雷達圖比較。

雷達圖有效利用空間呈現出不同類別變量的數值大小，類別變量的排列一般來說都具有特定邏輯。如果是有順序性的類別變項，常規是以 12 點方向為起始，依順時針轉向排列，最終到回到起點，故常被拿來使用在具有週期性的類別變項上。而雷達圖因其具有循環歸圓的象徵，有時候會被拿來檢視特定構念或概念，在各類別變項的特長或發展是否均衡，例如使用雷達圖來展示特定人的五大人格特質。此外，若雷達圖被慣於拿來表達特定構念或概念時，製圖者需留意是否已有約定成俗的順序位置，以免造成閱讀者的誤解。

雷達圖也是常被企業所使用的可視化圖表，如用於市場分析，可比較不同產品或服務的市場表現，例如比較不同品牌的銷售額、市場占有率、品質評分等。如用於競爭分析，可比較不同公司或品牌在市場上的競爭力，例如比較不同公司在產品設計、行銷策略、價格等方面的表現。如用於績效評估，可比較個人或團隊的績效，例如比較不同員工在工作表現、技能水平、績效評級等方面的表現。

雷達圖的優點在於可以展示多個類別變量之間的相互比較，並強調每個類別的貢獻和重要性。然而，雷達圖的缺點是在多個類別之間差異較大或數值範圍較廣時可能出現視覺上的偏差，另外當類別太多時會產生太多軸，也會使圖表難以閱讀和複雜化，建議雷達圖使用的類別數應有所限制。

## 10.3 不同量的比較圖形之優缺點比較

在 10.2 節中我們介紹了用來表達數量差異的七個圖形，整理這七個圖形的用途與特點如表 10.1 所列。

**表 10.1** 排序圖形彙整

| 圖表名稱 | 資料格式 | 用途 | 特點 |
|---|---|---|---|
| 柱狀圖 | 二維<br>類別 vs. 數值 | 比較 | 以柱狀的方式展示不同類別之大小，類別可以是時序 |
| 長條圖（橫） | 二維<br>類別 vs. 數值 | 比較 | 以橫式條狀的方式展示不同類別（非時序）之數值大小 |
| 成對柱狀圖 / 長條圖 | 二維<br>類別 vs. 組別 vs. 數值 | 比較 | 同時呈現類別變數內不同分組（兩組或兩組以上）的數值，在視覺的呈現上，每個數據按類別分組並共享相同的軸標籤 |
| 象形圖 | 二維<br>類別 vs 數值 | 比較 | 適合用於人口、社會、經濟分析，將資料數值編碼為重複圖象符號，每個圖象符號代表一個固定數量，以可視化圖表呈現，所用圖象符號通常切合資料主題或類別。 |
| 棒棒糖圖 | 二維<br>類別 vs 數值 | 比較 | 棒棒糖外形有趣，大圓點用於強調數列之絕對數值時採用 |
| 雷達圖 | 二維<br>類別 vs 數值 | 比較 | 利用空間呈現出數值變量的大小，類別順序會遵照一定邏輯排列。 |

上述視覺化圖形主要是用於展示資料數值的比較資訊，這些圖表可以幫助我們快速、直觀地理解和分析數據。這類型的圖表有四大特色：一為容易閱讀使用者的理解度高，量的比較圖表通常用直觀的以圖形和顏色，協助使用者輕易地理解數據之間的差異和趨勢；二為可以正確且有效的比較數據之間的差異；三為可適用各種類型的數據，包含離散數據或連續數據。四為可透過多樣性的圖表模式，依據分析需求，顯示出數據的變化趨勢。

柱狀圖和長條圖都是顯示類別變項之數值大小的良好工具。成對柱狀圖 / 長條圖兩者則可藉由增加類別與組別之間的關係，增加展示資訊與展示的內容，惟當類別數過多時，容易大幅降低圖形的可讀性。

象形圖與棒棒糖圖為長條圖的延伸，象形圖將長條轉換成象形圖案，而象形符號的選擇常以能具象表達數據意涵為主，增添視覺圖表的趣味性。而棒棒糖圖則以其大圓頭圖示得名，主要也用以彰顯該數列之實際數值，惟需留意其數值是否為零值起點，以免誤解數值間的差異幅度。

雷達圖則獨樹一格，有效利用空間呈現出不同類別變量數值的大小，合適於展現具週期性的數值資料，或表達一個整體概念下的各構面數值分佈情形，因其圖形簡潔與親和也常被廣泛使用。

本章所介紹的圖形優缺點比較表整理於表 10.2。

**表 10.2** 量的比較之視覺化圖表之優缺點比較

| 圖表名稱 | 優點 | 缺點 |
|---|---|---|
| 柱狀圖 | 1. 提供清晰的分類比較，凸顯類別間差異<br>2. 易於了解每個類別的相對大小或規模<br>3. 簡單易懂，易於解讀圖表意涵 | 1. 僅涵蓋兩個維度的資料<br>2. 當類別數過多時，不易判讀<br>3. 類別的標題過長，圖表不易呈現 |
| 長條圖（橫） | 1. 提供清晰的分類比較，凸顯類別間差異<br>2. 易於了解每個類別的相對大小或規模<br>3. 簡單易懂，易於解讀報表意涵<br>4. 非常適合依類別數值大小進行升冪或降冪排列，提供類別的排序關係。 | 1. 就閱讀習慣而言，不適合展現時間類別之數值<br>2. 僅涵蓋兩個維度的資料<br>3. 當類別數過多時，不易判讀 |
| 成對柱狀圖 / 長條圖 | 提供多類別分類比較，凸顯類別間與類別內組別間之差異 | 1. 類別與組別不宜過多<br>2. 配色設計需注意希望突顯之對象 |
| 象形圖 Isotype | 1. 視覺效果豐富<br>2. 簡單易懂平民化，易於解讀報表意涵 | 1. 類別不宜過多<br>2. 不適用於大型數據集<br>3. 留意過密的象形圖案易顯雜亂 |

| 圖表名稱 | 優點 | 缺點 |
|---|---|---|
| 棒棒糖圖 | 1. 簡單易懂，易於解讀報表意涵<br>2. 圖表呈現的資訊更多，易比較分類的資料差異。 | 1. 僅涵蓋兩個維度的資料<br>2. 類別不宜過多<br>3. 需特別注意數值是否始自零點，以免誤判數據之變化尺度<br>4. 無法發現類別間的複雜關係 |
| 雷達圖 | 1. 可展示多個變量之間的相對比較<br>2. 可顯示相似值和異常值 | 1. 類別順序應遵照一定邏輯排列<br>2. 非所有資料都可使用，各類別之數值範圍或尺度應盡量一致，以便於比較<br>3. 當類別數過多時，不易判讀<br>4. 因半徑距離大小不易用視覺判斷，對於量化資訊不易評估 |

## 10.4 實作與解釋

請先開啟本書所附的範例檔案——Ch10.pbix。

### 10.4.1 繪製柱狀圖（Column chart）

STEP01 點選【視覺效果】的【群組直條圖】。

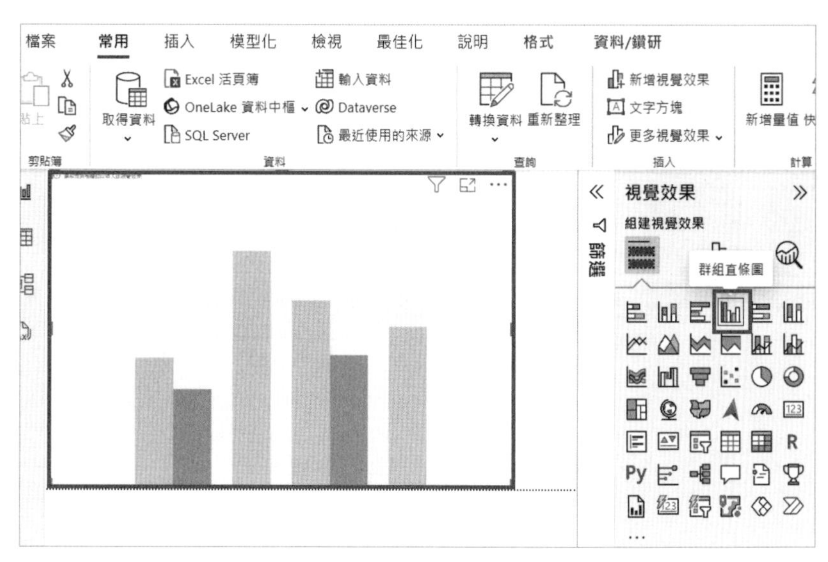


圖 10.8　點選群組直條圖

STEP02 將【Member】中的【年齡層】選至 X 軸，【Transaction】中的【數量 / 點數】選至 Y 軸，並設定為加總。

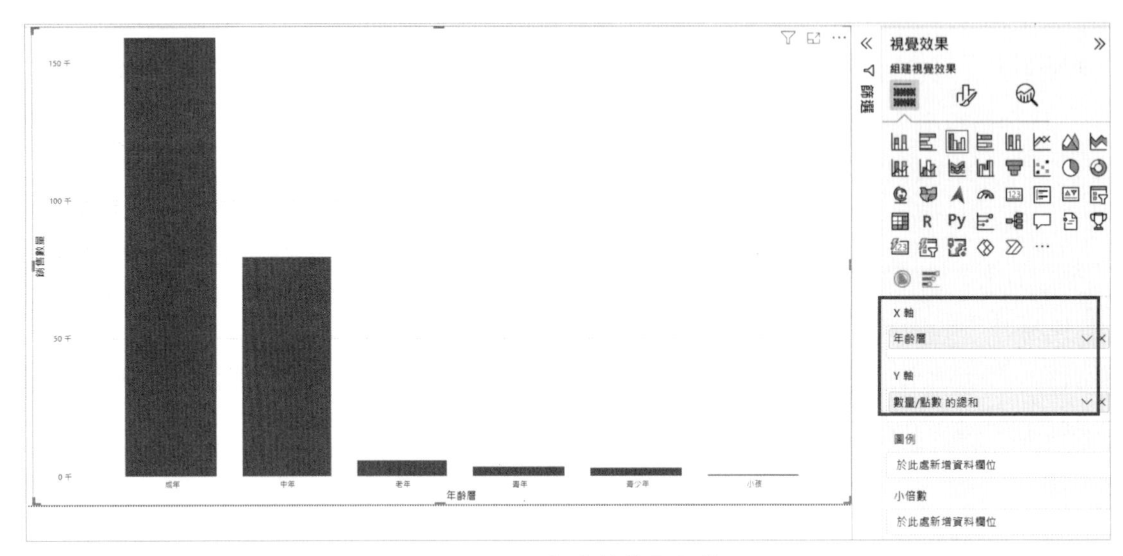


^ 圖 10.9　設定柱狀圖參數

STEP03 在設定視覺效果格式的選項中，設定本圖的標題為【柱狀圖 (Column chart)】，字體大小為 16 粗體，文字黑色且置中，最後如下圖所示，完成了柱狀圖的繪製。

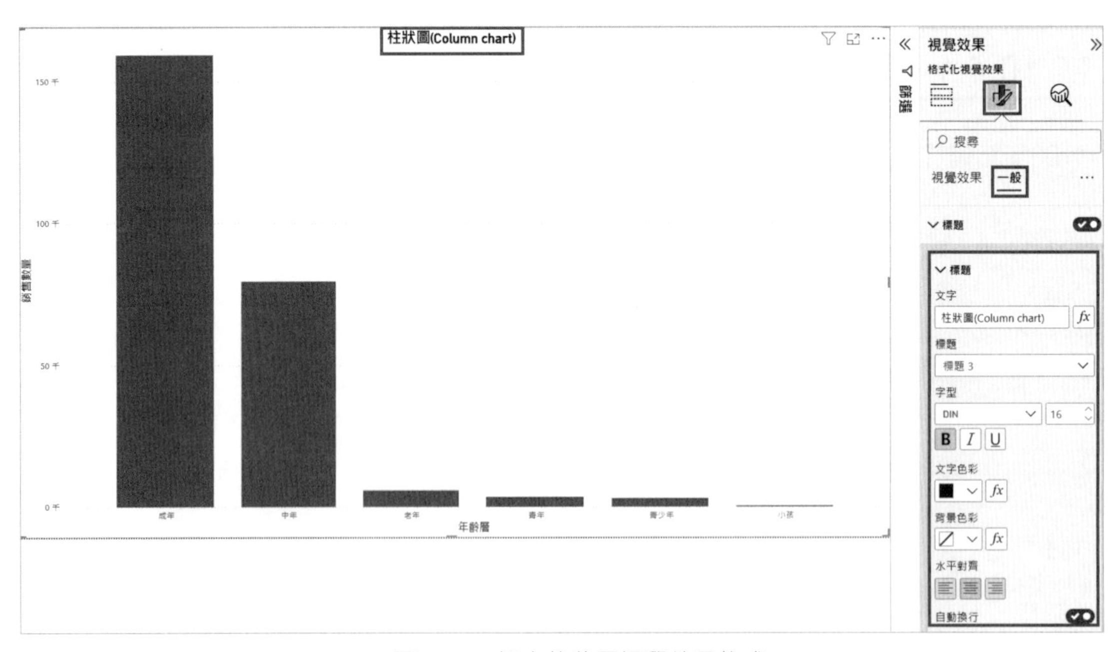


^ 圖 10.10　設定柱狀圖視覺效果格式

## 10.4.2 繪製長條圖（橫）（Bar Chart）

STEP01 點選右側【視覺效果】的【群組橫條圖】按鈕，建立工作區。

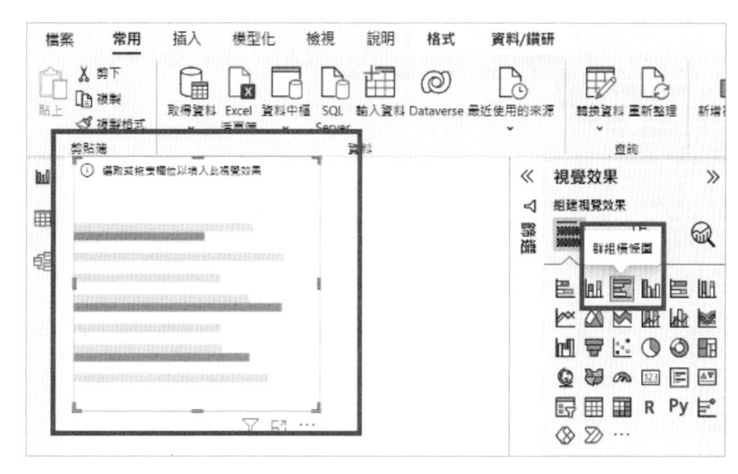


^ 圖 10.11　點選群組橫條圖

STEP02 選擇【Product】中的【品名】與【Transaction】的【數量/點數】來製圖，可以與左側的簡單堆疊橫條圖作比較。將【品名】選至 Y 軸，【數量/點數】選至 X 軸，並設定為總和。

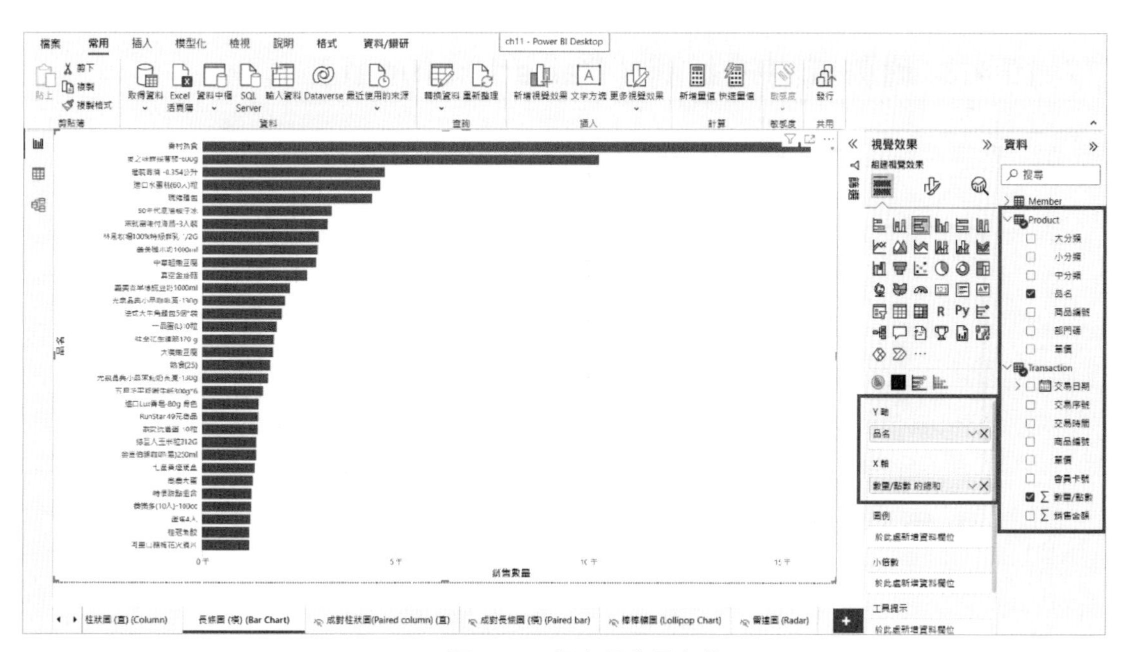


^ 圖 10.12　設定長條圖參數

STEP03 在設定視覺效果格式的選項中，可以設定本圖的標題為【長條圖 ( 橫 ) (Bar Chart)】，字體大小為 16 粗體，文字黑色且置中，最後如下圖，我們完成了長條圖的繪製。

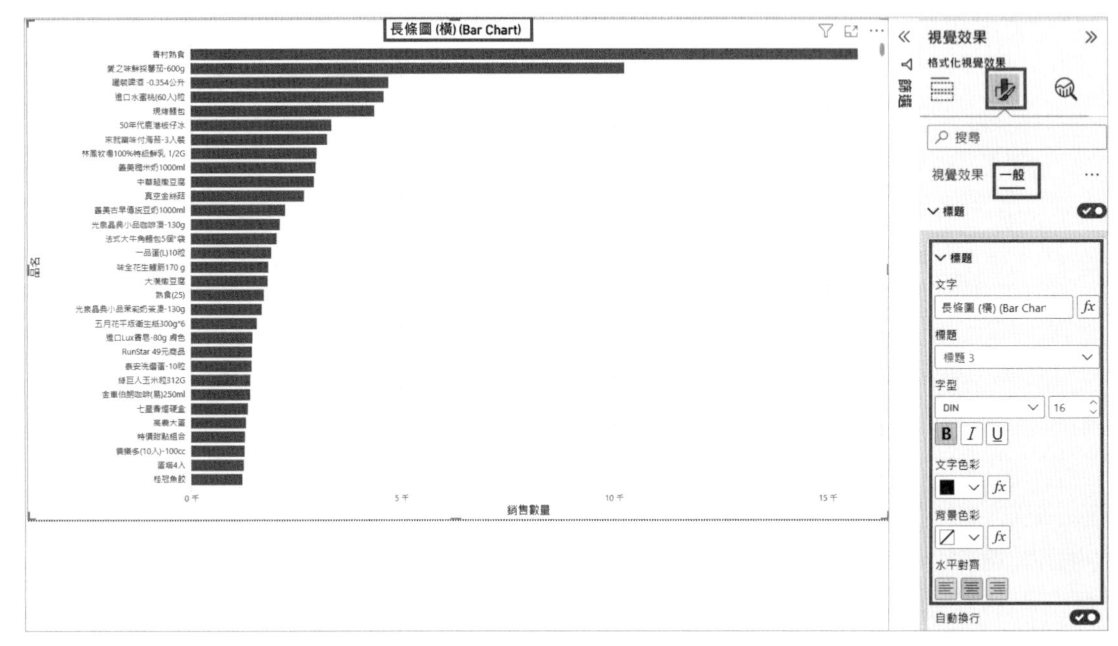


^ 圖 10.13 設定長條圖視覺效果格式

## 10.4.3 繪製成對柱狀圖 ( Paired column )

STEP01 點選右側視覺效果的【群組直條圖】按鈕，建立工作區。

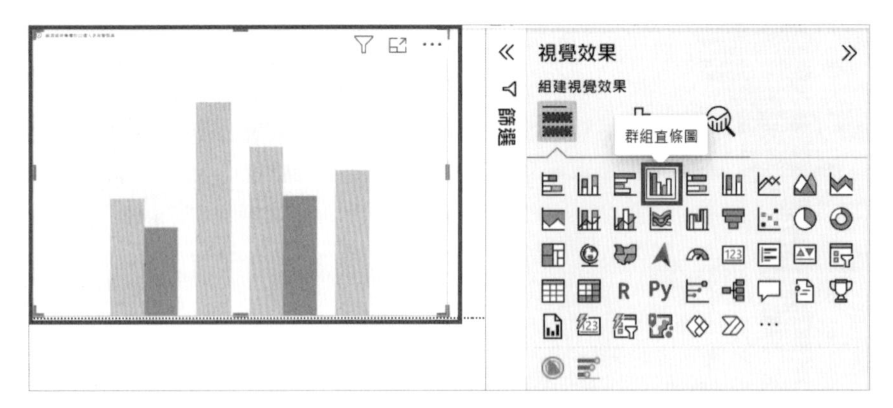


^ 圖 10.14 點選群組直條圖

STEP02 選擇【Transaction】的【交易日期】與【銷售金額】以及【Member】的【性別】來製圖。將【交易日期】選至 X 軸，日期階層僅留下【年】、【月】，【銷售金額】選至 Y 軸，並設定為總和，最後設定圖例為【性別】。

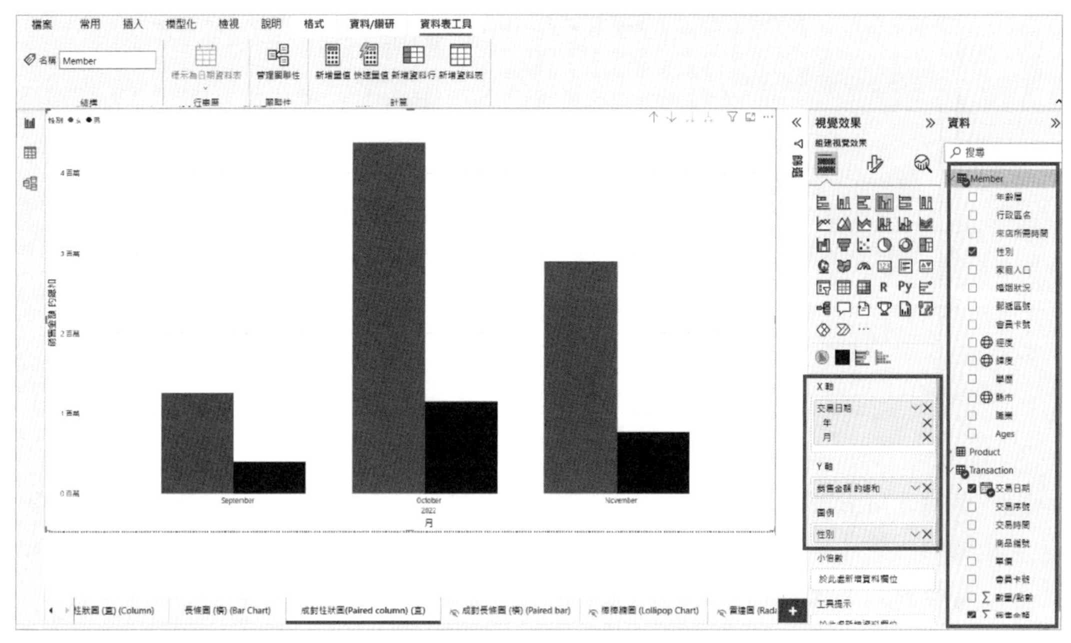

^ 圖 10.15　設定成對柱狀圖參數

STEP03 在設定視覺效果格式的選項中，可以設定本圖的標題為【成對柱狀圖 (Paired column)】，字體大小為 16 粗體，文字黑色且置中，最後如下圖，我們完成了成對柱狀圖的繪製。

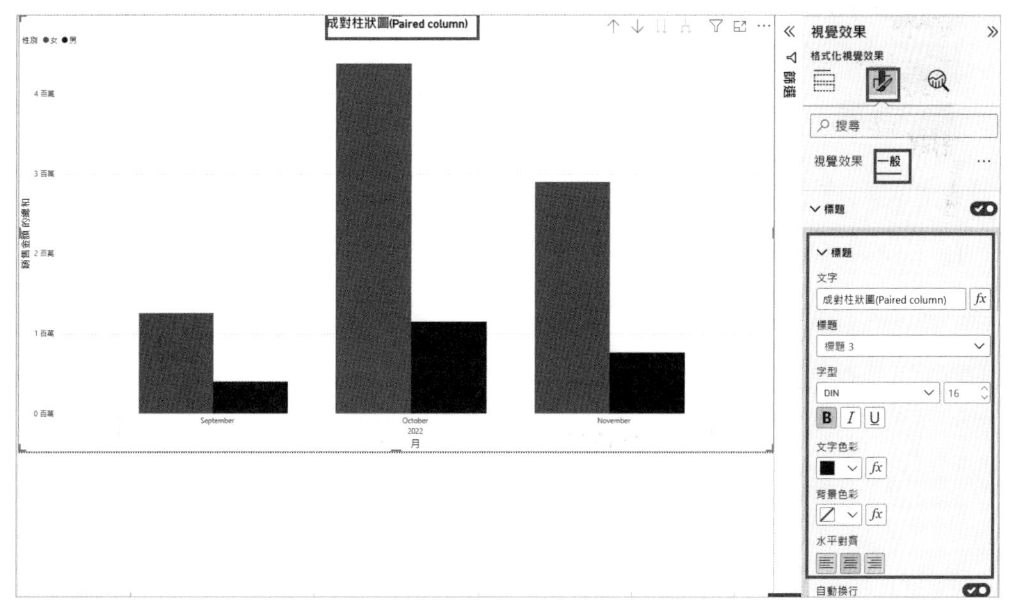


^ 圖 10.16　設定成對柱狀圖視覺效果格式

## 10.4.4 繪製成對長條圖（Paired bar chart）

STEP01 點選右側【視覺效果】的【群組橫條圖】按鈕，建立工作區。

^ 圖 10.17 點選群組橫條圖

STEP02 選擇【Member】的【性別】與【學歷】以及【Transaction】的【銷售金額】來製圖。將【學歷】選至 Y 軸，【銷售金額】選至 X 軸，並設定為總和，最後設定圖例為【性別】。

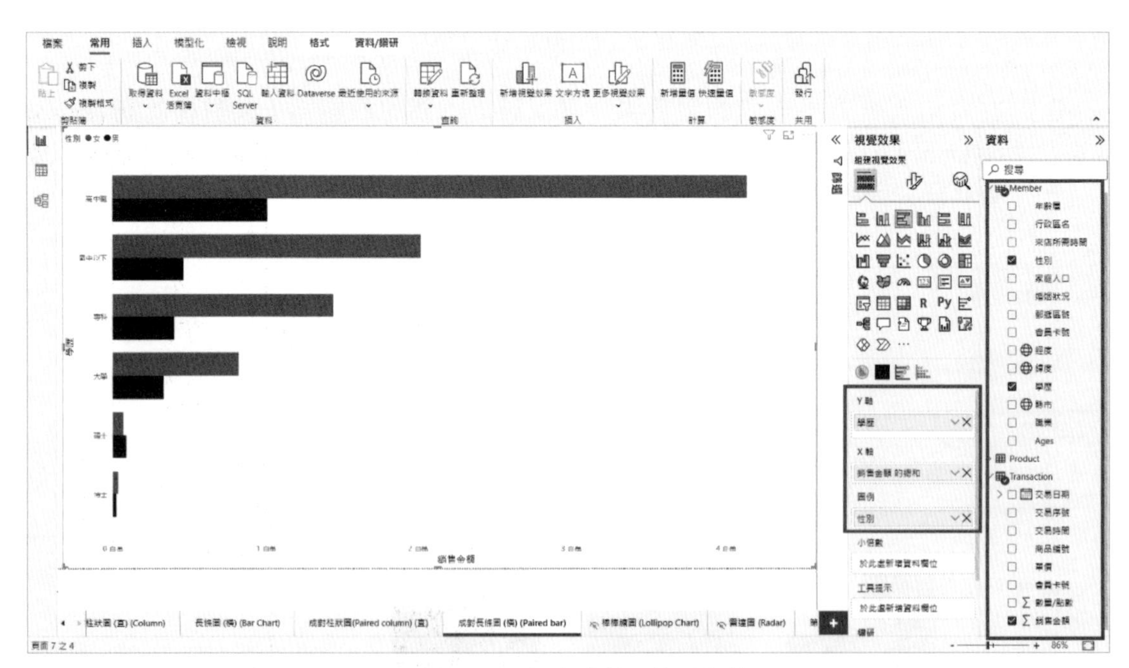

^ 圖 10.18 設定成對長條圖參數

STEP 03 在設定視覺效果格式的選項中，可以設定本圖的標題為【成對長條圖 (Paired bar chart)】，字體大小為 16 粗體，文字黑色且置中，最後如下圖，完成了成對長條圖的繪製。

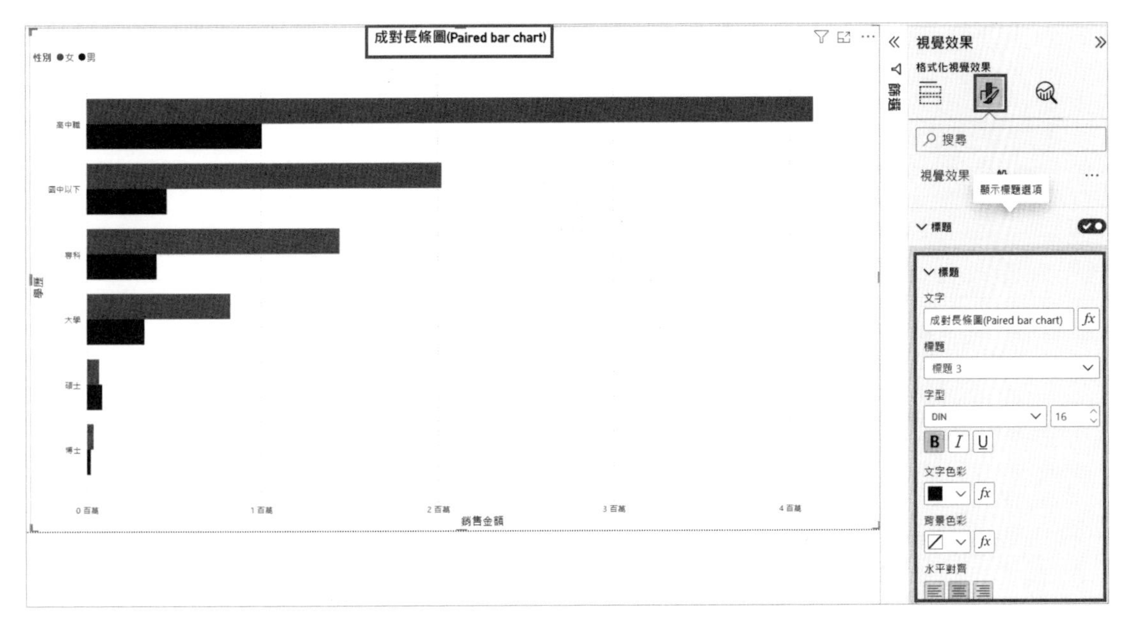


^ 圖 10.19　設定成對長條圖視覺效果格式

## 10.4.5 繪製棒棒糖圖（Lollipop Chart）

由於棒棒糖圖並非為 Power BI 預設內建的視覺效果，讀者可透過 Power BI 的 AppSource 自行新增棒棒糖圖來使用。

### 任務 1：加裝棒棒糖圖視覺效果

Power BI AppSource 有兩種方法可以取得視覺效果：第一種是透過 Power BI 內右側的視覺效果面板中，點選【…】就會出現【取得更多視覺效果】的選項。

^ **圖 10.20** 取得更多視覺效果

在右上角搜尋【Lollipop】，即可找到多個第三方廠商所設計的棒棒圖視覺效果，如下圖。我們選擇第一個由 PBIVizEdit.com 所提供的【Lollipop Bar Chart（Standard）】視覺效果。

^ **圖 10.21** 在 AppSource 中取得視覺效果

點選【新增】即會匯入 Power BI Desktop 視覺效果內，增加新的視覺效果圖標，同時系統會告知匯入成功。

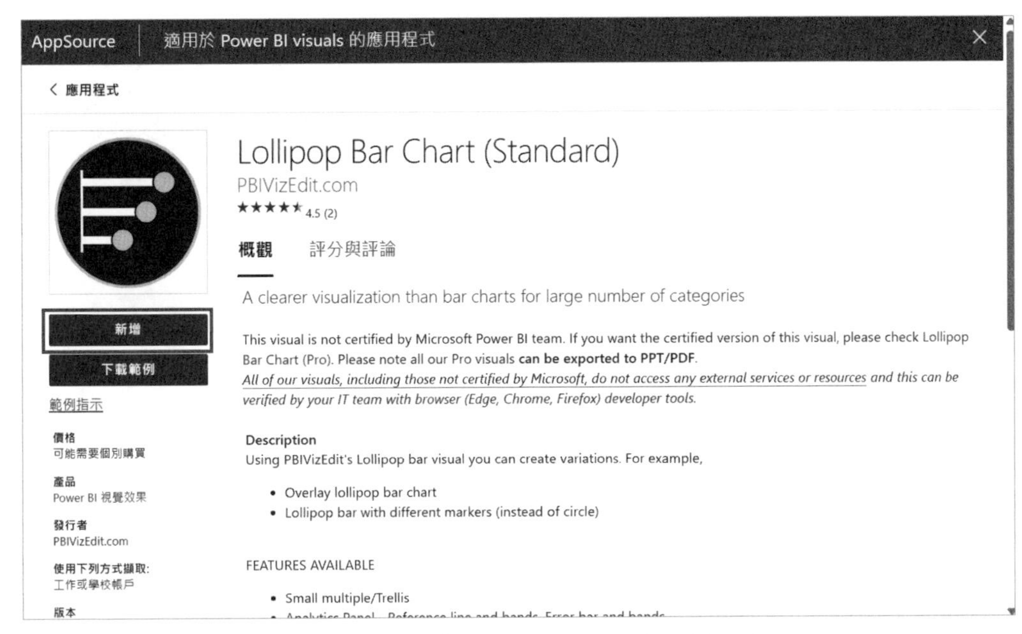


^ 圖 10.22　透過 AppSource 新增棒棒糖圖

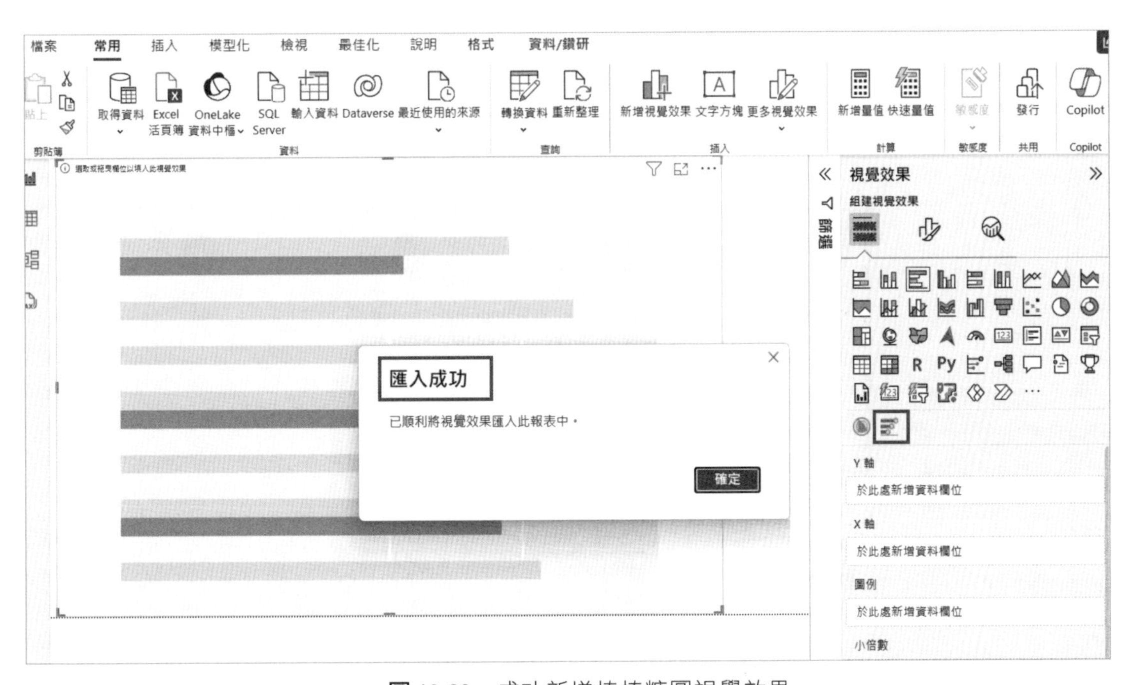


^ 圖 10.23　成功新增棒棒糖圖視覺效果

第二種視覺效果新增的方法是前往 Power BI Visual 網站（https://appsource.microsoft.com/en-us/marketplace/apps?product=power-bi-visuals&exp=ubp8），進行視覺效果的搜尋與下載。

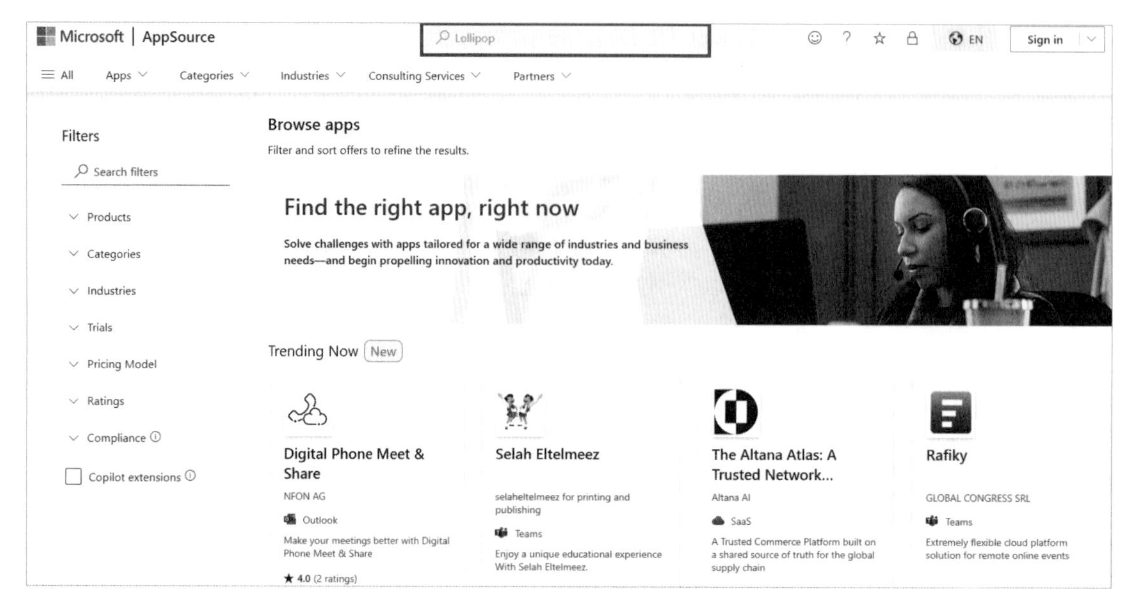


^ **圖 10.24** 在 AppSource 網站中取得視覺效果

在上方文字框內輸入【Lollipop】搜尋，即可找到多個第三方廠商所設計的棒棒糖圖視覺效果，如下圖。我們選擇由 PBIVizEdit.com 所提供的【Lollipop Bar Chart（Standard）】視覺效果，按下【Install】按鍵進行視覺效果安裝。

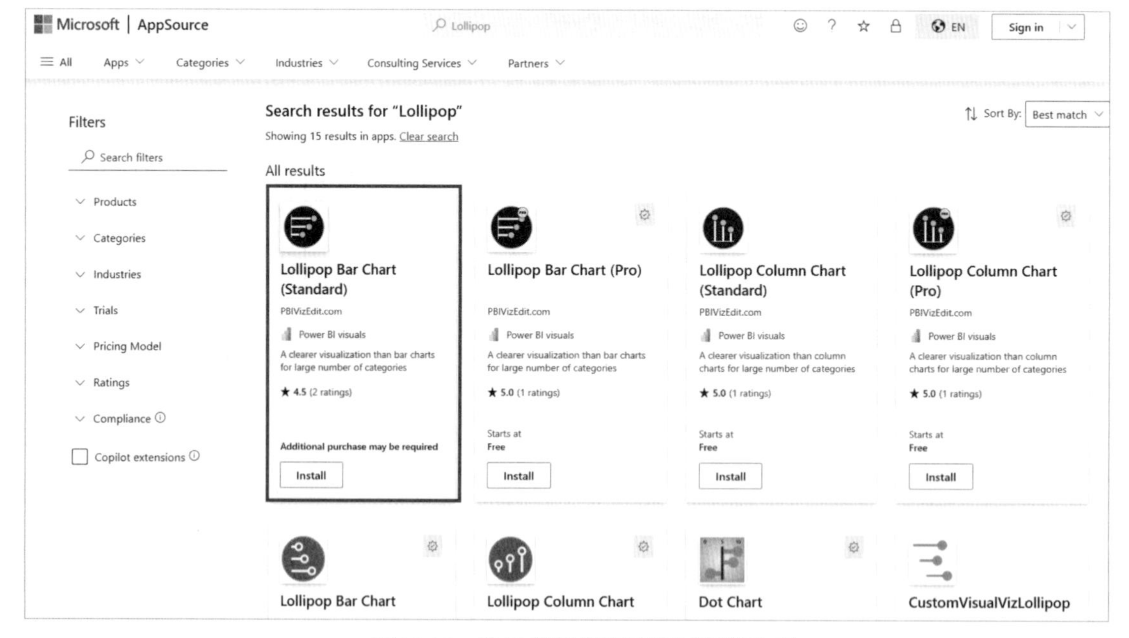


^ **圖 10.25** 搜尋與選擇棒棒糖圖視覺效果

輸入微軟帳號，以取得視覺效果。

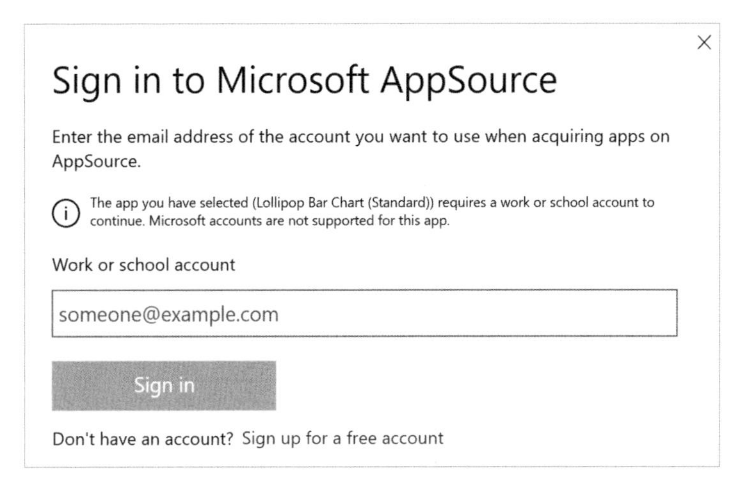


^ 圖 10.26　輸入微軟帳號取得視覺效果

微軟帳號登入完成後，網站會自動下載視覺效果檔案（*.pbiviz），透過 Power BI 內右側的視覺效果面板中，點選【…】就會出現【從檔案匯入視覺效果】的選項，如下圖。

^ 圖 10.27　匯入視覺效果

如下圖，選取已下載的視覺效果檔案（*.pbiviz），按下【開啟】，Power BI Desktop 便會進行視覺效果匯入。

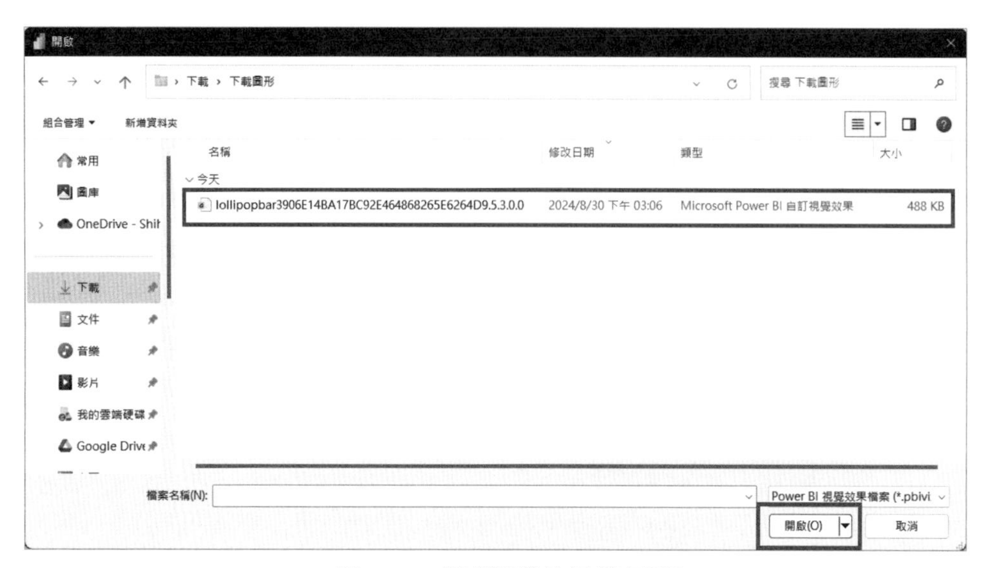


^ 圖 10.28 選擇視覺效果檔案匯入

匯入完成後，Power BI Desktop 視覺效果將增加新的視覺效果圖標，同時系統會告知匯入成功。

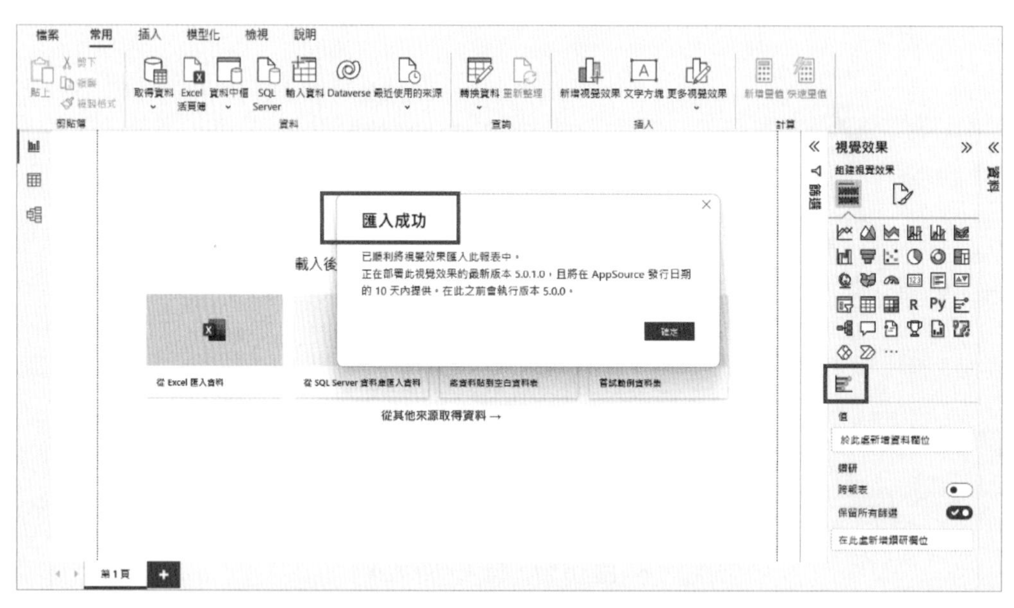


^ 圖 10.29 成功新增棒棒糖圖視覺效果

## 任務 2：製作棒棒糖圖

STEP01 點選右側【視覺效果】新增【棒棒糖圖】按鈕，建立工作區。選擇【Member】中的【年齡層】欄位為 Category，就會以不同年齡層來做為區分的類別，Value1 則選取【Transaction】中的【數量 / 點數】，並設定為總和，即可產生棒棒糖圖。

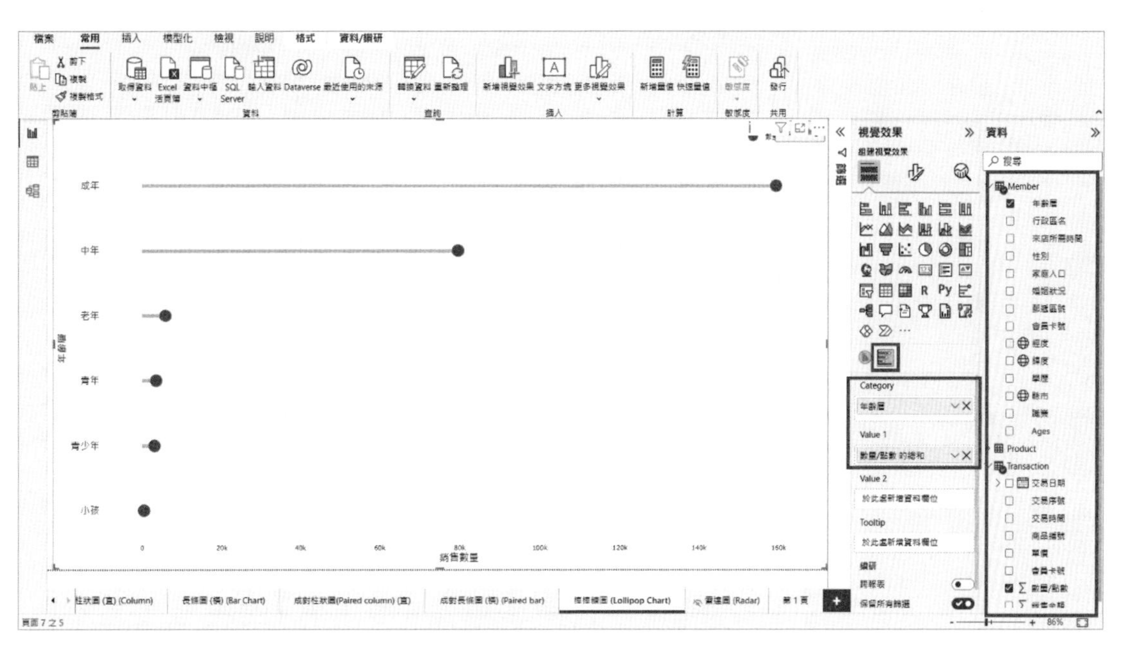


^ **圖 10.30** 設定棒棒糖圖參數

STEP**02** 在設定視覺效果格式的選項中，可以設定本圖的標題為【棒棒糖圖 (Lollipop Chart)】，字體大小為 16 粗體，文字黑色且置中。

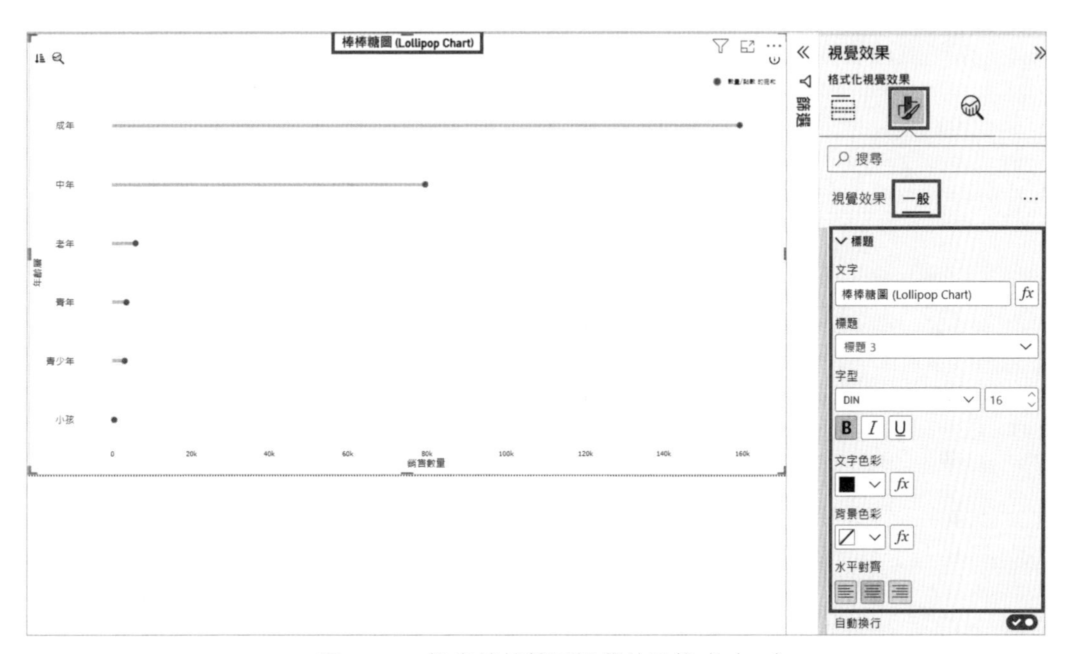


^ **圖 10.31** 設定棒棒糖圖視覺效果格式（一）

STEP**03** 在視覺效果中變更棒棒糖圖型內類別數值（棒棒糖）的外觀。我們可以在【視覺效果】內的【Value 1 marker】中調整每個數值頂端標示的顏色【Color】、大小【Shape size multiplier】以及形狀【Shape】。如下圖，我們在【Color】選擇了深藍色，【Shape size multiplier】設定為 28，【Shape】則維持為 Circle。

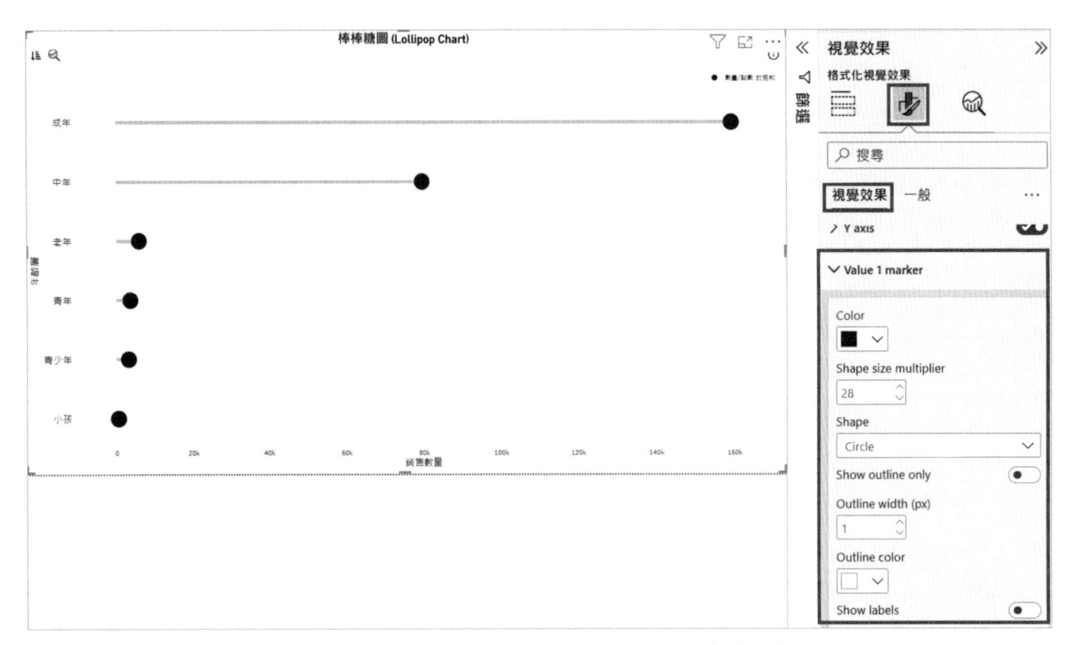


^ 圖 10.32　設定棒棒糖圖視覺效果格式（二）

STEP04 在【視覺效果】內的【Value 1 line】中則可以調整每個數值線條標示的寬度【Bar border width (px)】與顏色【Bar border color】。如下圖，我們在【Bar border width (px)】設定為 10，【Bar border color】選擇了灰色，最後如下圖，棒棒糖圖繪製完成。

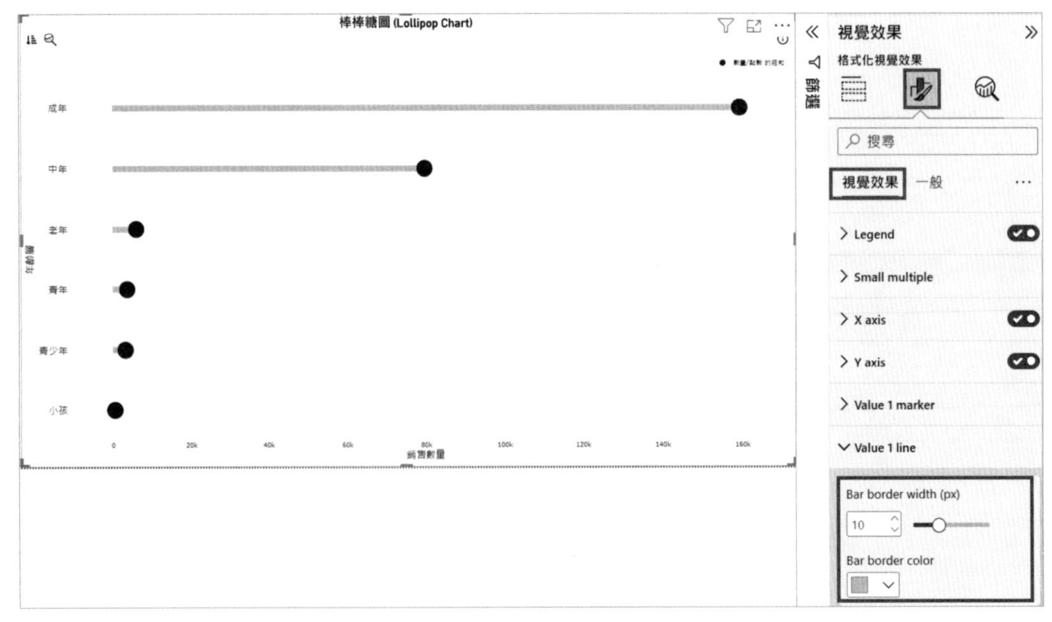


^ 圖 10.33　設定棒棒糖圖視覺效果格式（三）

## 10.4.6 繪製雷達圖（Radar）

雷達圖並非為 Power BI 預設內建的視覺效果，讀者可透過 Power BI 的 AppSource 自行新增雷達圖來使用。

### 任務 1：加裝雷達圖視覺效果

前往 Power BI Visual 網站（https://appsource.microsoft.com/en-us/marketplace/apps?product=power-bi-visuals&exp=ubp8），進行視覺效果的搜尋與下載。

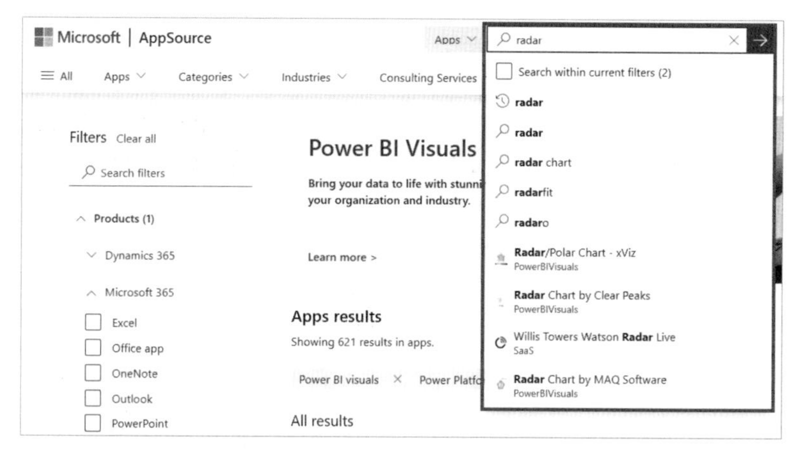


^ 圖 10.34　在 AppSource 網站中取得視覺效果

在上方文字框內輸入【Radar】搜尋，即可找到多個廠商所設計的雷達圖視覺效果，如下圖。我們選擇由 Microsoft 所提供的【Radar Chart】視覺效果，按下【Install】按鍵進行視覺效果安裝。

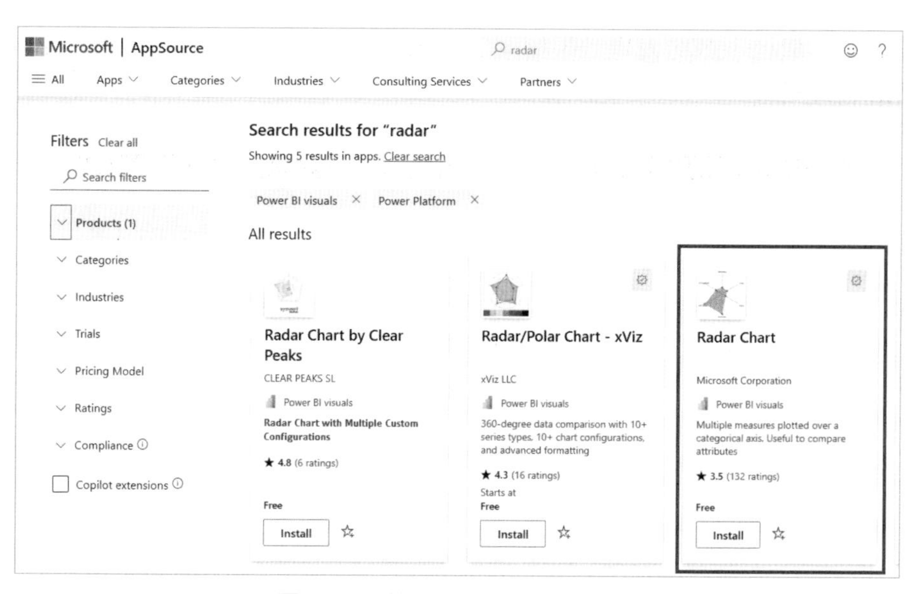


^ 圖 10.35　搜尋與選擇雷達圖視覺效果

輸入微軟帳號，以取得視覺效果。

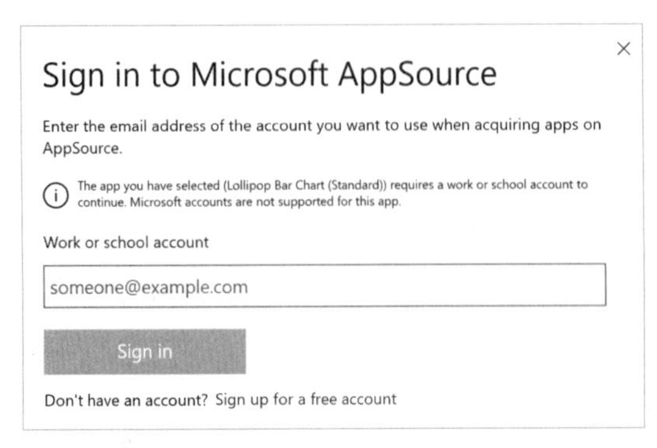


^ **圖 10.36** 輸入微軟帳號取得視覺效果

微軟帳號登入完成後，網站會自動下載視覺效果檔案（*.pbiviz），透過 Power BI 內右側的視覺效果面板中，點選【…】就會出現【從檔案匯入視覺效果】的選項，如下圖。

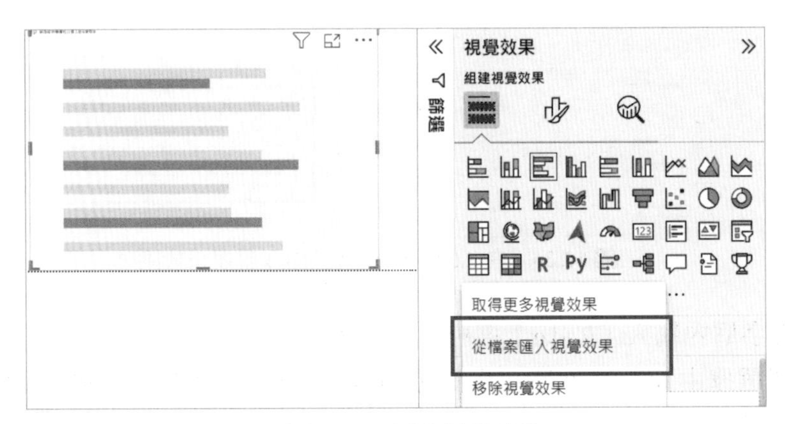


^ **圖 10.37** 匯入視覺效果

如下圖，選取已下載的視覺效果檔案（*.pbiviz），按下【開啟】，Power BI Desktop 便會進行視覺效果匯入。

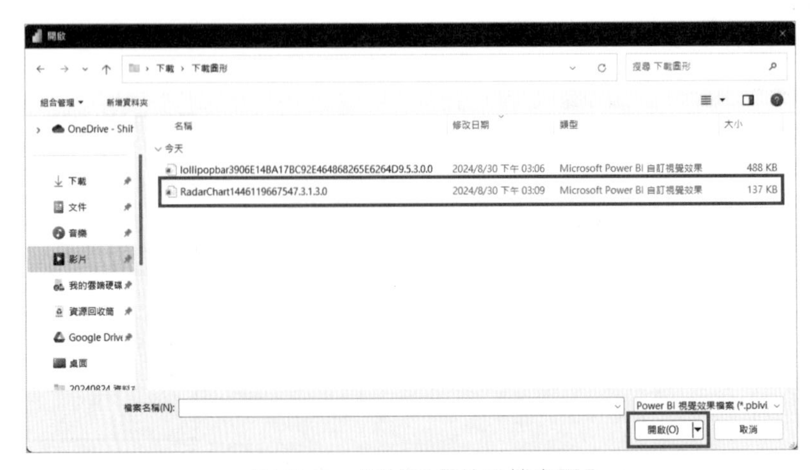


^ **圖 10.38** 選擇視覺效果檔案匯入

匯入完成後，Power BI Desktop 視覺效果將增加新的視覺效果圖標，同時系統會告知匯入成功。

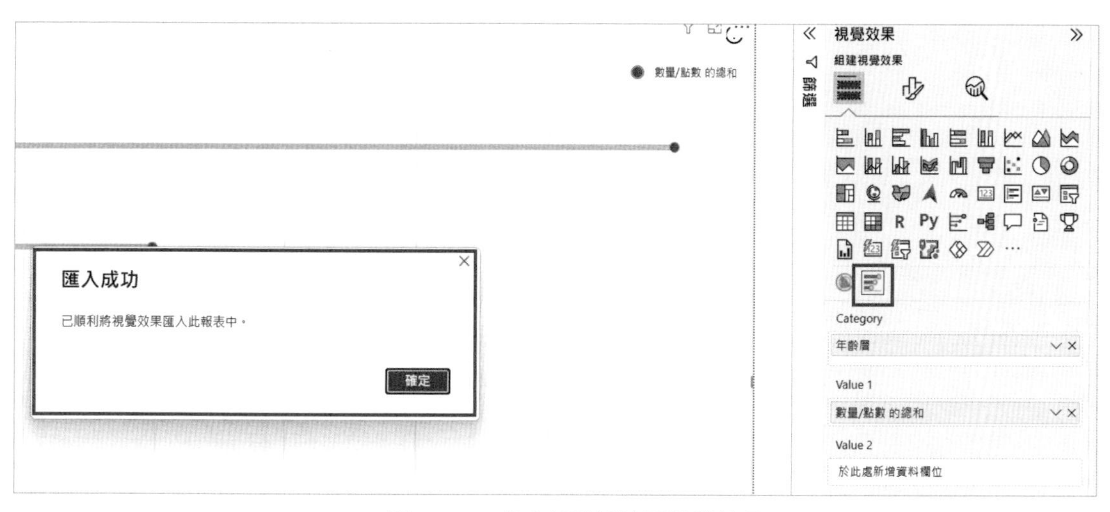


^ **圖 10.39**　成功新增雷達圖視覺效果

## 任務 2：製作雷達圖

STEP 01　點選右側【視覺效果】新增【雷達圖】按鈕，建立工作區。類別選擇【Member】中的【職業】欄位，就會以不同職業別來做為區分的類別，Y 軸則選取【Transaction】中的【數量 / 點數】，並設定為總和，即可產生雷達圖。

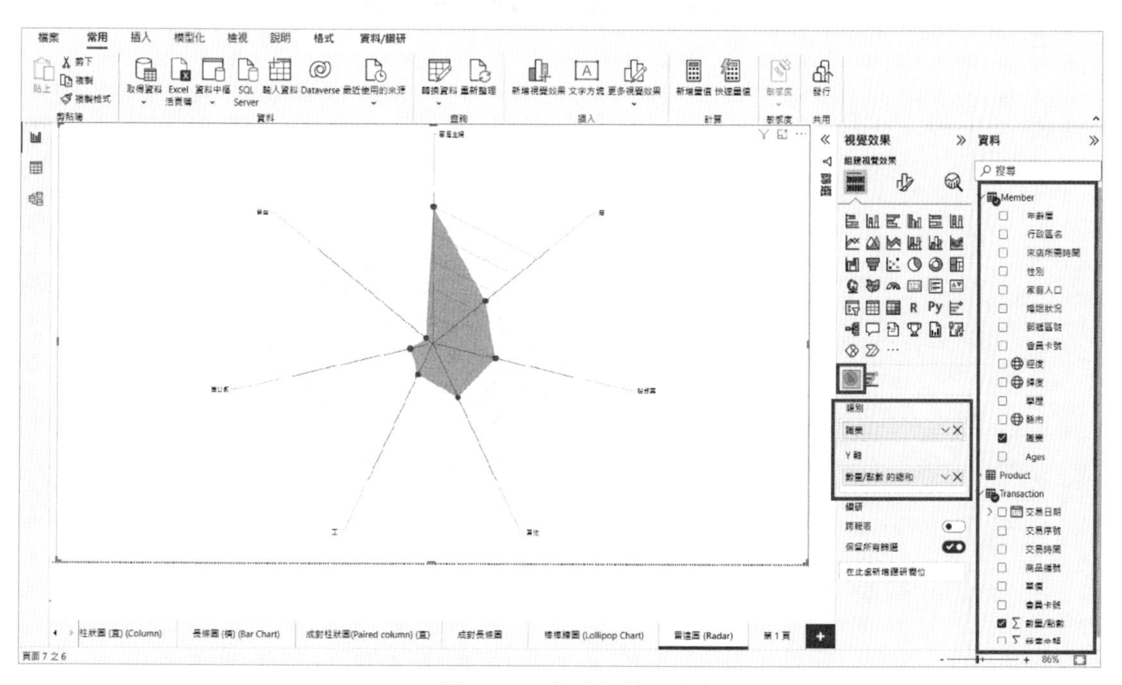


^ **圖 10.40**　設定雷達圖參數

STEP02 在設定視覺效果格式的選項中，可以設定本圖的標題為【雷達圖 (Radar)】，字體大小為 16 粗體，文字黑色且置中，最後如下圖，雷達圖繪製完成。

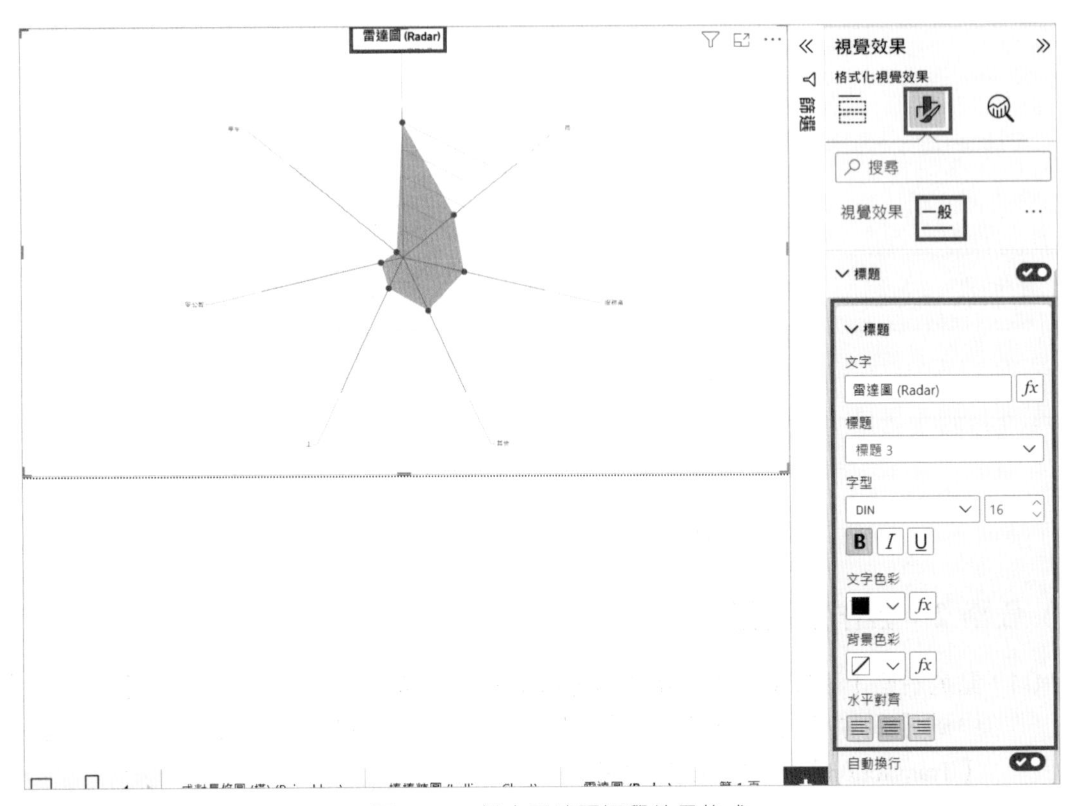


^ 圖 10.41　設定雷達圖視覺效果格式

# 模擬試題

1. 在量的比較視覺化中，以下哪種圖表最適合用來比較不同類別的單一量值？

   A. 圓餅圖

   B. 折線圖

   C. 柱狀圖

   D. 散點圖

2. 以下哪項是在進行量的比較視覺化時應避免的做法？

   A. 使用一致的尺度和基準

   B. 使顏色和樣式保持一致

   C. 在單一視覺化中混合過多的資料類型

   D. 提供清晰的標題和註解

3. 量的比較視覺化中的「折線圖」最適合展示以下哪種資料？

   A. 類別之間的比較

   B. 隨時間的變化趨勢

   C. 部分與整體的關係

   D. 兩變數之間的相關性

4. 量的比較視覺化圖表用於比較哪些數據？

   A. 單一類別在不同時間的數值

   B. 不同國家的地理位置

   C. 一類別的不同時間點或兩類以上數值的比較

   D. 個人的喜好變化

**5.** 下列哪一張片為棒棒糖圖的示意圖？

A.

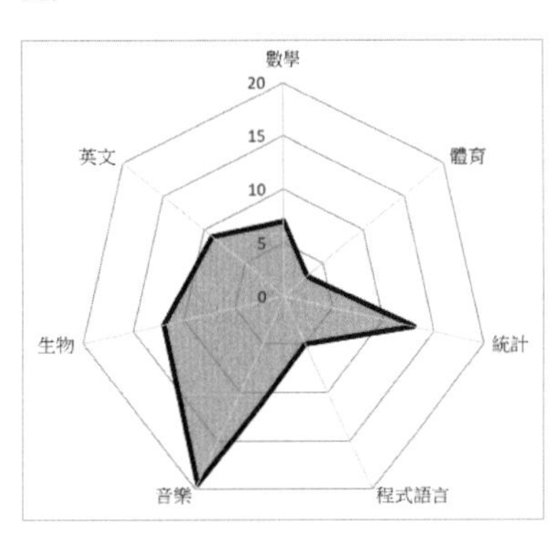


B.

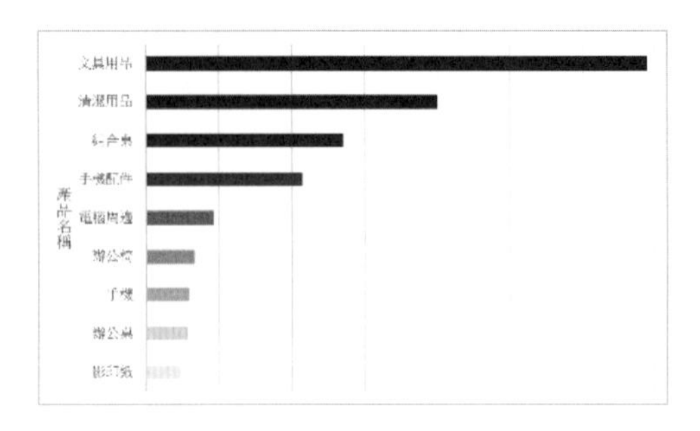

C.

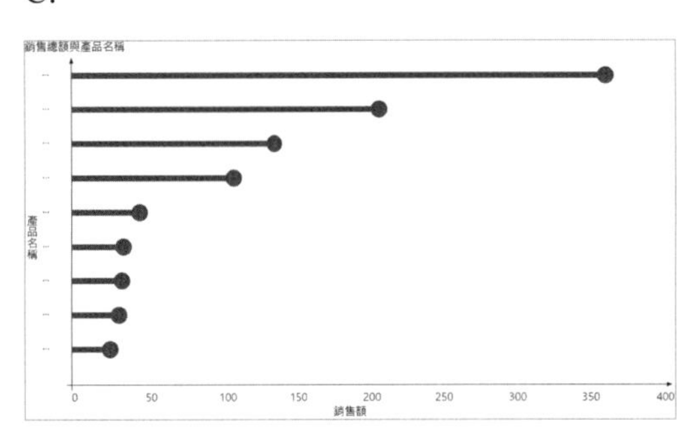


D.

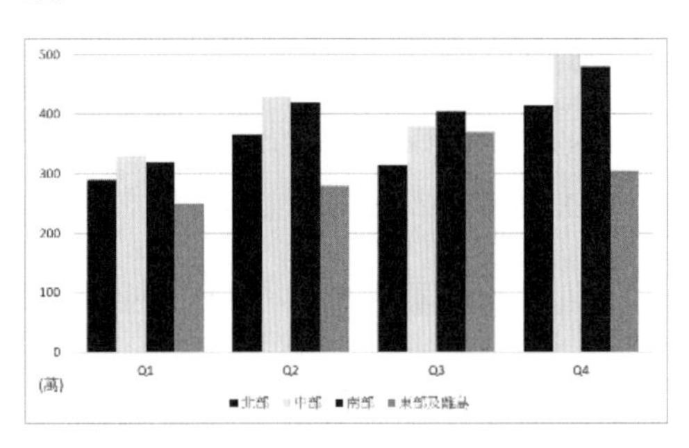

# 參考文獻


- A Complete Guide to Grouped Bar Charts，Retrieved Mar 6, https://chartio.com/learn/charts/grouped-bar-chart-complete-guide/
- Chart Doctor, Retrieved Mar 6, https://github.com/Financial-Times/chart-doctor/tree/main/visual-vocabulary
- Data Storytelling 101, Retrieved Feb 7 2023, https://blog.gramener.com/types-of-data-visualization-for-data-stories/
- Dot Strip Plot Chart by Vitara, Retrieved Mar 6, https://community.microstrategy.com/s/article/Dot-Strip-Plot-Chart-by-Vitara?language=en_US
- Fundamentals of Data Visualization A Primer on Making Informative and Compelling Figures, Claus O. Wilke, O'RELLY (2019)
- Jonathan Schwabish - Better Data Visualizations A Guide For Scholars, Researchers, And Wonks. Johnathan Schwabish, Columbia University Press (2021)
- what is a slopegraph, Retrieved Feb 7 2023, https://www.storytellingwithdata.com/blog/2020/7/27/what-is-a-slopegraph
- 什麼是雷達圖, Retrieved Feb 9, https://www.tibco.com/zh-hant/reference-center/what-is-a-radar-chart

CHAPTER

# 11

# 部分和整體關係之視覺化（Part-to-Whole）

## 11.1 部分和整體關係視覺化之圖表特色及使用之資料格式

部分和整體關係之視覺化（Part-to-Whole）的目的是要能顯示出一個整體如何被拆解成不同組成，展示部分與整體的關係，或是解釋整體的某些部分。如果只是想瞭解個別成分的大小，建議改用比較量大小（Magnitude）的圖表。部分和整體關係之視覺化較常使用的圖形有堆疊圖（Stacked chart）、比例堆疊條形圖（Marimekko）、圓餅圖（Pie chart）、甜甜圈圖（Donut chart）、樹狀圖（Tree map）、網格（Grid plot）、…等（Smith, 2022）。

任何時候，你嘗試說明正在談論、報告的事物，其累加起來的總值是100%，這就是在講述一個關於部分和整體關係的故事。當報告需要整體的某些部分時，有可能是你要描述某個群體的比例組成結構時，也有可能是想要說明研究對象的敘述性特徵。以上這些都是在談論關於整體的其中一部分，也就是關於部分和整體關係的故事。部分和整體關係一類的描述可以是如下的範例：

- 手機中剩餘電量的百分比。
- 休旅車的銷售市場主要是A、B、C三個品牌占了大宗。
- 我們的顧客群主要是女性，大約是男性的兩倍。

- 我們這間分店的本月營業額已經達到了 15% 的年度目標。
- 學生構成為 75% 的免費或減價午餐和 25% 的付費午餐。
- 以下是本研究受試者的收入分佈情形。
- 此圖顯示了來自台灣各縣市的使用者百分比。
- 我們的大多數訪客年齡在 10 歲以下和 56 歲以上。
- 市場數據顯示我們擁有三個主要的客戶概況。

當我們要製作的圖表主題中包括以下如：份額、占比、總數百分比、占百分比多少等詞彙時，需要製作部分和整體關係的對比關係圖表來呈現較為合宜。

## 11.2 圖形介紹

### 11.2.1 堆疊圖（Stacked chart/graph）

堆疊圖是最常被使用來呈現部分與整體關係的圖形。堆疊長條 / 橫條圖（Stacked column/bar chart）與一般的長條圖或是橫條圖不同，它是多個資料集相互疊加，以顯示較大類別如何劃分為較小類別及其與總量的關係。以分成幾個部分的條狀圖形，分別表示一些變數在整體中所占之數值或是比例，常用來顯示簡單的總數明細。這種圖形主要的優點是可以替代圓餅圖。因為堆疊圖能夠明確顯示主次類別的占比，較圓餅圖可處理更多類別，可橫或直堆疊的方式來呈現。

基本上，堆疊圖可以分為兩種類型：

1. **簡單堆疊直條 / 橫條圖（Simple stacked column/bar chart）**：簡單堆疊條形圖將類別的每個值放在前一個值之後。顯示條形的總值是所有類別值加在一起。非常適合比較每個類別條的總量。
2. **100% 堆疊長條 / 橫條圖（100% Stack column/bar chart）**：100% 堆疊條形圖藉由繪製每個值占每個組中總量的百分比來顯示整體百分比。這樣可以更輕鬆地查看每個類別中數量之間的相對差異。

依照堆疊的方向（垂直或水準）的不同，以及呈現內容（數值或比例）的差異，整理成如表 11.1 所示的四種形式。

**表 11.1**　堆疊圖的分類

| 堆疊方向 | 呈現內容 | |
|---|---|---|
| | 數值 | 比例 |
| 垂直堆疊 | 簡單堆疊直條圖 | 100% 堆疊直條圖 |
| 水準堆疊 | 簡單堆疊橫條圖 | 100% 堆疊橫條圖 |

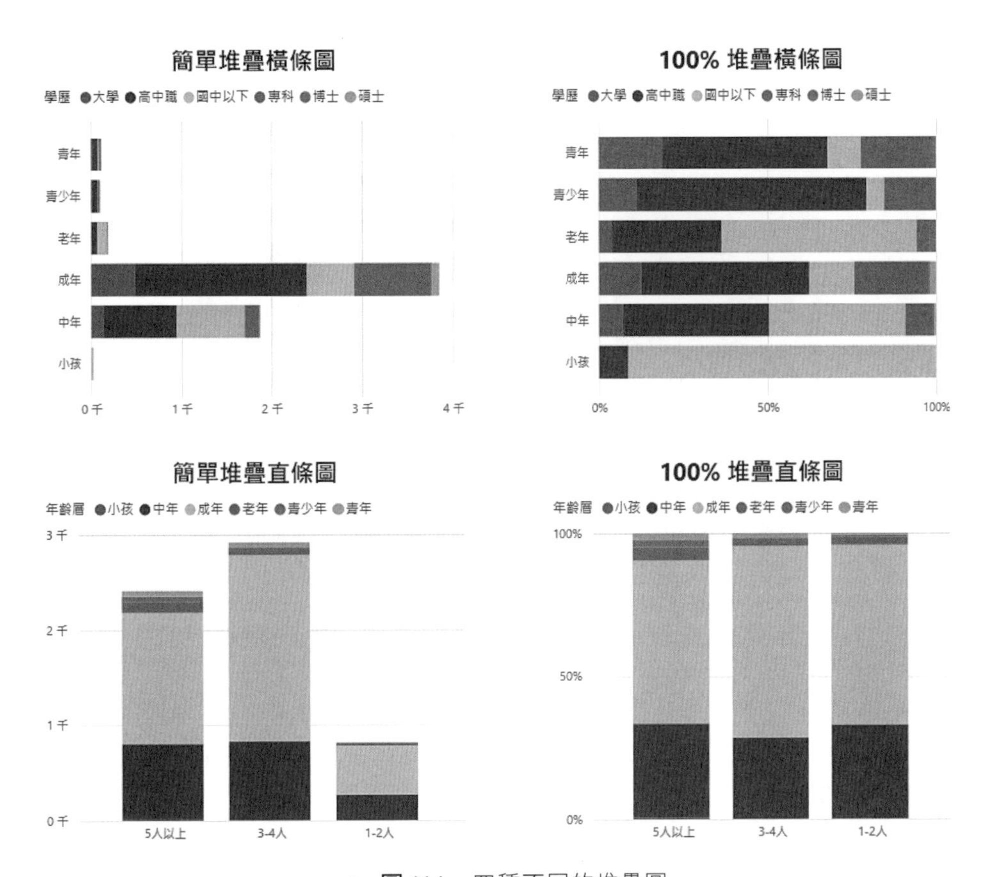


^ **圖 11.1**　四種不同的堆疊圖

圖 11.1 是使用本書範例資料繪製的四種不同的堆疊圖。簡單堆疊橫條圖與 100% 堆疊橫條圖使用了顧客學歷與顧客年齡層的欄位來繪製。簡單堆疊直條圖與 100% 堆疊直條圖則是使用了顧客家庭人口與顧客年齡層的欄位來繪製。在圖中可以看到包含太多類別，或是一次顯示太多堆疊長條時，較難看出差異與變化。堆疊圖的主要缺點是，當每個條形圖的分類越多，它們就越難以閱讀。此外，將每個部分與另一個部分進行比較很困難，因為它們沒有在共同的基線上對齊。這是一種能突顯出部分和整體關係的簡單方式，但如果組成部分過多會造成理解困難。

## 11.2.2 比例堆疊條形圖（Marimekko）

Marimekko 圖，也稱為馬賽克圖（Mosaic）、鑲嵌圖和比例堆疊條形圖，或者簡稱為 Mekko。適合用來同時呈現資料的大小與占比，只要資料不是太複雜。Marimekko 是一家 1951 年成立於芬蘭的時尚家居公司的名字，它著名的是充滿條紋、格子以及色彩強烈的抽象花卉圖案的產品。據說，Marimekko 圖的靈感來自於前美國第一夫人賈桂琳．甘迺迪（Jacqueline Kennedy）。在 1960 年美國總統競選期間的造型，身穿 Marimekko 的產品，加上背景的鮮豔色彩方塊（如圖 11.2 所示），就讓諮詢顧問們將此圖取名為 Marimekko（Smith, 2017）。

^ 圖 11.2　賈桂琳．甘迺迪與馬賽克圖

*資料來源：Smith, A.（2017）. How to apply Marimekko to data. Financial Times. https://www.ft.com/content/3ee98782-9149-11e7.a9e6.11d2f0ebb7f0*

Marimekko 圖是一種使用不同寬度的堆疊橫（或長）條圖來顯示分類資料的二維堆疊圖形的表示方式。此類圖是表示分類樣本資料的理想選擇。在 Marimekko 圖中，X 軸和 Y 軸都是帶有百分比刻度的變數，它決定了每個分類的寬度和高度。因此，Marimekko 圖呈現了一種近似於雙變數 100% 堆疊條形圖的樣貌。因此，我們可以藉由 Marimekko 圖同時檢視 X 軸和 Y 軸兩個類別變數之間的關係。

Marimekko 圖的主要缺點是當 X 軸和 Y 軸的類別數過多時，展現的圖形將令人難以閱讀與理解。此外，Marimekko 圖難以準確地比較每個變數中的每一個類別，因為每一個類別的 X 軸和 Y 軸的基準線不同。因此，Marimekko 圖比較適合提供更全面的資料總體概述（general overview）。

圖 11.3 及圖 11.4 是使用本書的範例資料繪製的 Marimekko 圖。使用的欄位是職業與年齡層。由於本書所附的範例資料是真實的零售業交易資料，可以在資料中看到一個有趣的現象。在交易的對象中，有大約 43.3% 的顧客，我們不知道他 / 她的個人屬性。所以在進行資料分析時，就會有一定的資訊落差。圖 11.3 可以看到整體顧客資料所呈現的職業與年齡層的分佈情形。職業比例最高的是家庭主婦（19.5%），依序則是商（9.8%）、服務業（9.2%）、…等。由於 X 軸和 Y 軸的基準線不同，所以我們難以直

接比較【職業：家庭主婦】和【職業：商】之中的【年齡層：成年】，何者比較多。現在，透過 Power BI 的圖形，我們可以直接將滑鼠移到指定的區塊上面，就可以獲得絕對的資料，直接理解並進行比較（如圖 11.4）。

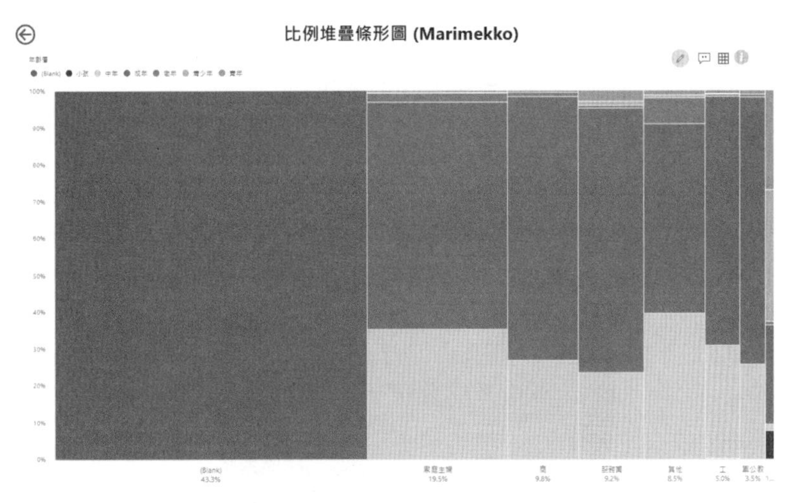


^ 圖 11.3　使用範例資料集繪製的【顧客職業】與【年齡層】比例堆疊條形圖

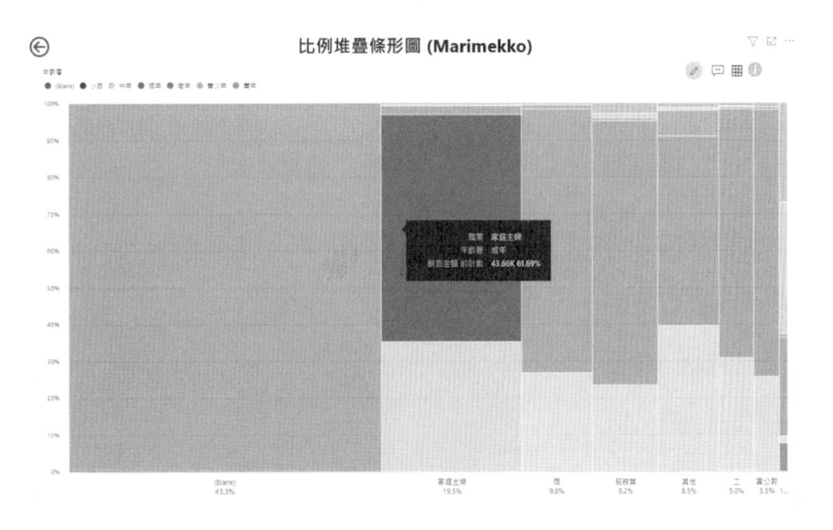


^ 圖 11.4　使用範例資料集繪製的【顧客職業】與【年齡層】比例堆疊條形圖

## 11.2.3 圓餅圖（Pie chart）

威廉・普萊費爾（William Playfair）是一位活躍於 18.19 世紀時的蘇格蘭工程師和政治經濟學家，是圖形統計方法的創始人，也被廣泛認為是圓餅圖的發明者。圓餅圖將一個圓切成幾個部分，每部分都表示整體總值不同的比例，經常用來呈現部分和整體之間的關係。圓餅圖使用了數個扇形而組合成的一個圓形圖表，主要是用於描述數量、頻率或百分比之間的相對關係。這個圖表非常適合在我們不是直接對每一個扇形面積進行比較，而是想要特別突顯某一個類別在整體之中所占的比例時使用。完整的一個圓就代表了所有資料的總和，應該要等於 100%。圓餅圖的呈現方式十分直觀，相當適合讓讀者快速瞭解資料的比例分佈（如圖 11.5）。圖 11.5 的內容在於呈現範例資料集之中顧客學歷的分佈。由於學歷的類別較為簡單，僅有六種類別，因此使用圓餅圖來呈現這樣的資料相當適合。

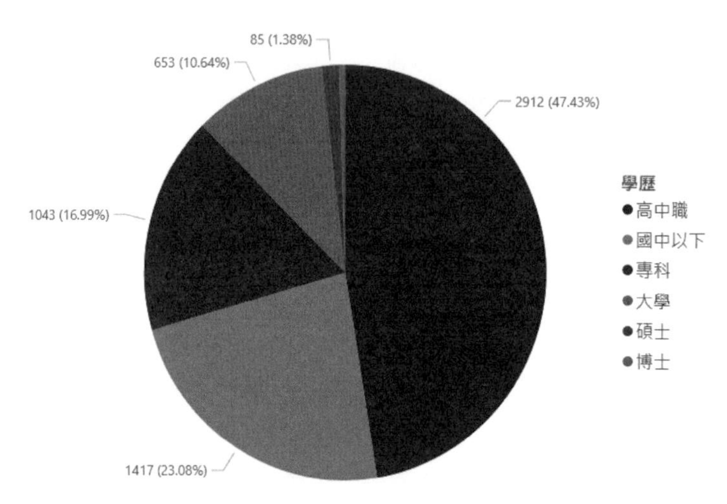


^ **圖 11.5** 使用範例資料集繪製的【顧客學歷】圓餅圖

Chen（2015）對於圓餅圖的使用，有以下幾個建議：

1. 圖形必須包括所有組成部份；組合也必須是 100%。
2. 從 12 點鐘方向開始畫圖。
3. 組成項目請勿過多。
4. 避免使用分裂式圓形圖。
5. 請勿使用 3D 圓形圖。

因此，我們需要注意的是，圓餅圖並不適合去精確比較出不同類別組成的大小。直觀上無法直接評估圓餅中扇形的各部分面積（如圖 11.6）。尤其是當分切的數量較多時，更是難以辨識與估量，不適合在圓餅圖組之間進行準確的比較。因為隨著顯示值的數量增加，每個片段 / 切片的大小會變小。因此，圓餅圖不適用於具有許多類別的大型資料集。圖 11.6 是使用本書範例資料集的顧客交易資料進行購買商品的視覺化。將購買商品的種類（意即商品編號）以圓餅圖呈現後，因為類別過多，反而導致此種圖表無法呈現資料中的訊息。若是我們需要呈現多個類別之間的比例或是數量的關係時，可能採用如長條圖或圓點圖等圖表會顯得較為合適。

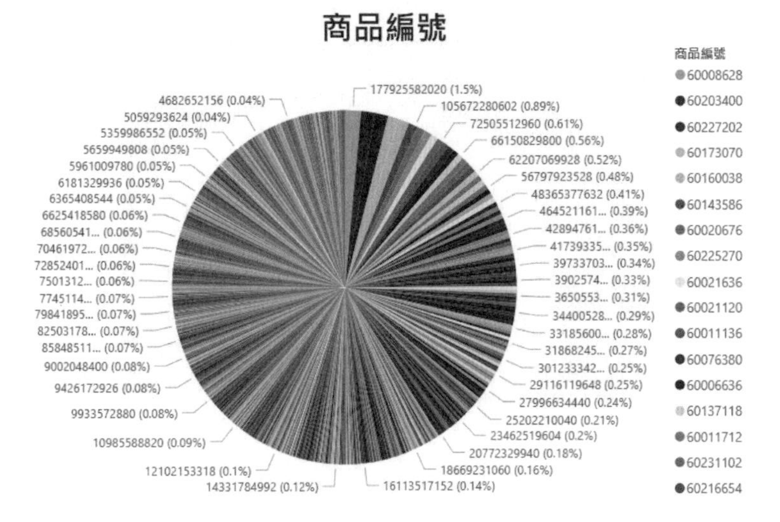


^ **圖 11.6**　使用範例資料集繪製的錯誤【商品編號】圓餅圖示意

此外，圓餅圖尤其不適合以 3D 的方式來呈現或使用。因為這樣的視覺效果，對於不同類別項目的扇形面積或是比例呈現，會有被扭曲或是誤解的可能（如圖 11.7）。在圖 11.7 中的 3D 呈現效果，我們可以看到，國中以下（灰色）和專科（黃色）的扇形面積好像相差不大，而專科（黃色）和大學（藍色）的扇形面積好像也是非常相近。但是它們真實的比率卻是 23.08%：16.99%：10.54%。

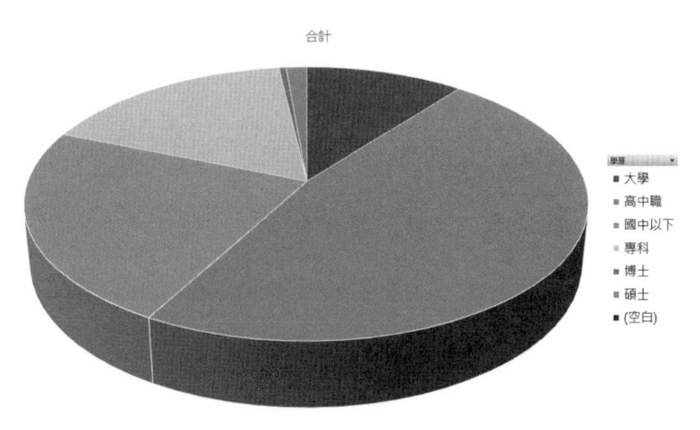


^ **圖 11.7**　使用範例資料集繪製的【顧客學歷】3D 圓餅圖

許多圖表都不適合使用 3D 形式來呈現，尤其是圓形圖。3D 圓形圖較靠近受眾的部份會看起來面積較大，較遠的部份則會顯小，容易扭曲對資料的理解。賈伯斯（Steve Jobs）在 2008 年 MacWorld 的演說中介紹各廠牌的占有率時，畫面上以 3D 圓形圖來呈現，而無巧不巧，Apple 的 19.5% 就被安排在最靠近聽眾的位置，而 21.2% 的【其他】則在最遠的位置。雖然這完全符合前面介紹的圓形圖排列建議，但 3D 卻造成了 19.5% 比 21.2% 大的神奇效果（Chen, 2015）（如圖 11.8 所示）。所以圓餅圖的 3D 使用要很小心，以免被誤解。

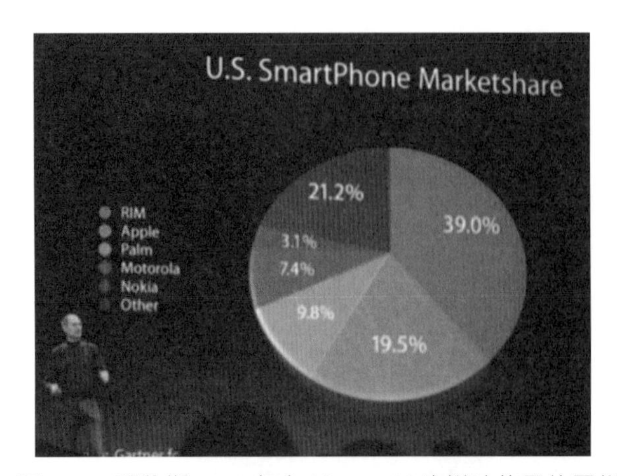


^ 圖 11.8　賈伯斯 2008 年在 Macworld 演說時使用的圓餅圖

*資料來源：https://www.engadget.com/2008.01-15.live-from-macworld-2008.steve-jobs-keynote.html*

## 11.2.4 甜甜圈圖（Donut/ Doughnut chart）

甜甜圈圖，亦稱為環圈圖。本質上是圓餅圖，所以功能與效果，基本上與圓餅圖相同。主要的差別在於中心區域被裁切掉了。中間的空白區域，適合放入更多附加的相關資料（例如整體數值大小，或是主題）（如圖 11.9 所示）。甜甜圈圖透過圖形的弧長來呈現比例，這與強調面積的圓餅圖有著明顯的不同，讓讀者能夠更關注整體價值的變化。

甜甜圈圖的本質是圓餅圖，因此圖形繪製的原則同樣可以參考 Chen（2015）的幾點建議：

1. 圖形必須包括所有組成部份，所有的組合加總後，也必須是 100%。
2. 從 12 點鐘方向開始畫圖，這對判斷比例有很大的影響。
3. 組成項目請勿過多，一般建議的最多項目數字都落在五至八個之間。
4. 避免使用分裂式圓形圖，因為分裂之後，讀者就更難從角度來判斷比例。
5. 請勿使用 3D 圓形圖。
6. 謹慎使用環圈圖。因為中間挖空後，少了從圓心向外的線段，辨識角度的工作就更難進行。

圖 11.9 是發表自《經濟學人》2014 年刊，名為【2014 年世界選舉事件表】的一張圖。這張圖綜合使用了甜甜圈圖、圓餅圖，以及散佈圖的一個範例。甜甜圈圖負責顯示月份標籤，圓餅圖負責顯示全球餐與選舉的人口比例，散佈圖則顯示圓周上的國家標籤。

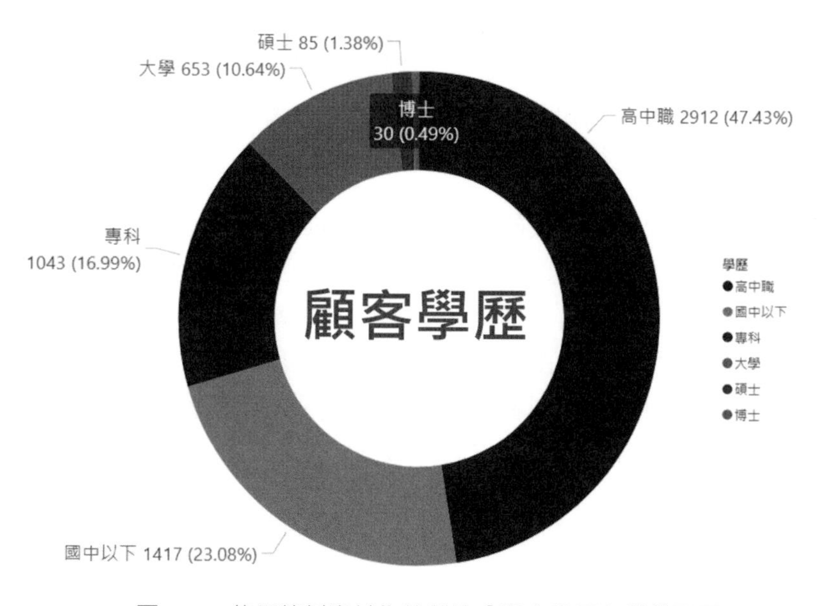


^ **圖 11.9** 使用範例資料集繪製的【顧客學歷】甜甜圈圖

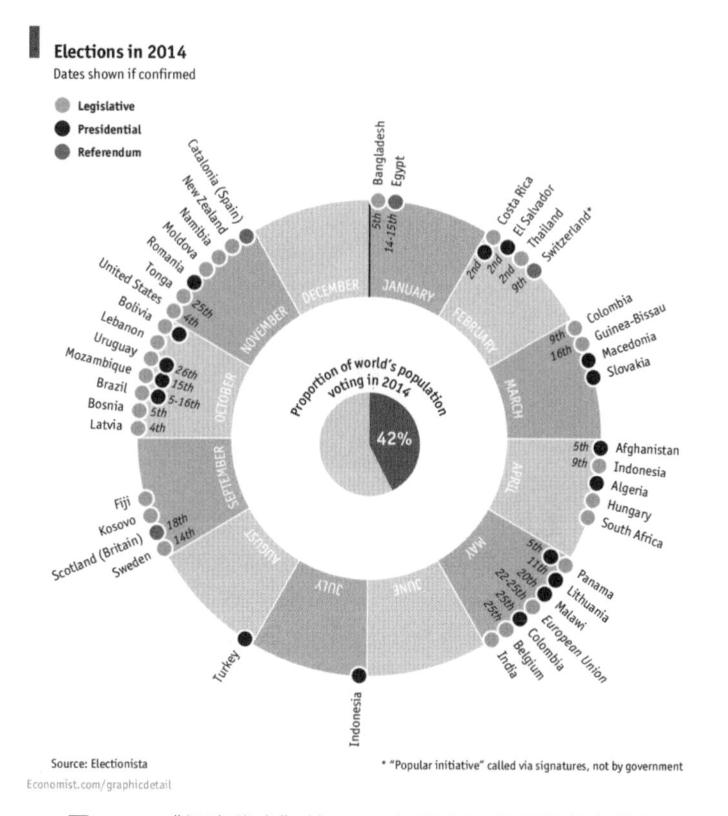


^ **圖 11.10** 《經濟學人》於 2014 年發表的世界選舉事件綜合圖

*資料來源：https://www.economist.com/graphic-detail/2014/01/06/the-2014-ballot-boxes*

## 11.2.5 旭日圖（Sunburst chart）

旭日圖亦稱為星爆圖（Starburst chart）、環形圖（Ring chart）、多層次圓餅圖（Multi-level Pie chart）或是徑向樹圖（Radial Tree map）。

旭日圖較適合使用於將階層式的資料（hierarchical data）予以視覺化（如圖 11.11 所示），呈現部分與整體的關係，並且繪製出一組由多個同心圓構成的圖表。然而，若是使用沒有任何階層的資料（只有一個層級的類別），繪製的旭日圖看起來將會和甜甜圈圖很類似。這種類型的視覺化藉由一系列的環狀圖來顯示階層次的結構，這些環狀圖形會針對每個類別來產生對應的弧型區域。每個環狀圖形對應著階層次結構中的某一個層級，中心圓代表根節點，層次結構從它向外移動。特定的顏色可用於突出不同階層的分組或特定的類別。

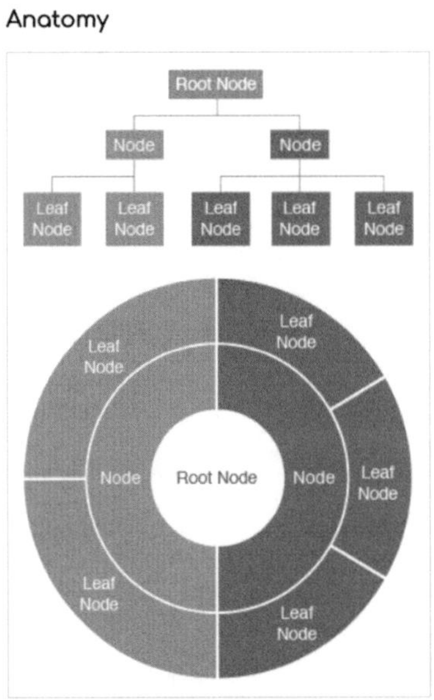

Anatomy

Root Node
Node
Node
Leaf Node
Leaf Node
Leaf Node
Leaf Node
Leaf Node

^ **圖 11.11** 階層式的資料與旭日圖的呈現
*資料來源：https://datavizproject.com/data-type/sunburst-diagram/*

圖 11.12 顯示的是從本書的範例資料中，使用 Power BI 繪製的顧客資料旭日圖。在下列的左圖中，呈現的是使用顧客資料中的性別、婚姻狀況以及年齡層的人數。從圖就可以知道，此資料及的女性人數約是男性的三倍，且已婚者占多數。而下列的右圖則可以呈現點選特定的色塊，就可以直接顯示相關資料。在圖中顯示的是女性且已婚的人數是 3,433 人，占了全體的 55.91%。

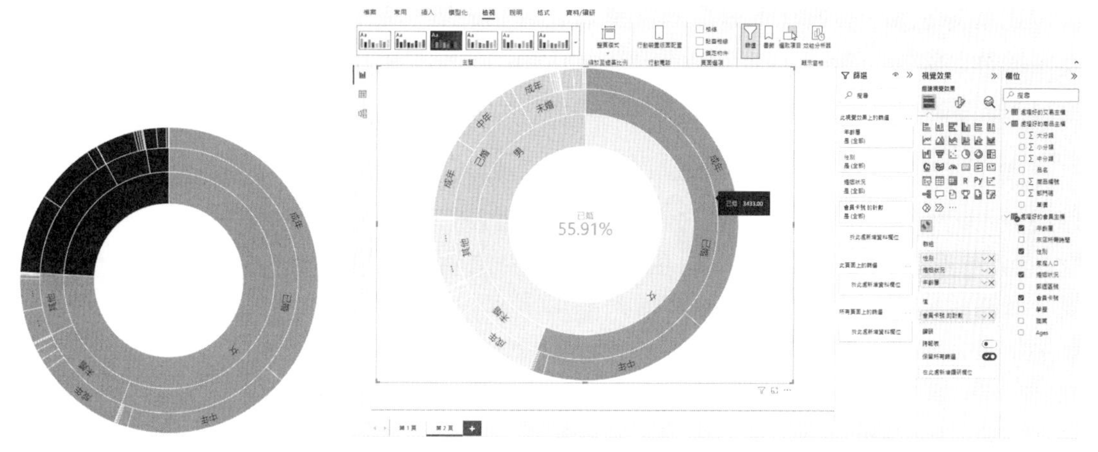


^ **圖 11.12** 使用範例資料集繪製的【會員性別】、【婚姻狀況】以及【年齡層】的旭日圖

## 11.2.6 樹狀圖（Tree map）

施奈德曼（Ben Shneiderman）是一位優秀的美國電腦科學家，他在人機互動領域進行基礎研究，開發了新的想法、方法和工具。近年來，他的主要工作是資料視覺化，提出了階層資料的樹狀圖概念。樹狀圖的應用包含在硬碟資料探索、股票市場資料分析、人口普查系統、選舉資料和資料新聞中。樹狀圖就是由施奈德曼設計出來的一種視覺化圖形。

最初，開發樹狀圖的目的是為了視覺化呈現電腦中龐大的檔目錄，而且不希望在螢幕上占用太多空間。樹狀圖也很擅長透過區域大小來比較類別之間的比例，並且呈現部分與整體的圖表。樹狀圖是使用數個方形，同時方形面積與資料比例相對應組成圖（如圖 11.13 所示），個別的方形代表總數中一些變數的比例。呈現的內容與圓餅圖的意義相近，不過可以直接比較方形的大小，對於讀者來說更為直觀且易懂。

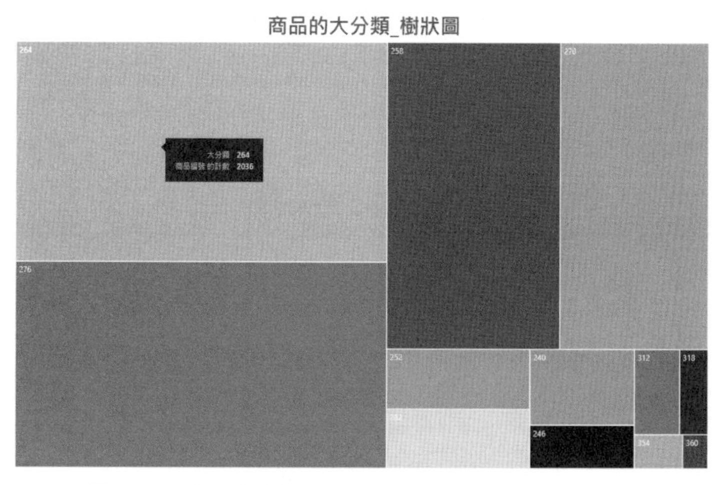


^ **圖 11.13** 使用範例資料集繪製的【商品大分類】樹狀圖

樹狀圖是顯示詳細比例分配的密集形式，如果組成太細微，呈現的圖形雖然令人驚嘆，卻難以解讀。此外，樹狀圖的缺點是它們不能像其他視覺化分層資料的圖表（例如旭日圖）那樣清楚地顯示分層級別。

圖 11.13 是使用本書範例資料中的商品資料來繪製的。當中的編號是商品的大分類編號。大分類的分類總共有 12 種，其中數量最多的是編號 264 這一類的商品，總共有 2036 種商品。大分類編號 264 的商品是屬於調味料之類的商品，像是益壽醋、高梁醋、薄鹽醬油、鮮美露、蕃茄醬、葵花油、沙茶醬、…等，品項繁多，所以方塊面積也最大。

## 11.2.7 網格圖（Grid plot）

網格圖，亦稱為華夫餅圖（Waffle Chart）。這是非常強大的資料視覺化的圖表，可以視覺化和輕鬆理解定量資料，以多重網格的形式呈現整數，適合用來呈現百分比資料。它們有時也用於說明實現目標的進度。更具體地說，網格圖會使用數個並排顯示的 10 * 10 的單元網格。其中，每個網格中的每一個點（或方框）就代表了 1 個百分點，總計為 100%。網格會以鮮豔顏色來呈現資料的百分比。由於網格圖（華夫餅圖）使用視覺化的方式來呈現 0~100% 的指標，這有利於呈現 KPI 的達成情況。它還能夠顯示部分對整體貢獻的利基，也就是每一個類別的百分比達成度。

圖 11.14 是使用本書的範例資料繪製的網格圖。大分類共計有 12 種，分別是 258、264、270、276、318、252、360、246、312、240、282、354。每一個分類都使用了 10*10 的網格來呈現顧客來店採購時的購買情形。所以，從網格圖中可以看到，每一位顧客來店都會購買【大分類：258】的產品，這一類的產品是本店顧客的強勢需求。檢視資料後可以發現，商品內容為冷藏類的餃類、火鍋料、雞蛋、乳製品（優酪乳、牛乳）、起司、奶油、各式果汁、包子、冰棒…等。相對來說，【大分類：354】的商品，則是本店顧客的弱需求。亦即，顧客可能會從其他通路來採購此類商品。檢視資料後可以發現，商品內容為各廠牌的米類產品（有機米、長米、香米、胚芽米、…等）。

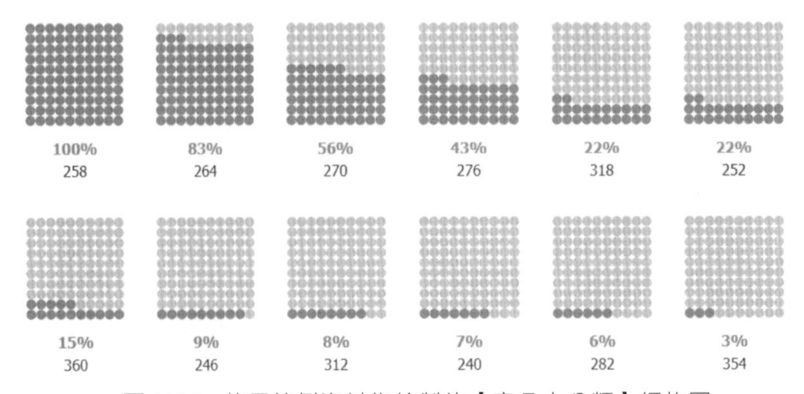


^ 圖 11.14 使用範例資料集繪製的【商品大分類】網格圖

# 11.3 不同部分和整體關係圖形之優缺點比較

人們容易被視覺驅動，因為我們的眼睛一開始就被圖片、圖形和視覺化所吸引。視覺化的效果抓住了我們的注意力（Stenberg, 2006）。在呈現部分與整體之間的關係時，占比較大的類別應該是比較關注的對象。因為這個類別對於整體來說，影響較大。因此，在繪製圖形之前，需要先對資料進行排序，才能呈現較佳的視覺效果。

## 11.3.1 堆疊圖與比例堆疊條形圖

各種的堆疊圖以及比例堆疊條形圖都是使用直條圖或是橫條圖來呈現不同的類別與整體之間的關係。直（橫）條圖，是用寬度相同的條形高度或長短來表示資料多少的圖形，能夠比較明顯地顯示出各資料之間的比例差異。尤其適合當需要比較類別間的大小、高低，或是占比時使用。簡單來說，直（橫）條圖主要是用於展現資料的大小和對比。

直（橫）條圖的優點是容易理解、適合類別之間的簡單比較。當你的圖表主題包括如：份額、占比、總數百分比、占百分比多少等字樣時，相當適合使用直（橫）條圖。堆疊的直（橫）條圖適合用來比較群組，同時能夠比較這些群組內含的類別項目。

但是，在繪製直（橫）條相關的圖形時需要注意製作中最好不要使用太多條資料。因為太多直條易令人誤解有某種趨勢。可以藉由重新規劃項目，或是將多餘的項目刪去，或將同類項目合併成同一項來減少類別數。此外，不要錯誤地截斷 X 軸或者 Y 軸。如果刻意壓縮座標間距，或者讓座標軸並非從零開始，這樣都會造成視覺上的混淆和錯亂，使人產生錯誤的判斷和結論。所以在進行直（橫）條圖繪製之前，需要注意原始資料的準確性。

## 11.3.2 圓餅圖與甜甜圈圖

圓餅圖與甜甜圈圖是利用圓形來呈現部分的類別和整體的關係。然而，圓形的面積有限，所以類別的數量建議在 2-6 個之間較為合宜。當圓餅圖的類別數量能控制在 2-6 個分類之間時，圖表會比較美觀。此外，圓餅圖尤其不適合以 3D 的方式來呈現或使用。若是類別太多，則不建議使用圓餅圖。調節的方法是可以將部分類別合併成一類，或者是使用長條圖或表格的形式來處理。此外，不同類別間的占比差異最好能夠明顯一些，讓圓餅圖的畫面較為清楚易懂。如果各個類別之間的占比差異太小，使用圓餅圖很難體現出差異。此時可以考慮使用南丁格爾玫瑰圖或者長條圖。甜甜圈圖具有圓餅圖的優點，可以有效地顯示每個類別；其與圓餅圖的最大差異，就是可以在中間的空白區域額外增加如總數或其他的資料標籤，也可以用來衡量單個百分比的指標。

南丁格爾玫瑰圖使用圓弧半徑以及面積來呈現數據大小（普通圓餅圖是以扇形的弧度來表示數據）。但是半徑和麵積之間是平方的關係，所以在視覺上，南丁格爾玫瑰圖會將資料的比例較為誇大。南丁格爾玫瑰圖的優點在於，若需要對比非常相近的數值時，適當的誇大會有助於資料大小的分辨。然而，其缺點則是追求數據視覺化表達的準確性時，玫瑰圖將無法精準表示數據的精準數值，且會有誇大的效果。

### 11.3.3 旭日圖

旭日圖的呈現，基本上近似於一種多層圓餅圖。由於多層圓餅圖是植基於圓餅圖的基礎上，進而引入了層級的概念，且各層級之間若是具有包含關係，則可以藉由點擊操作來查看不同層級的資料。多層圓餅圖適合展示具有父子關係的複雜階層樹形結構資料，如商品的分類資料、區域銷售資料，公司上下層級等的關係。多層圓餅圖的優點在於能很直觀的看到每一個部分在整體中所占的比例。但是，多層圓餅圖的缺點在於不適合較大的資料集中過多類別的展現；此外，資料項中不能有負值；而且，若是比例接近時，人眼難以準確判別。

### 11.3.4 樹狀圖與網格圖

樹狀圖具有可以在有限的空間內使用，同時仍能顯示大量項目的優點。樹狀圖除了顯示具有面積空間而非角度的優勢之外，樹狀圖能夠比圓餅圖更直觀的顯示較多的類別。然而，樹狀圖不適合用於類別之間的數量差異過大時的資料。

網格圖是用 100 個正方形表示整體，所以可以根據每一個類別其部分與整體的關係進行著色。網格圖的優點是可以顯示整體的各個類別的單一百分比，並比較每個類別。另外，網格圖類似於樹狀圖，它更清楚地用面積來表示每個類別的百分比。

上述的這兩種圖形不能顯示負值，也不適合有階層的資料。尤其若是資料中混雜絕對值和相對值時，這兩種圖形的意義都會失真。

## 11.4 實作與解釋

STEP 01 請先開啟本書所附的範例檔案——Ch11.pbix。

STEP02 若是重新開始的話，可以開啟 Power BI 軟體，新增一個空白的報表。在【常用】的頁籤中，點選【取得資料】中的【文字 /CSV】，以便匯入範例資料。

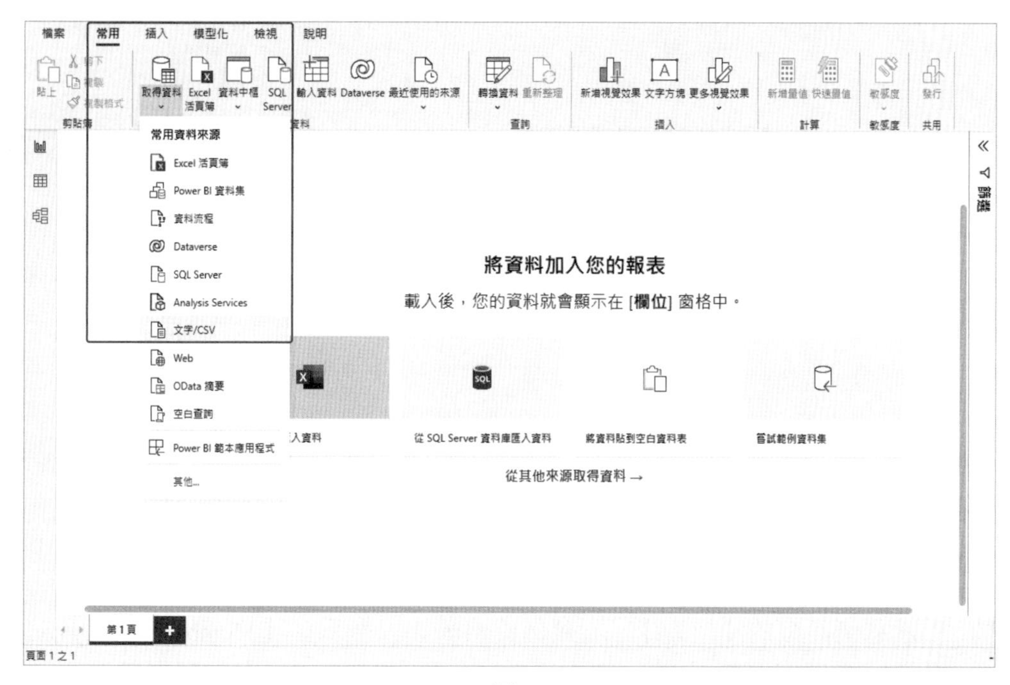


^ 圖 11.15

STEP03 依序匯入【Member】、【Product】、【Transaction】等資料進入 Power BI。資料匯入時，系統會先檢查資料的屬性。請點選【載入】。全部完成之後，就可以看到資料已經載入 Power BI 的作業環境中。

Member.csv

檔案原點：950: 繁體中文 (Big5)　分隔符號：逗號　資料類型偵測：依據前 200 個列

| 會員卡號 | 性別 | 郵遞區號 | 縣市 | 行政區名 | 家庭人口 | 職業 | 學歷 | 婚姻狀況 | 來店所需時間 | 年齡層 | Ages |
|---|---|---|---|---|---|---|---|---|---|---|---|
| Member_S10554 | 女 | 100 | 臺北市 | 臺北市中正區 | 5人以上 | 商 | 大學 | 未婚 | 5-10分鐘 | 成年 | 48. |
| Member_S13941 | 女 | 100 | 臺北市 | 臺北市中正區 | 3-4人 | 其他 | 高中職 | 其他 | 1小時以上 | 中年 | 63. |
| Member_S7867 | 女 | 100 | 臺北市 | 臺北市中正區 | 3-4人 | 服務業 | 高中職 | 已婚 | 5-10分鐘 | 成年 | 55. |
| Member_S7865 | 女 | 100 | 臺北市 | 臺北市中正區 | 3-4人 | 服務業 | 高中職 | 未婚 | 5-10分鐘 | 青少年 | 39. |
| Member_S7699 | 女 | 100 | 臺北市 | 臺北市中正區 | 3-4人 | 家庭主婦 | 高中職 | 已婚 | 5-10分鐘 | 成年 | 48. |
| Member_S13594 | 男 | 100 | 臺北市 | 臺北市中正區 | 5人以上 | 軍公教 | 碩士 | 已婚 | 5-10分鐘 | 成年 | 59. |
| Member_S7791 | 女 | 100 | 臺北市 | 臺北市中正區 | 5人以上 | 服務業 | 大學 | 已婚 | 5-10分鐘 | 成年 | 57. |
| Member_S7888 | 女 | 100 | 臺北市 | 臺北市中正區 | 5人以上 | 軍公教 | 大學 | 其他 | 11-20分鐘 | 成年 | 46. |
| Member_S7800 | 女 | 100 | 臺北市 | 臺北市中正區 | 1-2人 | 其他 | 專科 | 未婚 | 11-20分鐘 | 成年 | 46. |
| Member_S11525 | 女 | 100 | 臺北市 | 臺北市中正區 | 3-4人 | 其他 | 國中以下 | 已婚 | 5-10分鐘 | 成年 | 54. |
| Member_S11268 | 男 | 100 | 臺北市 | 臺北市中正區 | 5人以上 | 軍公教 | 國中以下 | 已婚 | 5-10分鐘 | 中年 | 67. |
| Member_S12493 | 女 | 100 | 臺北市 | 臺北市中正區 | 1-2人 | 服務業 | 專科 | 已婚 | 5-10分鐘 | 成年 | 45. |
| Member_S12999 | 女 | 100 | 臺北市 | 臺北市中正區 | 1-2人 | 服務業 | 高中職 | 未婚 | 5-10分鐘 | 成年 | 41. |
| Member_S7532 | 男 | 100 | 臺北市 | 臺北市中正區 | 3-4人 | 服務業 | 國中以下 | 已婚 | 30分鐘 | 中年 | 66. |
| Member_S7525 | 男 | 100 | 臺北市 | 臺北市中正區 | 3-4人 | 服務業 | 大學 | 已婚 | 11-20分鐘 | 中年 | 63. |
| Member_S8360 | 女 | 100 | 臺北市 | 臺北市中正區 | 3-4人 | 服務業 | 專科 | 已婚 | 5-10分鐘 | 成年 | 59. |
| Member_S11292 | 女 | 100 | 臺北市 | 臺北市中正區 | 1-2人 | 服務業 | 國中以下 | 已婚 | 1小時以上 | 中年 | 79. |
| Member_S13791 | 女 | 103 | 臺北市 | 臺北市大同區 | 5人以上 | 軍公教 | 大學 | 未婚 | 5-10分鐘 | 成年 | 50. |
| Member_S11440 | 女 | 103 | 臺北市 | 臺北市大同區 | 1-2人 | 家庭主婦 | 國中以下 | 已婚 | 30分鐘 | 老年 | 87. |
| Member_S13251 | 女 | 103 | 臺北市 | 臺北市大同區 | 3-4人 | 家庭主婦 | 國中以下 | 已婚 | 30分鐘 | 成年 | 50. |

使用範例擷取資料表　載入　轉換資料　取消

^ 圖 11.16

^ 圖 11.17

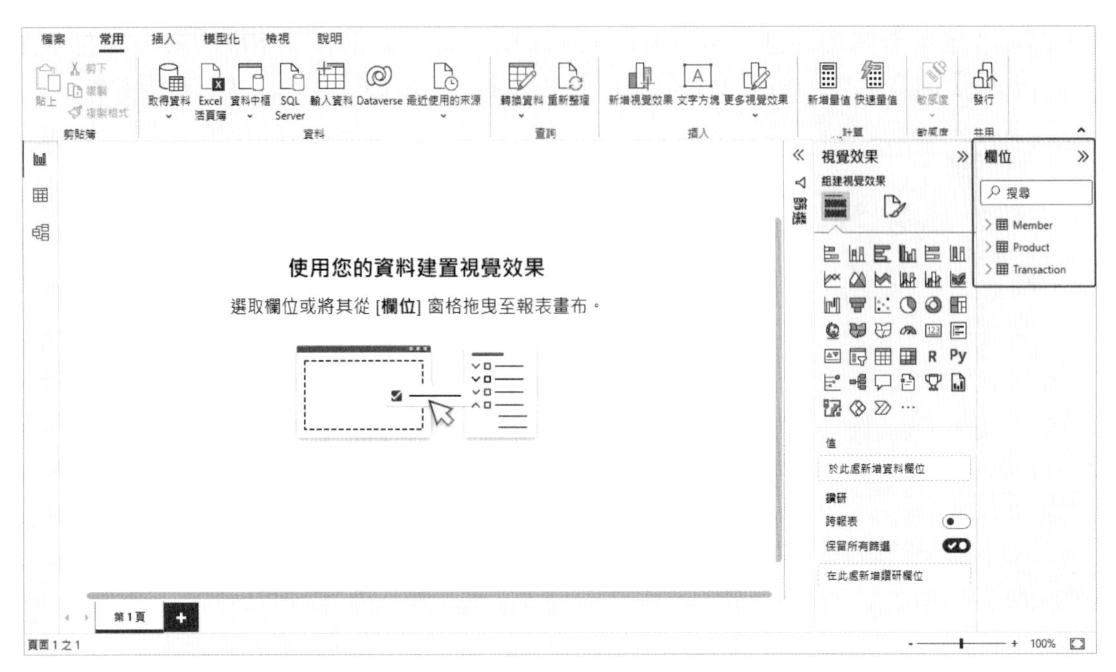


^ 圖 11.18

STEP04 點選右側面板的【模型】，為範例資料表建立關聯。【Member】與【Product】是屬於維度資料表（dimension table）；而【Transaction】則是屬於事實資料表（fact table）。它們之間藉由索引（key）來完成關聯。可以藉由點選拖拉的方式，分別用會員卡號連結【Member】與【Transaction】；使用商品編號連結【Product】與【Transaction】後，即可看到如下的畫面。

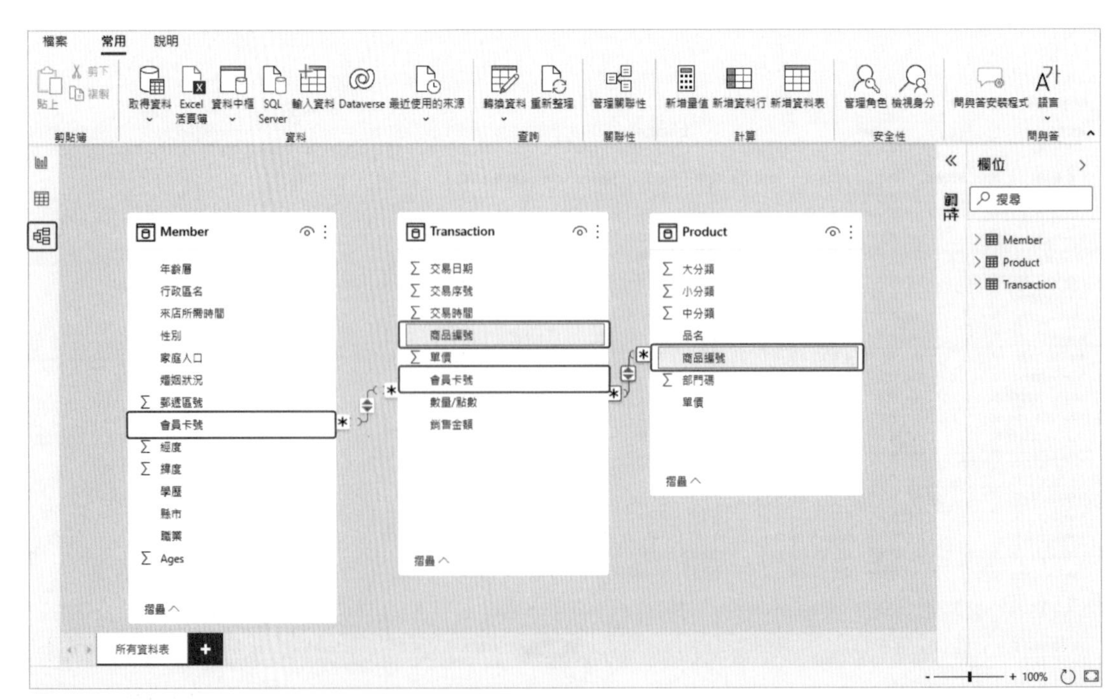


^ 圖 11.19

## 11.4.1 堆疊圖

STEP01 首先，繪製簡單堆疊橫條圖。點選【視覺效果】的【堆疊橫條圖】。

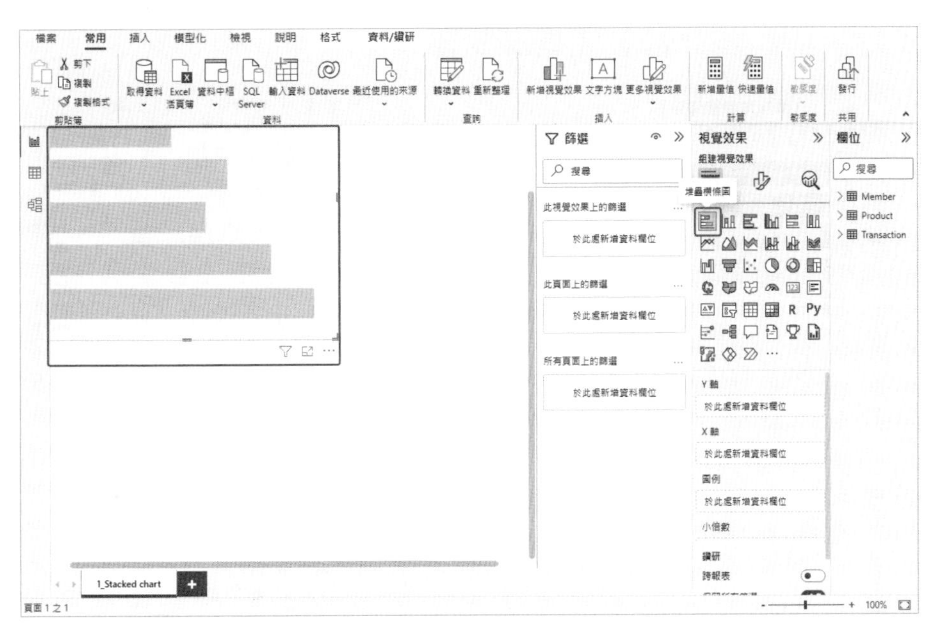


^ 圖 11.20

STEP02 將【Member】中的【年齡層】選至 Y 軸，【學歷】選至 X 軸，並設定為計數。最後設定圖例為【學歷】。

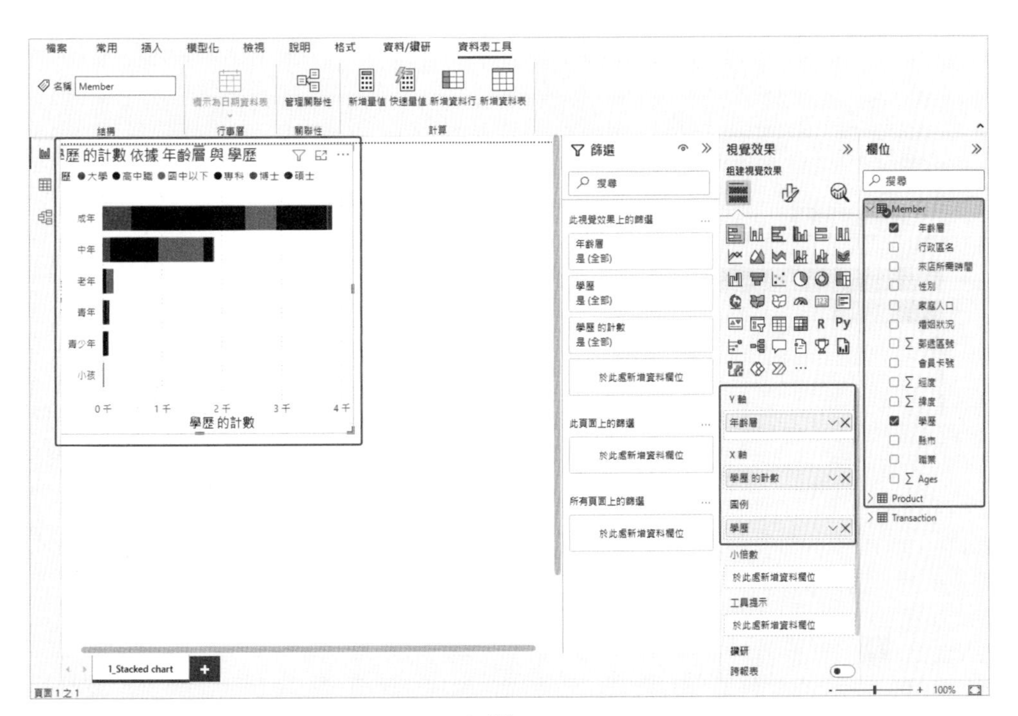


^ 圖 11.21

STEP03 在設定視覺效果格式的選項中，可以設定本圖的標題為【簡單堆疊橫條圖】，字體大小為 16 粗體，文字黑色且置中。

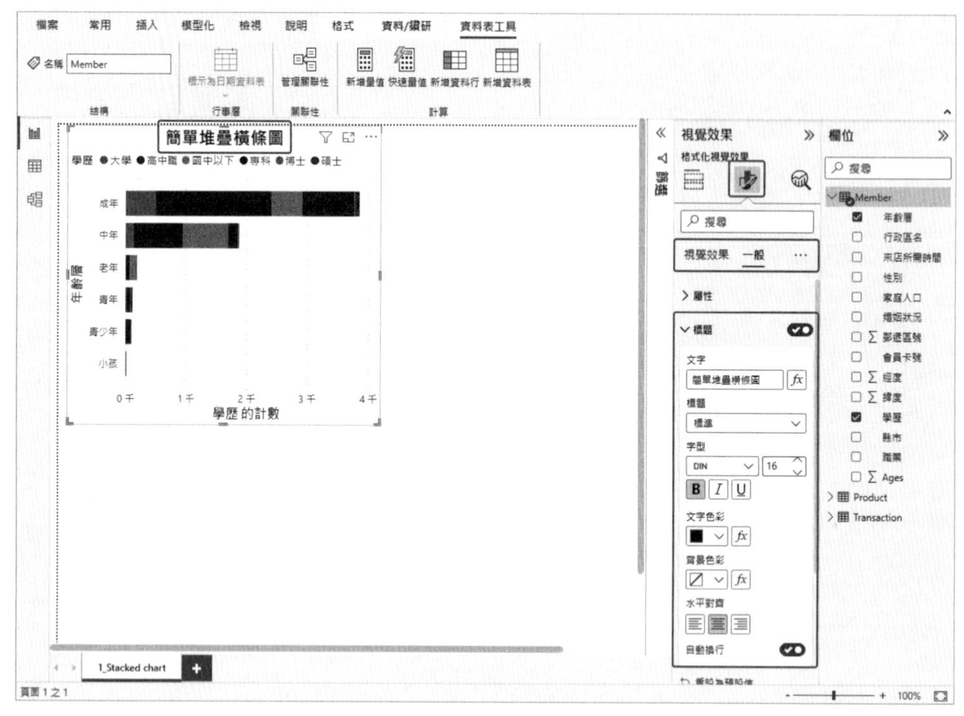

^ 圖 11.22

STEP04 繪製【100% 堆疊橫條圖】。請點選右側視覺效果的【100% 堆疊橫條圖】按鈕，建立工作區。

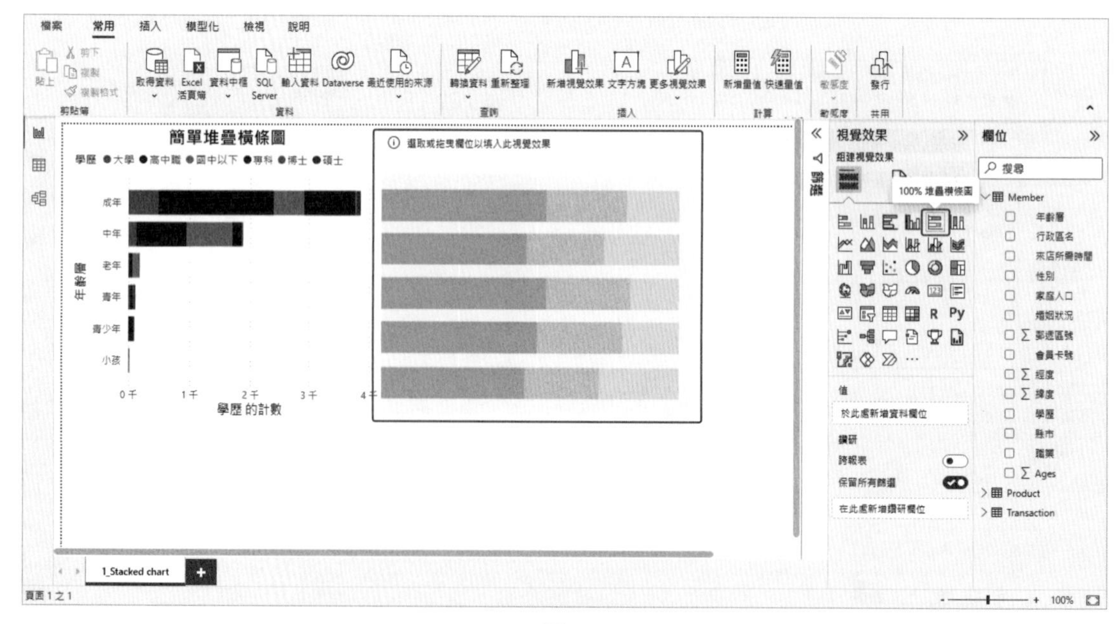

^ 圖 11.23

STEP05 同樣的，選擇【年齡層】與【學歷】來製圖，可以與左側的簡單堆疊橫條圖來作比較。將【Member】中的【年齡層】選至 Y 軸，【學歷】選至 X 軸，並設定為計數。最後設定圖例為【學歷】。

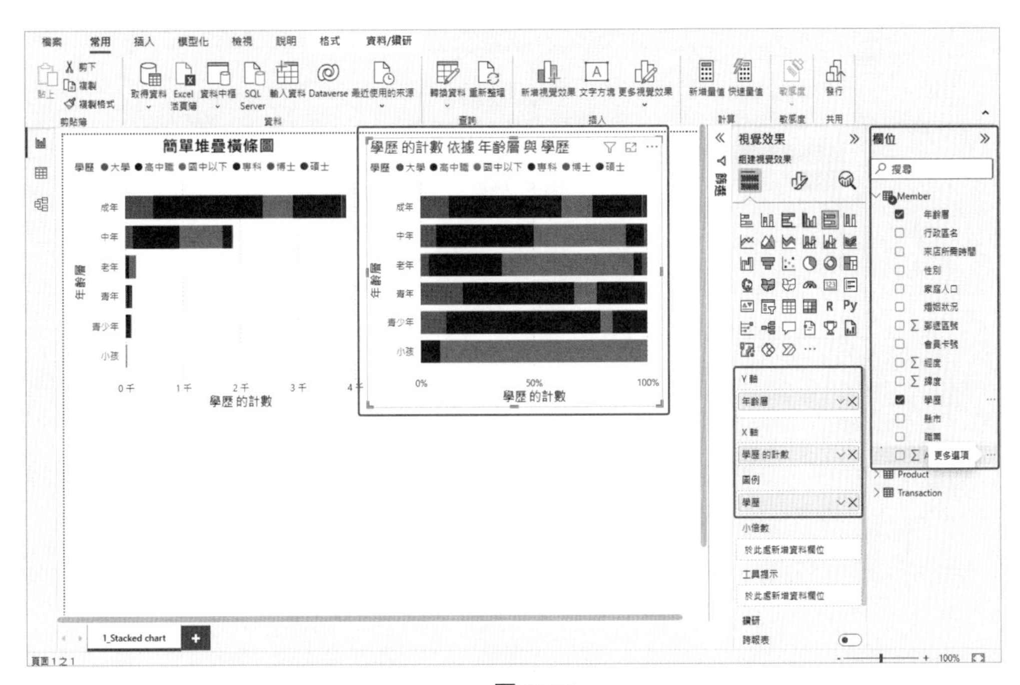


▲ 圖 11.24

STEP06 在設定視覺效果格式的選項中，可以設定本圖的標題為【100% 堆疊橫條圖】，字體大小為 16 粗體，文字黑色且置中。

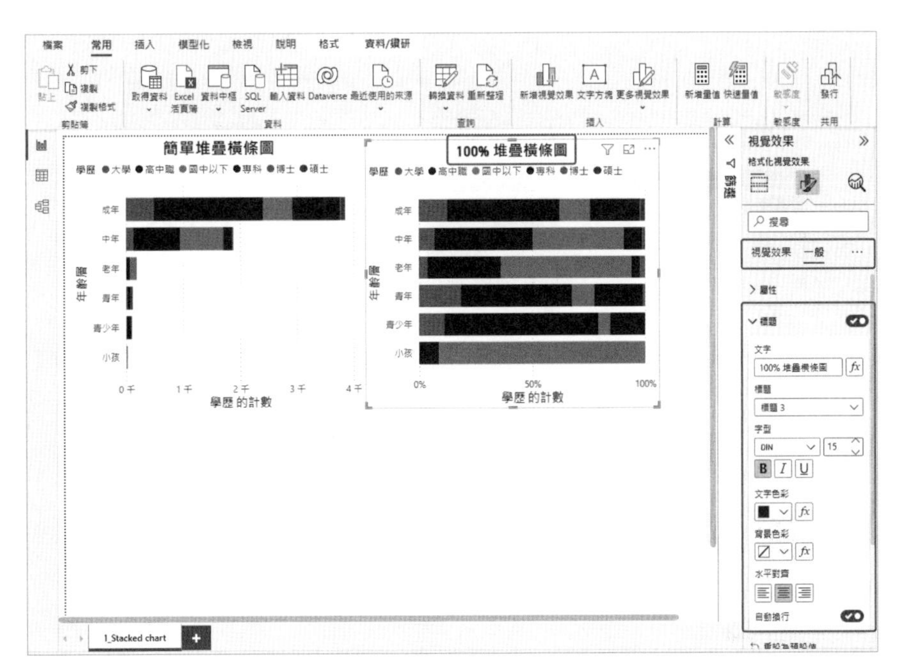


▲ 圖 11.25

STEP07 繪製【簡單堆疊直條圖】。請點選右側視覺效果的【堆疊直條圖】按鈕，建立工作區。

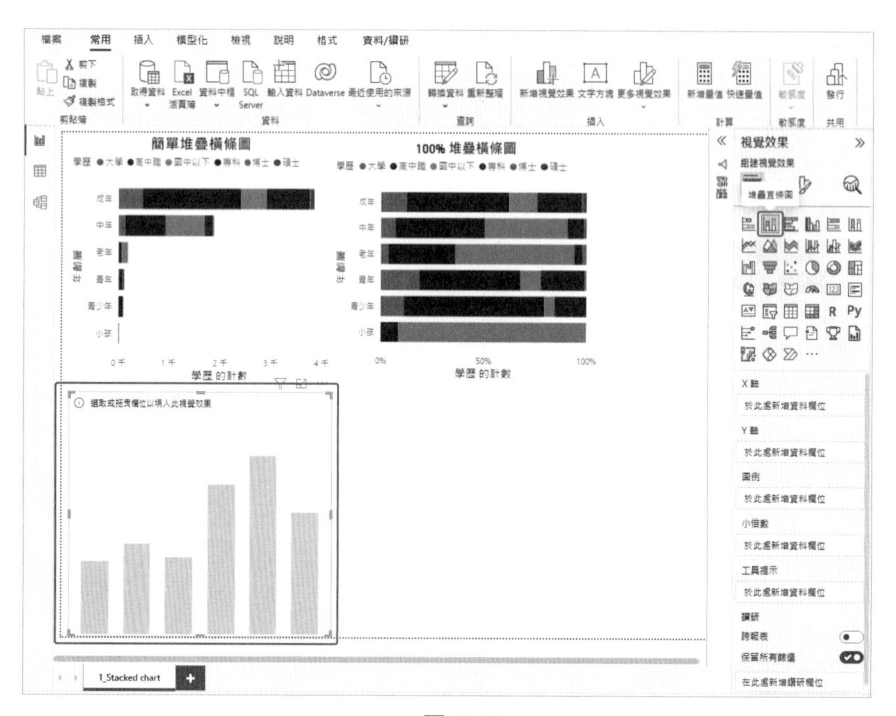

^ 圖 11.26

STEP08 將【Member】中的【家庭人口】選至 X 軸，【年齡層】選至 Y 軸，並設定為計數。最後設定圖例為【年齡層】。

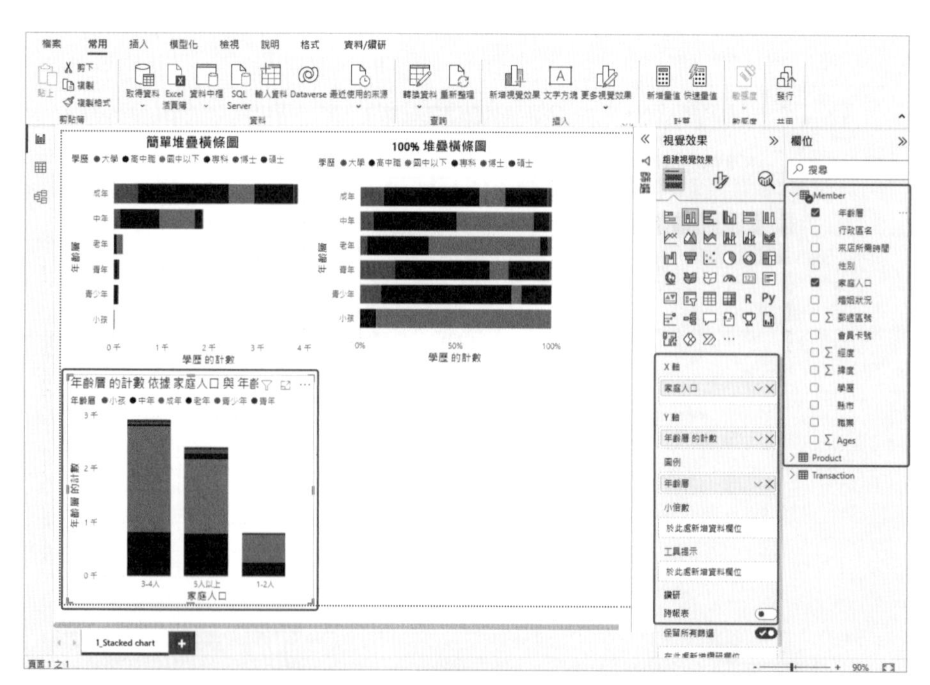

^ 圖 11.27

STEP09 在設定視覺效果格式的選項中，可以設定本圖的標題為【簡單堆疊直條圖】，字體大小為 16 粗體，文字黑色且置中。

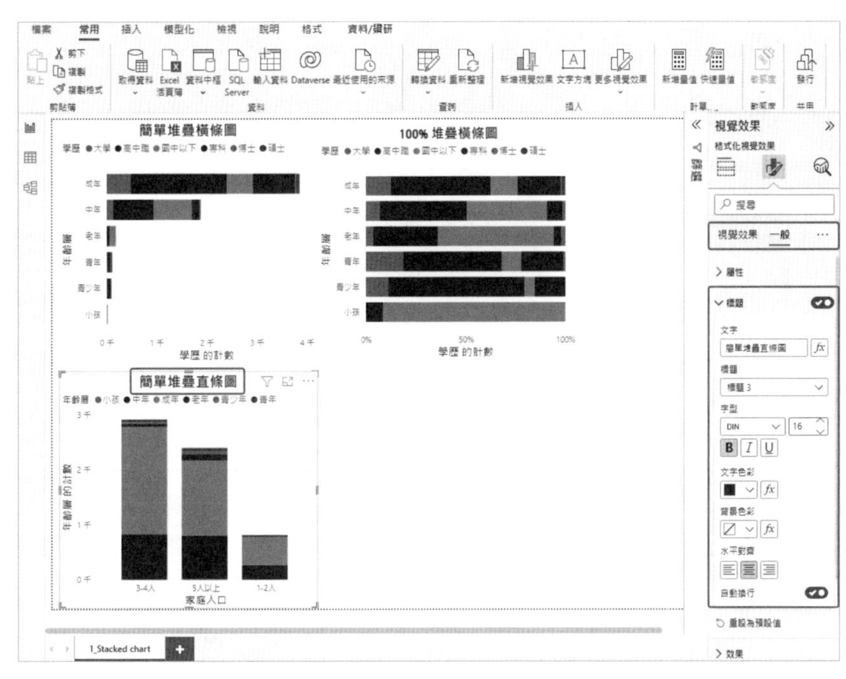

^ 圖 11.28

STEP10 繪製【100% 堆疊直條圖】，點選右側視覺效果的【100% 堆疊直條圖】按鈕，建立工作區。

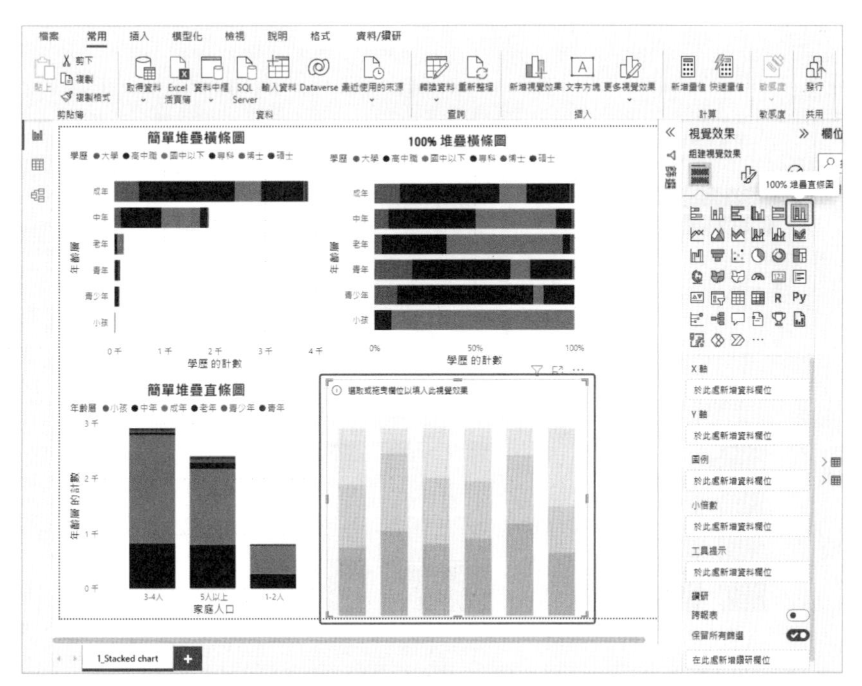

^ 圖 11.29

**STEP 11** 同樣的，選擇【家庭人口】與【年齡層】來製圖，可以與左側的簡單堆疊直條圖來作比較。將【Member】中的【家庭人口】選至 X 軸，【年齡層】選至 Y 軸，並設定為計數。最後設定圖例為【年齡層】。

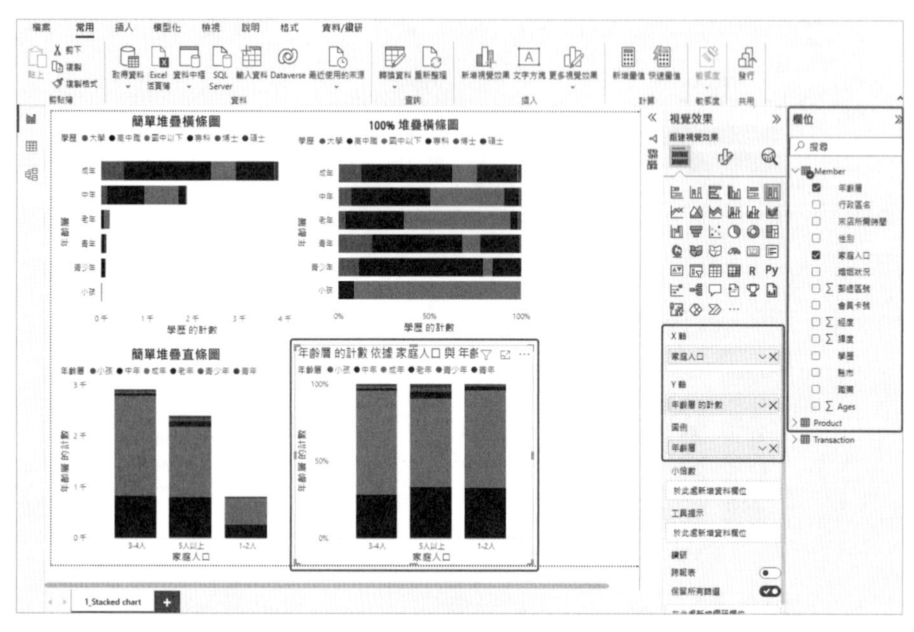

▲ 圖 11.30

**STEP 12** 在設定視覺效果格式的選項中，可以設定本圖的標題為【100% 堆疊直條圖】，字體大小為 16 粗體，文字黑色且置中。

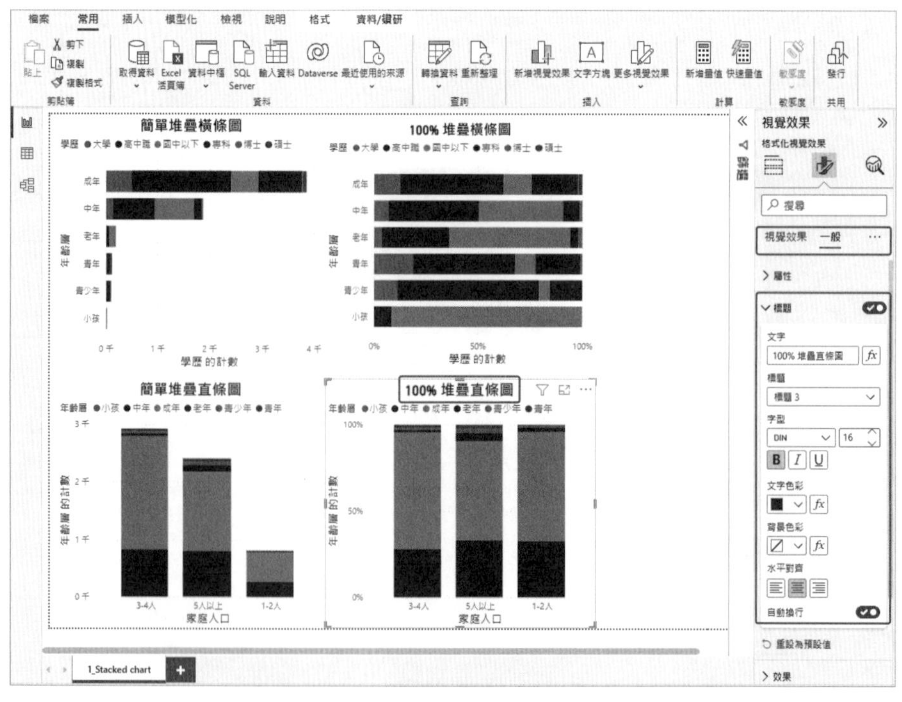

▲ 圖 11.31

簡單堆疊直條圖或簡單堆疊橫條圖可以清楚地呈現每一個類別對於整體的比例，100% 堆疊橫條圖或 100% 堆疊直條圖則較能夠展示對於指定的類別中，其中的組成比例。

## 11.4.2 比例堆疊條形圖

STEP 01 由於 Marimekko 圖形並非 Power BI 預設內建的視覺化圖形。所以，讀者可以透過 AppSource 去自行新增 Marimekko 圖形來使用，非常彈性。在右側的視覺效果面板中，點選【…】就會出現【取得更多視覺效果】的選項。請搜尋【Marimekko】，即可找到並下載視覺效果，點選【新增】後即可使用。

^ 圖 11.32

^ 圖 11.33

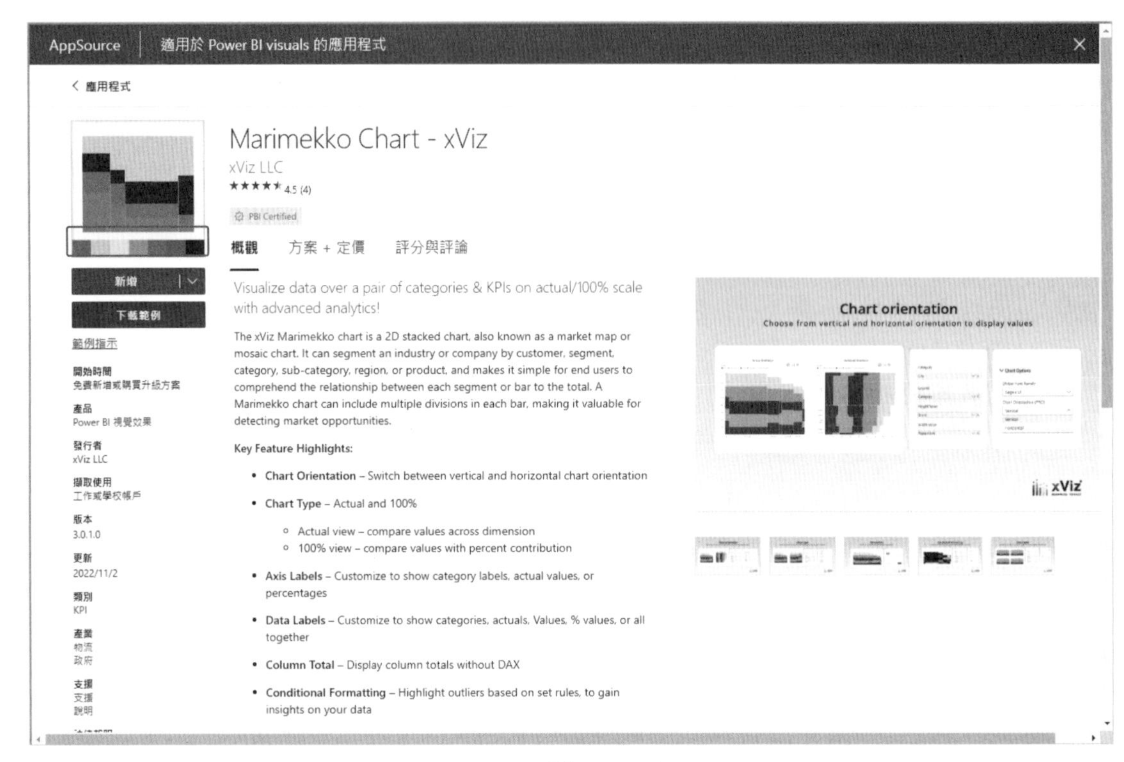


^ 圖 11.34

STEP02 選擇【Member】中的【職業】欄位為 Category，就會以不同職業來做為區分的類別。Legend 選擇【年齡層】欄位，可以呈現不同職業中的各自比例。Hight Value 請選擇【會員卡號】作為計數的基礎。於是一張比例堆疊條形圖（Marimekko）即可出現。

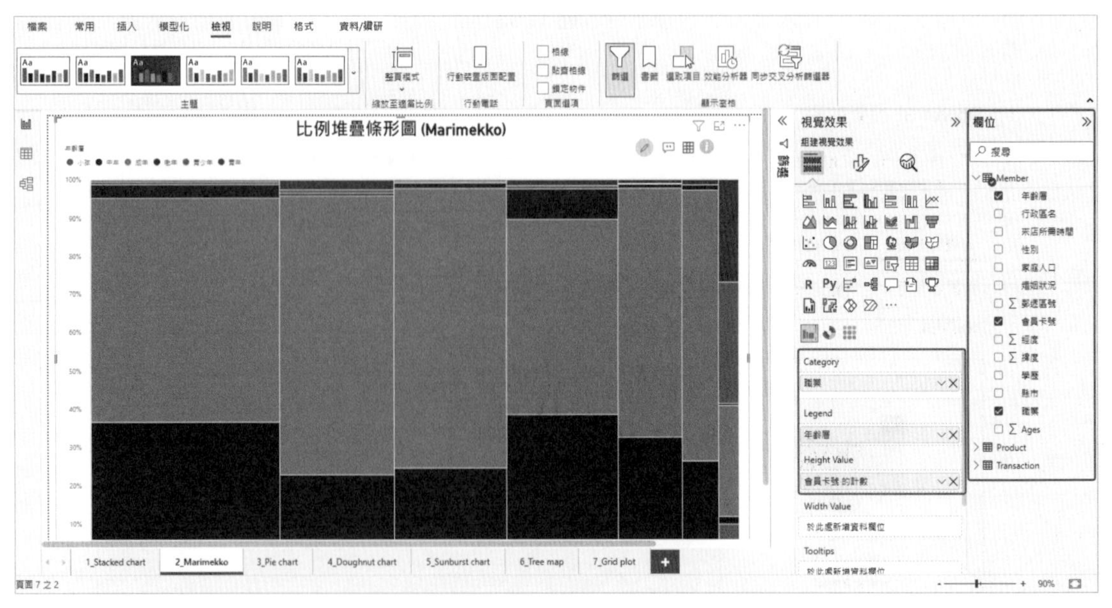


^ 圖 11.35

STEP03 在設定視覺效果中的【一般】選項，可以設定視覺化的各種參數。我們在此設定圖形標題的字型大小、顏色、位置等參數。

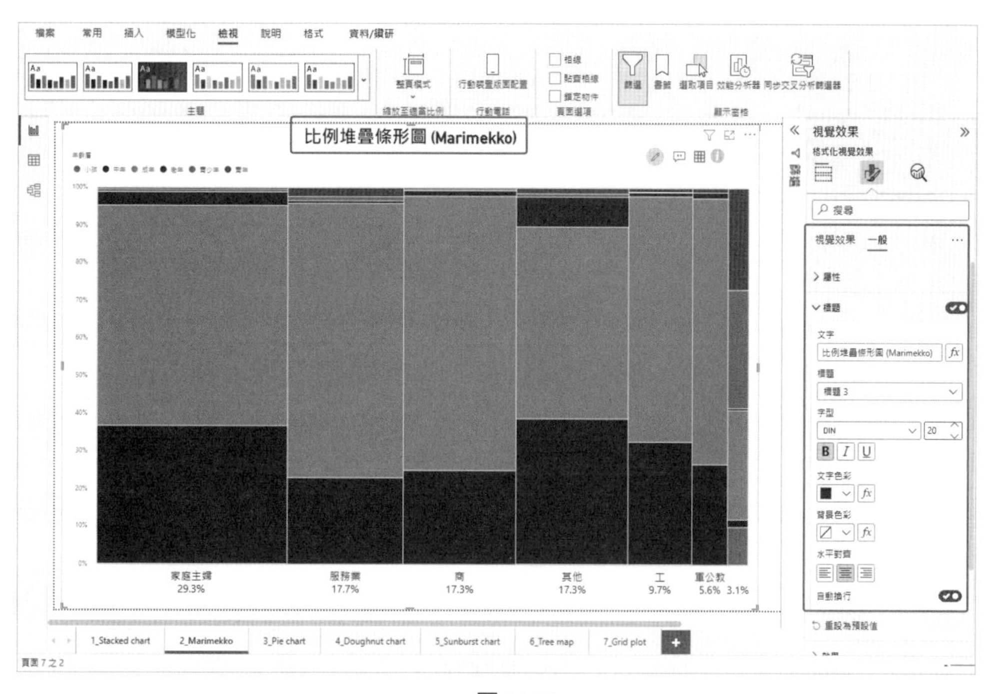


^ 圖 11.36

STEP04 也可以在設定視覺效果中的【視覺效果】選項中，設定圖示、文字…等的顏色、大小與變化。我們在這裡修改了 X 軸的標籤文字顏色與大小。

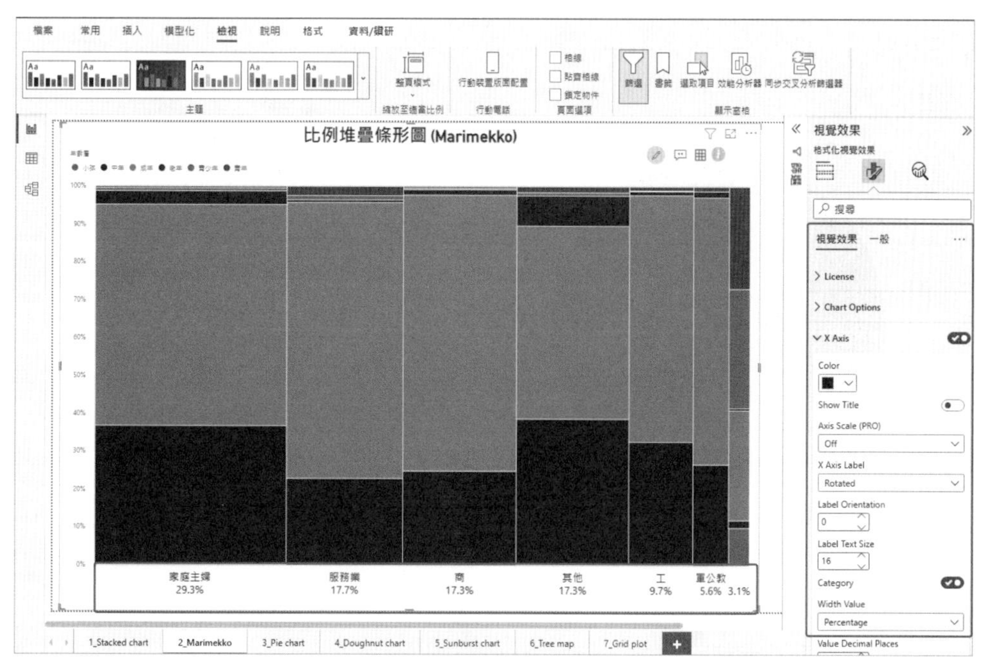


^ 圖 11.37

## 11.4.3 圓餅圖

STEP01 繪製圓餅圖時，可以點選右側【視覺效果】面板的【圓形圖】來建立工作區。

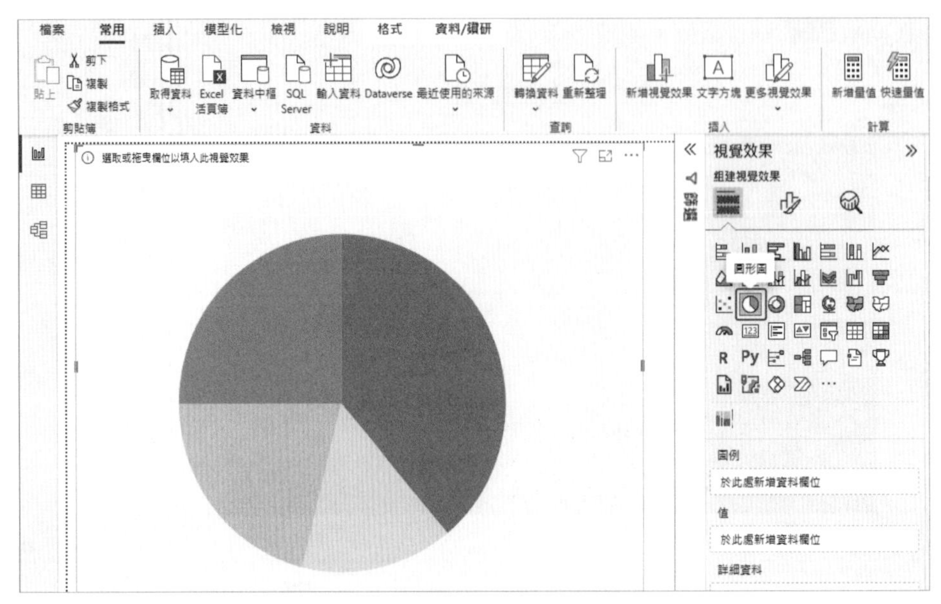

^ 圖 11.38

STEP02 從【Member】欄位來建立【學歷】的圓餅圖。

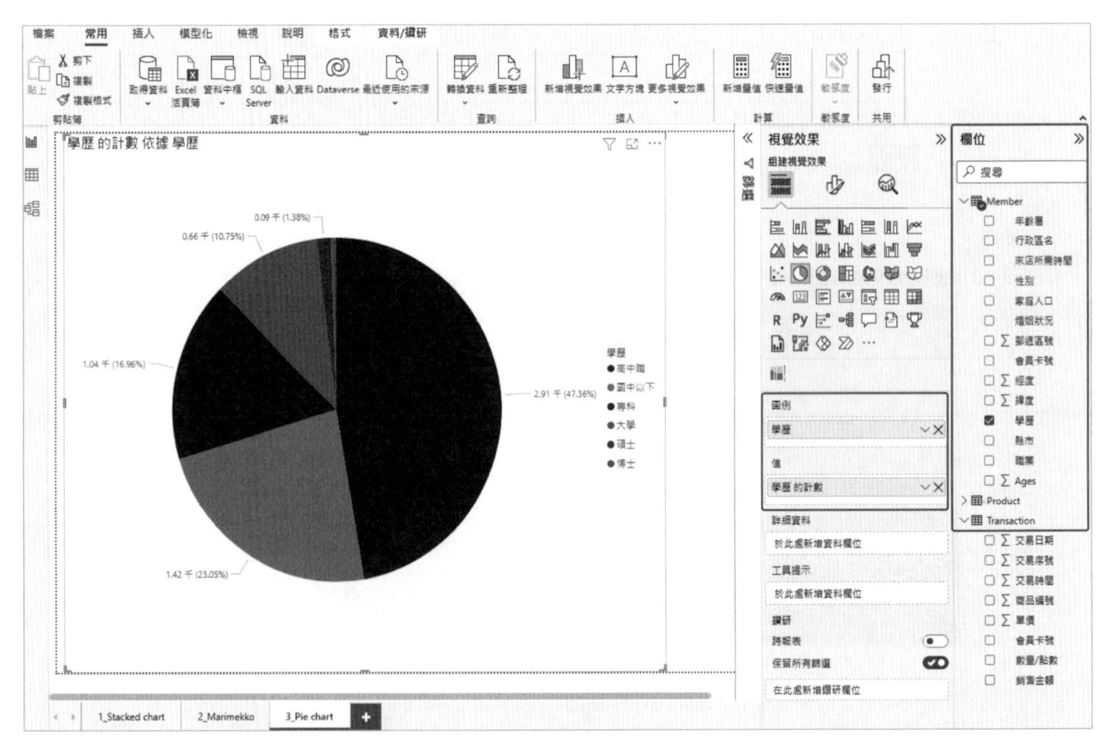

^ 圖 11.39

STEP03 在【一般】的選項中，設定圓餅圖的標題文字、粗細、顏色與位置。

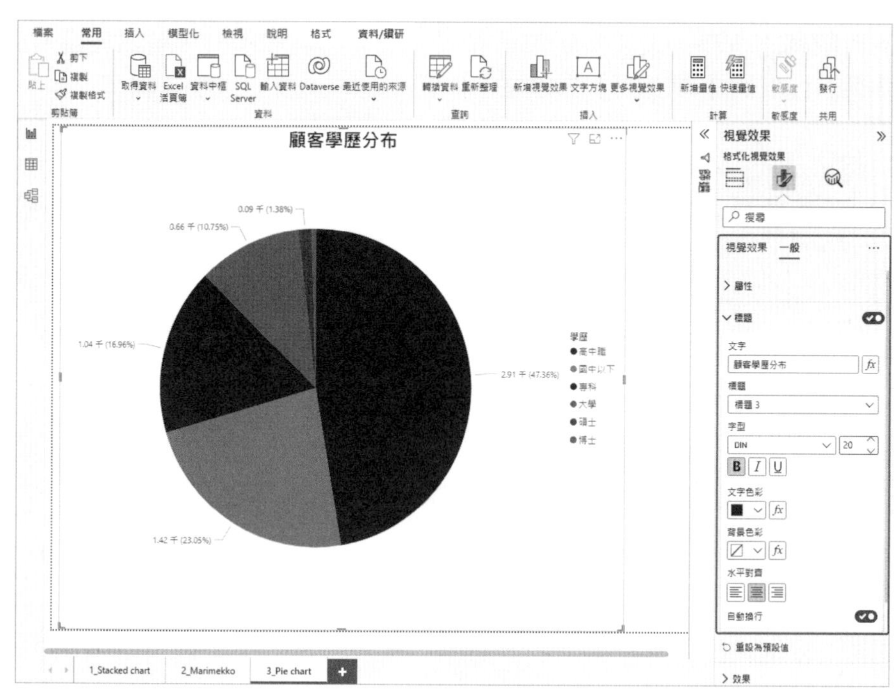


^ 圖 11.40

STEP04 在【視覺效果】的選項中，設定圓餅圖中每一個類別要呈現的數值方式。顯示單位選無，值小數位數與百分比小數位數皆設定為 0，即可呈現以下的畫面。

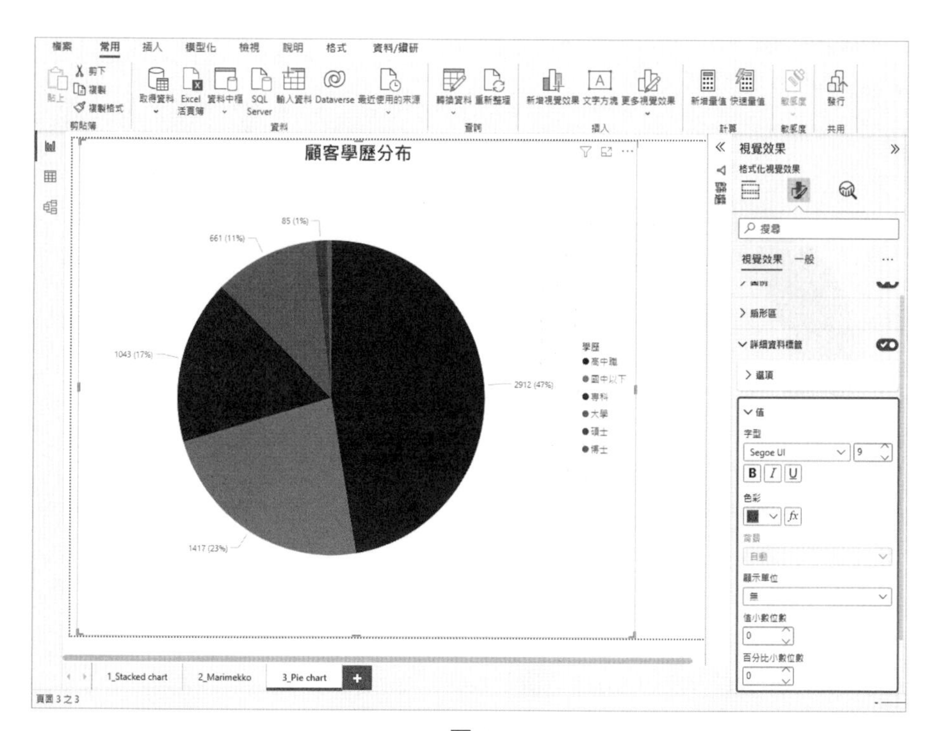


^ 圖 11.41

## 11.4.4 甜甜圈圖

STEP01 甜甜圈圖的呈現效果與圓餅圖很類似。繪製甜甜圈圖時，可以點選右側【視覺效果】面板的【環圈圖】來建立工作區。

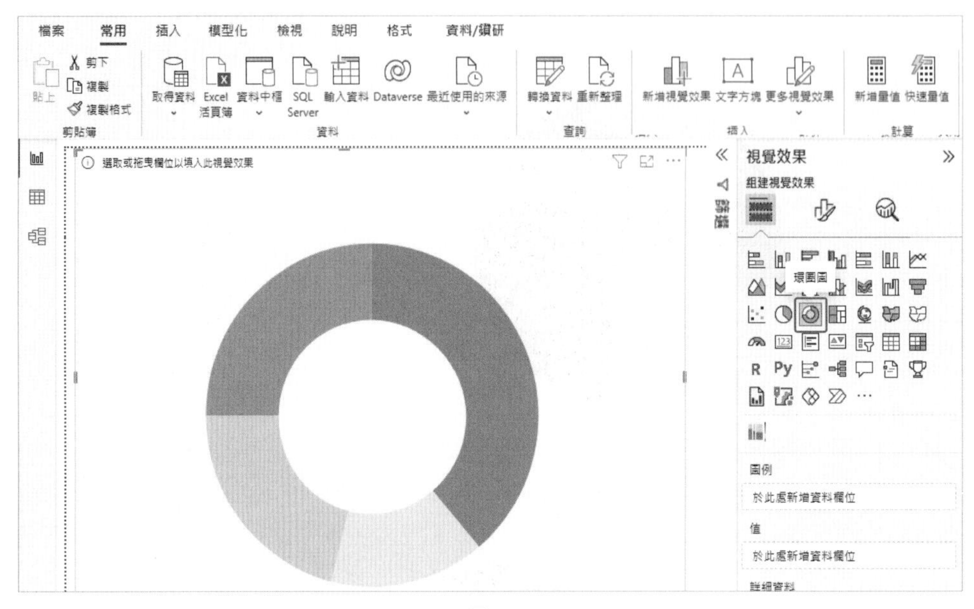

圖 11.42

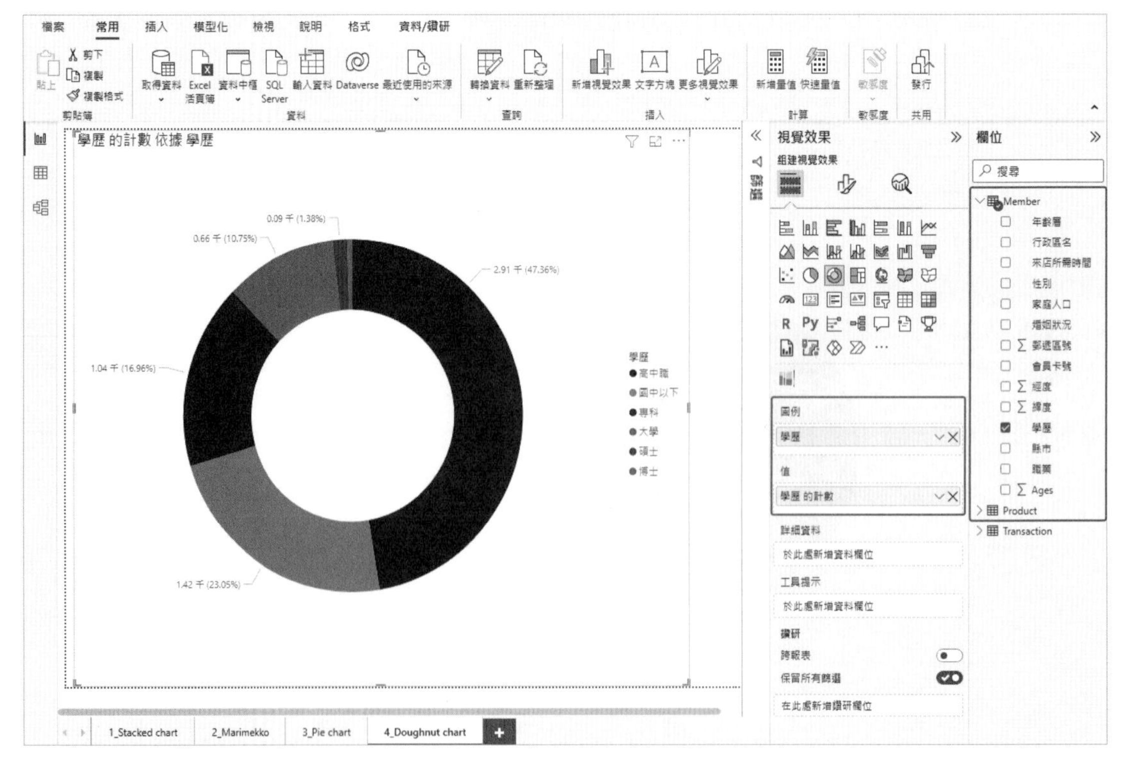


圖 11.43

STEP02 在【視覺效果】中的【詳細資料標籤】，設定值的大小以及顏色等參數。顯示單位選無，值小數位數與百分比小數位數，均設為 0。

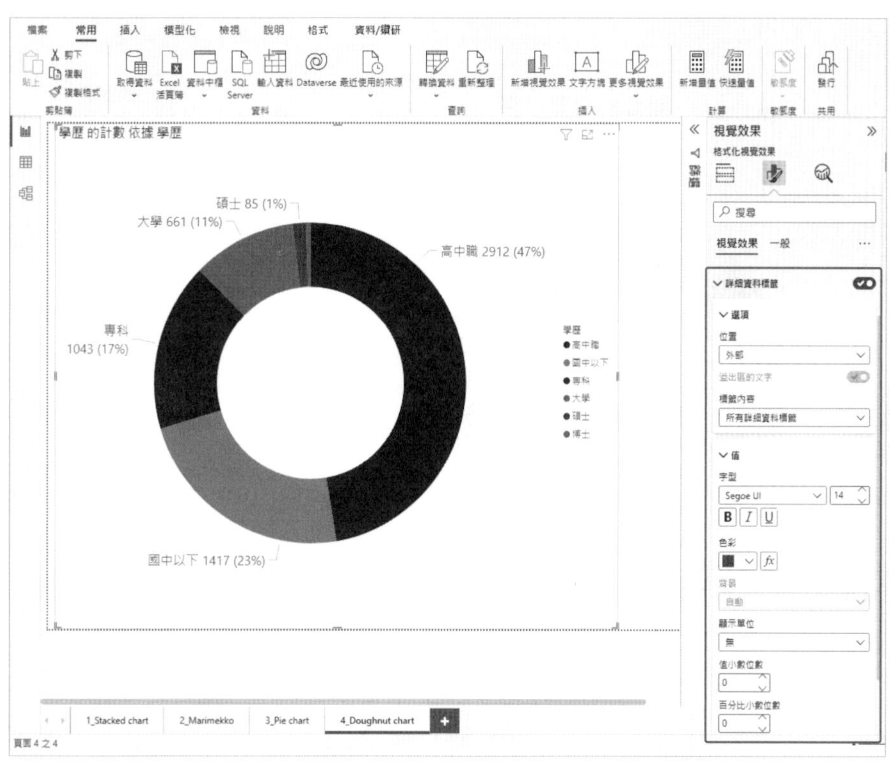


^ 圖 11.44

STEP03 在【一般】中，設定標題名稱、字型、大小、粗細、顏色、位置等參數。

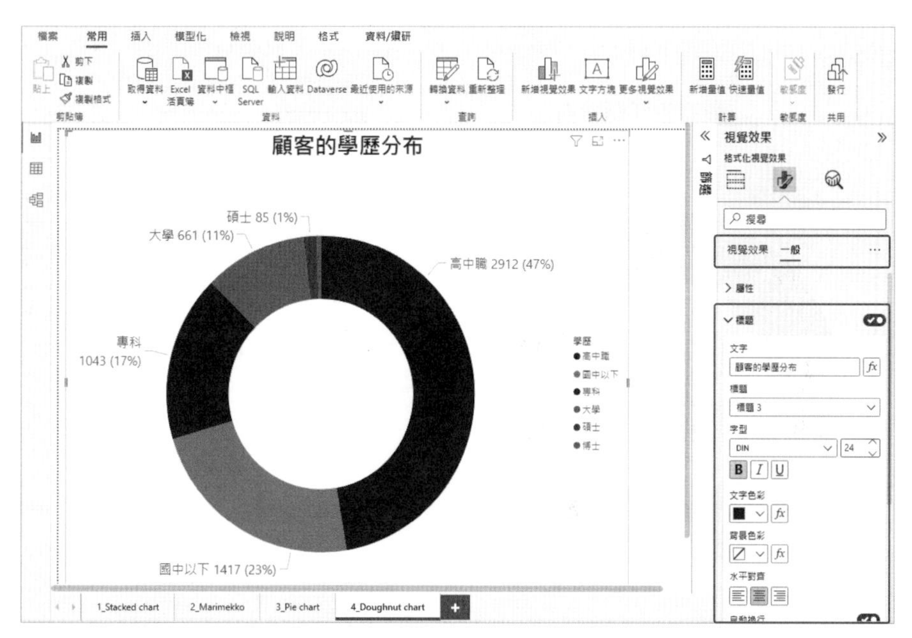


^ 圖 11.45

CHAPTER 11

STEP04 設定甜甜圈圖的背景透明度為 100%。

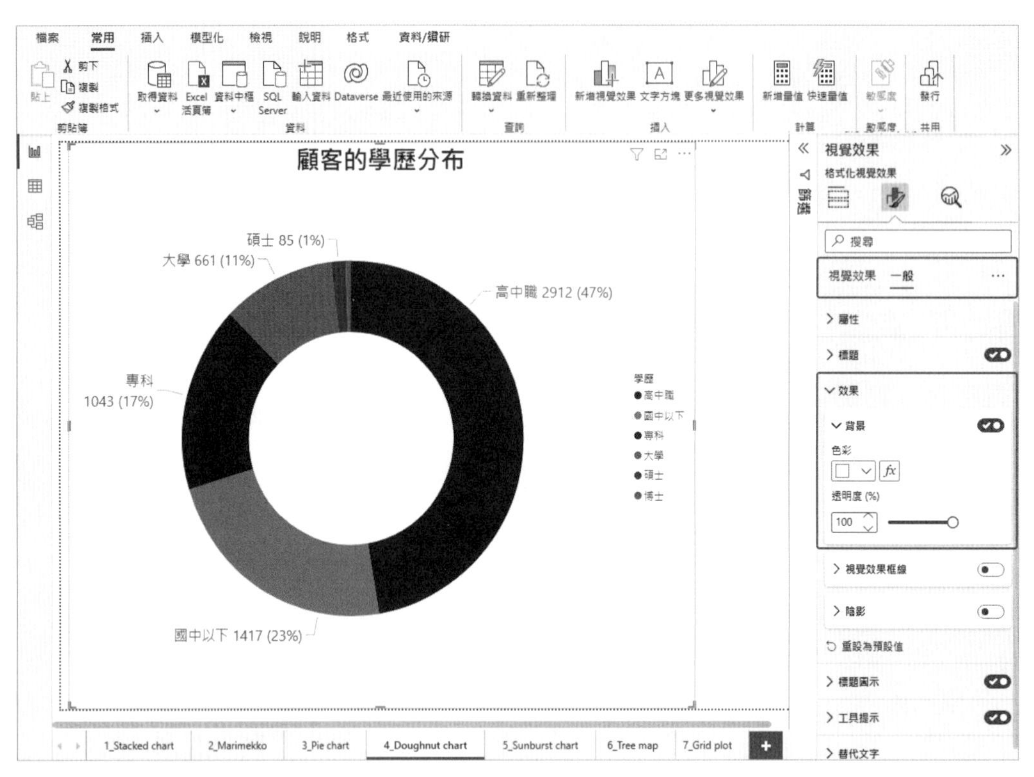


^ 圖 11.46

STEP05 點選畫面空白處，再按下右側面板的卡片，在工作區中插入一張卡片。

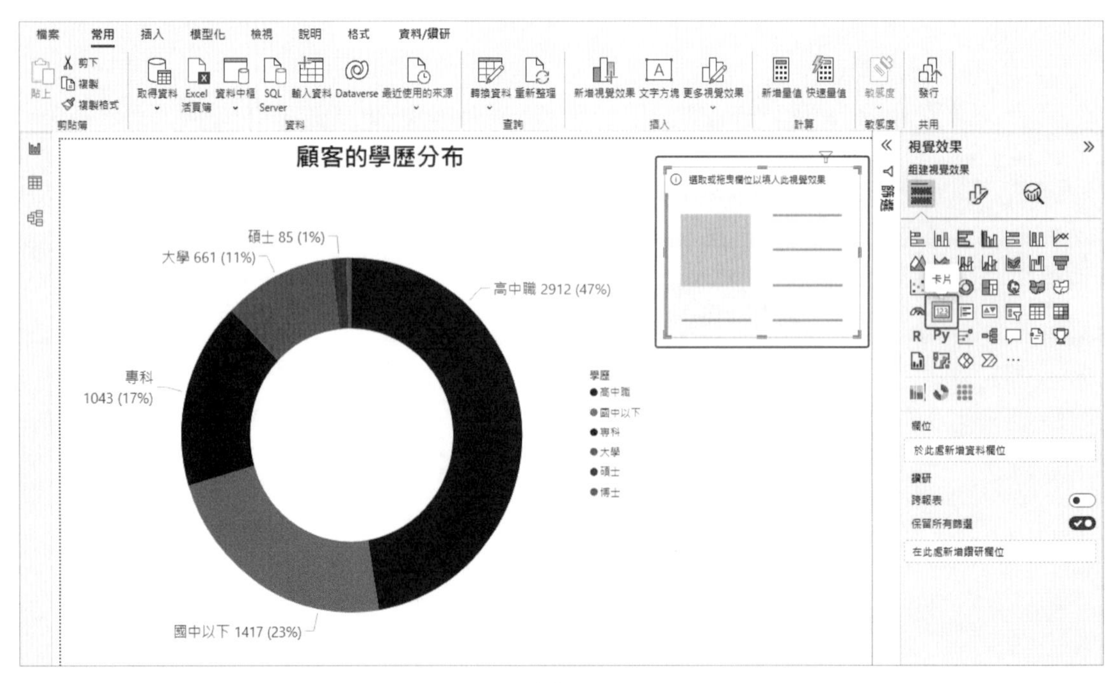


^ 圖 11.47

STEP06　設定卡片中出現的數值為學歷的計數，使之與甜甜圈圖一致。

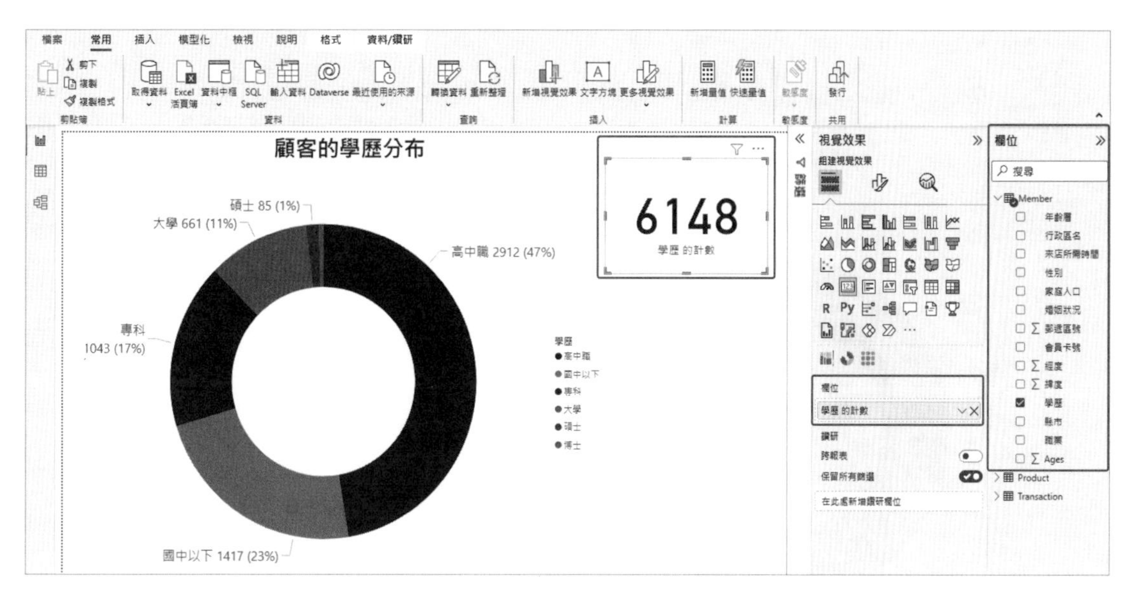


圖 11.48

STEP07　設定圖說文字大小為 60。

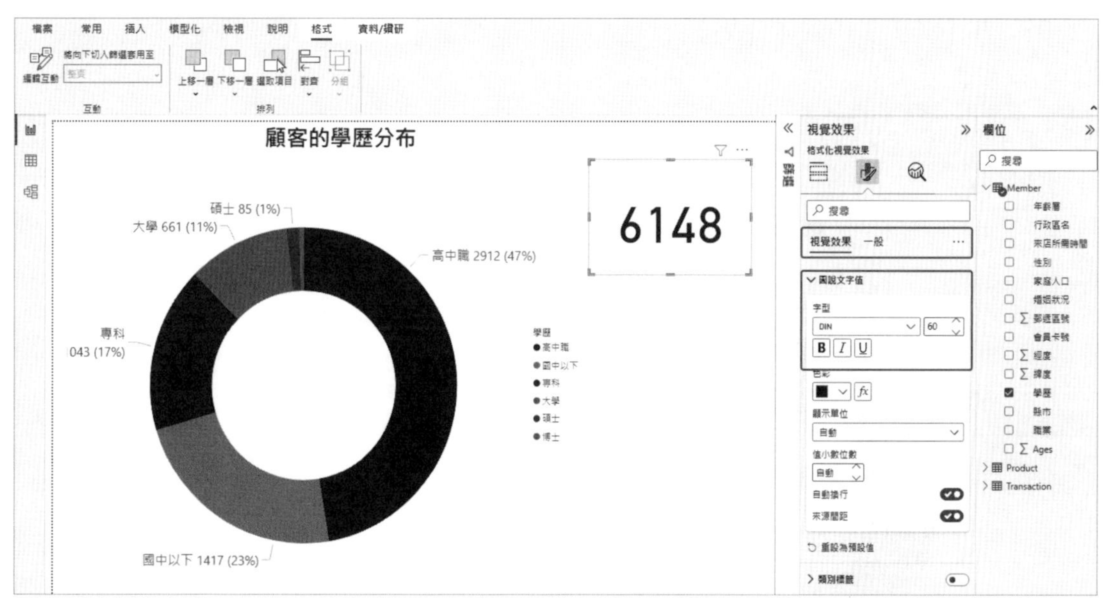


圖 11.49

STEP08 取消【視覺效果】的類別標籤。

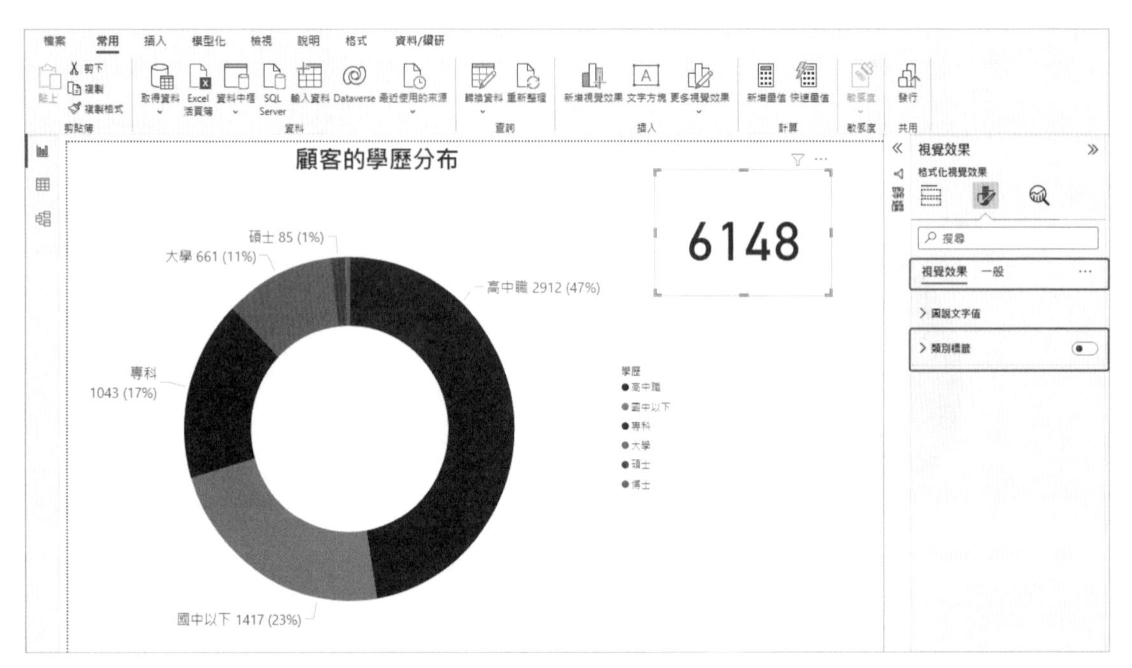


^ 圖 11.50

STEP09 在【一般】中的【效果】，設定【卡片】背景透明度為 100%。

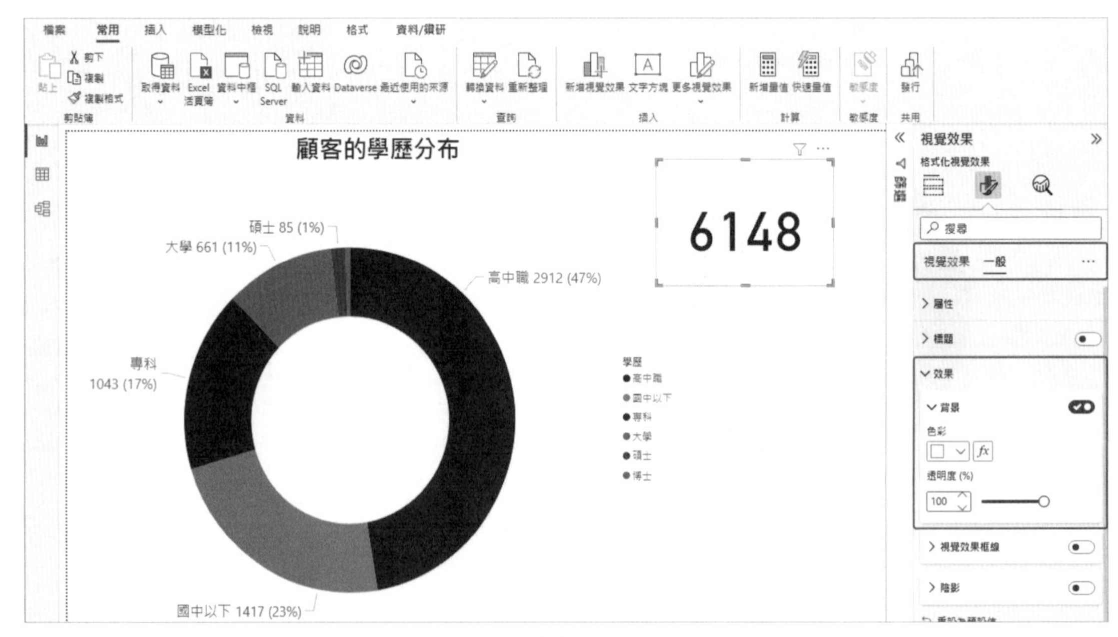


^ 圖 11.51

STEP10 設定卡片為【格式】的【提到最上層】。

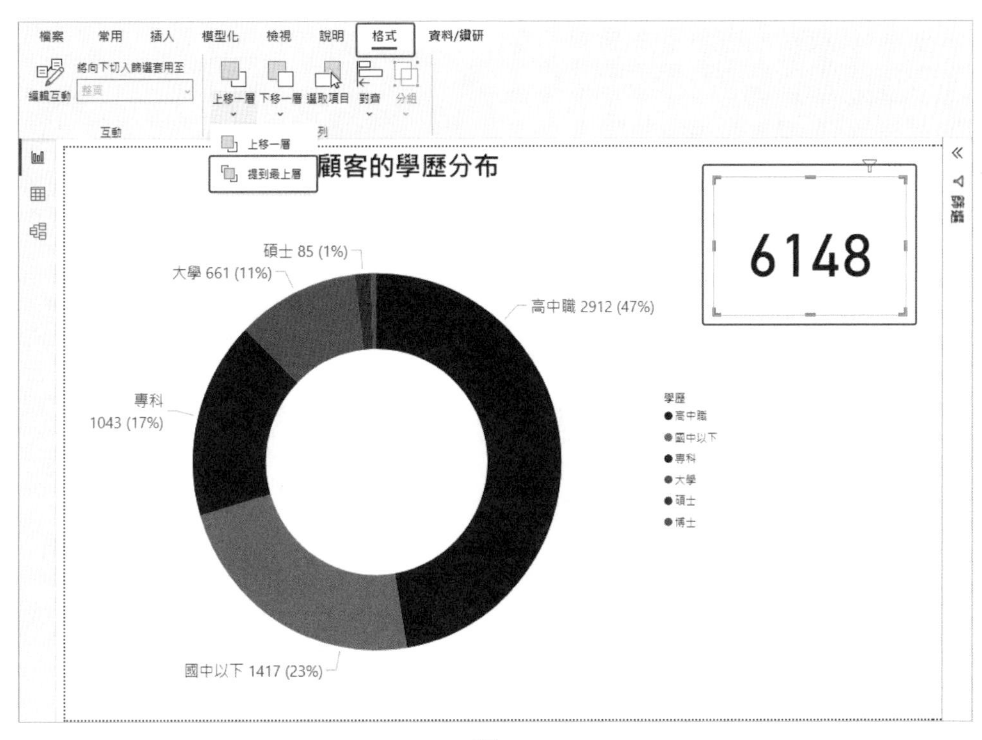


^ 圖 11.52

STEP11 設定甜甜圈圖為【格式】的【移到最下層】。

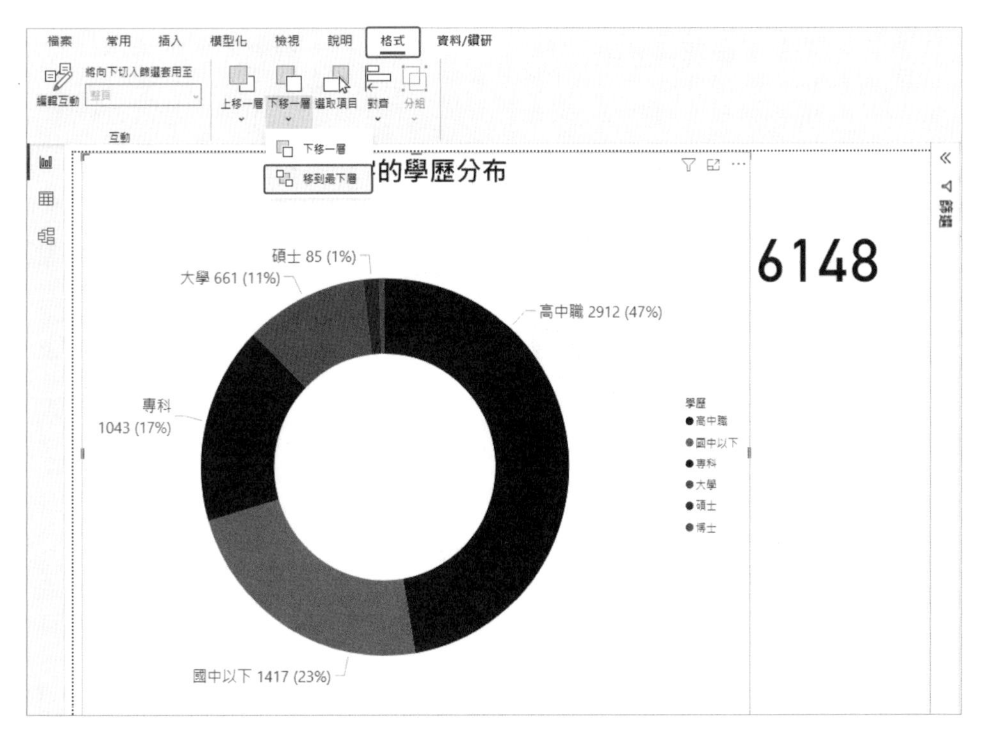


^ 圖 11.53

STEP 12 將兩個圖形重疊在一起，即可動態顯示所點選的類別與數值大小，這也是動態儀表板的基礎運用。這樣的組合使用方式，可以讓甜甜圈圖中間的空白處，提供更為完整的訊息，也讓資料的易讀性更勝於圓餅圖。

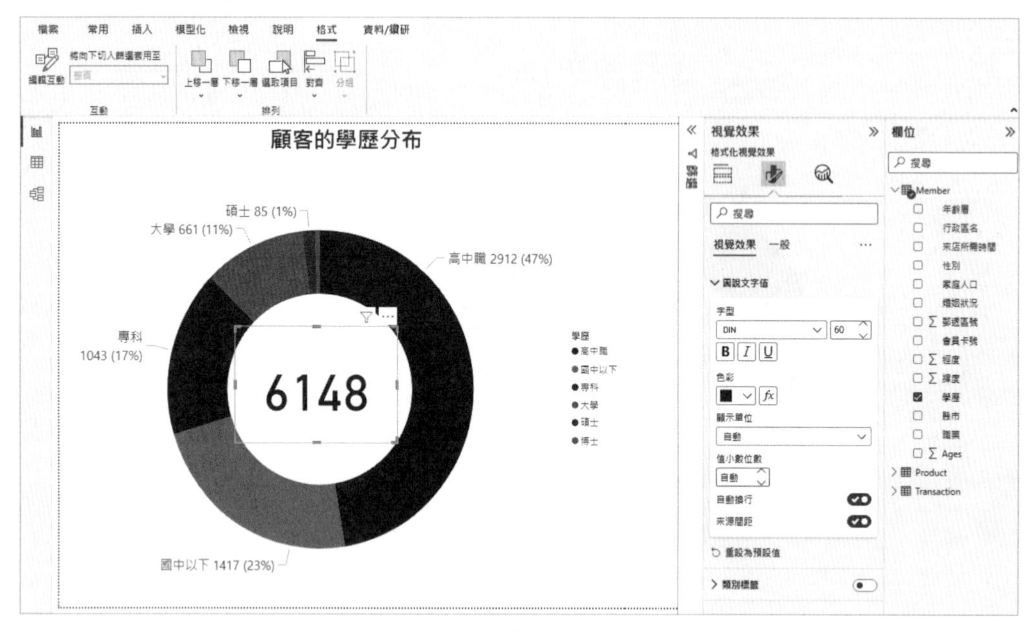


^ 圖 11.54

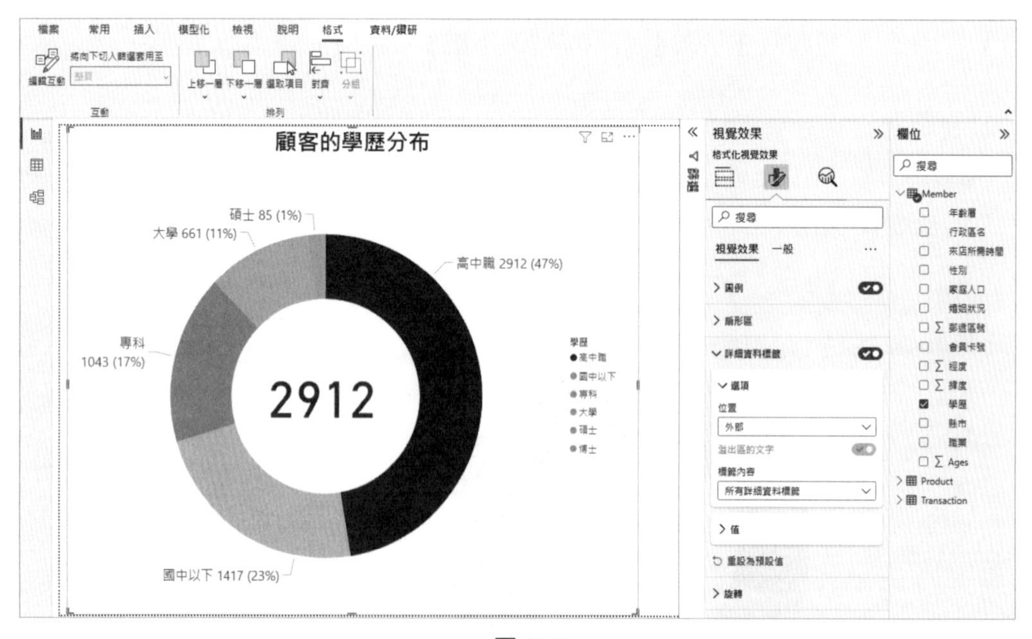


^ 圖 11.55

## 11.4.5 旭日圖

STEP01 因為 Power BI 內建的圖形功能目前沒有旭日圖。所以繪製此類圖表時，可以透過 AppSource 去新增此功能。

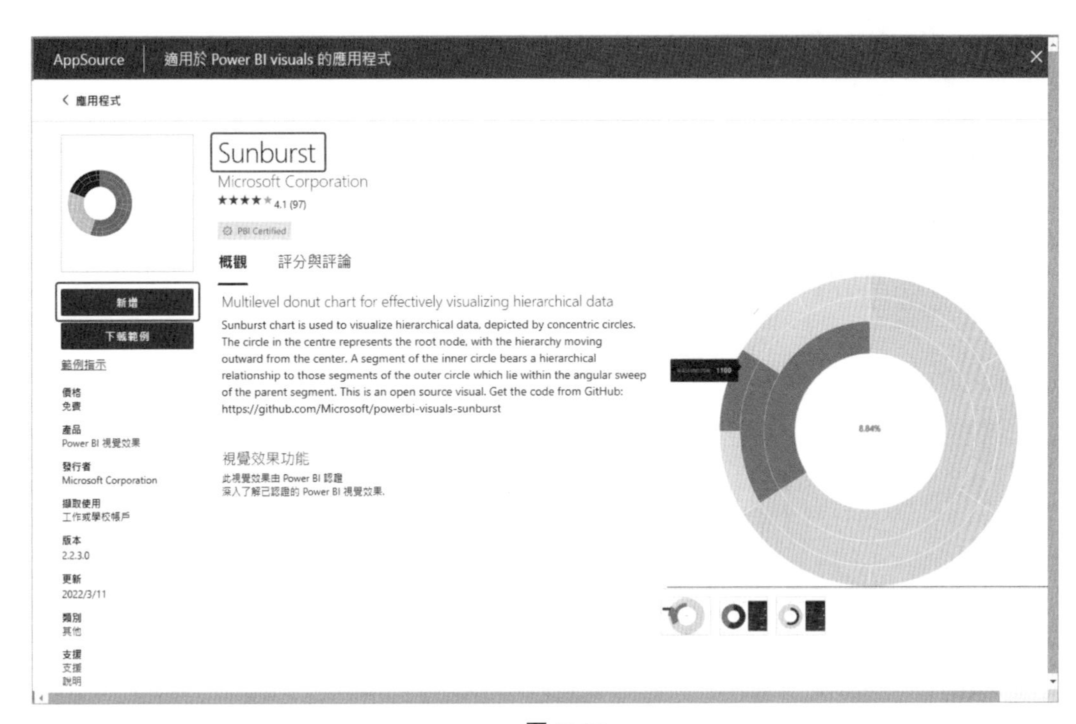


^ 圖 11.56

STEP02 旭日圖最適合有階層關係的資料結構，不過，若是關係過於複雜，或是類別過於瑣碎，則圖形可能會顯得難以解讀。新增旭日圖的視覺效果後，可以在右側的面板中看到這個選項。點選 Sunburst，新增一個工作區塊。在這裡，選擇了性別、婚姻狀況、年齡層來做為群組，顯示的值則是會員卡號的計數。

在這一個圖中可以看到，女性是男性的三倍之多。其中的已婚和中年、成年，均是會員組成的絕大多數。這與本範例資料的產業特性有關且相符合。

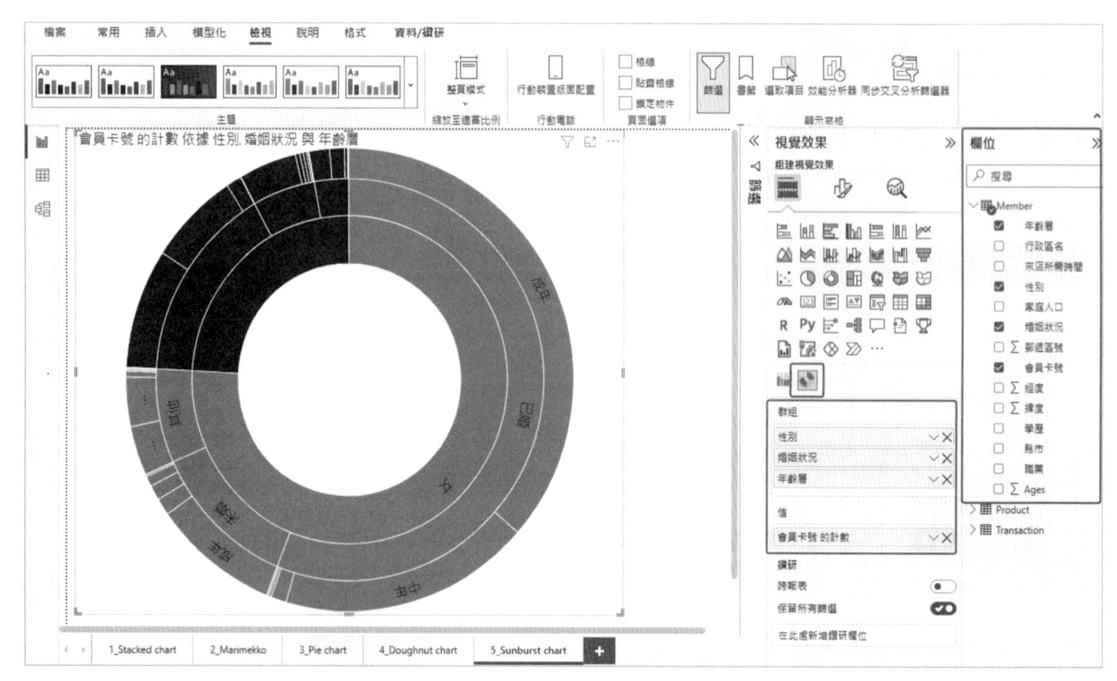


^ 圖 11.57

STEP03 可以在【檢視】的頁籤下，選擇自己喜歡的主題，來設定最適合的顏色及視覺效果。

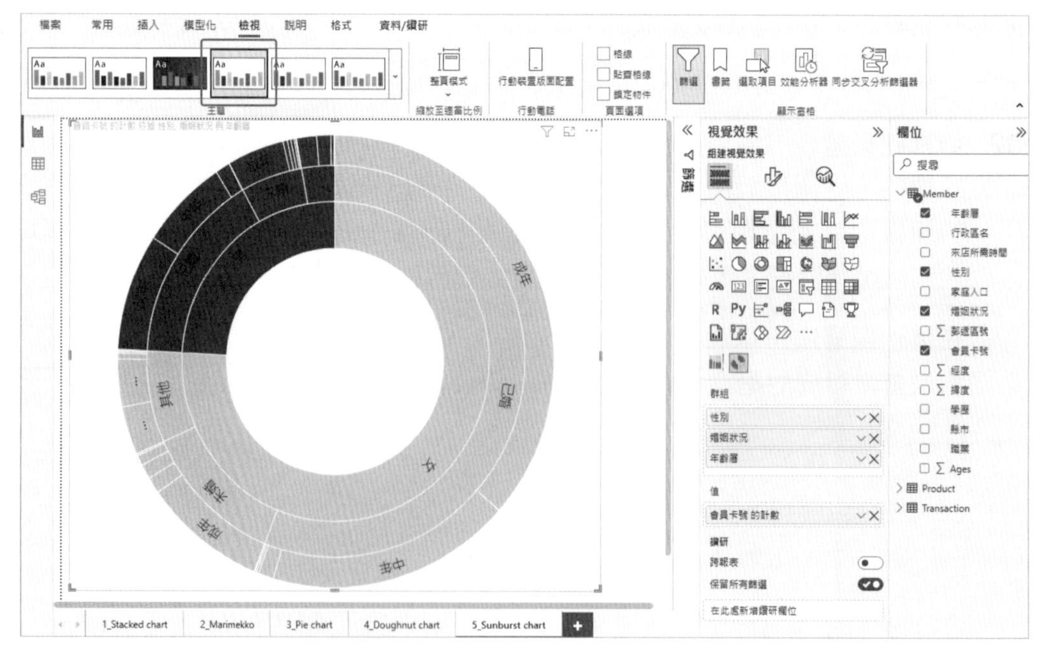


^ 圖 11.58

## 11.4.6 樹狀圖

STEP01 繪製樹狀圖時，可以點選右側【視覺效果】面板的【樹狀圖】來建立工作區。

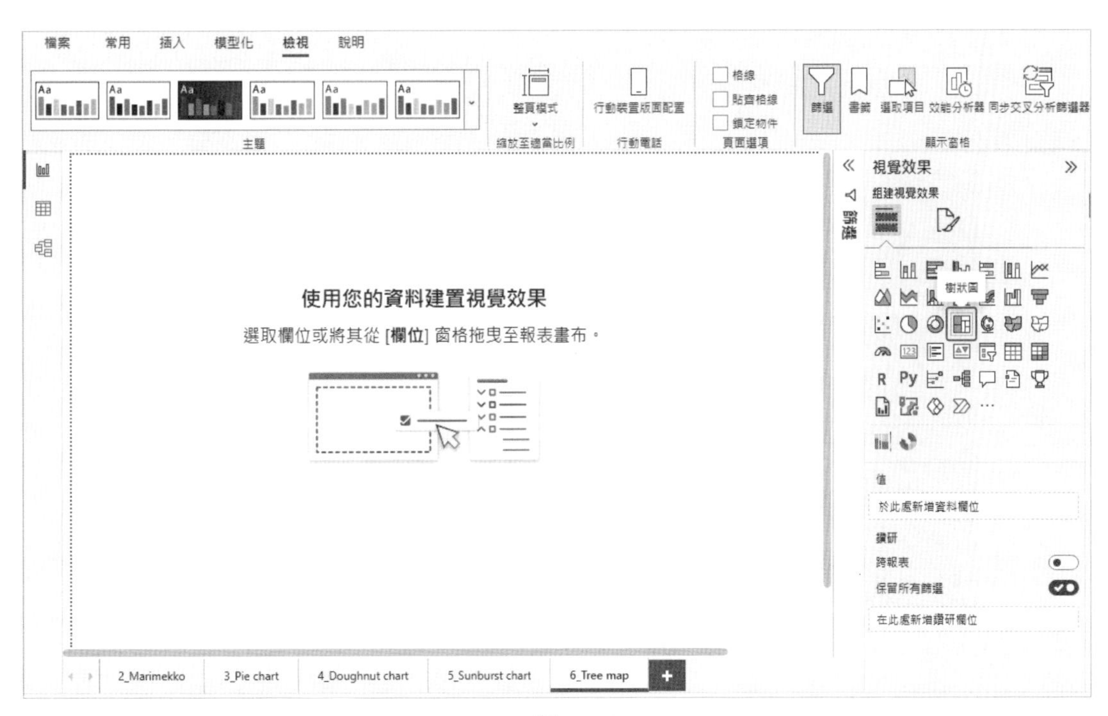


^ 圖 11.59

STEP02 選擇【Product】的【大分類】欄位作為【類別】。

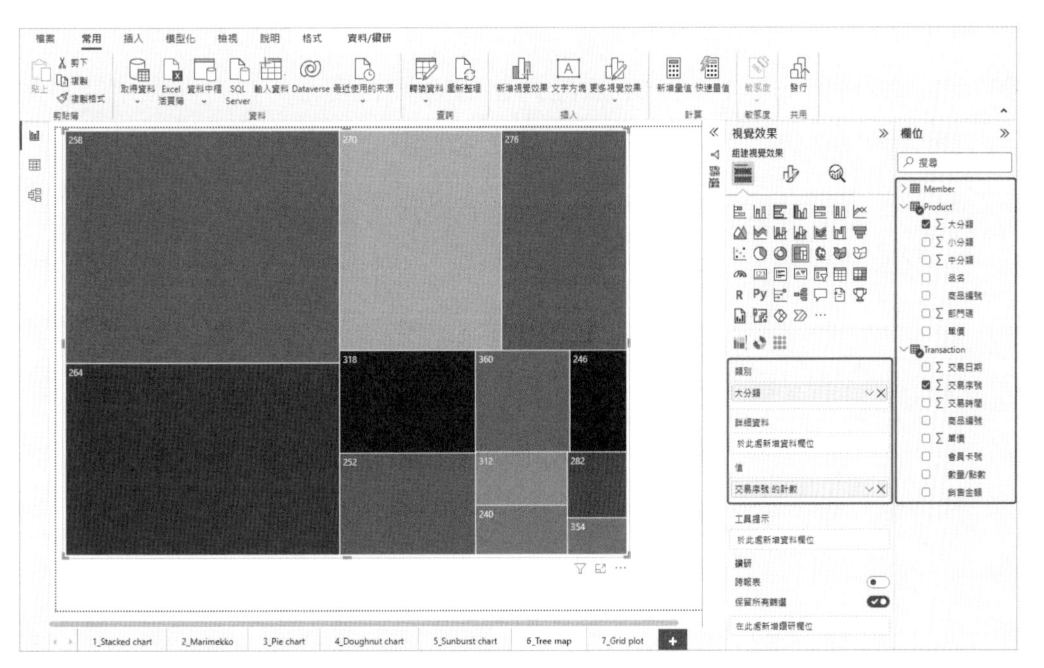


^ 圖 11.60

STEP03 從樹狀圖的內容可以看到，【商品大分類：258】的採購頻率為所有大分類的項目中最高，而【商品大分類：354】的頻率則最低。設定視覺效果格式，為圖表建立標題。

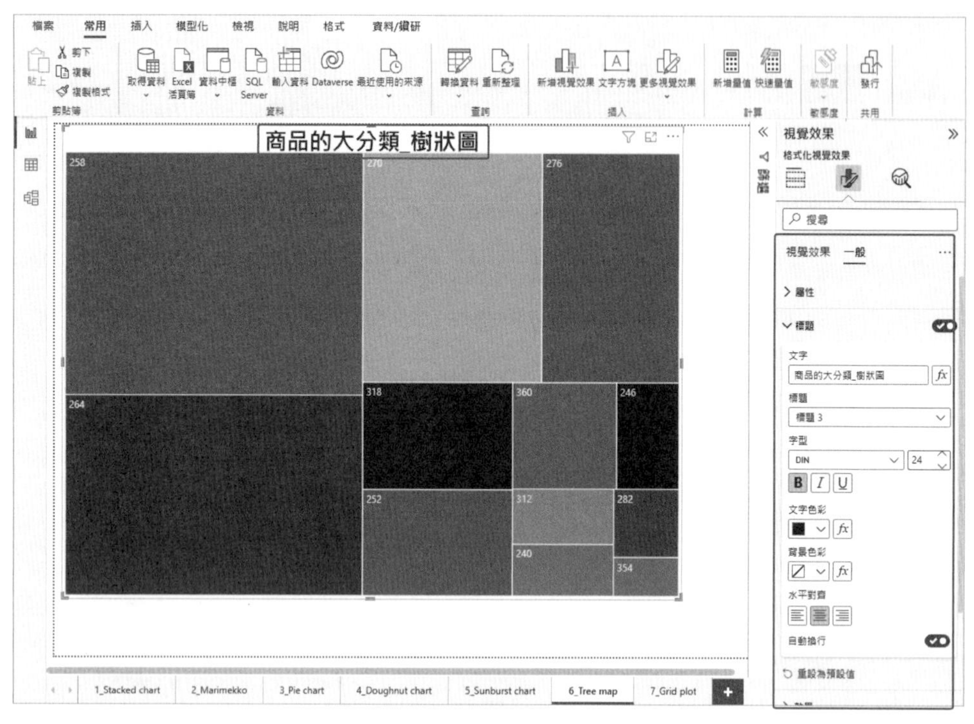


^ 圖 11.61

## 11.4.7 網格圖

STEP01 由於網格圖並非 Power BI 預設內建的視覺化圖形。所以，讀者可以透過 AppSource 去自行新增華夫餅圖（Waffle Chart）來使用，非常彈性。

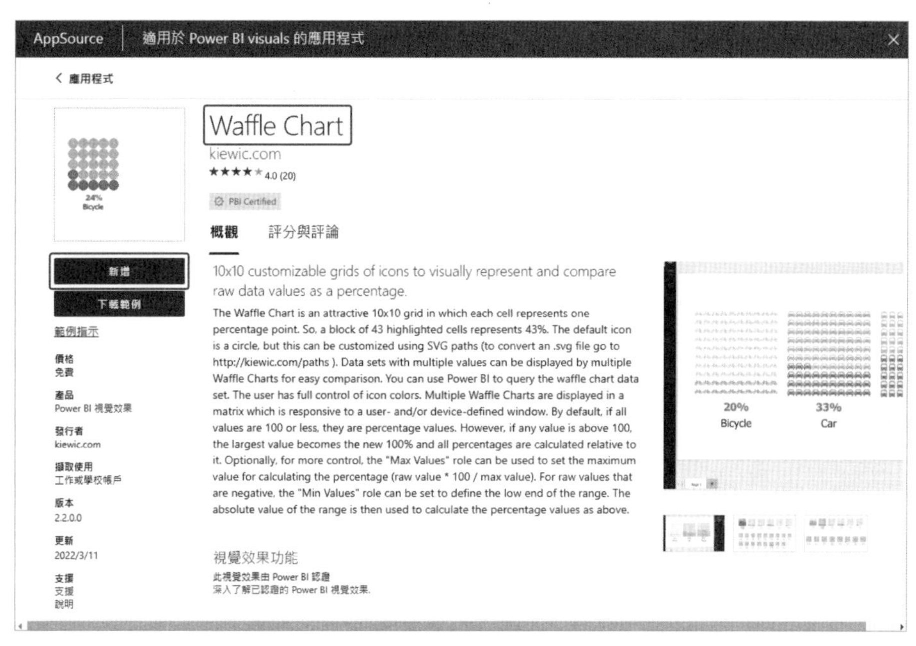


^ 圖 11.62

STEP02 網格圖可以清楚呈現每一個類別的占比、達成比例，或是目前進度。新增網格圖的視覺效果後，可以在右側的面板中看到這個選項。點選 Waffle Chart，新增一個工作區塊。在這裡，選擇【Product】的【大分類】欄位作為類別，以及【Transaction】的【交易序號】欄位元為值，並計數。大分類共計有 12 種，分別是 258、264、270、276、318、252、360、246、312、240、282、354。每一個分類都使用了 10*10 的網格來呈現顧客來店採購時的購買情形。

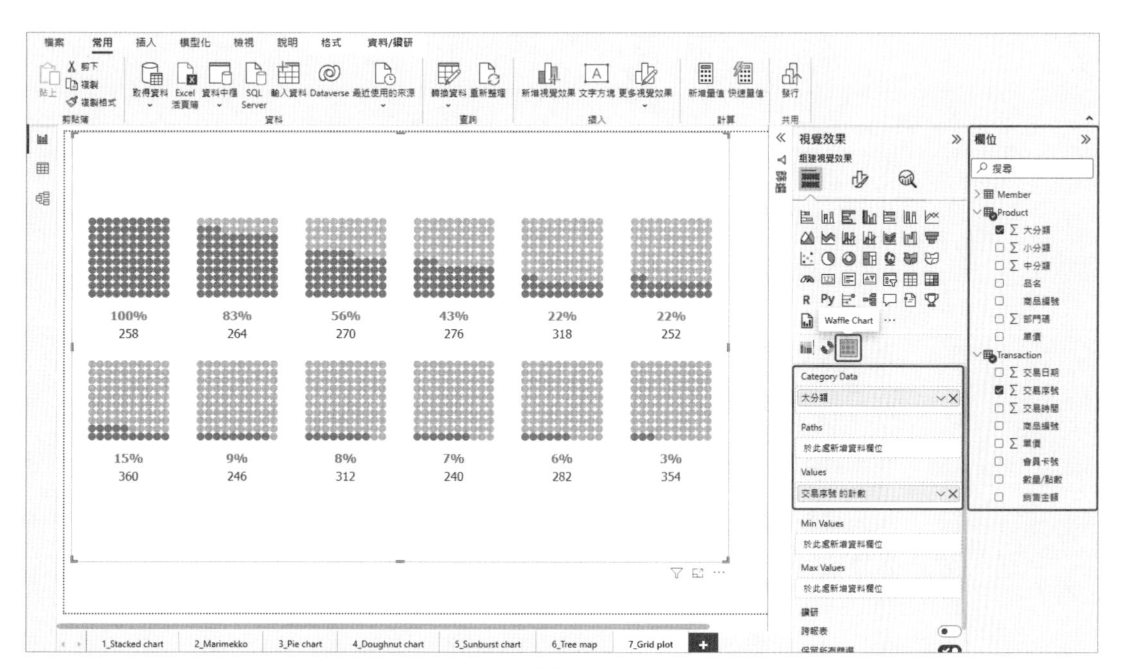


^ 圖 11.63

STEP03 設定視覺效果格式，為圖表建立標題。

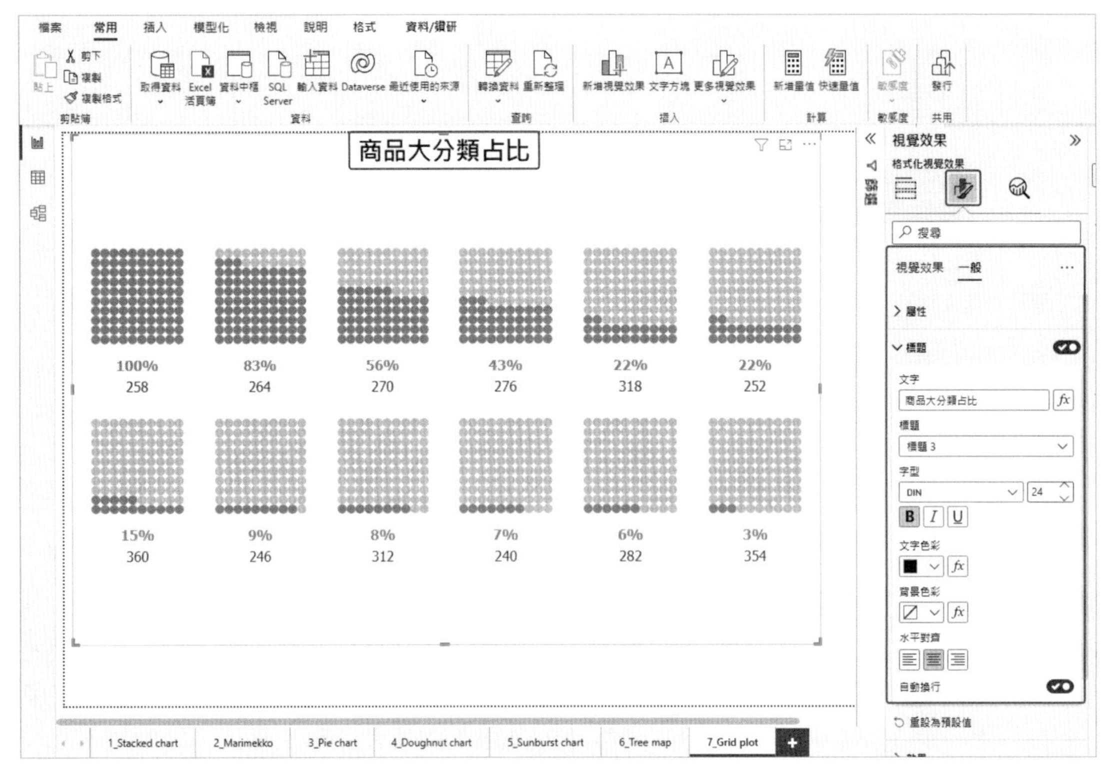


^ 圖 11.64

## 模擬試題

1. 部分和整體關係之視覺化的目的是什麼？

   A. 展示隨時間變化的趨勢

   B. 顯示出一個整體如何被拆解成不同組成

   C. 比較不同類別的數量大小

   D. 展示地理資訊的分佈

2. 下列哪種圖表不是用來展示部分和整體關係？

   A. 堆疊圖　　C. 折線圖

   B. 圓餅圖　　D. 甜甜圈圖

3. 如果想要展示一個整體被不同品牌占據的市場份額比例，最適合使用下列哪種圖形？

   A. 圓餅圖　　C. 散點圖

   B. 長條圖　　D. 線圖

4. 在進行部分和整體關係之視覺化時，以下哪項描述是不正確的？

   A. 部分和整體的總和應該是 100%

   B. 每個部分都應該清晰地顯示其佔整體的比例

   C. 應該使用多種顏色來區分不同的部分

   D. 建議混合使用不同類型的圖表來展示部分和整體的關係

5. 使用 100 個正方形表示整體，所以可以根據每一個類別其部分與整體的關係進行著色是下列何種圖形的特色

   A. 甜甜圈圖　　C. 比例堆疊條形圖

   B. 旭日圖　　D. 網格圖

# 參考文獻


- Chen, M. (2015)。最常用卻總是【用錯】的圖表：做圓餅圖一定要注意的 6 件事。經理人。https://www.managertoday.com.tw/articles/view/51480
- https://chart.guide/
- https://coggle.it/diagram/XNAhRMeK2a9G7rva/t/%E5%90%84%E5%9C%96%E8%A1%A8%E5%84%AA%E7%BC%BA%E9%BB%9E
- https://datavizcatalogue.com/index.html
- https://datavizproject.com/
- https://help.qlik.com/zh-TW/sense/February2022/Subsystems/Hub/Content/Sense_Hub/Visualizations/creating-visualization.htm
- https://www.economist.com/graphic-detail/2014/01/06/the-2014-ballot-boxes
- https://www.finereport.com/tw/data-analysis/how-to-make-bar-chart.html
- https://www.finereport.com/tw/data-analysis/how-to-make-pie-chart.html
- Smith, A. (2017). How to apply Marimekko to data. Financial Times. Retrieved 2023–02–28 from https://www.ft.com/content/3ee98782-9149-11e7.a9e6.11d2f0ebb7f0
- Smith, A. (2022). Visual vocabulary. Retrieved 2023–02–28 from https://github.com/Financial-Times/chart-doctor/blob/main/visual-vocabulary/Visual-vocabulary-cn-traditional.pdf

CHAPTER

# 12

# 空間視覺化（Spatial）

## 12.1 空間視覺化之圖表特色及使用之資料格式

空間視覺化（Spatial）就是使用資料中的精確位置和地理分佈規則比其他資訊對讀者來說更重要時，可使用這類圖表。較常使用的圖形有分層設色圖（Choropleth map）、比例象徵地圖（Proportional symbol map）、流向地圖（Flow map）、點狀密度地圖（Dot density map）、熱地圖（Heatmap）、等高線地圖（Contour map）、等值線地圖（Isoline map）…等（Smith, 2022）。

與其他的圖表類型相較來說，空間視覺化時所使用的資料，包含位置資訊並結合地理圖資來展示。例如，當你想展示兩個位置之間的路線，你可以選擇路線圖。若你想展示居住在一個地區的人數，你可以選擇比例象徵地圖。如果你想展示登革熱在地理位置上的蔓延情形，你可以選擇點狀密度地圖。這是一門藝術，因為它試圖以一種更容易理解和解釋的形式來表示資料，以確保視覺效果準確符合資料科學。空間視覺化的圖表，就像許多東西一樣，並不完全相同。根據其優點和局限性，某些樣式的圖形較為擅長展示包含位置資訊的這些數據。

### 12.1.1 什麼是空間資料？

空間資料是關於物體、事件或現象在地球表面的位置資訊。通常還包含更多的訊息，例如地理位置、時間戳記、分類和其他屬性，而非僅有位址或發生地點的坐標。地理空間資料會對應地球上某處的一個真實位置，這使得地理空間資料更易於視覺化。

將其他屬性疊加到地理空間資料可能可以提供更多事件前後的流向關係，或是提供不同的分析途徑或視野。例如，增加時間欄位和降雨量欄位，就可以提供等降雨線的範圍以及變化情形。增加移民人數的欄位，就可以發現人口流向的狀態。這些可能性也是使地理空間資料獨一無二的部分原因。

### 12.1.2 地理資訊系統（GIS）中的地理空間資料是什麼？

地理資訊系統（Geographic Information Systems, GIS）指的是收集、管理、分析和對應地理空間資料的電腦專用系統或軟體。換句話說，GIS 將地理空間資料處理成人類更容易理解和使用的形式（SafeGraph, 2023）。如果你曾經使用 Google 地圖獲取行車路線或查找當地餐廳的位址，那麼你就使用過 GIS。

### 12.1.3 地理空間的資料類型

首先要瞭解的地理空間資料是它有許多不同的形式。有些資料集比其他資料集更適合某些任務，有些任務需要不止一種類型的資料集才能看到全貌。SafeGraph（2023）將地理空間資料歸納為以下九種不同的類型：

1. **感興趣的位置（Points of Interest）**：感興趣的位置（Points of Interest, POI）是最基本的地理空間資料類型之一。它們描述了地球上人們可能感興趣的任何數量和類型的實體位置。許多 POI 資料集甚至還包含此點的其他屬性。例如，企業的 POI 資料可能包含街道位址、郵寄代碼和電話號碼等資訊，以及營業時間和品牌。零售商或品牌商可以使用此類資料來評估當地市場狀況，並衡量他們在某個地區的客戶群可能有多大。醫療產業規劃者和提供者，使用此類資料來定位現有設施，然後將它們的數量和類型與周圍的人口統計資料進行比較，確保醫療量能充足。
2. **財產資料（Property）**：財產資料是表示現實世界中有形地點的準確實體邊界。通常，此類資料指的是建築物或土地的形狀、位置與面積，如地籍資料。此外，這也可以用來指明空間層次結構的不同部分，例如公寓的某一層樓或商業辦公大樓中的某一間辦公室。財產資料會需要透過精確的測量與地圖繪製，來表示這個地方在實體世界中的樣子。保險公司可以依據財產資料，加上建築物的人流數、建築物內的其他企業以及附近的其他建築物，更準確地評估建築物的商業價值與風險因素。
3. **移動資料（Mobility）**：移動資料是指關於人們在日常生活中何時何地移動的聚合和匿名資料。此類資料通常是藉由人們手機發出的全球定位系統（GSM）信號來收集。移動資料有多種用途，藉由瞭解人們去哪裡以及他們在哪些商店購物，企業可以決定在何處開設自己的商店、攜帶哪些品牌以及在何處投放廣告等。城市規劃者使用流動性資料來更好地瞭解他們所服務的社區以及如何更好的支持人口各項服務的規劃。測量一天中特定時間從一個城市或縣的一個區域到另一個區域的人數可以表明需要更多的公共交通路線，或者目的地附近有更多的住房選擇。

4. **人口統計資料（Demographics）**：人口統計資料是指匯總的人口數量，以及有關其中人員特徵的資訊。這些包括性別、年齡、收入、住房成本等。此類資料通常是由政府進行的人口普查和調查收集而來。人口統計資料常結合移動性資料來使用，藉以瞭解企業的潛在客戶：包括誰拜訪了這個區域，以及誰住在這個區域。藉由查看居住在（或經過）此地區的人們的流動程度、生活方式和經濟實力，企業可以瞭解該地區是否值得投資。如果他們決定投資，企業還可以使用人口統計資料來協助確定展店的位置、廣告的投放方式和位置，以及進駐哪些品牌和產品。

5. **地址資料（Address）**：位址資料提供有關特定地點的導航相關資訊，由與街道位址相關聯的地理坐標對或集合表示。地址資料用於對應、視覺化和分析地點所在的位置。位址資料本身作為分析輸入非常有用，但它也可以與其他地理空間資料類型結合使用，以查看特定地點究竟發生了什麼。例如，將位址資料與人口統計資料結合可以揭示屬於哪個學區或稅收管轄區。

6. **邊界資料（Boundaries）**：邊界資料在地圖繪製中是為了服務於組織的需求，通常用於指定國家與地區之間的分離。在更局部的範圍內，邊界可用於分析學校的學生來源主要分佈在哪些區域。或者，企業可以使用邊界資料，根據其所屬司法管轄區的規則或其他屬性，決定商店的位置或展示廣告的位置。

7. **環境資料（Environment）**：環境資料與自然地理現象有關。這些包括氣候（天氣和溫度）、潮汐、海拔、地震活動和動植物棲息地或遷徙模式。環境資料也可以用於許多產業或是情境。例如在保險業，藉由分析一個地區過去十年來的降雨量變化與空間分佈狀態，保險公司可以在進行風險評估和製定責任框架時考慮這些資訊。

8. **街道資料（Streets）**：街道資料提供了從一個地方到另一個地方的人們提供了交通路線的背景資訊，這是這是許多形式的地圖不可或缺的一部分。如果一條或多條路線被過度阻塞或完全封鎖，高級街道資料還可以幫助規劃特定（或替代）路線。

9. **影像資料（Imagery）**：影像資料是指現實世界中各個位置的真實表現，通常是航空攝影或衛星成像。圖像資料通常用於製圖，通常作為其他地理空間資料層的前後關係基礎。使用者可以透過它來更準確地描述地球表面在任何給定時間點的樣子。這可以揭示對他們很重要但其他地圖中可能不存在的資訊，例如樹木覆蓋、水質或水位、動物群的遷徙和野火的蔓延。

# 12.2 圖形介紹

## 12.2.1 分層設色圖（Choropleth map）

分層設色圖是把資料放到地圖上顯示的標準方法。將劃分的地理區域或指定範圍，根據資料的數值進行著色。分層設色圖提供了一種對於地理空間區域數值視覺化的方法。在地圖的每個區域中透過顏色的改變，來顯示資料變數的狀態。通常，這可以是從一種顏色到另一種顏色的混合、單一色調漸變、透明到不透明、從淺到深或整個色譜。

產製分層設色圖時，常見錯誤是對原始資料值（例如人口）進行編碼，而非使用標準化的值（例如計算每平方公里的人口，或是占總人口的比例）來生成熱度地圖。應該呈現的是這個變數中的地理區域的比值而不是絕對資料，同時還要使用一個合理的基礎地圖。此外，區域的陰影或圖案與地圖上顯示的統計變數的測量值應成一定比例（如顏色深、淺的關係），例如人口密度或人均收入。否則，讀者可能會因為無法準確讀取或比較地圖中的值，而對陰影值的感知受到影響。

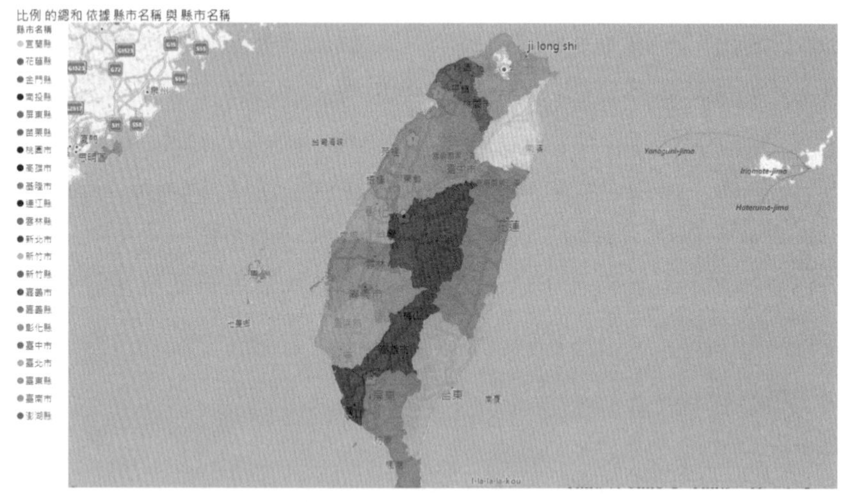


^ 圖 12.1　使用範例資料集繪製的基本熱度地圖

## 12.2.2 比例象徵地圖（Proportional symbol map）

比例象徵地圖呈現的是絕對資料而不是比值。要留意的是，資料的細微差異會不易於呈現。比例象徵地圖會將地理區域圖結合圓餅圖或是長條圖，來呈現變數的數值。使用比例象徵地圖，圓圈（或泡泡）或是柱狀長條會顯示在指定的地理區域位置上。每個圓圈的面積或是柱狀的長度，與在資料集中的值成正比。

地圖上的圓餅圖（Pie chart on a map）是圓餅圖資料視覺化和地圖的簡單組合。圓餅圖圓圈的大小能夠提供多一個維度的視覺化。氣泡圖非常適合比較地理區域的比例，而不會出現由區域面積大小引起的問題，如 Choropleth 地圖上所見。然而，氣泡圖的一個主要缺陷是過大的氣泡可能會與地圖上的其他氣泡和區域重疊，因此需要考慮到這一點。圖 12.2 就是使用範例資料集繪製的【會員卡號】比例象徵氣泡圖。

^ **圖 12.2** 使用範例資料集繪製的【會員卡號】比例象徵氣泡圖

地圖上的長條圖（Bar chart on a map）是帶有位置的地圖和條形圖的組合。在沿值顯示地理空間資料時非常有用。位置可以表示城市、國家或任何其他類型的位置。像長條圖一樣，每個長條的高度或體積與其代表的值成正比（如圖 12.3 所示）。圖 12.3 展示了 2010 年以來，世界上最大（人口最多）的 100 個城市。每個城市的大小由一個特定高度的長條圖表示。

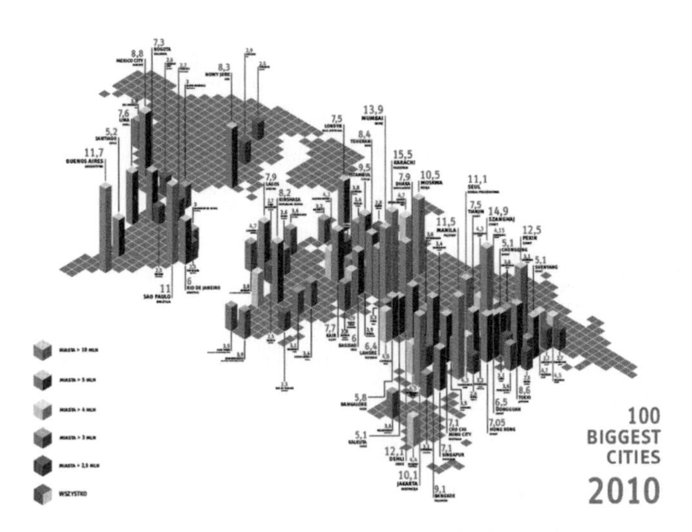


^ **圖 12.3** 世界前 100 大的城市（2010）

*https://www.behance.net/gallery/4610471/100-biggest-cities-2010-infographic*

## 12.2.3 點狀密度地圖（Dot density map）

點狀密度地圖，也稱為點圖、點分佈圖，或是點密度圖。這是一種地圖類型，藉由在地理區域上放置相同大小的點或其他符號，顯示特定的特徵或現象在地理區域上分佈的方法。點狀密度地圖的呈現有兩種形式：一對一（一個點代表一個計數或對象）和一對多（一個點代表一個特定的單元，例如 1 個點 = 100 個人）。在點狀密度地圖中，點數多的區域表示所選類別的集中度較高，點數少的區域表示集中度較低。點地圖非常適合查看事物在地理區域的分佈情況，並且可以揭示地圖上點聚集時的模式。點狀密度地圖易於掌握，更適合提供資料概括性的呈現，但不適合檢索精確數值。

圖 12.4 呈現了 2015 年 6 月至 9 月間登革熱病例群聚點狀密度地圖。若是連結到網址的頁面，更可以看到動態的連續點狀密度地圖，看到這一段時間的持續改變。每一個點代表一個案例，加上顏色來呈現發病的時間，這一張點狀密度圖可成提供更多維度的資訊。2015 年，台南出現嚴重的登革熱疫情，加上各種突發狀況讓台南市政府疲於奔命。由市府組織的成大醫療團隊修正過往經驗，進行長期持續的疫情監測。希望未來讓新的防疫策略奏效，讓這些以病歷資料找出的熱區做好防範，最後不會真的爆發疫情（彭琬馨，2016）。

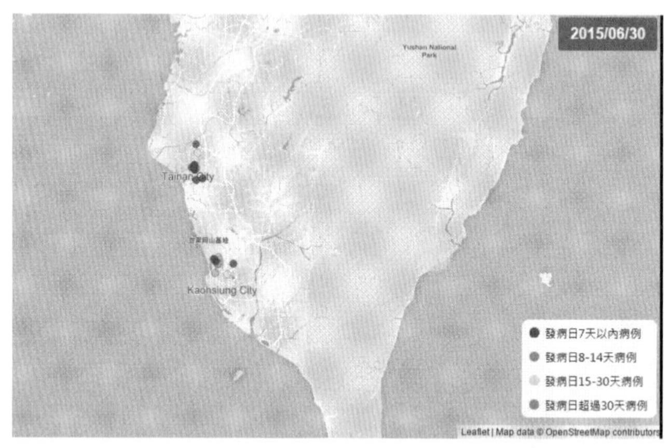


^ **圖 12.4**　2015 年 6 月至 9 月間登革熱病例群聚點狀密度地圖
*資料來源：https://pansci.asia/archives/103488*

## 12.2.4 流向地圖（Flow map）

流向地圖是為了在地理位置上呈現特定的對象（或類別），從一個位置到另一個位置的移動狀態以及其數量大小。流向地圖相當適合用於顯示人、動物，或是交易產品的流動資料。單一流向線條中，流動的數值高低均會反應在線條的寬度大小。這有助於顯示在地理位置上的流動以及分佈狀態。因為資料流向的特性，流向地圖也可以定義為地圖結合桑基圖（Sankey diagram）的混合應用型態。流向地圖最著名的例子是米納德於 1812 年繪製的對俄戰爭中法軍人力持續損失示意圖。

圖 12.5 呈現了 2014 年春節期間大陸返台人口流向地圖。在圖中可以清楚看到於 2014 年的春節期間，不同地點返台的旅客中，數量的變化與差異。

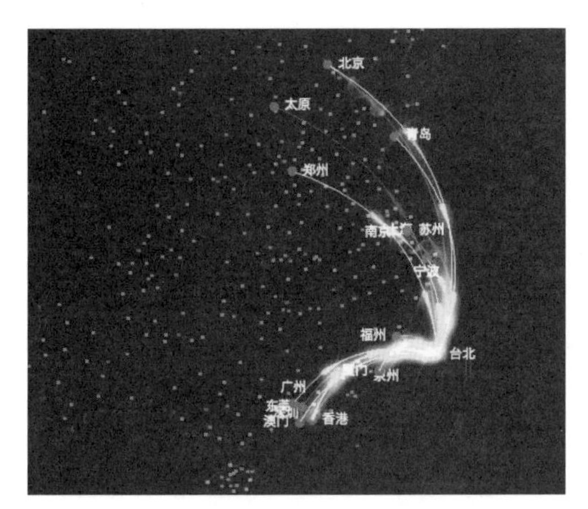


| 迁入热市 | | | |
|---|---|---|---|
| 1 | 上海 | → 台北 | 193 ‰ |
| 2 | 香港 | → 台北 | 134 ‰ |
| 3 | 深圳 | → 台北 | 103 ‰ |
| 4 | 厦门 | → 台北 | 75 ‰ |
| 5 | 北京 | → 台北 | 53 ‰ |
| 6 | 苏州 | → 台北 | 53 ‰ |
| 7 | 福州 | → 台北 | 44 ‰ |
| 8 | 东莞 | → 台北 | 34 ‰ |
| 9 | 泉州 | → 台北 | 34 ‰ |
| 10 | 太原 | → 台北 | 34 ‰ |

^ **圖 12.5** 2014 年春節期間大陸返台人口流向地圖

*資料來源：https://buzzorange.com/techorange/2014/01/28/chinese-new-year-in-china/*

## 12.2.5 等值線地圖（Isoline map）

由於大海時代的推波助瀾，促成了地圖繪製的大幅進步。Edmund Halley（1701）開發了在坐標網格的地圖上，結合了磁場分佈的地理繪圖。這是等值線圖的第一次展現。等值線圖，亦稱為等量線圖。將一組可以量化的資料，以連續分佈且具有將相同值的各點連成的閉合曲線的一種圖型。沿著某一特定的等值線，就可以識別具有相同值的所有位置。藉由查看相鄰等值線的間距，可以大致瞭解值的分佈層次及數量特徵（高低、大小、強弱、快慢等）。等值線的疏密可判斷在空間中地理現象變化的大小。例如用以呈現某些具連續性分佈性質的現象，如降水量、氣溫、地形高度等。它著重於顯示各種數量變化的規律，是專題地圖的一種重要圖型。等值線圖能夠顯示數值範圍，所以能將第三個維度的資料在顯示地圖上，使其適用於繪製表面海拔高度或天氣資料。用於氣象領域的則有等溫度線、等氣壓線、等降雨量線等都是等值線圖。

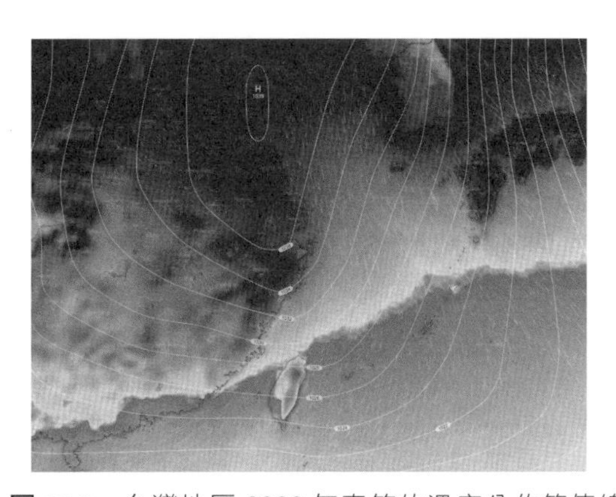

^ **圖 12.6** 台灣地區 2023 年春節的溫度分佈等值線圖

*資料來源：台灣颱風論壇（https://www.facebook.com/twtybbs/photos/9316632375017353）*

## 12.2.6 等高線地圖（Contour map /Topographic map）

最早的等高線地形圖起源於等深線地形圖。1728 年荷蘭工程師克魯基最先用等深線法來表示河流的深度和河床狀況，後來又把它應用到表示海洋的深度（維基百科，2023）。等高線地圖是地面上文化和自然特徵的詳細而準確的圖形表示。一般來說，等高線地圖大部分在地圖系列相關的使用。所有等高線均為依據指定間隔而繪製去表示同一高度（或深度）的封閉曲線，而且任兩條等高線應不相交。因此，兩條曲線的距離，則表示該地形的傾斜角度，以及邊坡傾斜度的變化。距離越寬，表示地形越平緩；距離越近，表示地形越陡峭。兩條曲線若有相交的情形，則有可能是岩壁、斷崖、瀑布等地形。用於海、湖泊的等高線，則稱為等深線。

圖 12.7 的內容是鄭懷傑（2022）使用 SRTM（Shuttle Radar Topography Mission，太空梭雷達地形任務）提供的地形資料，繪製的馬榮火山（Mayon Volcano）地形等高線圖，以及一條穿過火山頂部的剖面高度圖。馬榮火山是一座位於菲律賓的火山，以近乎完美的錐體外型聞名。在以下的等高線圖和 A-B 點之間的剖面圖中，可以大致計算出火山高度是 2400 公尺，錐體半徑則大概是 9 公里左右。

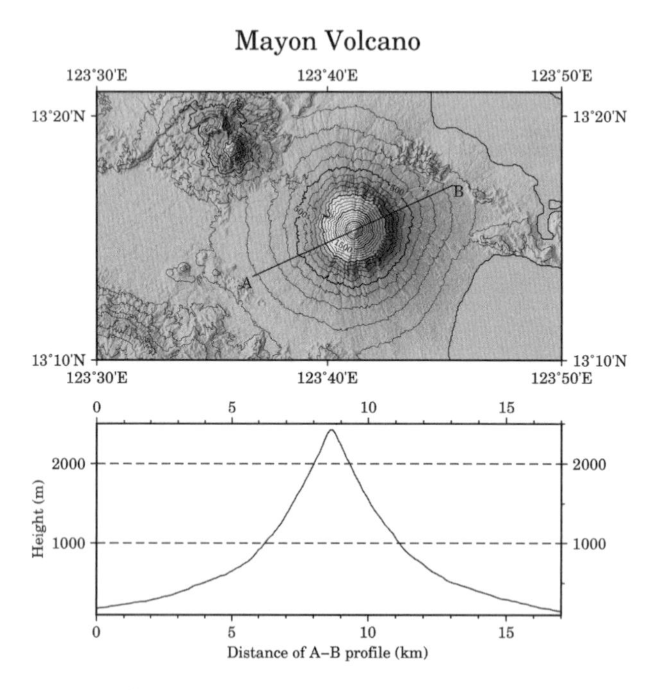


^ **圖 12.7** 菲律賓馬榮火山（Mayon Volcano）的地形等高線圖

*資料來源：https://gmt-tutorials.org/main/contour_and_profile.html*

## 12.3 不同地理空間圖形之優缺點比較

地理空間視覺化的主要目的是希望根據地區或者區域來展示數值的情況。結合地圖，讓使用者以地理方式檢視資料。繪製這樣的地理空間視覺化圖形，通常意味著在縣市、省（州、郡），或者國家的地理區域添加顏色，或是添加各式不同的圖形，以及其他形狀。地圖可以呈現多功能的視覺化，且高效展示與位置或區域相關的關鍵數值的地理分佈情形。使用地圖可以顯示營業地點、商店位置和其他商業相關場所的地理分佈。我們不但可以看到位置，還可以看到銷售額和其他量值，並可按泡泡大小或色彩顯示值差異。

在空間資料視覺化的呈現時，需要注意圖形（地理）面積與資料多寡的狀態可能會因為不成正比，以致於讓讀者對於資料的解讀產生歧異。俄羅斯的面積超過 660 萬平方英里，幾乎是加拿大的兩倍，因此在地圖上占據了大量空間。美國德州的面積為 27 萬平方英里，但它實際上還不到阿拉斯加（66.5 萬平方英里）的一半，其中的關鍵是俄羅斯、德州和阿拉斯加的資料可能與其在資料中的重要性不符，地圖可能會扭曲我們對視覺化重要值的看法。此外，如果使用非常大量的變數，可能會讓使用者較難以綜觀全域。也可能會讓各個值可能會彼此重疊，除非放大，否則難以看清楚。



## 12.4 實作與解釋

在本章節的實作中，會針對以 Power BI 能夠建立的視覺化圖形為基礎，建立相關的範例，提供讀者能夠練習。因此，若是 Power BI 內建或是輔助套件無法提供的圖形，本章節未納入實作範例。實作之前，請先匯入本章所使用之範例資料【Geo.csv】、【Geo_flow.csv】、【Geo_Member.csv】、【Transaction.csv】。

^ 圖 12.8　匯入範例資料

## 12.4.1 分層設色圖

STEP01 將匯入的資料建立關聯。【Geo】與【Geo_Member】的索引是【郵遞區號】，【Geo_Member】與【Transaction】的索引是【會員卡號】。

^ 圖 12.9　建立資料之間的關聯

STEP02 從【組建視覺效果】點選【區域分布圖】，建立工作區域。

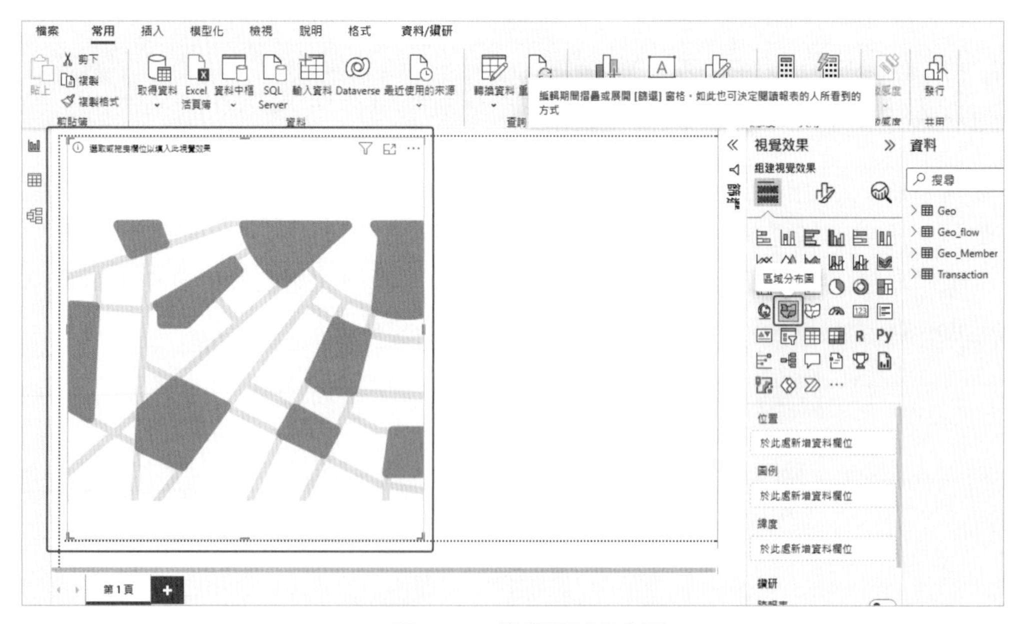


^ 圖 12.10　選擇區域分佈圖

STEP03 【位置】使用【縣市】欄位，【工具提示】使用【單價】欄位並設定為【單價的總和】。

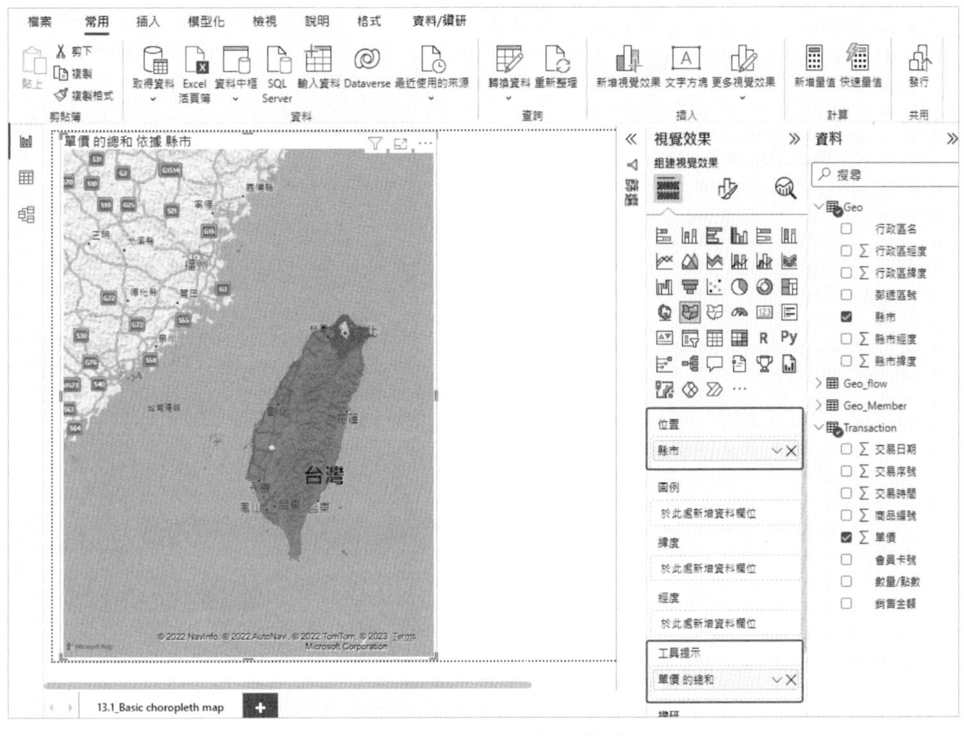


^ 圖 12.11　設定使用欄位

STEP04　在【格式化視覺效果】中的【視覺效果】中，設定填滿色彩。點選 *fx*。

^ 圖 12.12　設定填滿色彩

STEP05 點選 $fx$ 後，進入設定。【格式樣式】請選擇【漸層】，其他可以選擇的呈現方式還有【規則】及【欄位值】。

^ 圖 12.13 設定填滿色彩為漸層

STEP06 設定漸層色彩的條件、色彩，以及新增【漸層中間色彩】。

^ 圖 12.14 設定填滿色彩的漸層條件

STEP07 設定漸層色彩後，即可在區域分佈圖中顯示不同縣市的銷售總額。

^ **圖 12.15**　依不同銷售總額而呈現漸層色彩

STEP**08** 使用【縣市】欄位作為圖例，可以更清楚的顯示不同縣市之間的地理位置關係。

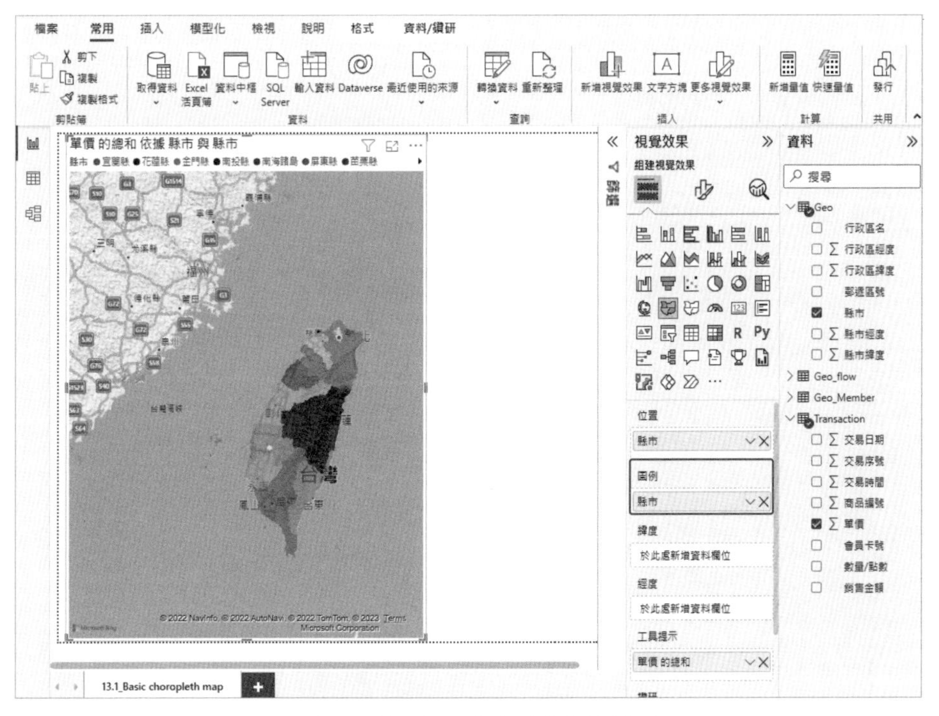


^ **圖 12.16**　使用縣市作為圖例色塊

STEP09 從【組建視覺效果】中點選【樹狀圖】。

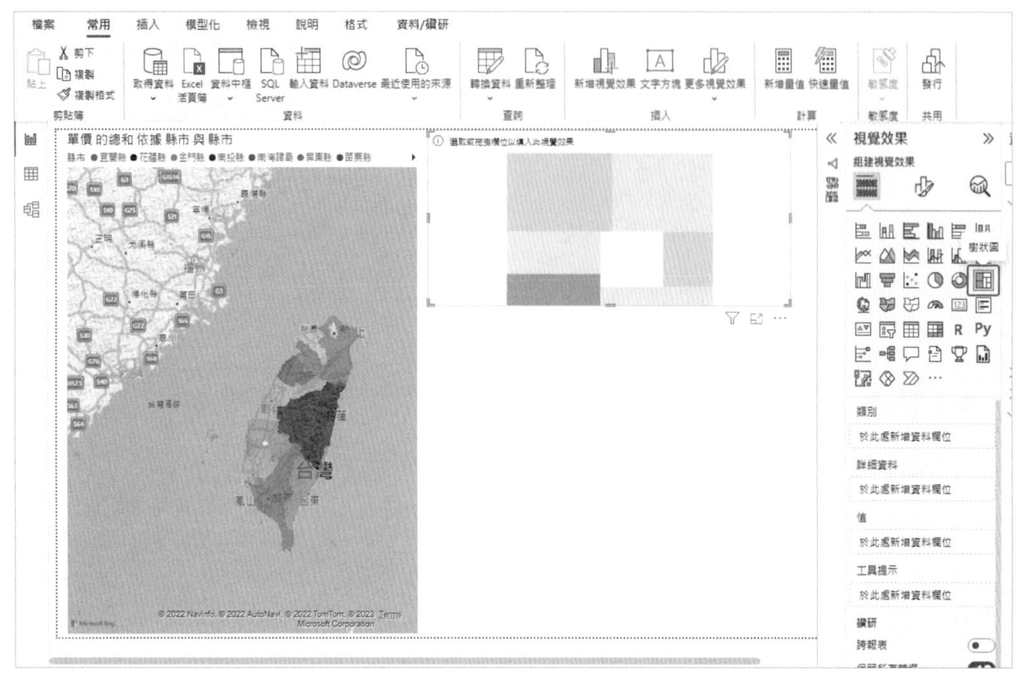


^ 圖 12.17 建立樹狀圖

STEP10 設定樹狀圖的【類別】為【縣市】欄位，【值】呈現的內容為【單價的總和】以顯示銷售總額。樹狀圖的色塊，即會依縣市銷售總額的大小來依序呈現。

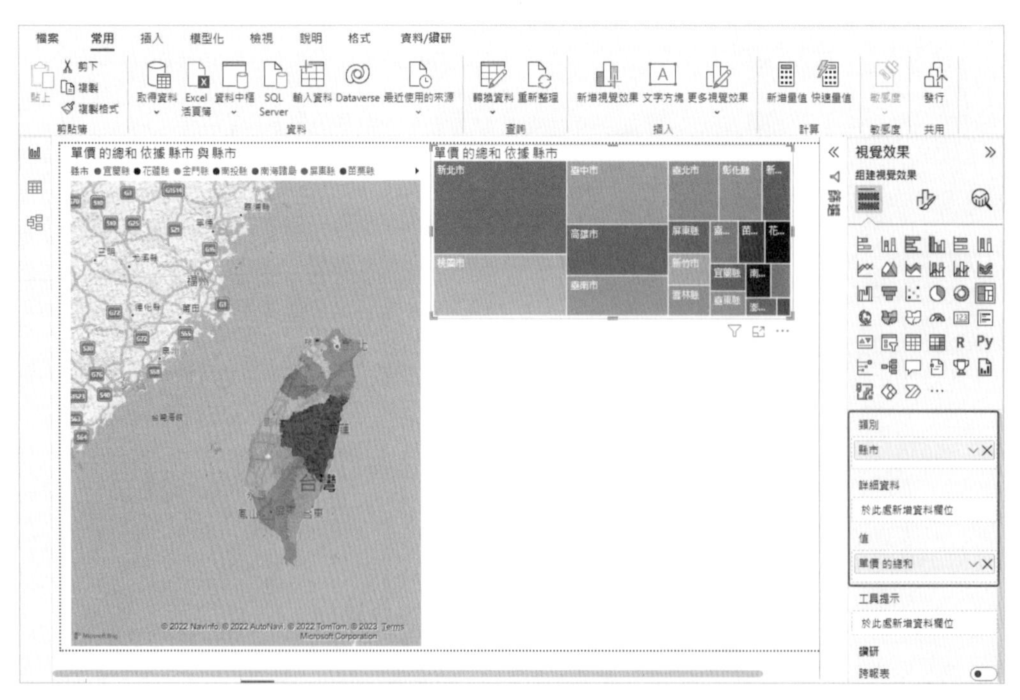


^ 圖 12.18 樹狀圖的色塊大小呈現縣市單價總合的高低

STEP11　新增【卡片】來呈現銷售總額的數字，讓人一目了然數字的大小。

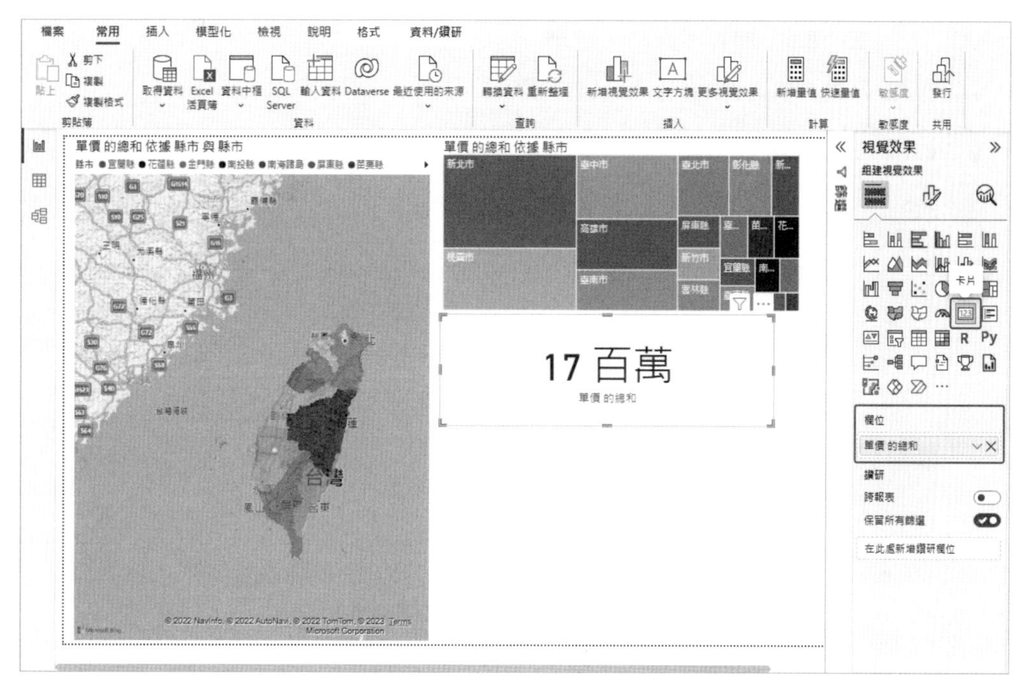


^ 圖 12.19　使用卡片呈現銷售數字

STEP12　設定卡片呈現的樣貌，【顯示單位】選【無】，同時取消【類別標籤】。

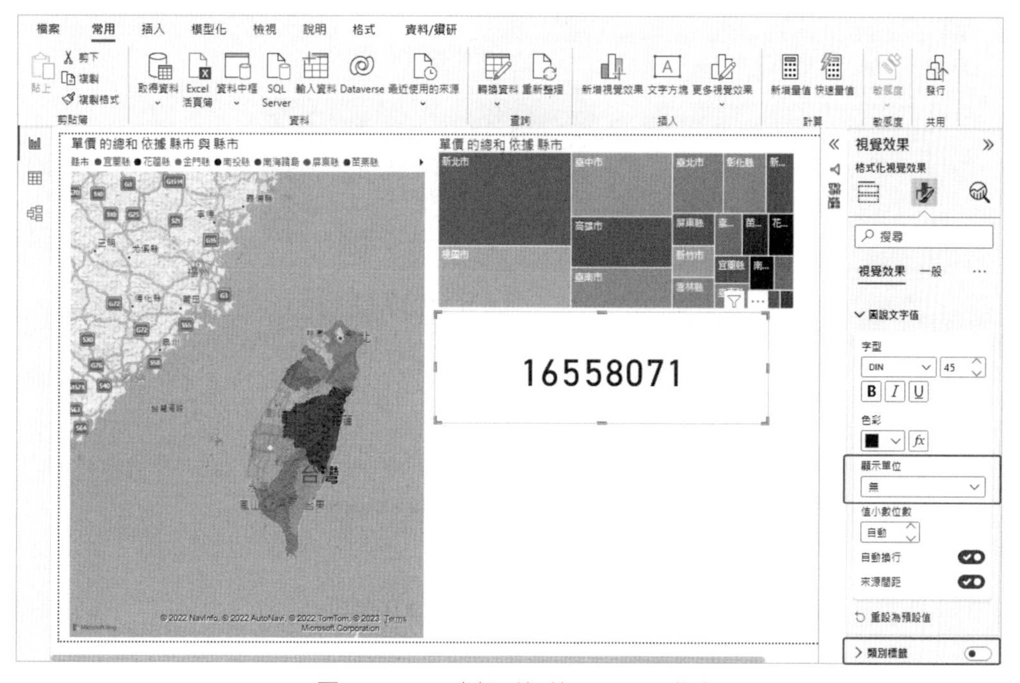


^ 圖 12.20　取消類別標籤且顯示單位為無

STEP 13 新增【文字方塊】，呈現【元】，並且設定字型、大小。

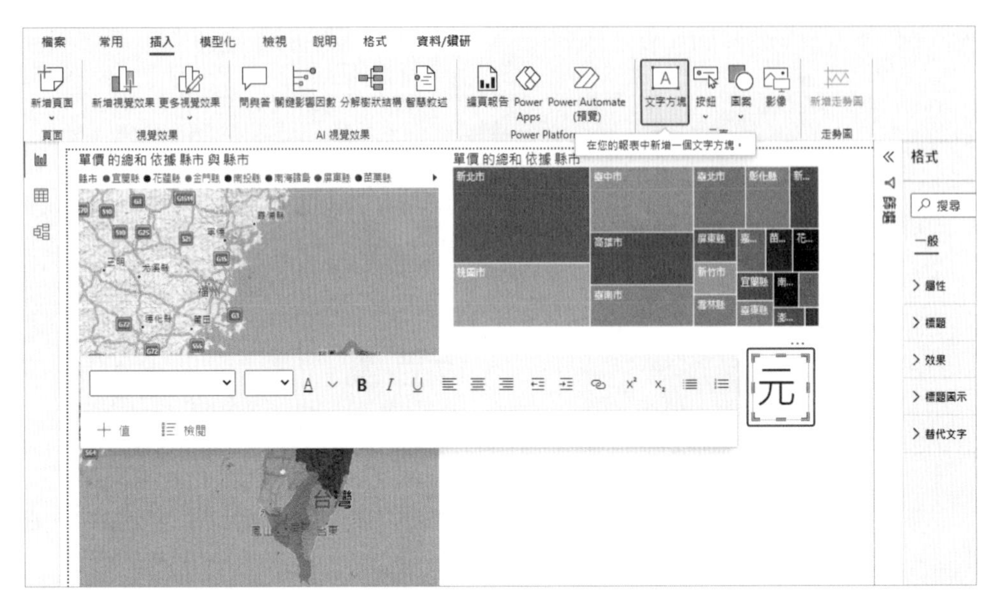


^ 圖 12.21 新增一個文字方塊

STEP 14 新增【堆疊直條圖】在右下角的位置，以直條圖的方式呈現各縣市的銷售總額。設定【X 軸】為【縣市】，【Y 軸】為【單價 的總和】。

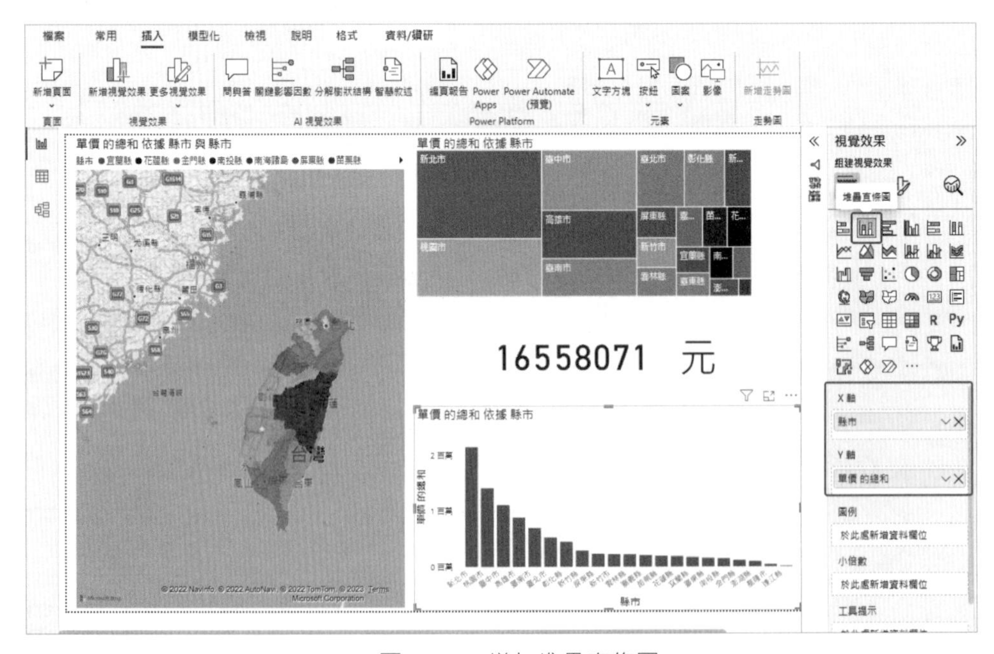


^ 圖 12.22 增加堆疊直條圖

STEP 15 單獨點選任一縣市，即可連動呈現相關的銷售總額數字、地理位置，以及與整體的關係。

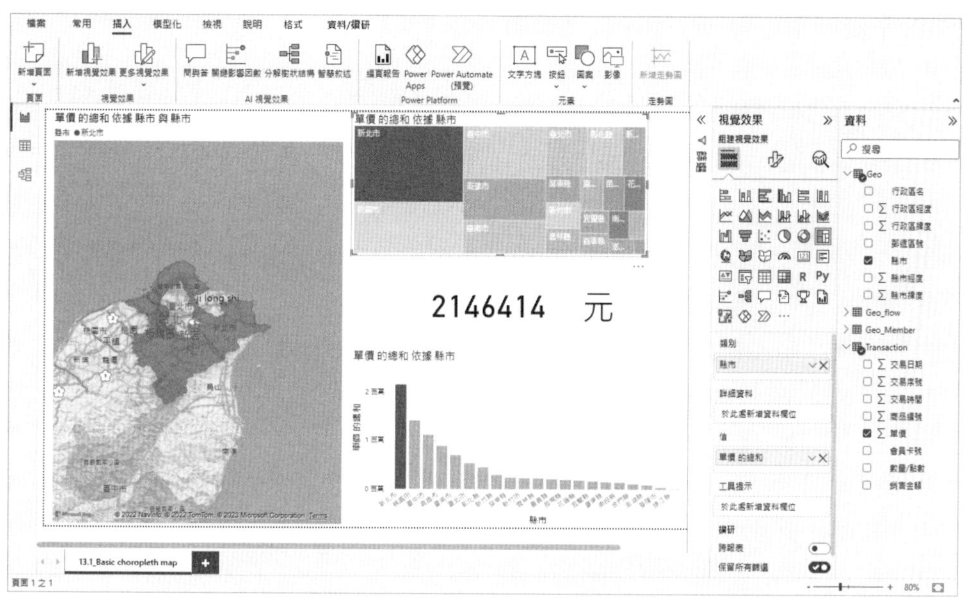


^ **圖 12.23**　單獨點選任一縣市即可呈現其銷售總額

## 12.4.2 比例象徵地圖

STEP01　點選【地圖】，建立工作區域。設定【圖例】為【性別】，【泡泡大小】為【性別的計數】，同時將經、緯度資料拖曳至相關欄位。設定完畢之後，即可在工作區域中呈現各縣市的男女會員比例。

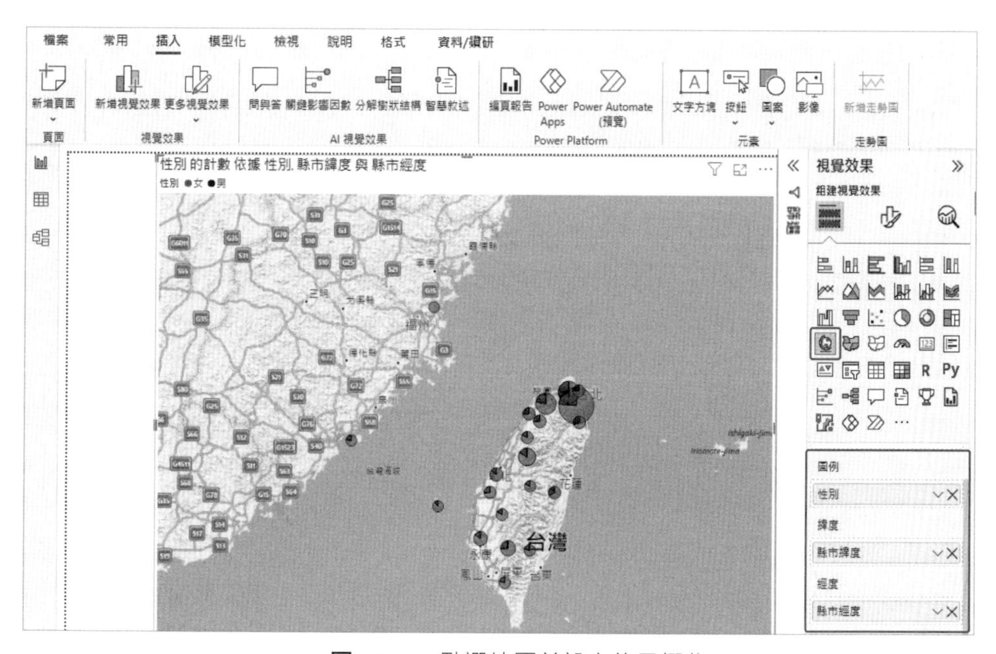


^ **圖 12.24**　點選地圖並設定使用欄位

STEP02 從【格式化視覺效果】中的【視覺效果】，去調整男女的呈現色彩。

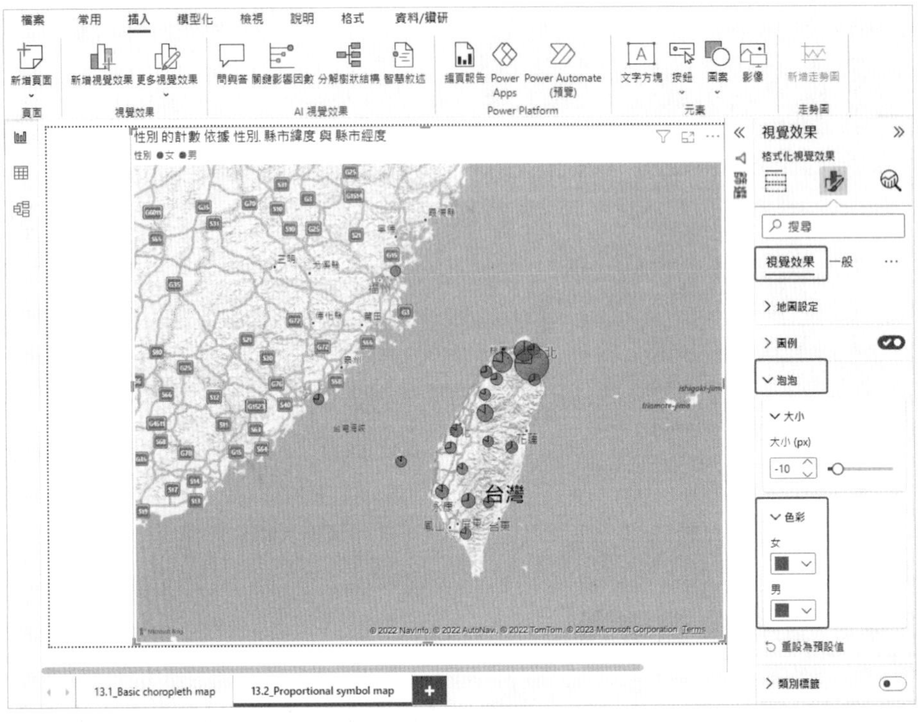

^ 圖 12.25 調整色彩

STEP03 建立地圖的標題。輸入標題，並且設定大小、粗體，以及置中。

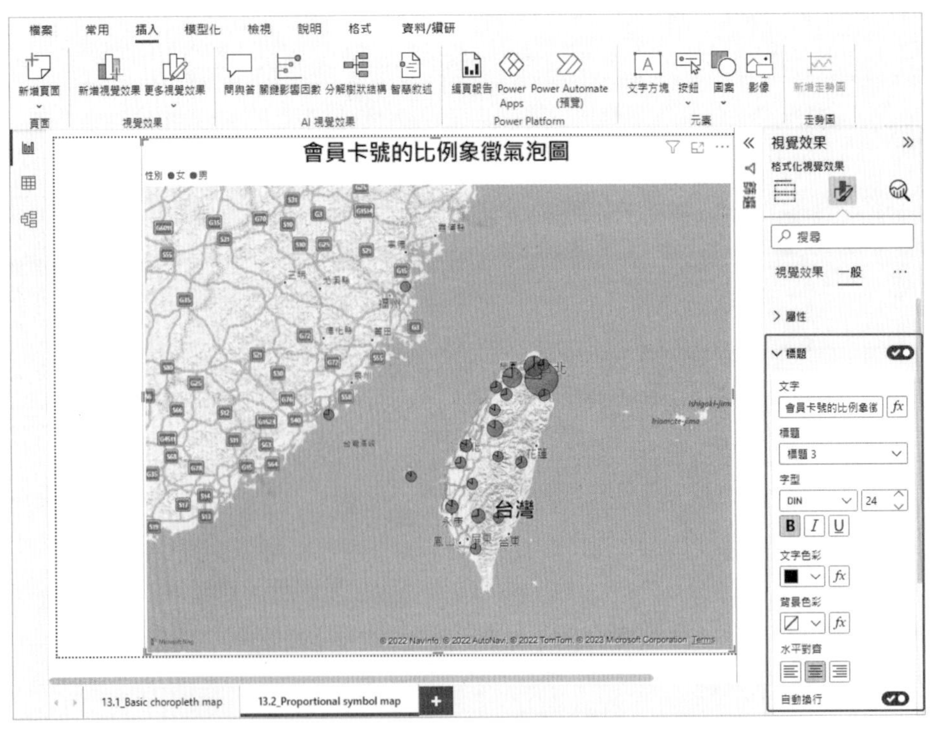


^ 圖 12.26 設定標題

STEP04 新增【卡片】，設定欄位為【縣市】。

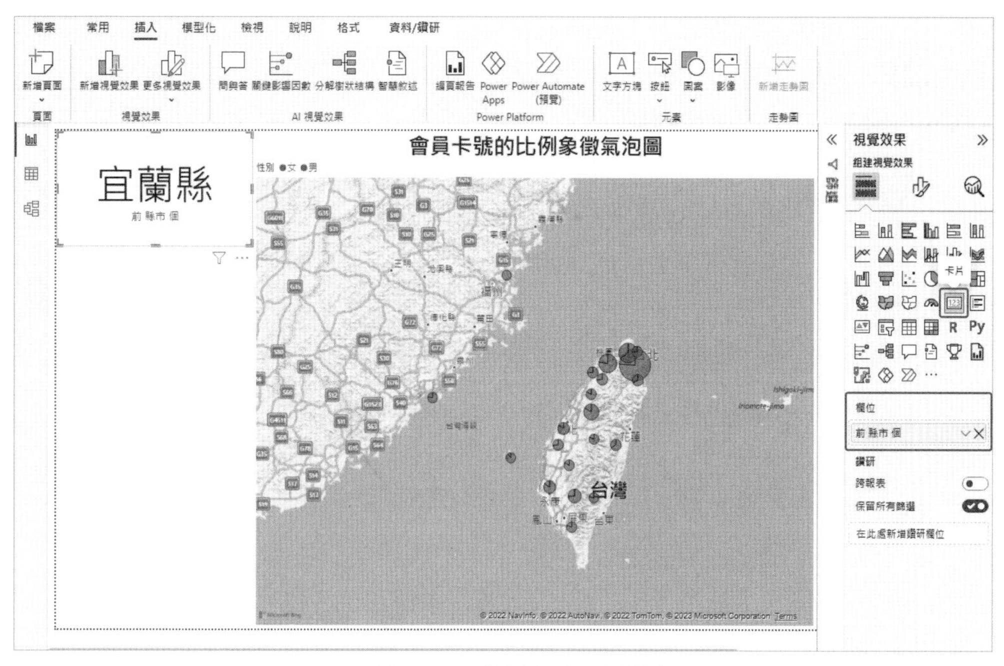


^ 圖 12.27 使用卡片呈現縣市

STEP05 關閉【卡片】的類別標籤，使之呈現值即可。

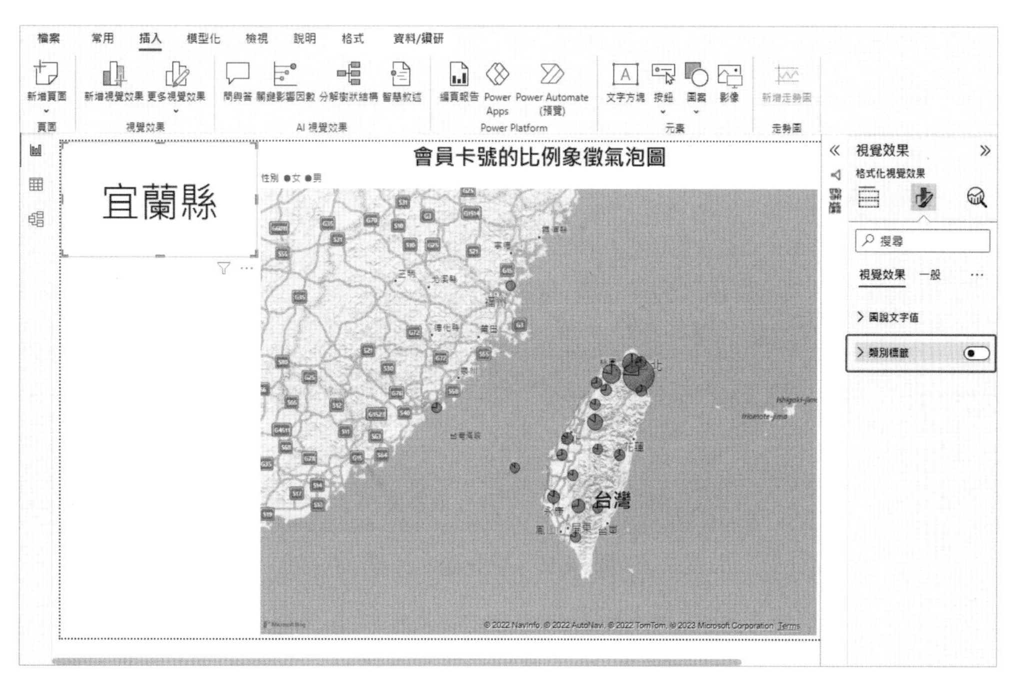


^ 圖 12.28 關閉卡片的類別標籤

STEP06 另外再新增一個卡片，來呈現人數。設定【欄位】為【會員卡號】。

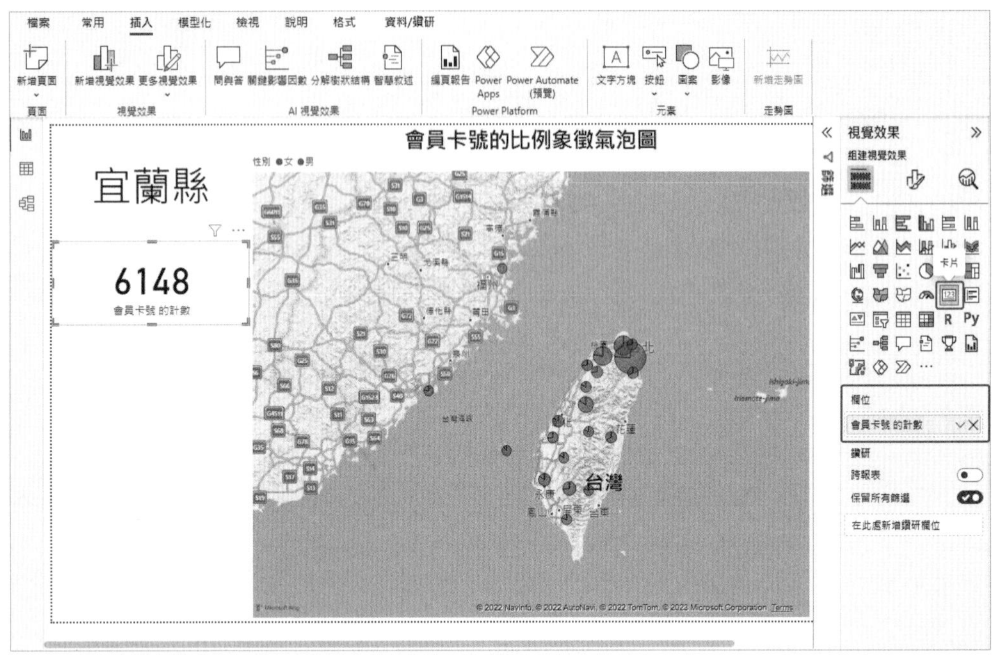


^ 圖 12.29 使用卡片呈現人數

STEP07 關閉【卡片】的類別標籤，使之呈現值即可。

^ 圖 12.30 關閉類別標籤

STEP08 建立一個【交叉分析篩選器】，來讓使用者可以單獨點選想要瞭解的縣市資料。

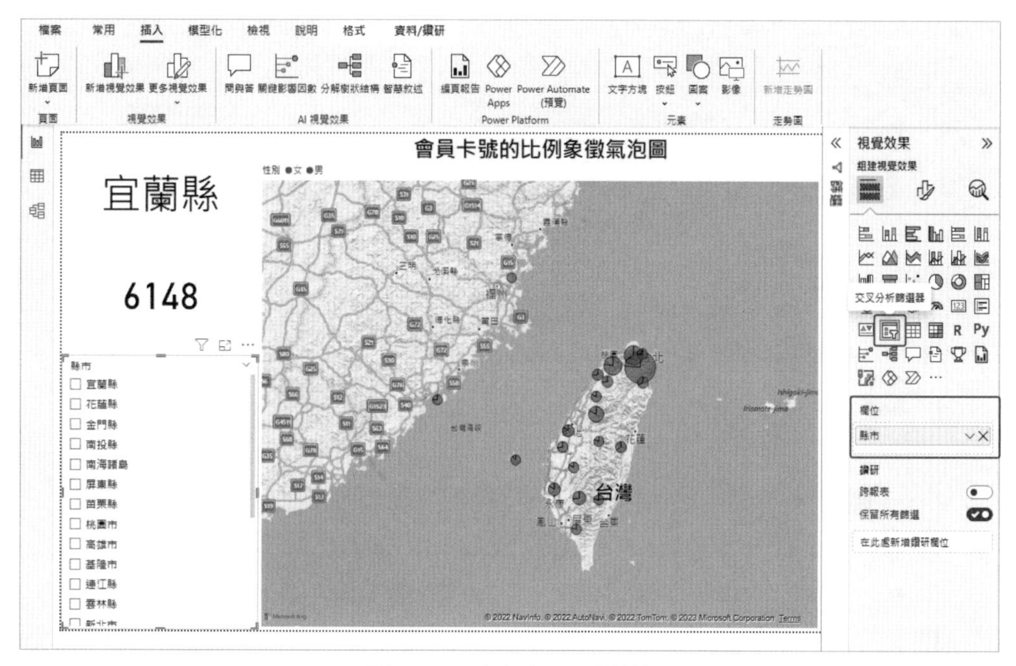


^ 圖 12.31 建立交叉分析篩選器

STEP09 設定交叉分析篩選器呈現的樣式為【磚】，即可將各縣市的篩選如圖左下的方式來呈現。

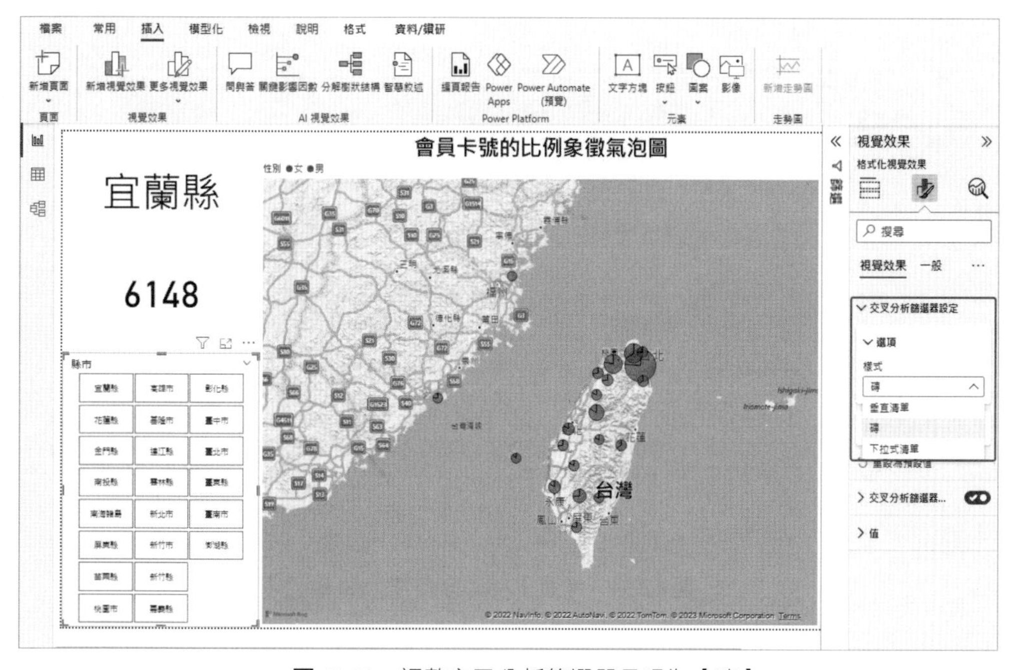


^ 圖 12.32 調整交叉分析篩選器呈現為【磚】

STEP10 單獨點選任一縣市，即可呈現使用者關心的數據狀態以及地理位置。

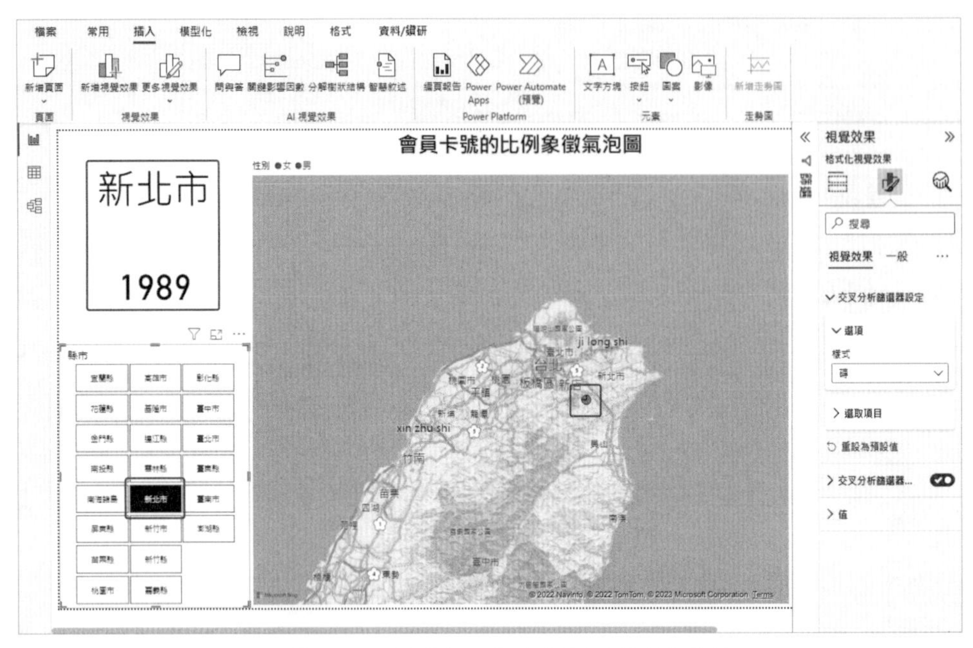


^ 圖 12.33 點選任一縣市即可呈現指定數據

## 12.4.3 點狀密度地圖

STEP01 點選【組建視覺效果】中的【ArcGIS for Power BI】，來建立工作區域。

^ 圖 12.34 點選【ArcGIS for Power BI】

STEP02 點選【ArcGIS for Power BI】後，會先要求使用者登入。登入的方式十分多元，可以 ArcGIS 的會員登入，也可以使用【GitHub】、【FB】、【Google】、【Apple】等帳號登入。ArcGIS 是由 ESRI 出品的一個地理資訊系統系列軟體的總稱。

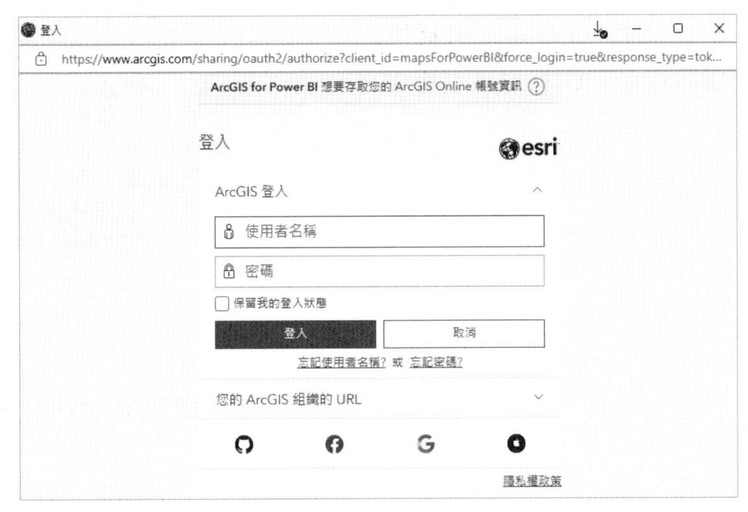


^ 圖 12.35 登入使用帳號

STEP03 設定圖資的視覺化參數。【Location】顯示的是【行政區名】，【Size】的大小依據【會員卡號】的多寡而有變化，【Color】呈現的則是【性別】的差異。完成圖如下，畫面可以使用滑鼠滾輪來放大、縮小呈現。

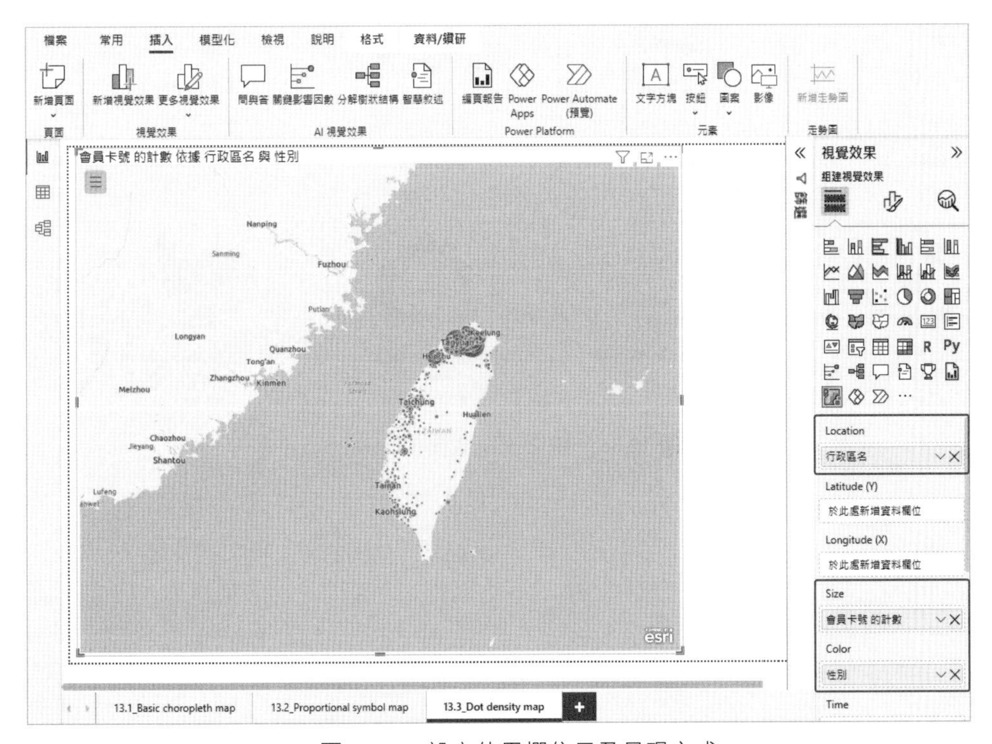


^ 圖 12.36 設定使用欄位元及呈現方式

## 12.4.4 流向地圖

STEP01 由於 Power BI 內建的圖形功能目前沒有和弦圖，因此需要繪製此類圖表的時候，可以透過 AppSource 去新增此功能。點選取得更多視覺效果來新增流向地圖。

^ 圖 12.37 取得更多視覺效果

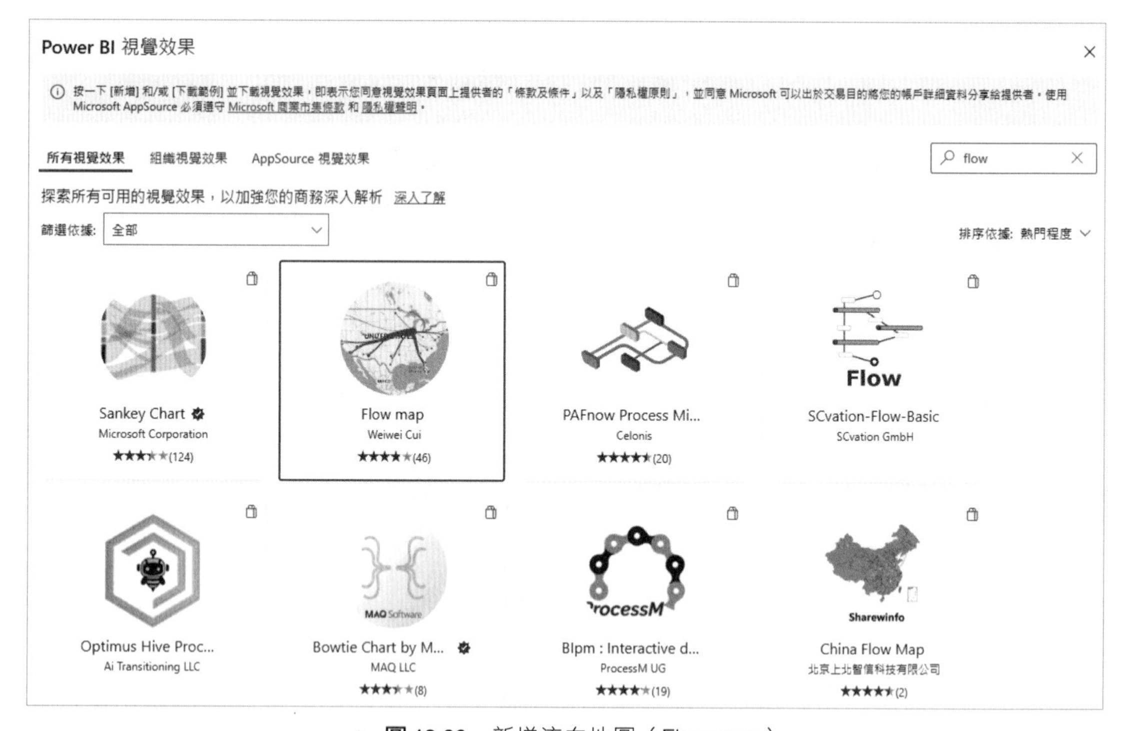


^ 圖 12.38 新增流向地圖（Flow map）

STEP02　在流向地圖中，我們將使用【Geo_flow】這個資料。因此，在點選【Flow map】的圖示後，建立一個工作區域。依次將相關的欄位拖曳至適當位置。欄位的設定與使用。這個資料是作者自行虛擬編纂，內容為不同機場之間的出入境人數。

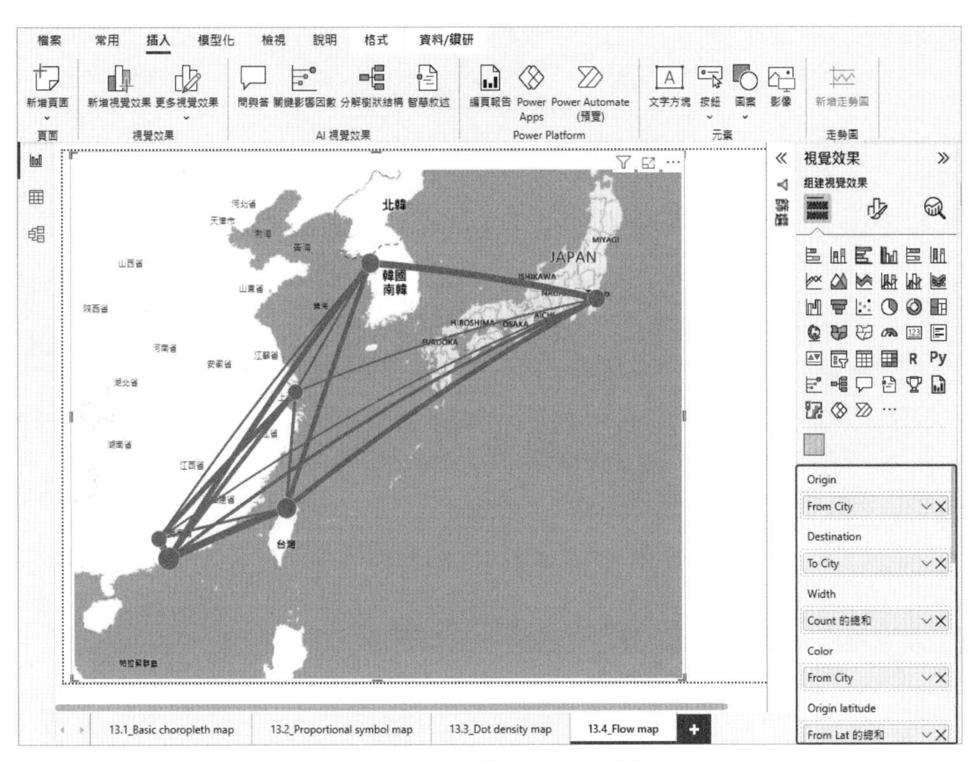


^ 圖 12.39　選擇使用的欄位

^ 圖 12.40　設定使用欄位

STEP03　調整視覺化的呈現效果。從【視覺化格式效果】中的【視覺效果】，設定流向線條的呈現方式為【Flow】。

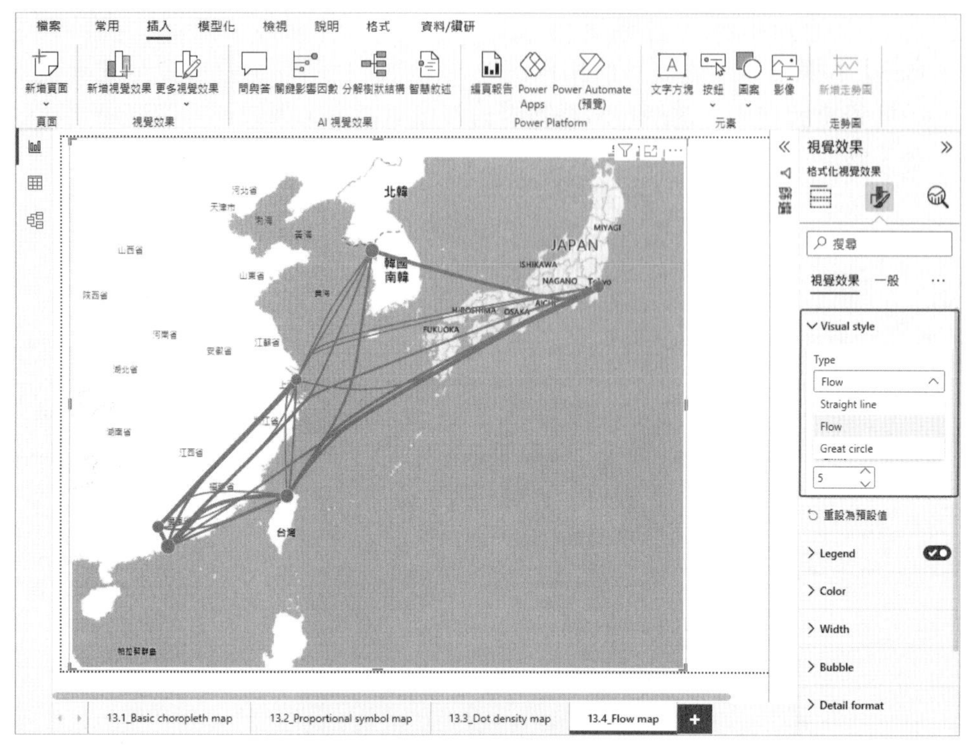


^ **圖 12.41** 設定流向圖的視覺效果為 Flow

STEP04 設定線條呈現的色彩，讓不同流向的線條可以更易於解讀。

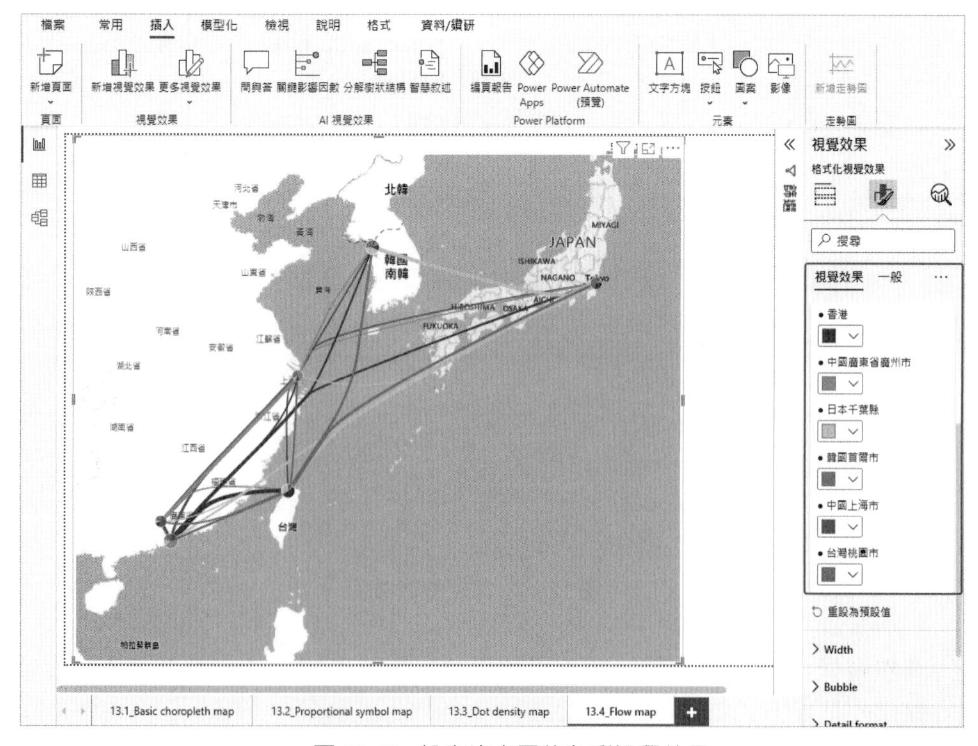


^ **圖 12.42** 設定流向圖的色彩視覺效果

STEP 05 建立一個交叉分析篩選器，使用的欄位為【To City】，讓使用者可以在點選任一到達機場時，瞭解入境該機場的流量。

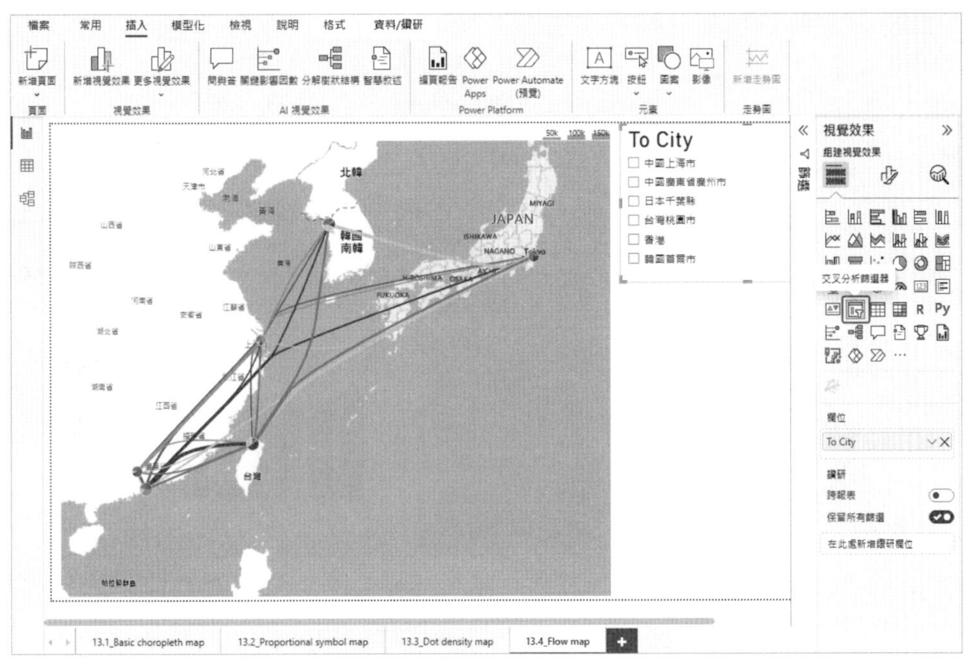


圖 12.43 建立交叉分析篩選器

STEP 06 建立一個堆疊直條圖，直接呈現到達某機場的旅客流量，並且建立直條圖。設定【X 軸】為【From City】，【Y 軸】為【Count 的總和】。

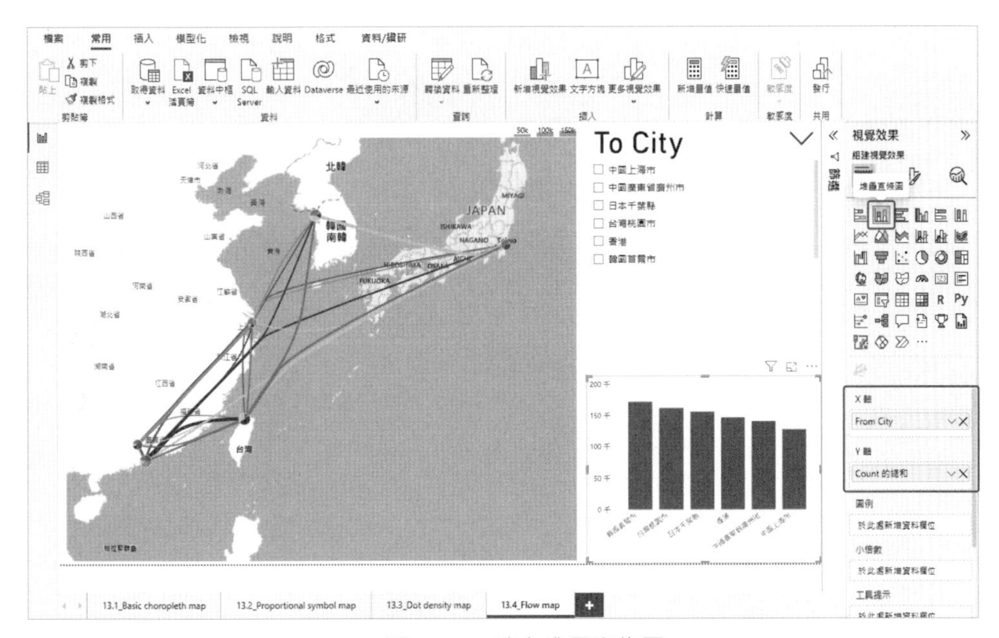


圖 12.44 建立堆疊直條圖

STEP 07 設定直條圖的視覺效果。取消主標題、X 軸標題，以及 Y 軸標題的呈現，讓畫面更為簡潔。

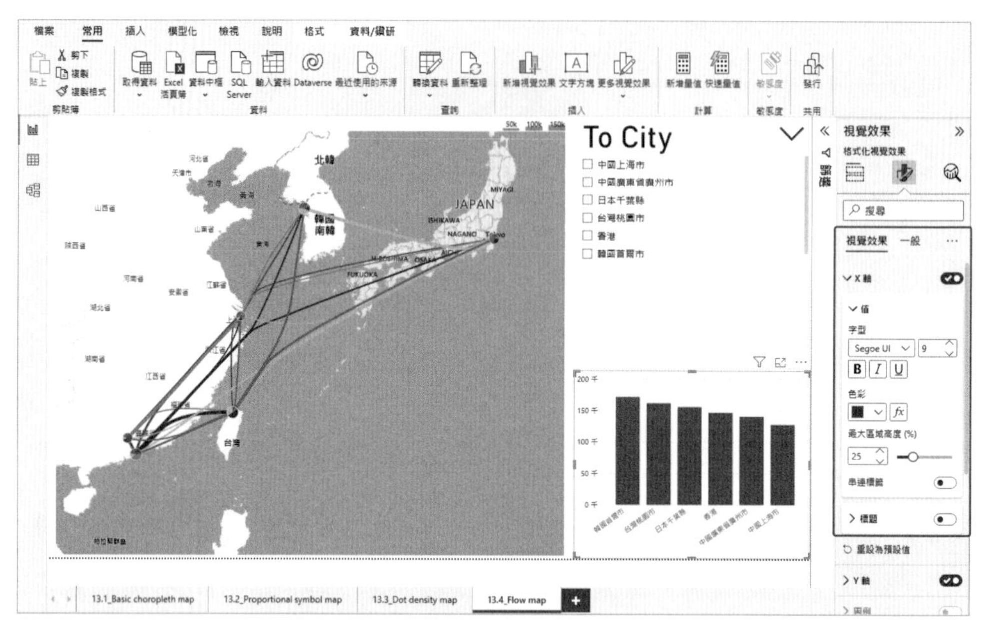


^ 圖 12.45 設定直條圖的視覺呈現效果

## 模擬試題

1. 空間視覺化主要用於呈現哪種類型的資料？

   A. 時間序列資料
   B. 地理位置和地理分佈資料
   C. 分類資料
   D. 數值比較資料

2. 下列哪一種圖表不是用於空間視覺化？

   A. 分層設色圖
   B. 比例象徵地圖
   C. 流向地圖
   D. 柱狀圖

3. 空間資料一般包含哪些訊息？

   A. 僅地理位置坐標
   B. 地理位置、時間戳記、分類和其他屬性
   C. 僅數值資料
   D. 文本描述資料

4. 在進行空間視覺化時，使用分層設色圖的目的是什麼？

   A. 顯示時間序列變化
   B. 比較不同地理位置的數值大小
   C. 顯示地理位置間的移動流量
   D. 展示一個區域內不同分類的比例

5. 用於氣象領域的則有等溫度線、等氣壓線、等降雨量線等是屬於哪一類圖形的應用？

   A. 小提琴圖
   B. 人口金字塔
   C. 南丁格爾玫瑰圖
   D. 等值線地圖

# 參考文獻


- Chart.Guide. https://chart.guide/
- https://datavizproject.com/
- SafeGraph (2023). Geospatial Data Types and How You Can Use Them. Retrieved 2023-01-17 from https://www.safegraph.com/guides/geospatial-data-types
- Smith, A. (2022). Visual vocabulary. https://github.com/Financial-Times/chart-doctor/blob/main/visual-vocabulary/Visual-vocabulary-cn-traditional.pdf
- The Data Visualisation Catalogue. https://datavizcatalogue.com/index.html
- 在 Power BI Desktop ( 預覽 ) 中建立圖形對應視覺效果。https://learn.microsoft.com/zh-tw/power-bi/visuals/desktop-shape-map
- 百科知識中文網。等值線圖。Retrieved 2023–02–28 from https://www.jendow.com.tw/wiki/ 等值線圖
- 李浩綸 (2014)。地表最大人口遷移，看中國返鄉人潮動態圖就能體會。科技報橘。Retrieved 2023–02–28 from https://buzzorange.com/techorange/2014/01/28/chinese-new-year-in-china/
- 彭琬馨 (2016)。登革熱來了怎知道？大資料團隊監控疫情。泛科學。Retrieved 2023–02–28 from https://pansci.asia/archives/103488
- 開始使用 Azure 地圖服務 Power BI 視覺效果 ( 預覽版 )。https://learn.microsoft.com/zh-tw/azure/azure-maps/power-bi-visual-get-started?context=%2Fpower-bi%2Fcreate-reports%2Fcontext%2Fcontext
- 維基百科 (2023)。等高線。Retrieved 2023–02–28 from https://zh.wikipedia.org/zh-tw/等高線
- 鄭懷傑 (2022)。等高線地圖及地形剖面。Retrieved 2023–02–28 from https://gmt-tutorials.org/main/contour_and_profile.html

CHAPTER

# 13

# 流向視覺化（Flow）

## 13.1 流向視覺化之圖表特色及使用之資料格式

流向視覺化（Flow）就是向讀者展示兩個或兩個以上的狀態、情境之間的流動量或流動強度。這裡的狀態、情境可能是邏輯關係或地理位置。用於顯示移動數據或數據流的視覺化方法。較常使用的圖形有桑基圖（Sankey diagram）、瀑布圖（Waterfall plot）、和弦圖（Chord graph）、網路圖（Network diagram）…等（Smith, 2022）。

流向視覺化中的圖形，藉由線條粗細來表示流量的大小，有些更包含了流動的方向，或是先後順序的不同。其中，流量可以代表資金、資料、商品、資訊、…等。流量與交易的意義並不相同。交易是將來源（起點）連結到目的地（終點）的單次事件。例如，A 公司向 B 公司付款本次交易的金額為 10 萬美金。然而，流量則是數量移動的總計。藉由合併交易、來源（起點）和目的地（終點）的資料，再透過不同的形式來呈現這個系統中的有用資訊。例如，A 公司向 B 公司的年採購金額為一千萬台幣，A 公司向 C 公司的年採購金額為五百萬台幣。

為什麼理解流向如此重要呢？因為流向視覺化析是一項重要的分析技術。許多領域的調查人員使用事件、活動和商品流分析來建立行為模式。讓我們看一些流向的應用範例。例如：

- 世界各國之間的移民情形。
- 年節時期的人群移動狀態。

- 追蹤加密貨幣支付和交易。
- 在社群網路中的好友網路狀態，以及是否追蹤對方。
- 跟蹤某些事物在人群中的傳播路徑，例如謠言或病毒。
- 透過人員、毒品或武器的非法流動路徑來瞭解犯罪活動。

大部分流向圖形所使用的資料，需要包含起迄點的關係。例如人口移動。從台灣移動到美國。台灣是起點，美國是迄點。若需要呈現流量大小，則需要包含統計資訊。例如從台灣移動到美國的人數是 20 萬人，從美國移動到台灣的人數是 5 萬人，線條的粗細就表示這個數字的大小。在資料的整理時，許多流向使用的圖形，需要注意流量守恆，亦即流出的數據總和，需要與流入的數據總和相等。例如周小倫的年收入為 5 億台幣，分別花費在投資 1 億、消費 2 億、休閒娛樂 1 億，以及生活支出 1 億。收入與支出的總和必須相等，此即流量守恆。

## 13.2 圖形介紹

### 13.2.1 桑基圖（Sankey diagram）

桑基圖最初是由查爾斯・約瑟夫・米納德（Charles Joseph Minard）於 1812 年時以圖呈現拿破崙的軍隊自離開波蘭－俄羅斯邊界後軍力損失的狀況，圖中透過兩個維度呈現了六種資料：拿破崙軍的人數、距離、溫度、經緯度、移動方向、以及時－地關係。不過，在 1898 年時，愛爾蘭出生的工程師和皇家工程師的 Matthew Henry Phineas Riall Sankey，在土木工程師協會的會議上，使用桑基圖向大家介紹蒸汽機的熱分佈以及能源效率的流向視覺化圖形（蒸汽機能源效率圖[1]）。這次演講給人留下了深刻的印象。因此，後來這種圖形就被命名為桑基圖。

圖 13.1 是資料視覺化網站（for Data to Viz）將【介於 1960 年至 2015 年按性別分列的全球雙邊移民流動估計（Estimates of Global Bilateral Migration Flows by Gender between 1960 and 2015）】[2] 的這一篇論文中的人口流動，以桑基圖來呈現。這是一個顯示從一個國家（左）遷移到另一個國家（右）的人數的範例。

---

[1] https://en.wikipedia.org/wiki/Matthew_Henry_Phineas_Riall_Sankey#/media/File:JIE_Sankey_V5_Fig1.png

[2] Abel, G. J.（2018）. Estimates of Global Bilateral Migration Flows by Gender between 1960 and 20151. International Migration Review, 52（3）, 809–852. https://doi.org/10.1111/imre.12327

在桑基圖愛好者的社區網站上寫著這樣一句話：【A Sankey diagram says more than 1000 pie charts】（https://www.sankey-diagrams.com/），意思是一張桑基圖比一千張圓餅圖描述的東西更豐富，足見桑基圖對於複雜資料的視覺化表現力，以及功能、使用場景與圓餅圖的部分重合（軟妹，2021）。桑基圖尤其能夠呈現從一個情境到至少另一個情境的流向變化，及其數量相互成比例。適合追蹤複雜過程的最終結果。通常，桑基圖用於直觀地表示能源、金融、材料組成的轉移或任何獨立系統或過程的流動。箭頭和線條的粗細表示它們的大小或數量。分支的箭頭或流線可以在過程的每個階段組合或分開。不同的顏色則表示不同的類別或顯示從過程的一種狀態到另一種狀態的轉變。桑基圖最明顯的特徵就是能量守恆，起始端於終端的分支寬度總和相等，即所有主支寬度的總和應與所有分出去的分支寬度的總和相等，保持能量的平衡。不過，若是分岔的連結過於繁瑣，以致於畫面或是數字較為混亂的時候，建議關閉或是合併較弱的連結，讓流向較為清晰。



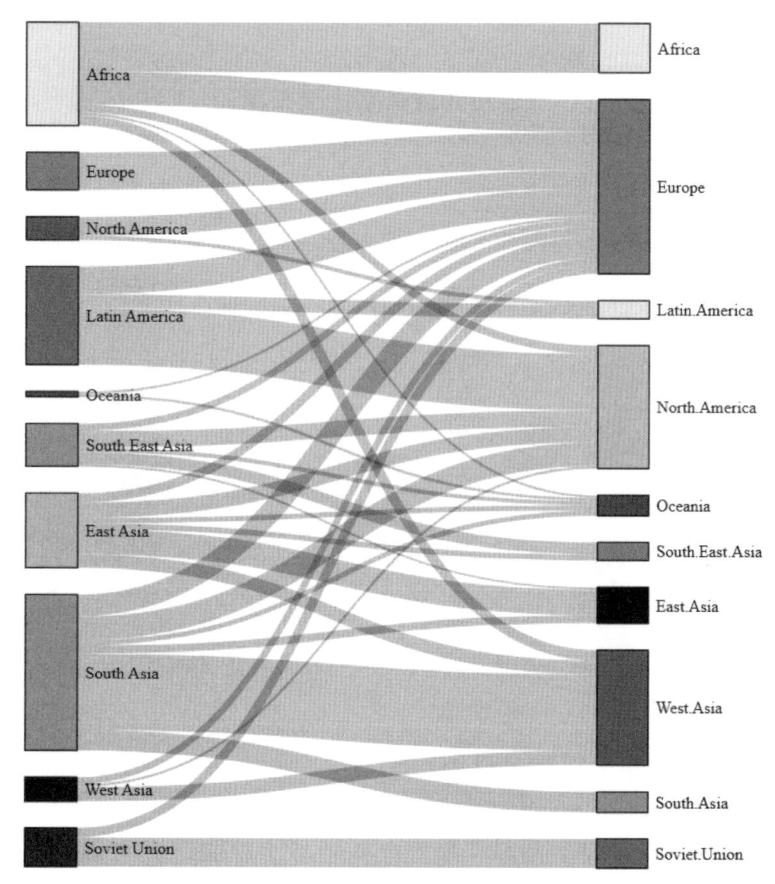


^ **圖 13.1** 介於 1960 年至 2015 年按性別分列的全球雙邊移民流動估計

*資料來源：https://www.data-to-viz.com/graph/sankey.html*

### 13.2.2 瀑布圖（Waterfall plot）

瀑布圖是由美國麥肯錫顧問公司所創造的圖形，藉由流動過程來展示資料的順序變化，最典型的是展示預算流動。瀑布圖有助於理解連續引入的正值或負值的累積效應，並且呈現初始值如何受一系列中間正值或負值的影響。以最簡單的方式說明這種圖表類型的使用時機，亦即能轉換為一連串加減法關係的等式數值，都能使用瀑布圖（韓明文，2012）。也因為柱子（磚塊）明顯懸浮在半空中，因此也稱為飛磚圖（Flying Bricks Chart）、橋牌圖和馬力歐圖。

瀑布圖的資料可區分為【目標值】與【變化量】兩種。【目標值】是數值從 0 開始的長條物件，使用於開始與結束之時。此外，在兩點中間也可以視狀況插入一些要觀測的目標值。在目標值中間則為飄浮在空中的【變化量】。製作瀑布圖時，遞減量與遞增量通常以不同的顏色分別標示，每個數值並以前一個數值的終點作為起點，進行頭尾相連（韓明文，2012）。圖 13.2 是使用本書的範例資料繪製的會員職業屬性瀑布圖。

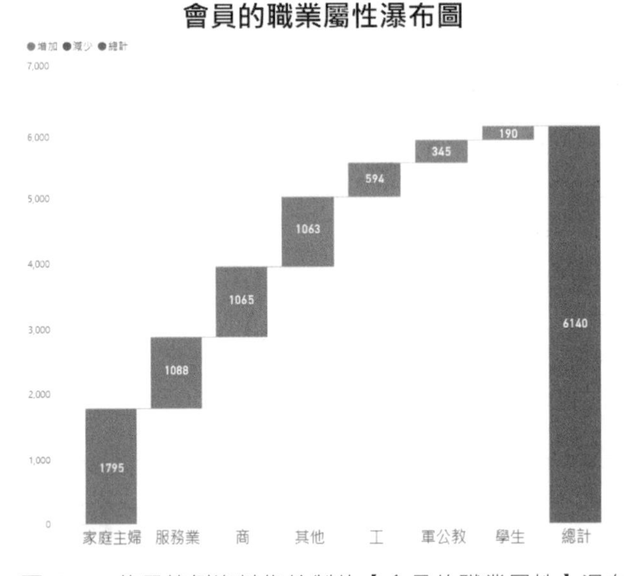


^ 圖 13.2　使用範例資料集繪製的【會員的職業屬性】瀑布圖

### 13.2.3 和弦圖（Chord graph）

和弦圖是一個複雜卻表達有力的圖表，能在一個矩陣中同時描繪出兩種流向，並且顯示矩陣中資料之間相互關係的圖形。其特點是可以呈現多個群體兩兩之間的關係或互動狀態，例如各大洲之間人口遷移的狀況。這種類型的圖表視覺化實體之間的相互關係。實體之間的連接用於顯示它們共用某些共同點。這使得和弦圖非常適合比較資料集中或不同資料組之間的相似性。圖形的呈現是透過節點（類別）沿著圓形排列，類別之間的關係藉由圓弧（arc）或貝茲曲線（Bézier curve）來連接。每個弧線的寬度是依照群體兩兩之間的值來決定，且按比例表示。不同的顏色也是在表示不同的類別，這有助於進行比較和區分各個類別。

雖然和弦圖的視覺效果佳，但是不太容易理解。尤其是當顯示的連接類別較多時，過度混亂會成為和弦圖的主要問題。然後，圍繞圓圈的類別順序很重要。能夠盡量減少圓弧交叉的次數，會讓畫面顯得較為簡潔。此外，過於複雜的類別將導致圖形難以辨認。因此，建議關閉或是合併較弱的連結，讓連結較為清晰。最後，當你展示與解釋和弦圖你的受眾時，建議針對每一個要說明的類別，逐一展示其組成較佳。

圖 13.3 是本書使用範例資料集繪製的【會員學歷】以及【會員職業】的和弦圖。點選指定類別後，就可以呈現該類別相對應的流向關係。例如，當我們點選家庭主婦的類別後，可以看到對應的不同學歷的不同強弱的弧線寬度。

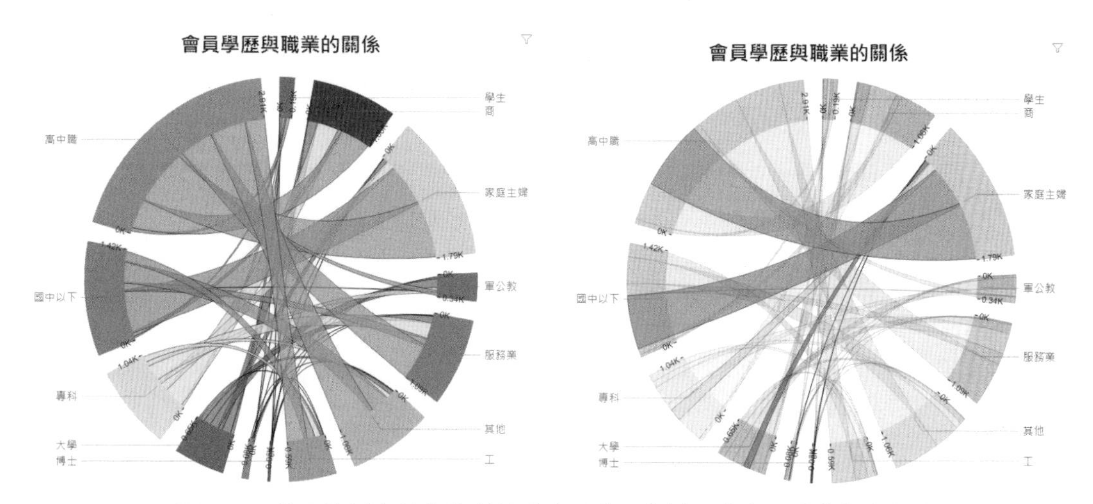


^ **圖 13.3** 使用範例資料集繪製的【會員學歷】以及【會員職業】的和弦圖

## 13.2.4 網路圖（Network diagram）

網路圖也稱為網絡圖（Network graph/Network map）或節點連接圖（Node-link diagram）。網路圖可以呈現不同類型的資料之間，其內部連結關係和關係強度。這種類型的視覺化呈現事物藉由節點和連接的線條來表示它們的相互關聯，有助於闡明一組實體之間的關係類型。網路圖較常使用圓點、圓圈或是符號來表示節點。連結的線條表示關係，甚至有的會用線條粗細來表示數值的大小或是比例。此外，根據資料輸入的特性，網路圖還可以區分為無方向性（Undirected and）、有方向性（Directed），以及無加權（Unweighted）、有加權（Weighted）的四種狀態。有方向性的網路圖還可以再細分為箭頭顯示的連接是單向還是雙向的關係。由於網路圖的資料容量有限，當節點過多且類似於毛球（hairballs）時，網絡圖將開始變得難以閱讀。毛球是一個術語，指的是顯示連接非常密集以至於圖形會變得混亂且不可讀的狀態（如圖 13.4 所示）。

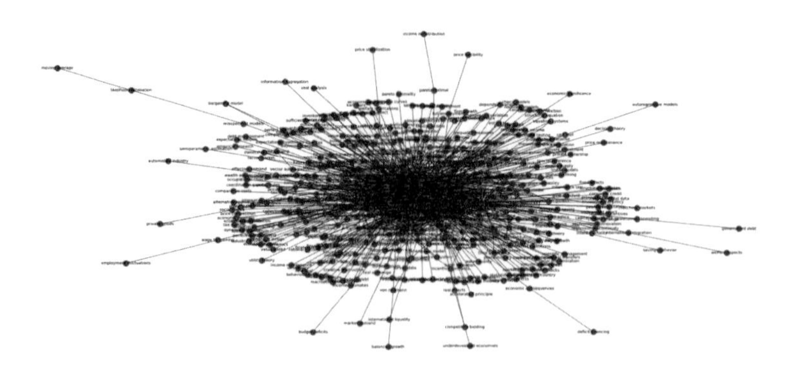

^ **圖 13.4** 類別過多導致不易解讀的毛球網路圖

*資料來源：Korab, P. (2022). Text Network Analysis: Generate Beautiful Network Visualisations. Towards Data Science. https://towardsdatascience.com/text-network-analysis-generate-beautiful-network-visualisations-a373dbe183ca*

根據資料輸入的特點，以下是四種網路圖的簡介（Schwabish, 2021）：

1. **無方向性（Undirected）結合未加權（Unweighted）的網路：**世新大學的周小倫同學，在這一學期選修了【運算思維與程式設計】、【大一外文英文】、【國文（一）】、【體育（一）】、【全媒體識讀】這五門課，這些課程互相連結，但是沒有方向性也沒有任何權重。

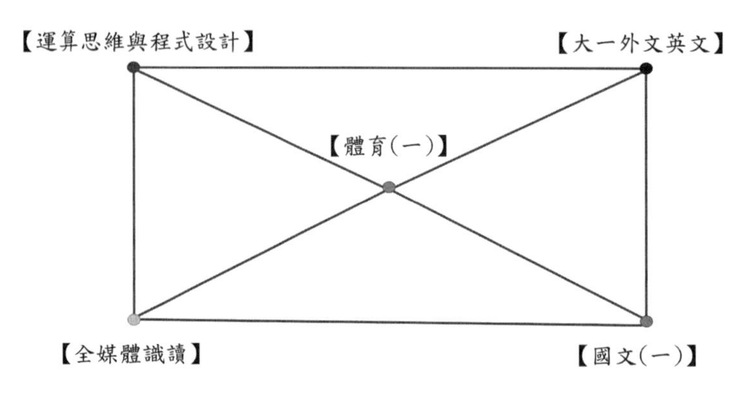


^ **圖 13.5** 無方向性結合未加權的網路圖

2. **無方向性（Undirected）結合加權（Weighted）的網路：**統計我的導生班學生在這一學期的修課情形。選修的課程之間沒有先後關係，所以沒有方向性。權重，則是這些課程的修習人數。

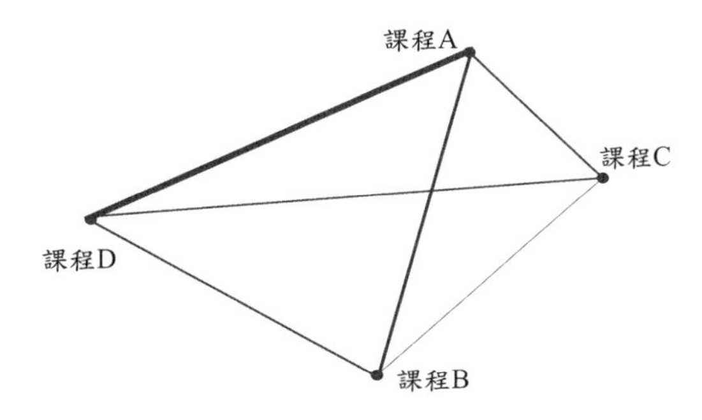


^ **圖 13.6** 無方向性結合加權的網路圖

3. **有方向性（Directed）結合未加權（Unweighted）的網路：**世新大學的周小倫同學，他在過去幾個學期的修課，有先後的關係。某些課程的設定有擋修，必須先修完指定的課程，才能再修接續的課程。例如【國文（一）】、【國文（二）】、【體育（一）】、【體育（二）】、【工程數學（一）】、【工程數學（二）】、【工程數學（三）】。加上不同學年、不同學期的開課以及課程規劃，因此就可以獲得以下的網路圖。

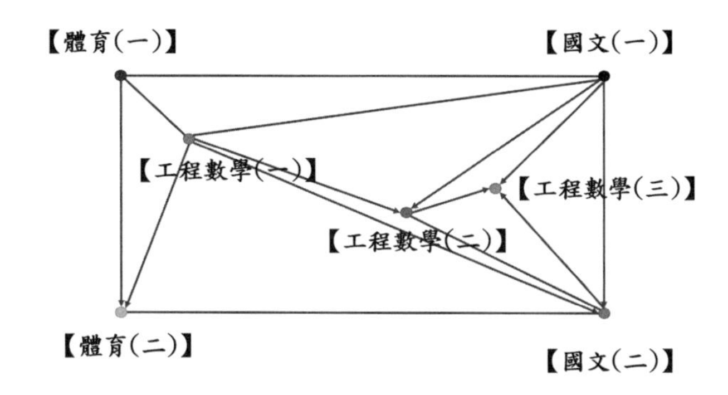


^ **圖 13.7** 有方向性結合未加權的網路圖

4. **有方向性（Directed）結合有加權（Weighted）的網路：**學生從某間大學轉學到另一間大學，權重就是其中轉學的人數，方向性則是轉學後的學校（目的地）。

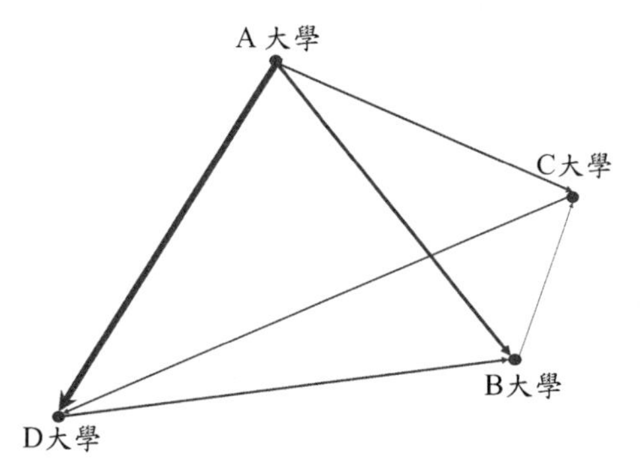


^ **圖 13.8** 有方向性結合有加權的網路圖

### 13.2.5 流程圖（Flow chart）

流程圖是一種表示處理流程（process）或工作流程（workflow）的圖表。它使用了特定圖形符號來表示解決問題的步驟和程式，並藉由箭頭連接的方向來顯示它們的執行順序。流程圖說明瞭給定問題的解決方案模型。流程圖用於分析、設計、記錄或管理各個領域的過程或程式。可以用來檢驗使用者操作時，可能發生的所有功能狀態。這使得流程易於理解並有助於與其他人交流。流程圖有助於解釋複雜和 / 或抽象的過程、系統、概念或演算法的工作原理。繪製流程圖還可以幫助規劃和開發流程或改進現有流程。許多領域的流程或程式都廣泛的應用流程圖。

流程圖的形狀標籤都擁有各自不同的意義，目前最為廣泛採用的是美國國家標準學會（ANSI）於 1970 年公佈的流程圖符號。最常使用的四個形狀分別是：圓角矩形、矩形、平行四邊形與菱形，其中圓角矩形代表的是一個流程的起點與終點（Terminator）、矩形代表的是處理流程、平行四邊形為資料的產生（Input/Output），而菱形則是代表抉擇（Decision）（Peng, 2019）。

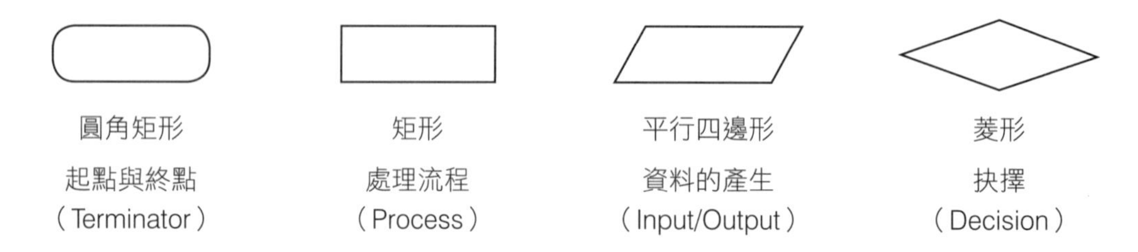


## 13.3 不同流向圖形之優缺點比較

流向，代表資料是具有方向性的一種匯合狀態。流向圖形適合像我們呈現從某一種狀態（或類別），到下一個狀態（或類別）時，數量的增減變化情形。也可以表現一個資料中的群聚與分散的狀態；亦或是說明一個解決問題的步驟和程式。

### 13.3.1 桑基圖與和弦圖

桑基圖與和弦圖是一種能夠呈現物理量的流動效果，如能量或人。主要在於表示如何從一個點移動到另一個點的流量，可以展示在一段時間內數值的變化大小，或者其組成的類別的細節。桑基圖能夠呈現多個階段（時期）的變化情形，和弦圖則較適合比較兩兩狀態的差異。這兩種流向的圖形能夠讓使用者在廣泛的資料類別中，快速的詳細分解對應的子類別。也能夠使人們易於識別系統中主要的組成部分和低效的地方。然而，向中的許多數值和變化，導致較為複雜而且是交叉的視覺效果，是一種由包含許多組成部分和流動路徑的複雜系統構成的圖表。雖然很漂亮，但可能不易於解釋。

### 13.3.2 瀑布圖

瀑布圖可用於顯示具有順序或分類的資料，使用一系列長條圖來顯示收益和損失，或是組成的類別。在一般情況下，瀑布圖也可能出現負值。當查看者需要視覺化呈現負增長和正增長時，瀑布圖很有用。通常使用在和金錢有關、需要做加減的資料結構。例如學校在盤點學生人數方面，瀑布圖可以顯示大一入學學生總人數、各個學期的休學、退學、轉學、轉系人數等，然後是畢業學生總人數。由於瀑布圖可以顯示變化的進程，且能顯示隨時間推移而發生的變化。同時，瀑布圖由左至右的方式呈現，簡單易懂且符合人們習慣閱讀。

由於瀑布圖的特性是能夠顯示隨時間而產生的變化，所以瀑布圖當中的長條並不是擺在同一個基準線來比較，即使有增加數字標籤，讀者也不容易看出長條之間的真正差異。甚至，有些人可能誤解瀑布圖是一個有缺口的長條圖，因此必須對需要完全理解瀑布圖的人進行相關解釋。

### 13.3.3 網路圖

網路圖使用節點和線條來表示一個群體中，各個元素之間的關係。連接在一起的節點和線，以顯示一個群體中各元素之間的關係。

網路圖有助於去呈現節點之間的關係，這些關係在我們採用其他方式時較不易突顯，例如顯示集群的效果和找到異常（離群）值。不過，若是投入的變數過多，或是產生較為複雜的網路圖時，將會讓圖形的解釋較為困難。

### 13.3.4 流程圖

流程圖已經廣泛的被應用在許多領域的流程或程式設計中，去協助規劃和開發流程或改進現有流程。流程圖一般是使用多邊形和箭頭的串接，來表示活動之間的關係，進而串接成流程或工作流。主要是在描述資料在系統中如何移動，或者是人們如何與系統互動。由於流程圖的圖形使用，已經有了一定的規範和要求，所以這種形式化的表達方式，已經被普遍接受，且應用於表示具有多個決策點的流程。但是在使用或建立流程圖之前，使用者必須先理解已經確定的語法及表達方式，否則可能解讀錯誤。例如，菱形表示抉擇（決策）；平行四邊形表示資料的產生（輸入或輸出）等規則。

# 13.4 實作與解釋

在本章節的實作中，會針對以 Power BI 能夠建立的視覺化圖形為基礎，建立相關的範例，提供讀者能夠練習。因此，若是 Power BI 內建或是輔助套件無法提供的圖形，本章節未納入實作範例。

流向視覺化（Flow）的圖形需要在資料當中包含起訖點的關係，以及流量的數值大小來呈現流向之間的關係。因為流向視覺化中的圖形，需要藉由線條粗細來表示流量的大小，有些更包含了流動的方向，或是先後順序的不同來顯示流動的狀態。

## 13.4.1 桑基圖

STEP01 由於 Power BI 內建的圖形功能目前沒有桑基圖，因此需要繪製此類圖表的時候，可以透過 AppSource 去新增此功能。點選【取得更多視覺效果】來新增桑基圖。

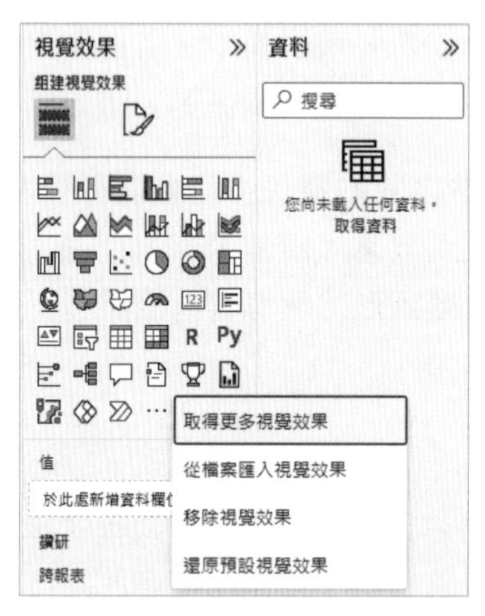


^ 圖 13.9 取得更多視覺效果

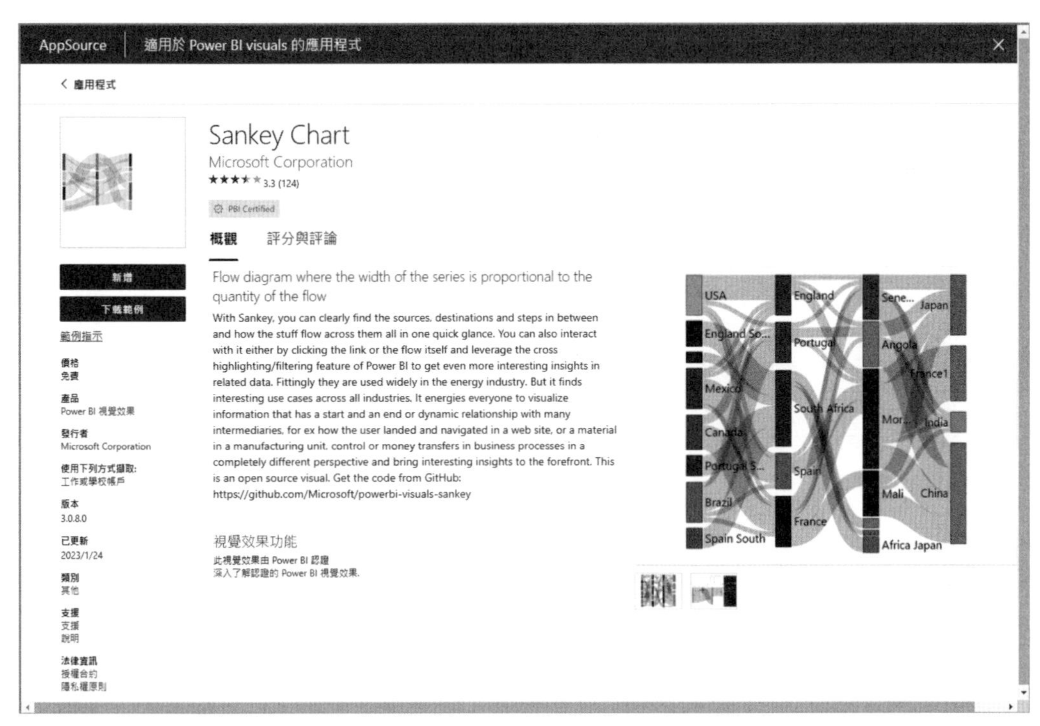

^ 圖 13.10　Power BI 可以透過 AppSource 新增桑基圖（Sankey Chart）

STEP02 在視覺效果面板可以看到已經完成載入的桑基圖圖示。同時，也請使用者在接來的部分，也將本書的範例資料一併載入。

^ 圖 13.11

STEP03 點選桑基圖的圖示，在工作區中建立桑基圖的繪圖範圍。首先，設定使用的欄位以及視覺呈現的參數。桑基圖使用商品資料中的【大分類】以及【小分類】兩個欄位，分別指定到【來源】以及【目的地】的位置中。其中，要將【目的地】中的【小分類】指定為【不摘要】。設定完成後，即可呈現桑基圖畫面。由於商品在資料庫中，會以大分類、中分類、小分類…等方式去分組管理，並建檔。因此，在桑及圖中可以看到大分類的項目與細分到小分類的項目之關係。單獨點選任一大分類的類別，就可以指定類別的關係。

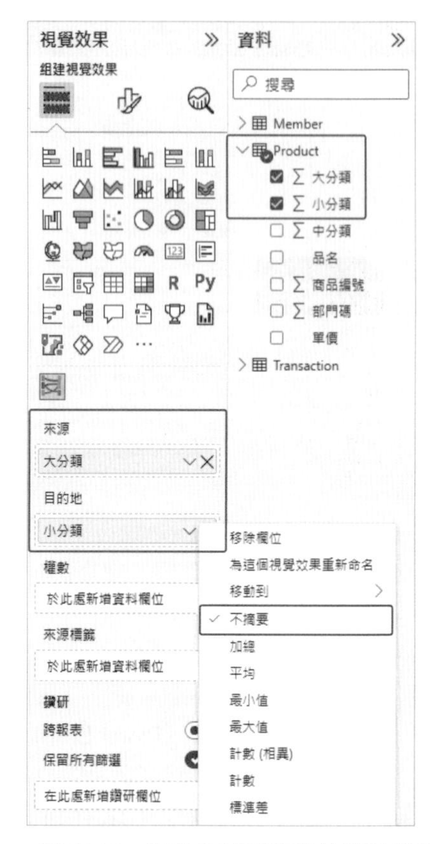


^ 圖 13.12 設定桑基圖使用的資料欄位

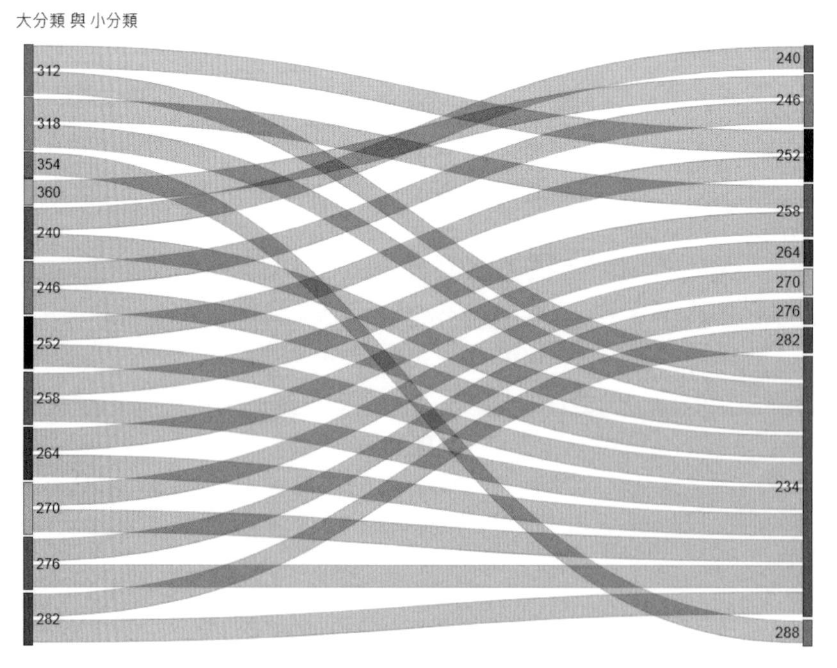


^ 圖 13.13 完成桑基圖的繪製

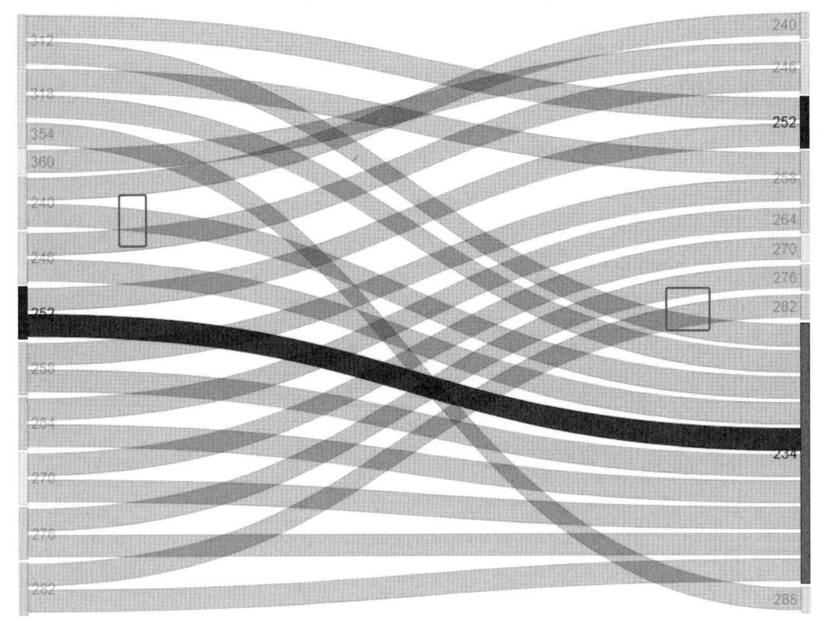


^ 圖 13.14　點選指定類別，一目了然其流動的關係

## 13.4.2 瀑布圖

STEP01　瀑布圖是 Power BI 內建的視覺化功能，直接點選瀑布圖的圖示，即可開始製圖。

^ 圖 13.15　點選瀑布圖的圖示

STEP02 使用會員資料的【職業】以及【會員卡號】，並分別指派到【類別】以及【Y 軸】來建立瀑布圖。在這個階段，可以藉由瀑布圖來瞭解此零售商店之會員職業的組成結構。學者也可以將每月或是每年的營收盈虧情形，使用瀑布圖來呈現。

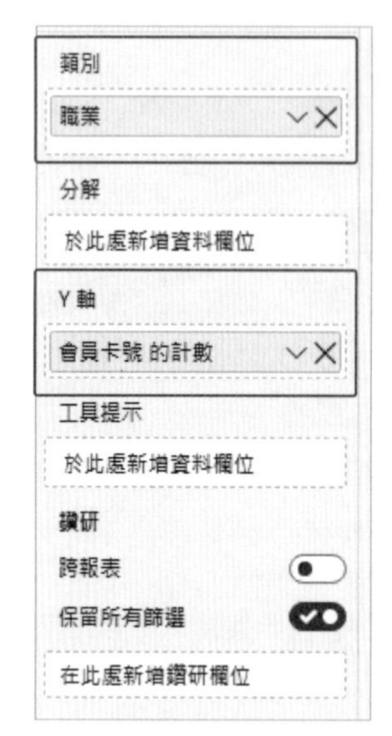


^ 圖 13.16 點選使用欄位以及設定瀑布圖參數

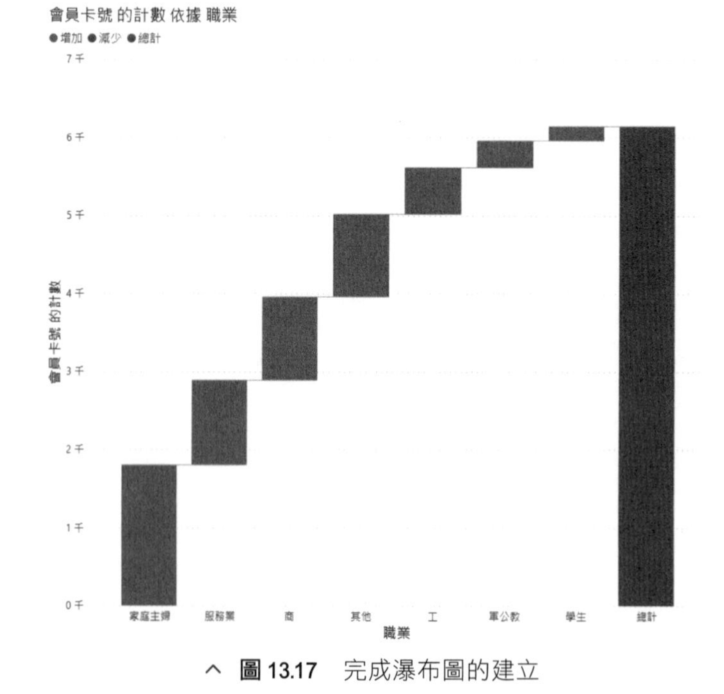


^ 圖 13.17 完成瀑布圖的建立

STEP03 此外，亦可以藉由設定內容、字型、大小、顏色、位置等，挑整主標題、X 軸與 Y 軸的視覺化呈現效果。

^ 圖 13.18　設定視覺化呈現的參數

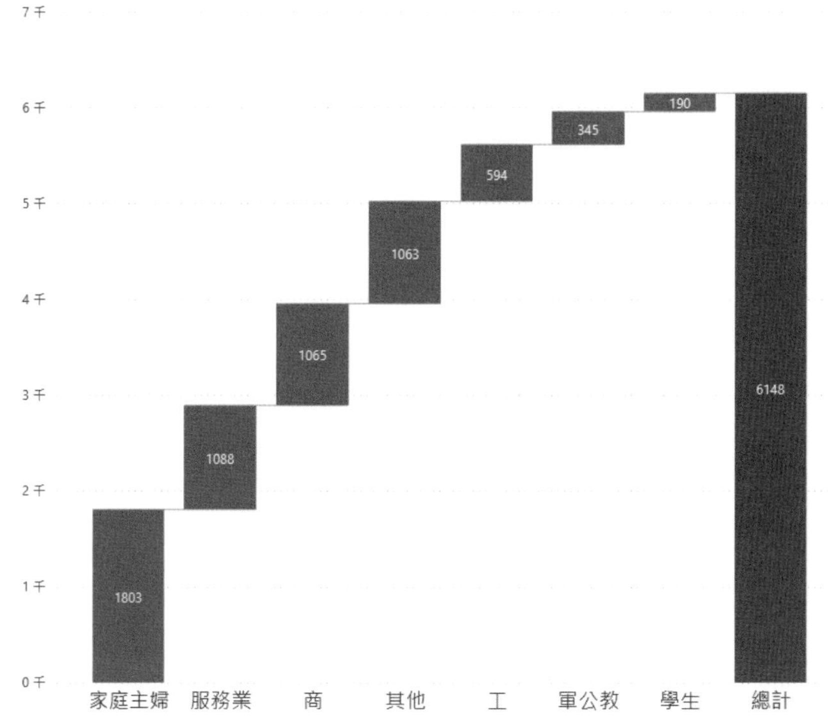


^ 圖 13.19　調整之後的瀑布圖

### 13.4.3 和弦圖

STEP01 由於 Power BI 內建的圖形功能目前沒有和弦圖，因此需要繪製此類圖表的時候，可以透過 AppSource 去新增此功能。使用【學歷】、【職業】和【會員卡號】等欄位來建立和弦圖，視覺化呈現這些類別之間的關係。

^ 圖 13.20 Power BI 可以透過 AppSource 新增和弦圖（Chord graph）

^ 圖 13.21 使用的欄位以及和弦圖的設定

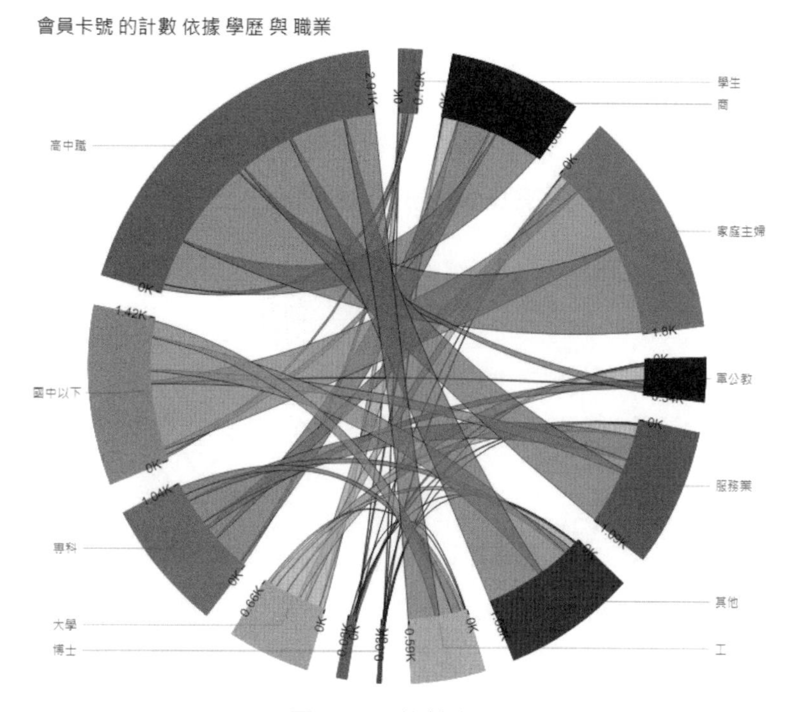


^ **圖 13.22** 繪製的和弦圖

^ **圖 13.23** 設定標題以及文字標籤的視覺化參數

STEP02 可以在【格式化視覺效果】中調整標籤或是標題的文字內容以及顏色、大小、字型等，讓這個和弦圖看起來更為清晰美觀。點選任一類別，就可以顯示此類別與其他對應的類別之關係。點選學歷為大學的類別，可以看到對應流向的職業以【商】、【軍公教】及【服務業】較多，【學生】和【其他】較少，【工】則無。

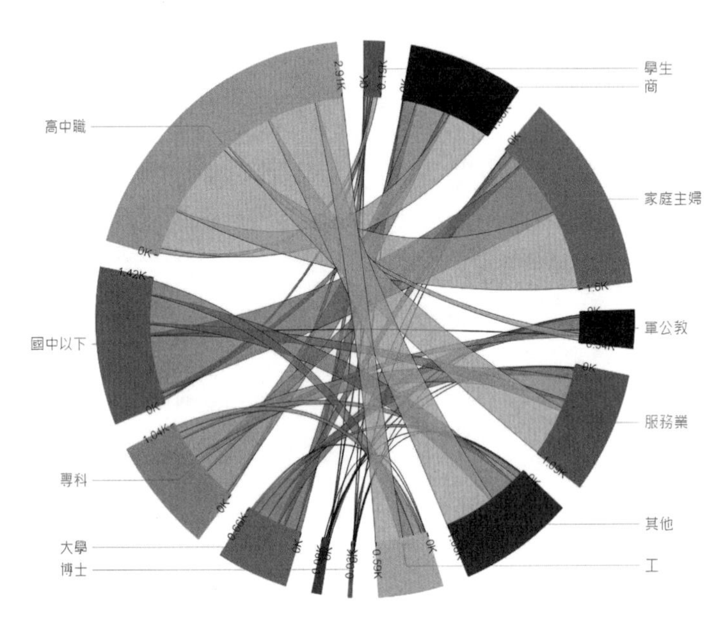


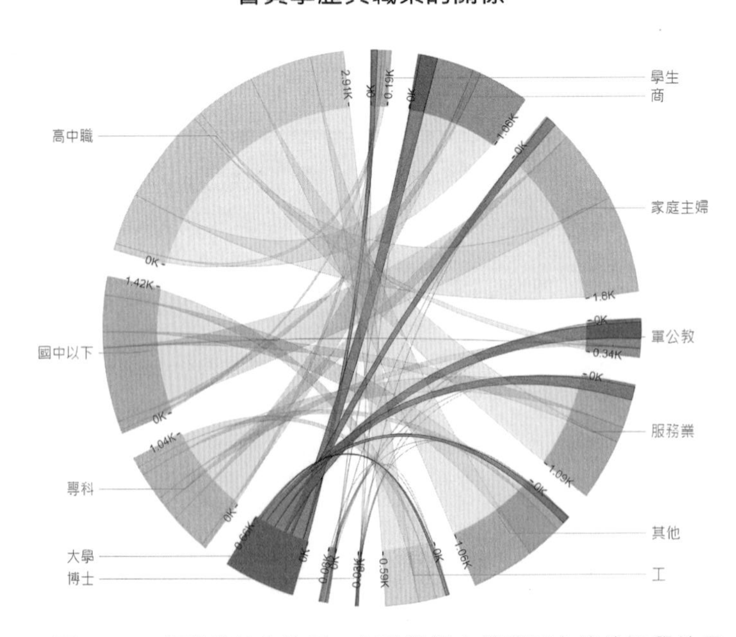


^ **圖 13.24** 調整後的和弦圖，以及點選大學學歷之後的視覺效果

## 13.4.4 網路圖

STEP01 由於 Power BI 內建的圖形功能目前沒有網路圖，因此需要繪製此類圖表的時候，可以透過 AppSource 去新增網路圖的功能。在搜尋列中輸入【network】，即可找到【Network Navigator Chart】。請點選【新增】，即可在 Power BI 中使用此功能。

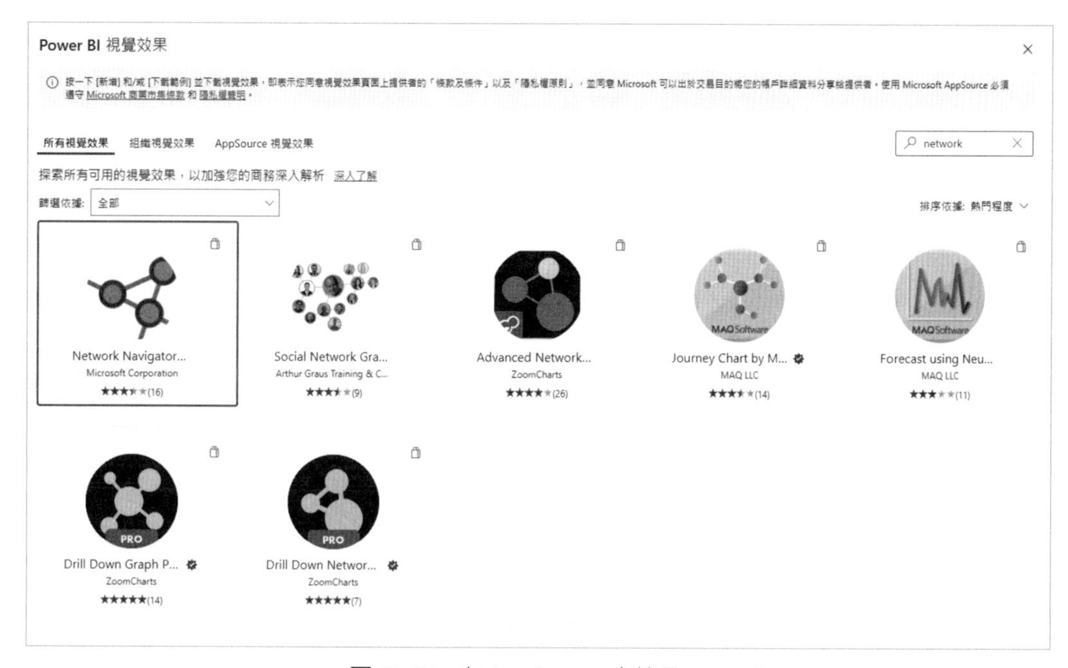


^ 圖 13.25　在 AppSource 中搜尋 network

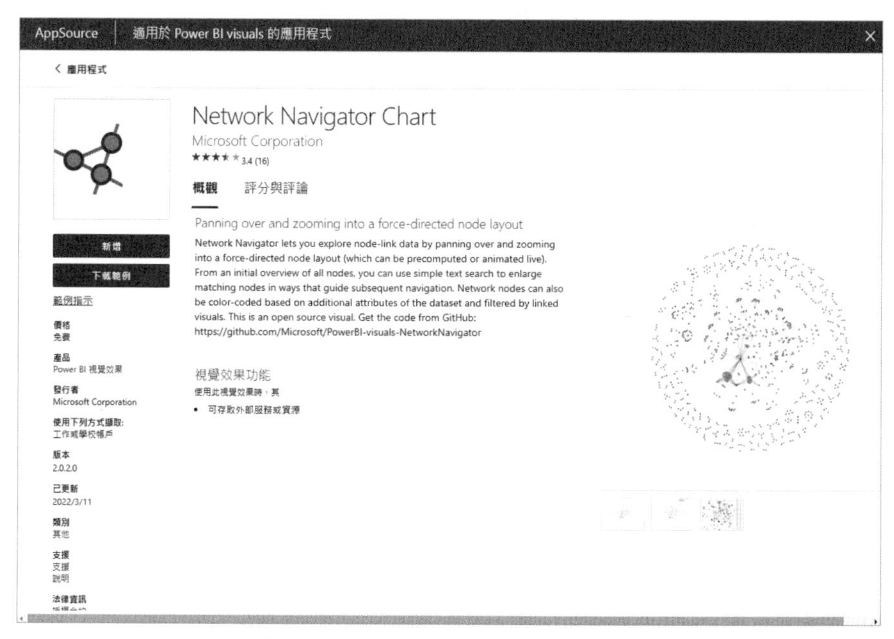


^ 圖 13.26　透過 AppSource 新增網路圖

STEP02 在繪製網路圖之前，需要另行載入專為此練習的範例檔案。請載入 network.csv 的範例檔。此檔案的內容為摘自交叉查榜的網頁內容，某校某年的學生申請入學選填志願的清單。【Source】為報名的系所（組），【Target】則是該生也同時報名的系所（組）。節點要呈現的顏色，以六碼色碼來表示。

network.csv

檔案原點：950: 繁體中文 (Big5)　分隔符號：逗號　資料類型偵測：依據前 200 個列

| source | target | sourceColor | targetColor | Weight |
|---|---|---|---|---|
| Animation | Communication | #AE0000 | #2828FF | 6 |
| Animation | Communication | #AE0000 | #2828FF | 6 |
| Animation | Economics | #AE0000 | #2828FF | 3 |
| Animation | Game | #AE0000 | #2828FF | 45 |
| Animation | Game | #AE0000 | #2828FF | 45 |
| Animation | Game | #AE0000 | #2828FF | 45 |
| Animation | Game | #AE0000 | #2828FF | 45 |
| Animation | Game | #AE0000 | #2828FF | 45 |
| Animation | Game | #AE0000 | #2828FF | 45 |
| Animation | Game | #AE0000 | #2828FF | 45 |
| Animation | Game | #AE0000 | #2828FF | 45 |
| Animation | Game | #AE0000 | #2828FF | 45 |
| Animation | Game | #AE0000 | #2828FF | 45 |
| Animation | Game | #AE0000 | #2828FF | 45 |
| Animation | Game | #AE0000 | #2828FF | 45 |
| Animation | Game | #AE0000 | #2828FF | 45 |
| Animation | Game | #AE0000 | #2828FF | 45 |
| Animation | Game | #AE0000 | #2828FF | 45 |
| Animation | Graphic | #AE0000 | #2828FF | 3 |
| Communication | Animation | #AE0000 | #2828FF | 6 |

因為大小的限制，預覽中的資料已截斷。

使用範例擷取資料表　載入　轉換資料　取消

^ 圖 13.27　Power BI

STEP03 建立網路圖，請分別將【source】、【target】、【weight】、【sourceColor】、【targetColor】拖曳到相對應的位置。

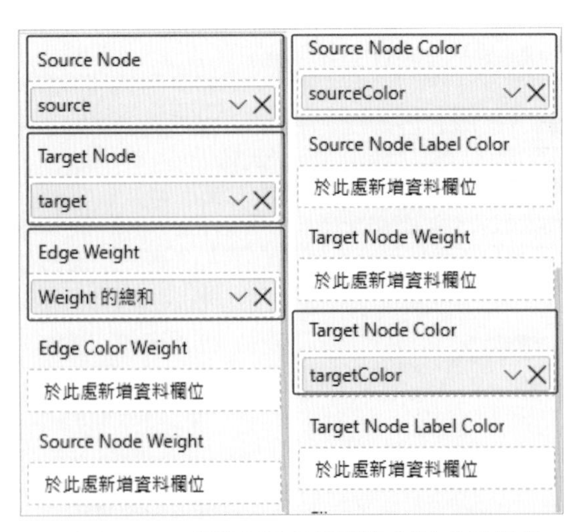


^ 圖 13.28　網路圖的使用欄位以及參數設定

STEP 04 設定完欄位以及參數後，即可呈現網路圖。不過，此時還不容易理解畫面的內容，需要進一步設定其餘參數。在格式化視覺效果頁面的【視覺效果】中的【Layout】選項中，請點選【Labels】，讓節點的代表文字可以顯示，同時設定適當的標籤文字顏色。

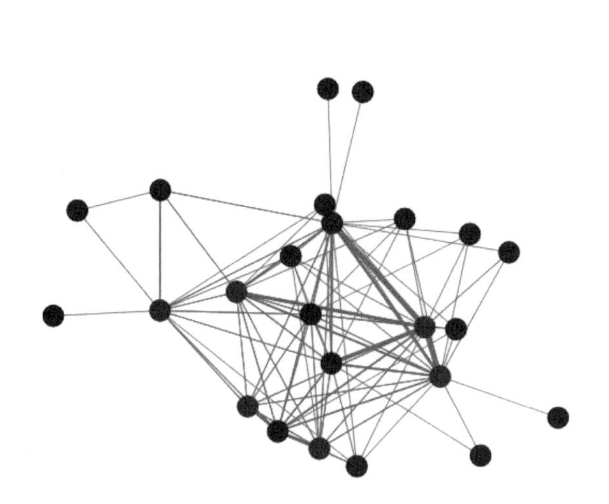

^ 圖 13.29　初次繪成的網路圖

^ 圖 13.30　讓節點的標籤顯示

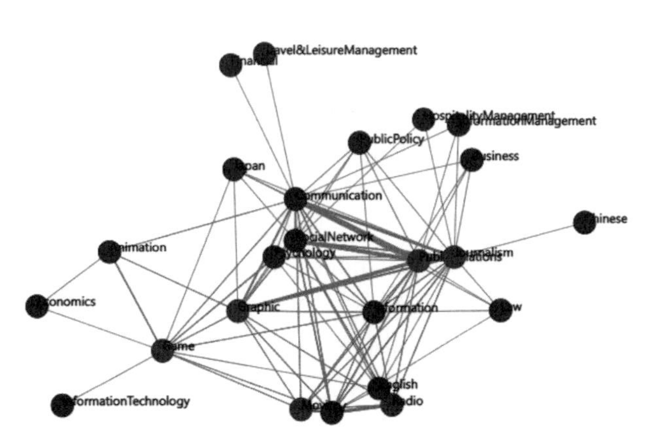

^ 圖 13.31　顯示節點標籤的網路圖

STEP05 也可以透過【一般】的【標題】，來設計適切又清楚圖片標題。我們添加了【各專業間的網路關係】來作為標題。

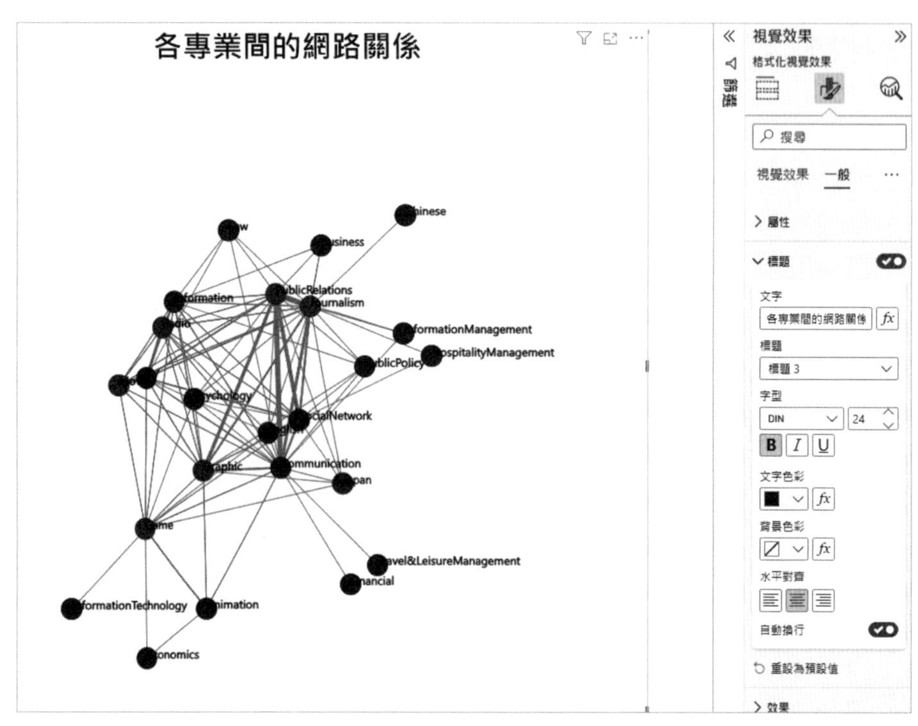


^ 圖 13.32　添加標題

STEP06 此外，也可以增加【交叉分析篩選器】，來進一步檢視個別節點的網路關係，或是進行多節點的比較。將【source】欄位拖曳至交叉篩選器中，即可建立一個以【source】節點為觀點的篩選條件。

STEP07 點選【Movie】同時也可以看到相關的連結還有【TV】、【Radio】、【Communication】、【Public Relations】、【Journalism】、【Game】、【Graphic】，以及【Information】等也同樣被考生選擇，線條的粗細則表示權重。

^ 圖 13.33　增加交叉分析篩選器

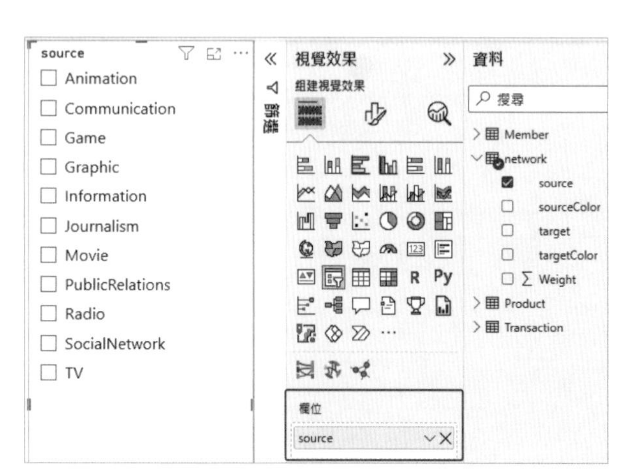


^ 圖 13.34　選取【source】欄位

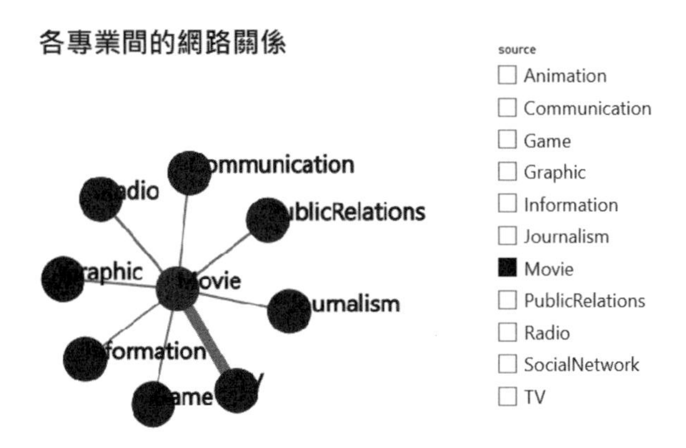


^ 圖 13.35　展示【Movie】節點與其他節點的關係



## 模擬試題

1. 流向視覺化主要用於顯示什麼類型的資料？

   A. 時間序列資料

   B. 分類資料

   C. 兩個或兩個以上狀態之間的流動量或流動強度

   D. 數值比較資料

2. 下列哪種圖表不屬於流向視覺化中常用的圖形？

   A. 桑基圖　　C. 和弦圖

   B. 瀑布圖　　D. 圓餅圖

3. 流向視覺化中流量的大小通常如何表示？

   A. 通過顏色的深淺　　C. 通過標籤的大小

   B. 通過線條的粗細　　D. 通過圖形的面積大小

4. 在流向視覺化中，如果想要表示資料流的方向或先後順序，應該如何做？

   A. 使用不同顏色的線條　　C. 通過線條的長短

   B. 在線條上加箭頭　　D. 在圖表中加入文本說明

5. 在流程圖中，使用菱形代表何種意義？

   A. 抉擇　　C. 替代流程

   B. 聚集點符號　　D. 延遲

# 參考文獻


- Abel, G. J. (2018). Estimates of Global Bilateral Migration Flows by Gender between 1960 and 20151. International Migration Review, 52 (3), 809–852. https://doi.org/10.1111/imre.12327
- https://chart.guide/
- https://datavizcatalogue.com/index.html
- https://datavizproject.com/
- https://en.wikipedia.org/wiki/Matthew_Henry_Phineas_Riall_Sankey
- https://www.data-to-viz.com/graph/sankey.html
- https://www.sankey-diagrams.com/
- Korab, P. (2022). Text Network Analysis: Generate Beautiful Network Visualisations. Towards Data Science. Retrieved 2023–02–28 from https://towardsdatascience.com/text-network-analysis-generate-beautiful-network-visualisations-a373dbe183ca
- Ma, E. (2022). How to think about network visualizations. Retrieved 2023–02–28 from https://ericmjl.github.io/nxviz/theory.
- Myler, H. R. (1998). *Fundamentals of engineering programming with C and Fortran.* Cambridge University Press.
- Peng C. (2019)。嘿！你知道 Flow chart 跟 UI flow 的差別嗎？Medium。Retrieved 2023–02–28 from https://medium.com/mei-factory/%E5%98%BF-%E4%BD%A0%E7%9F%A5%E9%81%93flow-chart%E8%B7%9Fui-flow%E7%9A%84%E5%B7%AE%E5%88%A5%E5%97%8E-2c0927a0223
- Schwabish, J. (2021). *Better data visualizations: A guide for scholars, researchers, and Wonks*. Columbia University Press.
- Smith, A. (2022). Visual vocabulary. https://github.com/Financial-Times/chart-doctor/blob/main/visual-vocabulary/Visual-vocabulary-cn-traditional.pdf
- TIBCO。什麼是瀑布圖？Retrieved 2023–02–28 from https://www.tibco.com/zh-hant/reference-center/what-is-a-waterfall-chart
- 軟妹 (2021)。桑基圖——能源、材料成分、金融等資料的視覺化分析利器。FineReport。Retrieved 2023–02–28 from https://www.finereport.com/tw/knowledge/chart/sankey.html
- 劉亦茹 (2014)。做事是雜亂無章？還是井然有序？——流程圖迅速掌握任務全貌。今週刊。Retrieved 2023–02–28 from https://www.businesstoday.com.tw/article/category/80407/post/201805040053/
- 韓明文 (2012)。瀑布圖的用法。商業簡報網。Retrieved 2023–02–28 from https://www.pook.com.tw/post/2012/12/07/%E7%80%91%E5%B8%83%E5%9C%96%E7%9A%84%E7%94%A8%E6%B3%95

CHAPTER

14

# 資料視覺化實作，說一個好故事

本章我們將以政府開放資料進行資料視覺化圖形與儀表板的製作，循序漸進的引導大家進行資料的下載、匯入 Power BI，選取與繪製圖形，調整圖形細節，挖掘在資料視覺化圖形背後所呈現的狀況與意涵。

## 14.1 取得資料視覺化資料

進行資料視覺化呈現的首要工作為取得分析所需要的資料，以下是讀者嘗試練習資料視覺化時，可以取得的資料來源：

- **企業內部營運資料**：如果您在企業中工作，可以從企業內的 ERP 系統、銷售時點情報系統（POS）中獲取企業重要的內部資料，例如：公司的即時銷售數據、客戶資訊、存貨數量…等。這些資料通常儲存在企業內部的資料庫中，可能需要與資料庫管理員或資訊部門進行資料的調閱權限申請，經過相關部門與企業主管的同意後，才可以下載使用。
- **資料分析與競賽平台**：網路上有許多資料分析教學、研究與競賽平臺提供各種主題和領域的資料，例如 Kaggle（https://www.kaggle.com/）、Google Dataset Search（https://datasetsearch.research.google.com/）、UCI 機器學習儲存庫（https://archive.ics.uci.edu/）…等，讀者可以在這些平臺上找到感興趣的資料集練習資料視覺化圖形的呈現。

- **政府開放資料平台**：許多組織和政府機構提供開放資料平台，平台為政府或民間組織以開放的授權和格式提供資料，這些資料可供公眾免費下載與使用，並可以被任何人自由地使用、重新利用和再擴散，我國政府機關與地方政府均有開放資料平台，例如：數位發展部政府資料開放平台（https://data.gov.tw/）、台北市政府資料開放平台（https://data.taipei/）、疾病管制署資料開放平台（https://data.cdc.gov.tw/）…等，可以嘗試在這裏面找到感興趣的資料進行分析，獲得對於地區發展、政府政策成效…等洞察結果，用以促進政府施政的透明度、創新和公共參與。
- **抓取網站資料**：如果資料以網頁形式呈現與更新，您可以透過網頁抓取工具或編寫網頁爬蟲來蒐集所需的資料，但值得注意的是，許多網站的管理單位並不歡迎使用網頁抓取工具與爬蟲進行資料蒐集，如果需要進行網路爬蟲時，應遵守相關網站的使用條款和法規。同時，許多網站和服務平台也提供應用程式介面（API）介接，允許使用者透過 API 進行資料的呼叫或請求，取得所需求的資料，讀者可以透過申請 API 金鑰，在網站和服務平台管理者所制定的資料範圍、連線頻率、時間與資料數量內進行資料的撈取。

## 14.2 下載公開資料練習：交通部觀光署開放資料

STEP01 開啟瀏覽器，輸入 https://data.gov.tw/ 網址，前往數位發展部政府資料開放平台。

STEP02 在網頁上的搜尋視窗中輸入「歷年來台旅客統計」，則會得到交通部觀光署所提供的相關資料集內容，如下圖。

^ 圖 14.1 政府資料開放平台搜尋畫面

STEP03 在搜尋結果的下方找到「歷年來台旅客統計」，點選連結後則會出現歷年來台旅客統計資料說明頁面，說明頁面內有此資料集評分、使用者對資料集意見、網頁瀏覽次數以及資料下載次數，同時也提供了資料集的【主要欄位說明】、【提供機關】、【資料資源下載網址】以及資料【更新頻率】，使用者也可以先檢視資料的內容。

^ **圖 14.2** 政府資料開放平台歷年來台旅客統計資料集說明畫面

STEP04 點選【CSV】按鍵，即可下載歷年來台旅客統計資料集。

本章節範例使用「歷年來台旅客統計」資料集、「歷年來台旅客居住地統計」資料集、「歷年來台旅客性別統計」資料集、「歷年來台旅客目的統計」資料集，讀者可以嘗試上述步驟從政府資料開放平台中逐一下載，作者也於本書中提供後續實作練習中採用之資料檔。

## 14.3 實作練習：歷年來台旅客統計

本章節採用「歷年來台旅客統計」資料集，該資料集的資料欄位有「年別」、「總計人數」、「總計成長率」、「總計指數」、「外籍旅客人數」、「外籍旅客成長率」、「外籍旅客占總計百分比」、「華僑旅客人數」、「華僑旅客成長率」、「華僑旅客占總計百分比」，由於本章節想呈現的是歷年旅客來台的變化以及新冠疫情對於旅客來台的影響，因此，我們預期在下方的實作中，只會用到「年別」與「總計人數」兩欄的資料。

## 任務 1：下載與匯入本書資料集檔案

STEP01 開啟 Power BI Desktop 軟體，從【取得資料】中選擇【文字 /CSV】功能，準備匯入資料集檔案。

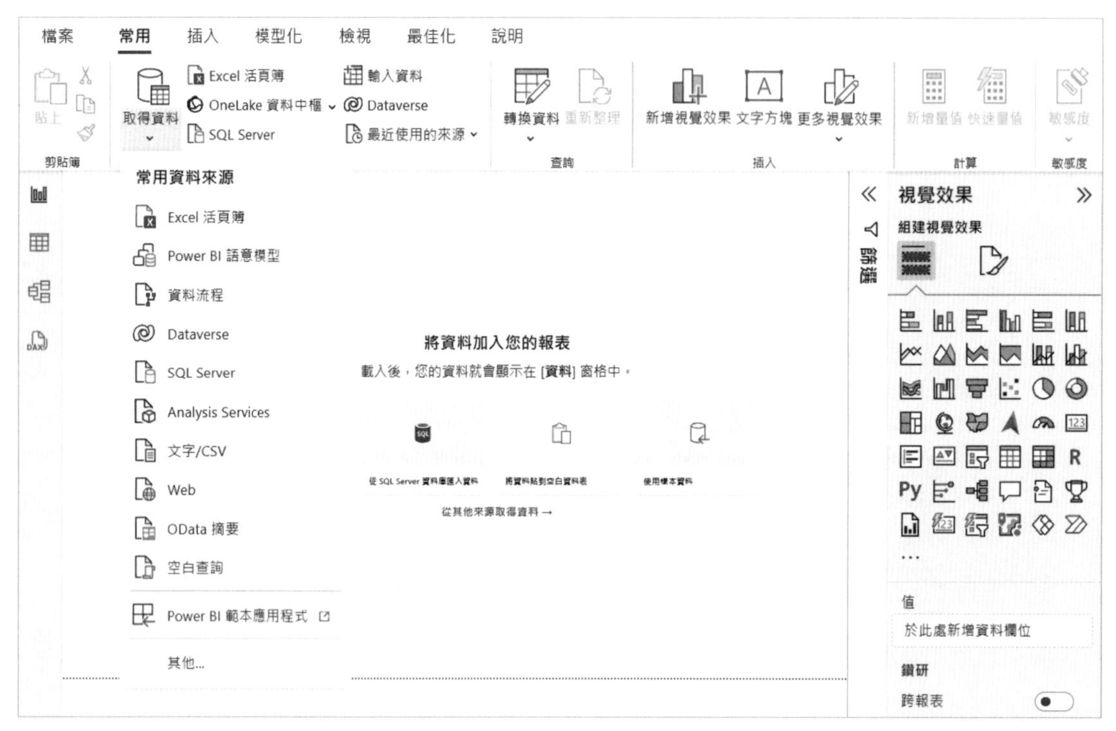


^ **圖 14.3** Power BI 工作區畫面

STEP02 選擇本書所附的資料集檔案「歷年來台旅客統計 2012-2022.csv」檔案並按下【開啟】。

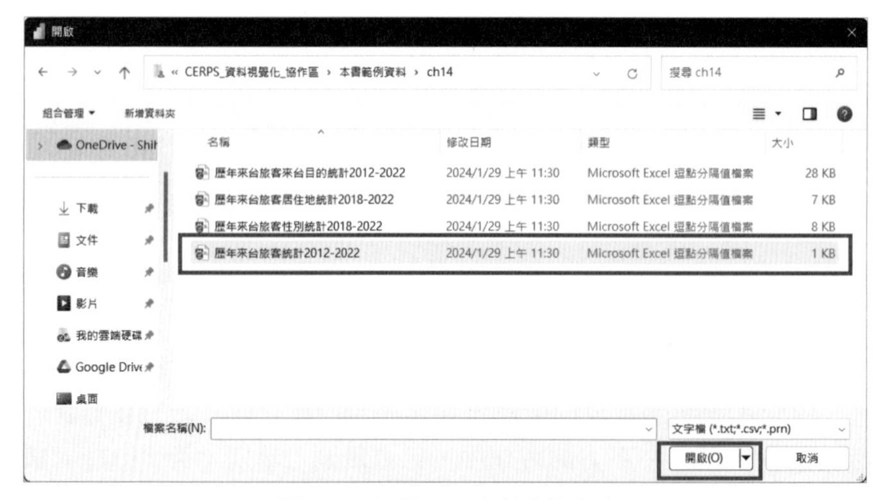


^ **圖 14.4** 選擇匯入資料集檔案畫面

STEP 03 確認匯入資料之資料編碼是否正確，含有中文內容之資料多為採用 65001: Unicode (UTF-8) 編碼，避免中文成為亂碼，同時也須確認欄位分割的正確性與欄位內之資料無誤，確認後按下【轉換資料】。

| 年別 | 總計人數 | 外籍旅客人數 | 華僑旅客人數 |
|---|---|---|---|
| 2012 | 7311470 | 3831635 | 3479835 |
| 2013 | 8016280 | 4095599 | 3920681 |
| 2014 | 9910204 | 4687048 | 5223156 |
| 2015 | 10439785 | 4883047 | 5556738 |
| 2016 | 10690279 | 5703020 | 4987259 |
| 2017 | 10739601 | 6452938 | 4286663 |
| 2018 | 11066707 | 6845815 | 4220892 |
| 2019 | 11864105 | 7518268 | 4345837 |
| 2020 | 1377861 | 1096321 | 281540 |
| 2021 | 140479 | 112410 | 28069 |
| 2022 | 895962 | 830902 | 65060 |

^ 圖 14.5　確認資料集匯入格式畫面（I）

STEP 04 檢查資料集中各欄資料，均為「有效」，未有「錯誤」或「空白」內容後，點選【關閉並套用】。

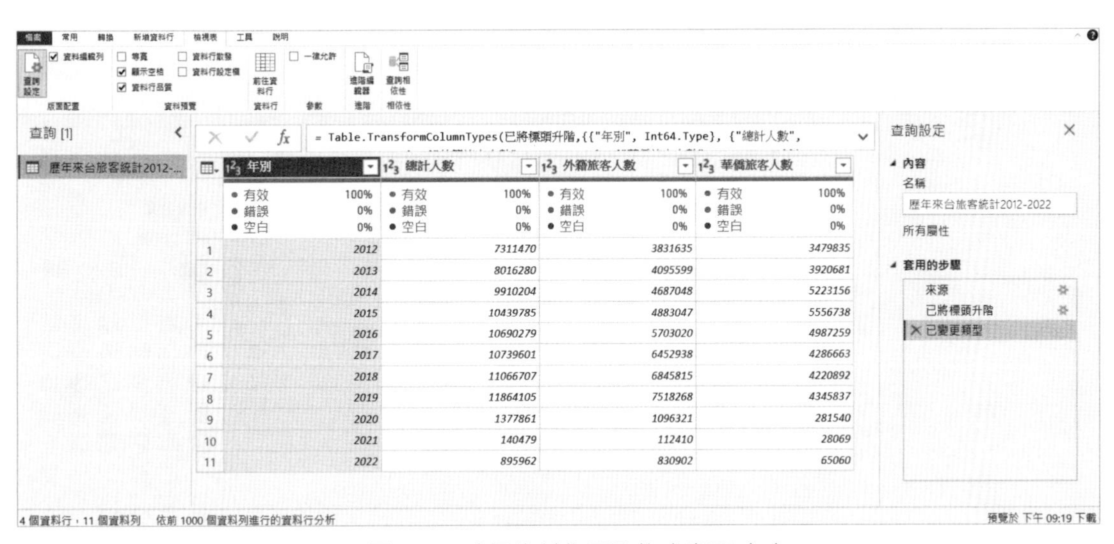


| | 年別 | 總計人數 | 外籍旅客人數 | 華僑旅客人數 |
|---|---|---|---|---|
| | 有效 100%<br>錯誤 0%<br>空白 0% | 有效 100%<br>錯誤 0%<br>空白 0% | 有效 100%<br>錯誤 0%<br>空白 0% | 有效 100%<br>錯誤 0%<br>空白 0% |
| 1 | 2012 | 7311470 | 3831635 | 3479835 |
| 2 | 2013 | 8016280 | 4095599 | 3920681 |
| 3 | 2014 | 9910204 | 4687048 | 5223156 |
| 4 | 2015 | 10439785 | 4883047 | 5556738 |
| 5 | 2016 | 10690279 | 5703020 | 4987259 |
| 6 | 2017 | 10739601 | 6452938 | 4286663 |
| 7 | 2018 | 11066707 | 6845815 | 4220892 |
| 8 | 2019 | 11864105 | 7518268 | 4345837 |
| 9 | 2020 | 1377861 | 1096321 | 281540 |
| 10 | 2021 | 140479 | 112410 | 28069 |
| 11 | 2022 | 895962 | 830902 | 65060 |

^ 圖 14.6　確認資料集匯入格式畫面（II）

## 任務 2：繪製折線圖

STEP01 觀察數值隨時間變化的趨勢，折線圖是最佳的視覺化圖形呈現，折線圖可以用來反映出連續型數據，並識別峰值，顯示隨時間變化數值所產生的上升或下降，因此我們在【視覺效果】中選擇【折線圖】呈現來台旅客人數的狀況。

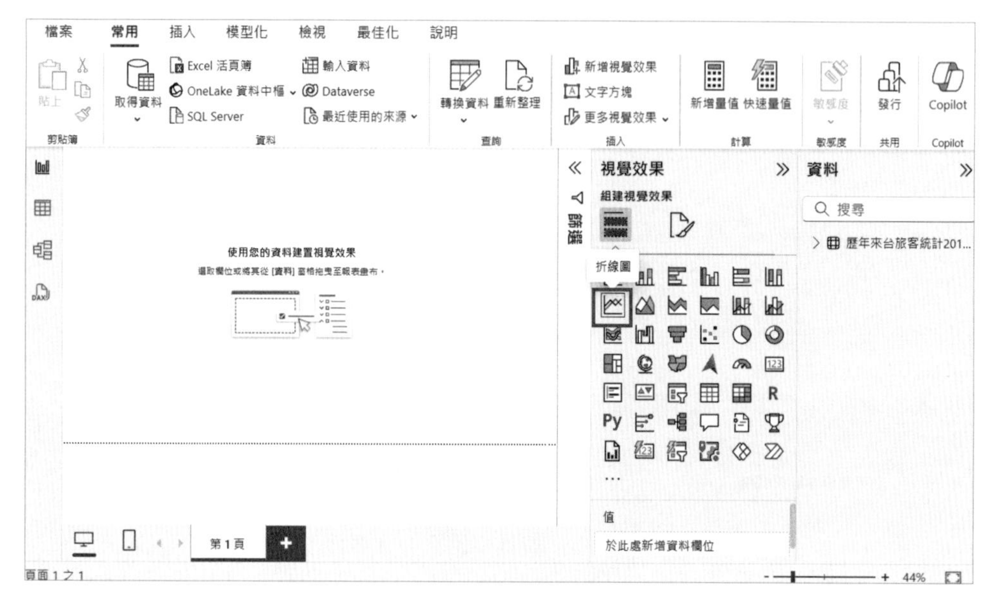


^ 圖 14.7 點選折線圖

STEP02 使用滑鼠拖移折線圖範圍放大至整個頁面。

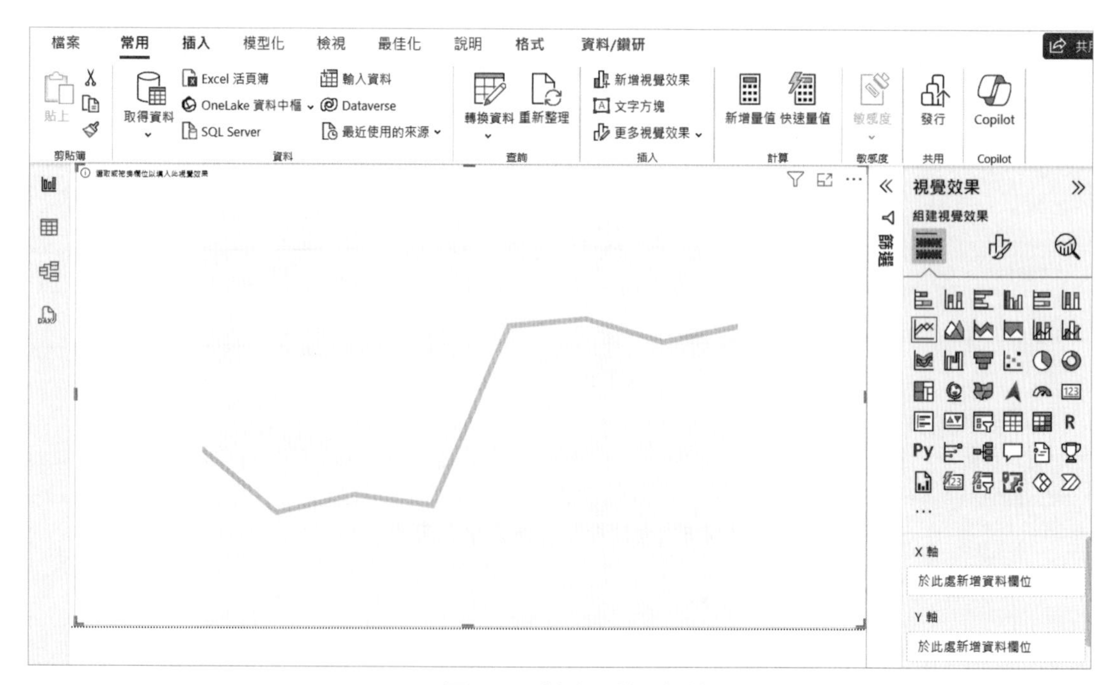


^ 圖 14.8 折線圖範圍調整

STEP03 拖移「年別」至【X 軸】，拖移「總計人數」至【Y 軸】，繪製折線圖。

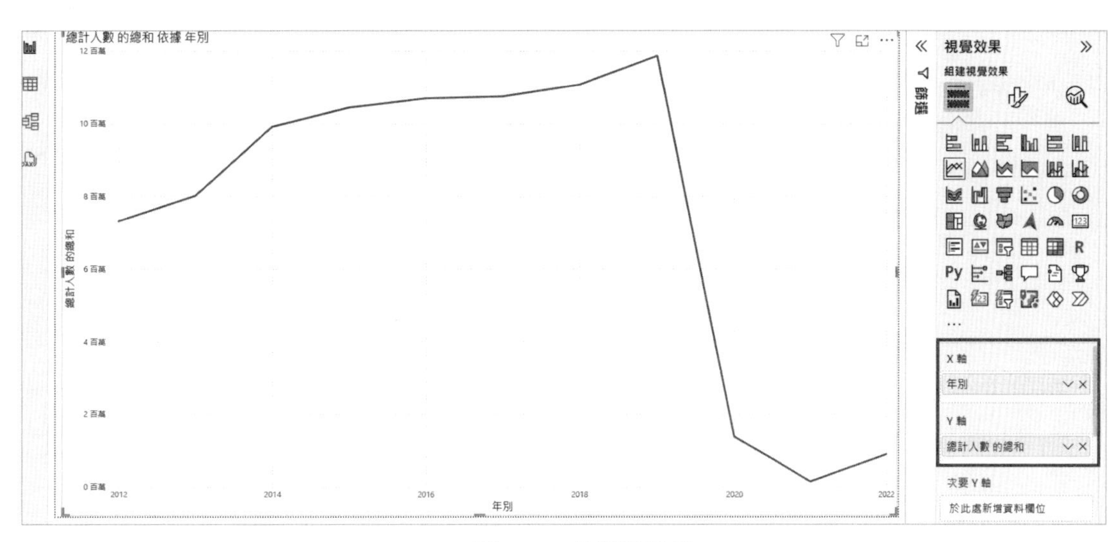


^ 圖 14.9 繪製折線圖

STEP04 進行 Y 軸刻度資料以及 Y 軸標題的更改，首先，在【視覺效果】點選【Y 軸】，展開 Y 軸資料。

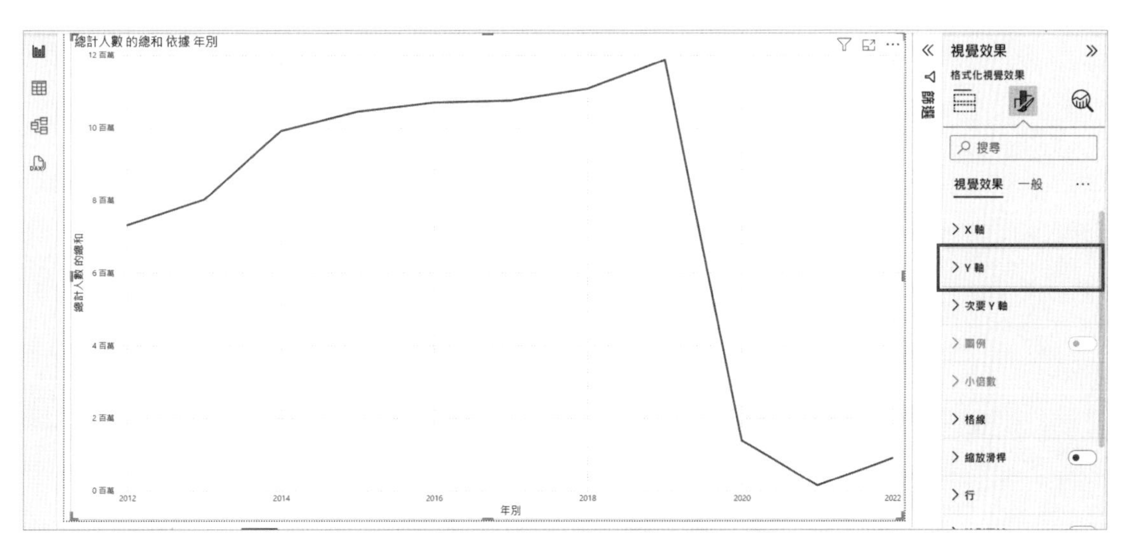


^ 圖 14.10 調整 Y 軸標題與刻度（I）

STEP05 點選【Y 軸】資料中的【值】，展開詳細資料，找到【顯示單位】的下拉式選單，並選擇「無」，則 Y 軸的刻度就會顯示完整數值。

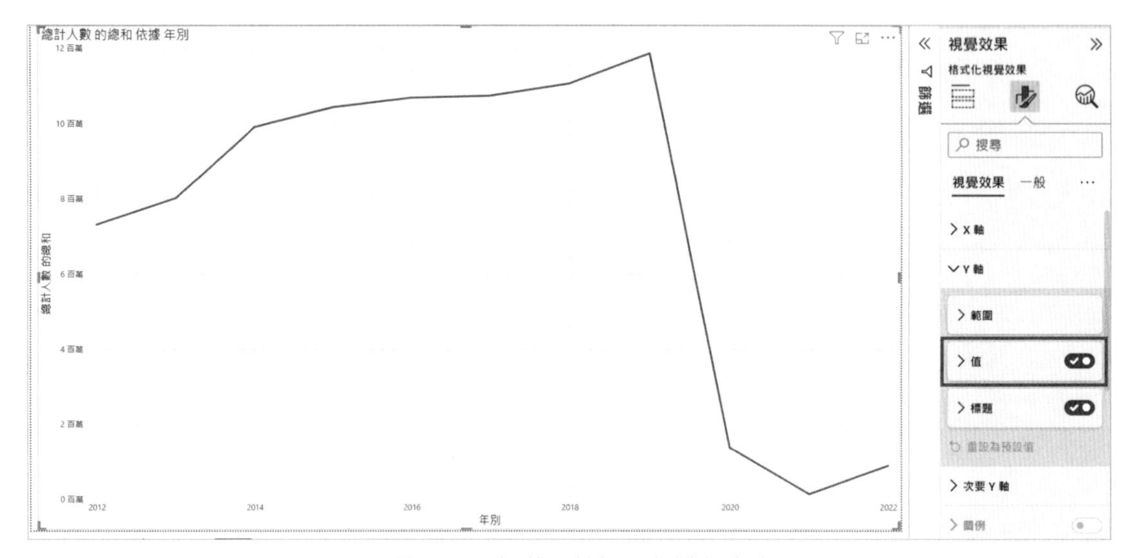


^ **圖 14.11** 調整 Y 軸標題與刻度（II）

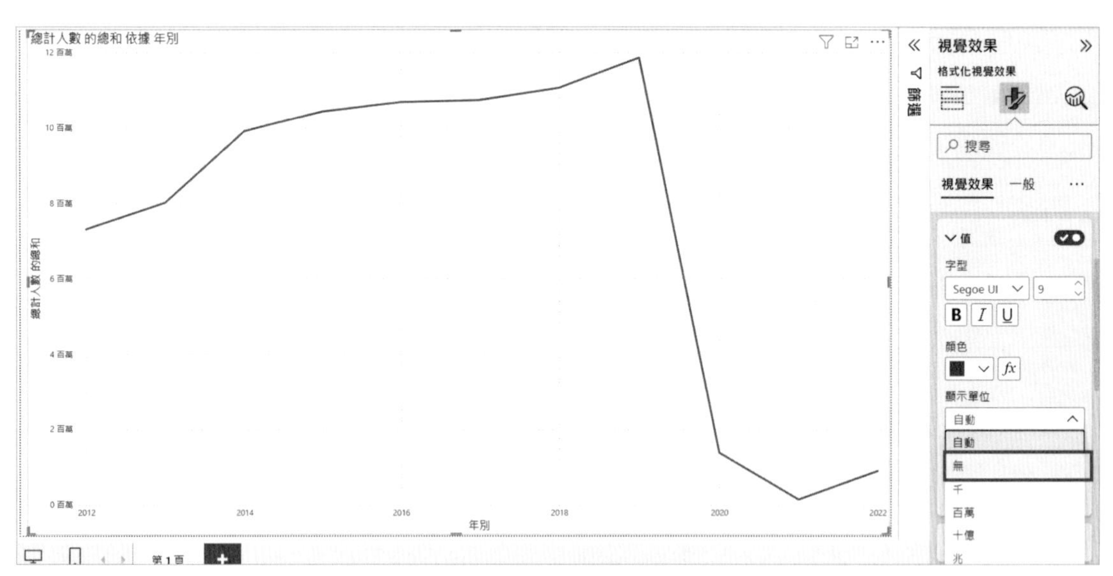


^ **圖 14.12** 調整 Y 軸標題與刻度（III）

STEP06 在【視覺效果】點選【Y 軸】的【標題】，展開詳細資料，修改【標題文字】內的文字為「人數」。

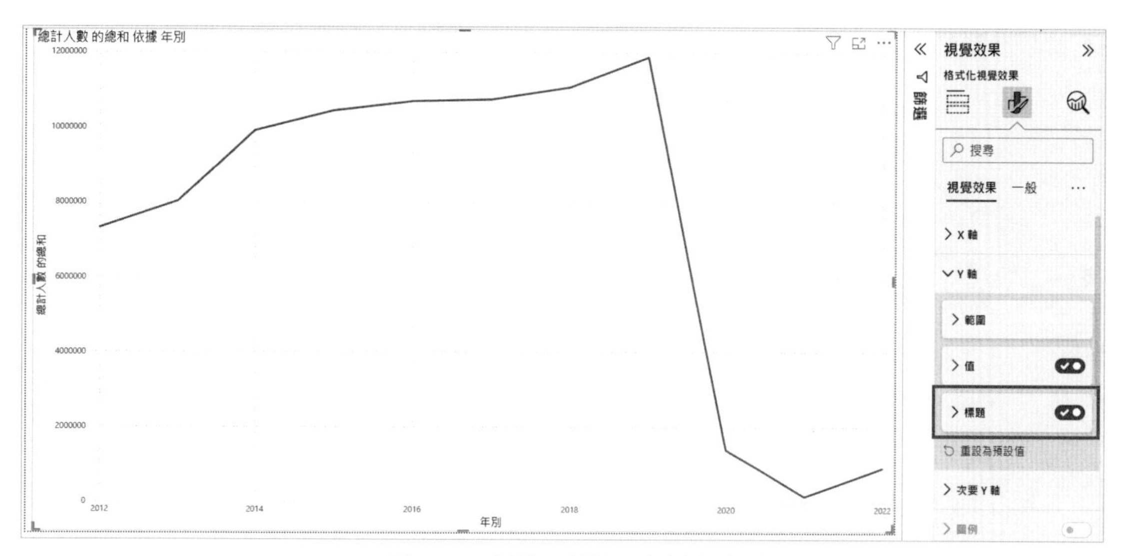


^ 圖 14.13　調整 Y 軸標題與刻度（IV）

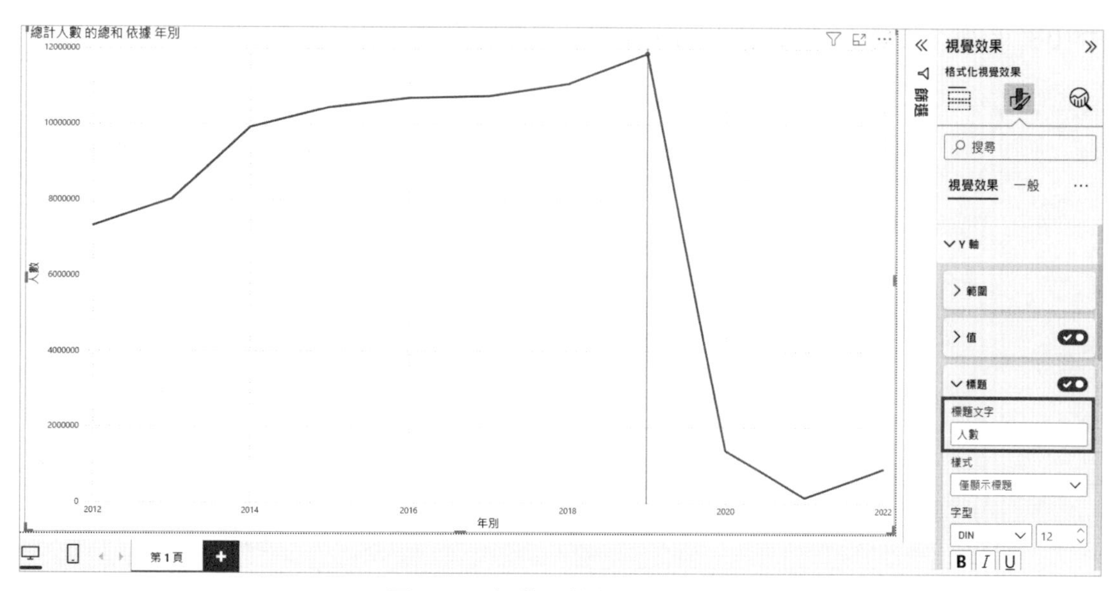


^ 圖 14.14　調整 Y 軸標題與刻度（V）

STEP07 進行圖片標題的更改，首先，點選【視覺效果 / 格式化視覺效果 / 一般】，展開相關資料。

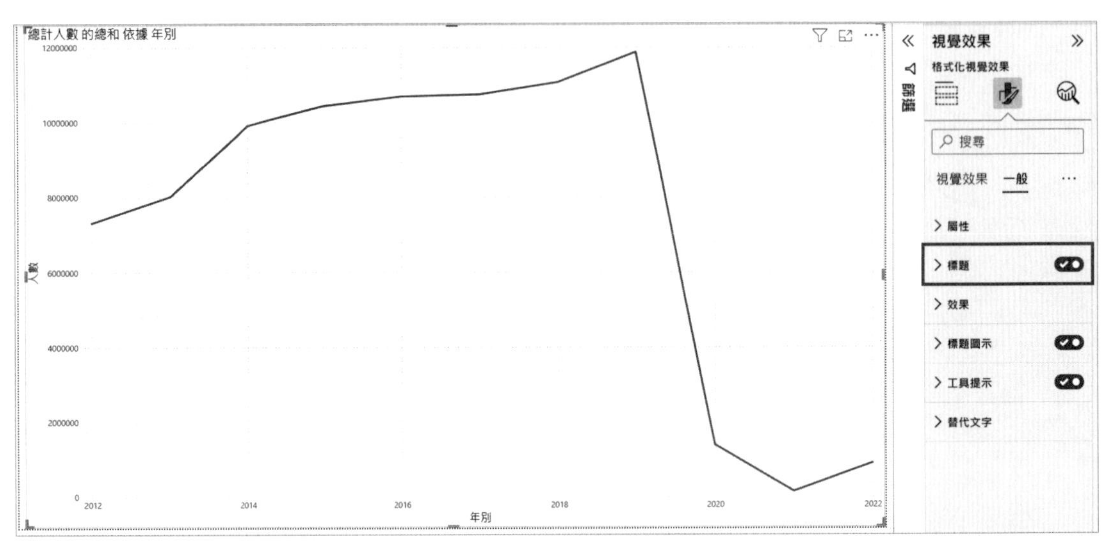


^ 圖 14.15　調整圖形標題（I）

STEP08 點選【標題】，修改標題的【文字】內容為「歷年來台旅客人數」。

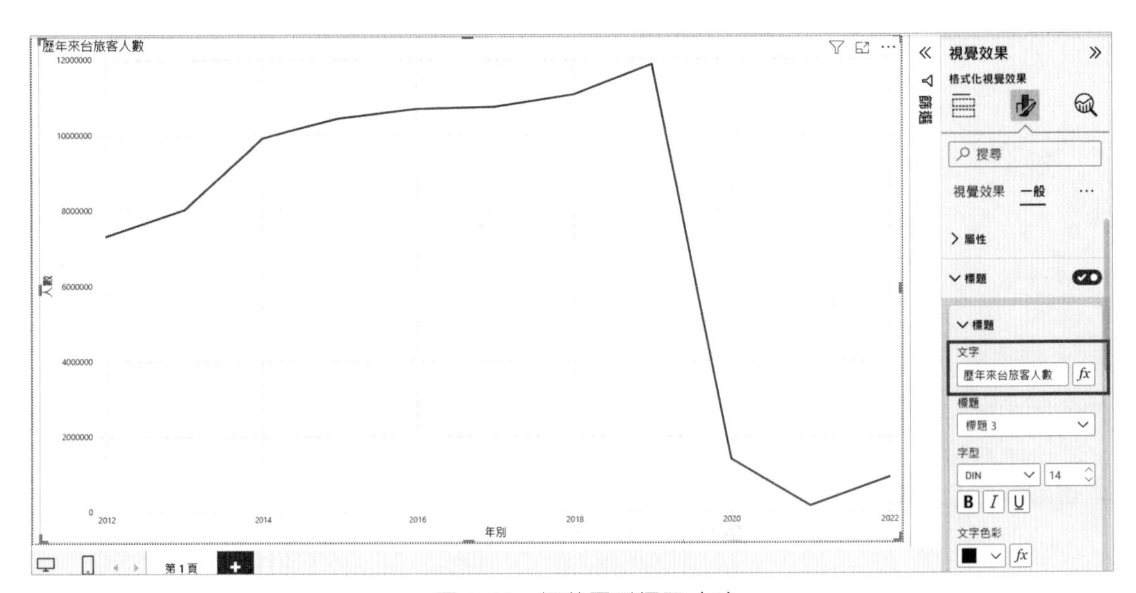


^ 圖 14.16　調整圖形標題（II）

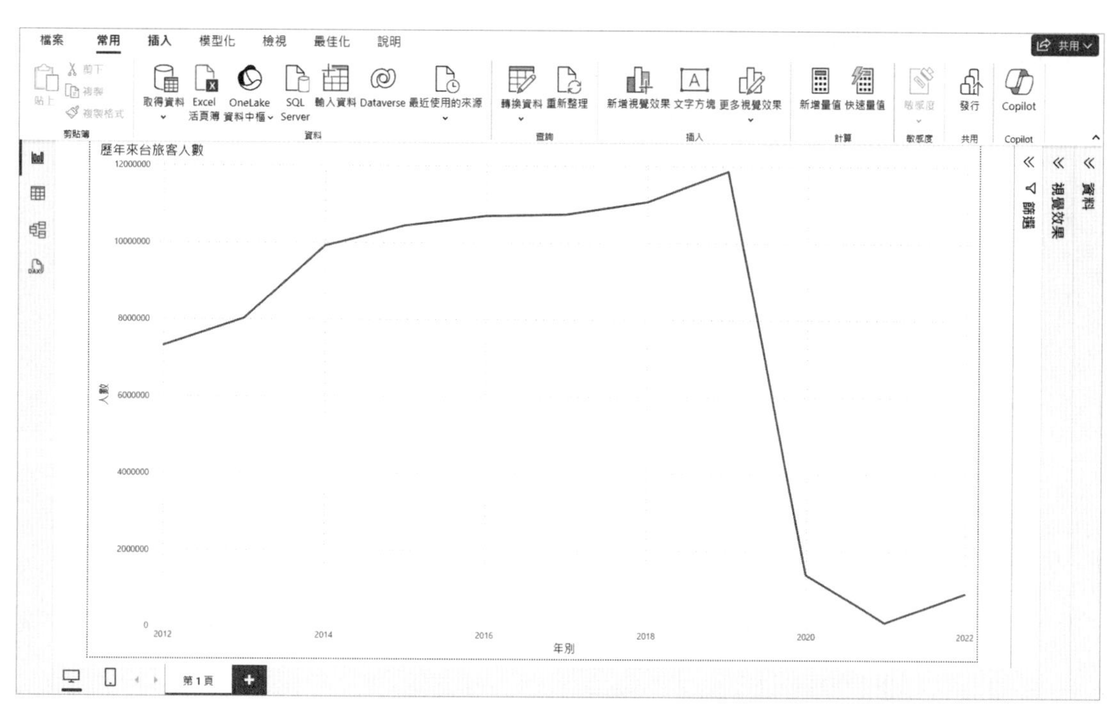


^ **圖 14.17** 歷年旅客來台統計折線圖

折線的【線條樣式】、折線的【筆觸寬度（px）】以及折線的【色彩】都可以依照個人需求進行修改，本單元就不逐一進行調整，有興趣的讀者可以參考第九章折線圖的實作教學。

### 視覺化圖形洞察與解釋

由上述折線圖可知，國外旅客來台人數從 2012 年起呈現遞增，每年都在刷新紀錄，特別是 2015 年突破一千萬人數，之後仍持續成長至 2019 年，2019 年為旅客來台最高峰，達到一千一百八十六萬人次，但 2019 年底新冠疫情開始傳播，2020 年 1 月起，疫情開始從中國蔓延到世界各國，2020 年 3 月世界衛生組織宣布此次疫情為「全球大流行」，因應疫情的傳播，各國政府採取封閉國界，禁止人員移動，因此觀光旅遊業首當其衝，我們可以從折線圖發現 2019 年與 2020 年旅客來台人數呈現斷崖式下跌，2021 年為旅客來台人數的谷底，直到 2022 年才開始逐漸回升。

## 14.4 實作練習：歷年來台旅客性別統計

本章節採用「歷年來台旅客性別統計」資料集，該資料集的資料欄位有「年別」、「居住地」、「細分」、「合計」、「男人數」、「男占合計百分比」、「女人數」、「女占合計百分比」，由於本章節想呈現的是歷年來台旅客性別變化，因此，我們在下方的實作中，只會用到「年別」、「男人數」與「女人數」欄位的資料。

## 任務 1：下載與匯入本書資料集檔案

STEP01 開啟 Power BI Desktop 軟體，從【取得資料】中選擇【文字 /CSV】功能，準備匯入資料集檔案。

^ 圖 14.18 Power BI 匯入資料集畫面

STEP02 選擇本書所附的資料集檔案「歷年來台旅客性別統計 2012-2022.csv」檔案並按下【開啟】。

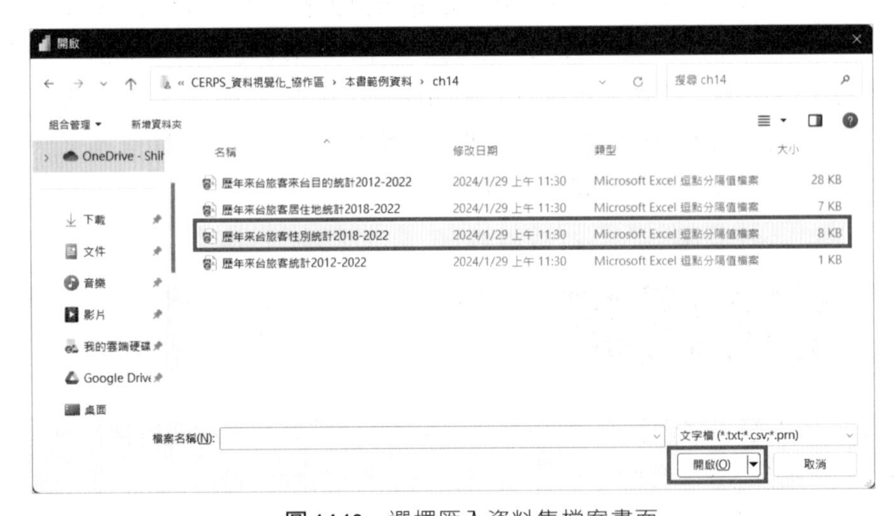


^ 圖 14.19 選擇匯入資料集檔案畫面

STEP03 確認匯入資料之資料編碼是否正確，含有中文內容之資料多為採用 65001: Unicode（UTF-8）編碼，避免中文成為亂碼，同時也須確認欄位分割的正確性與欄位內之資料無誤，確認後按下【轉換資料】。

歷年來台旅客性別統計2018-2022 .csv

檔案原點：65001: Unicode (UTF-8)　分隔符號：逗號　資料類型偵測：依據前 200 個列

| 年別 | 居住地區 | 居住地 | 合計 | 男人數 | 女人數 |
|---|---|---|---|---|---|
| 2018 | 亞洲地區 | 日本 | 1969151 | 1054594 | 914557 |
| 2018 | 亞洲地區 | 韓國 | 1019441 | 442689 | 576752 |
| 2018 | 亞洲地區 | 香港.澳門 | 1653654 | 755354 | 898300 |
| 2018 | 亞洲地區 | 中國大陸 | 2695615 | 1095180 | 1600435 |
| 2018 | 亞洲地區 | 印度 | 38385 | 31713 | 6672 |
| 2018 | 中東 | 中東 | 22442 | 16474 | 5968 |
| 2018 | 亞洲地區 | 亞洲其他 | 16954 | 11449 | 5505 |
| 2018 | 非洲地區 | 南非 | 5596 | 3393 | 2203 |
| 2018 | 非洲地區 | 非洲其他 | 6441 | 4932 | 1509 |
| 2018 | 美洲地區 | 美國 | 580072 | 350779 | 229293 |
| 2018 | 美洲地區 | 加拿大 | 128456 | 69695 | 58761 |
| 2018 | 美洲地區 | 墨西哥 | 4334 | 2608 | 1726 |
| 2018 | 美洲地區 | 阿根廷 | 1459 | 919 | 540 |

使用範例擷取資料表　載入　轉換資料　取消

^ 圖 14.20　確認資料集匯入格式畫面（I）

STEP04 檢查資料集中各欄資料，均為「有效」，未有「錯誤」或「空白」內容後，點選【關閉並套用】。

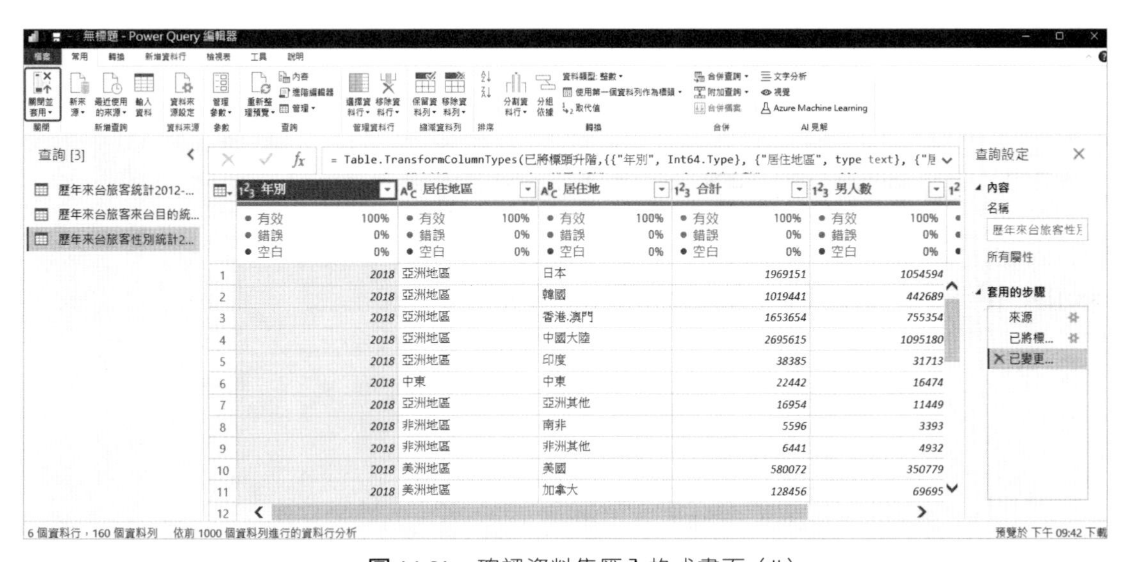


^ 圖 14.21　確認資料集匯入格式畫面（II）

觀察少數組別數值的比例分布態勢，環圈圖是很好的視覺化圖形呈現，環圈圖展示不同類別在整體中的相對比例，中間有空心，形成環狀結構，全環形代表總和為100%，相較於圓餅圖環圈圖常用於強調重要部分，同時展示整體結構，讓閱讀者更容易理解不同部分的相對大小，並突顯重要性，特別適合呈現類別分布比例、市場占有率…等相對比例的資訊。

## 任務 2：繪製環圈圖

STEP01 本章節我們在男女性別比例上採用圓環圖。在【視覺效果】中選擇【環圈圖】呈現來台旅客性別分布的狀況。

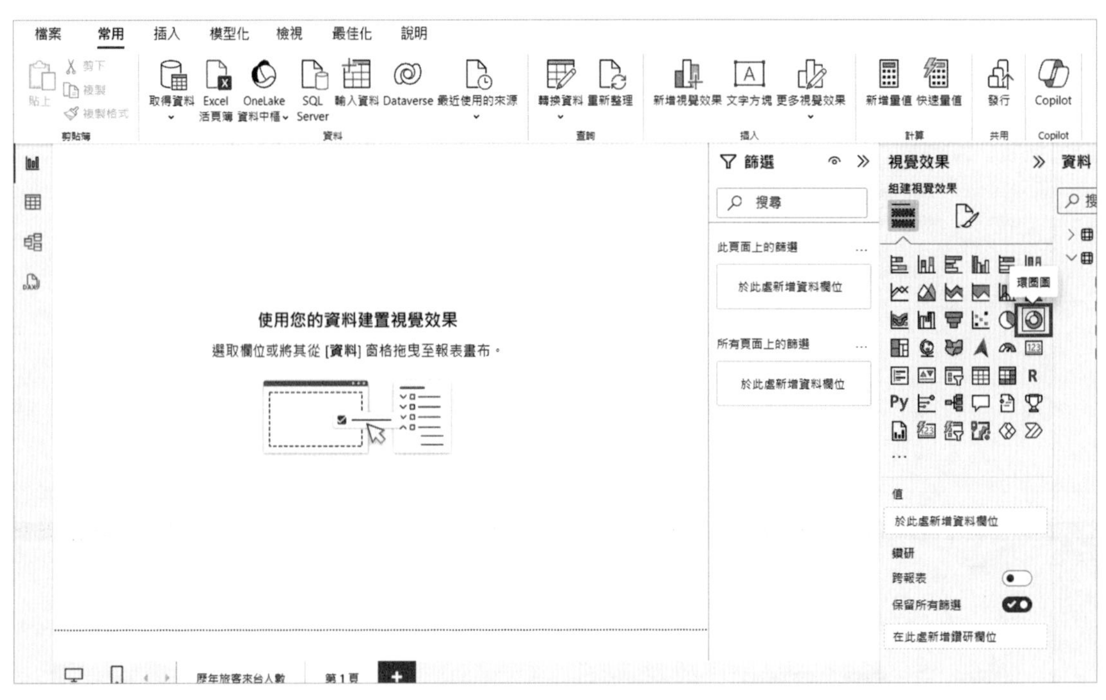


^ 圖 14.22 點選環圈圖

STEP02 使用滑鼠拖移環圈圖範圍放大至整個頁面。

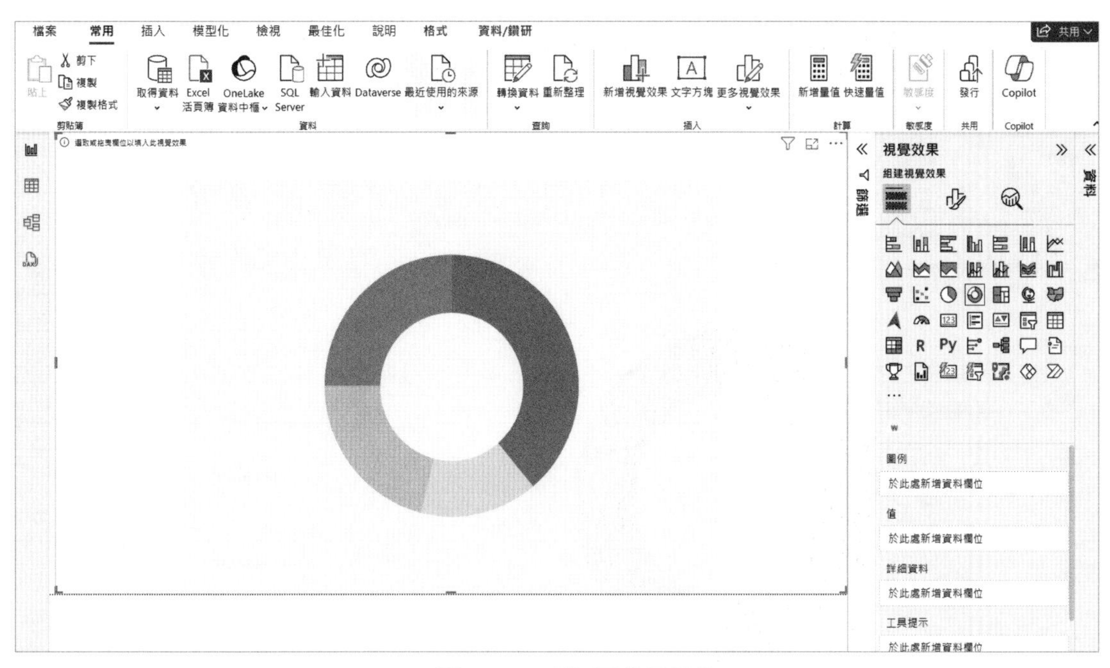


^ 圖 14.23　環圈圖範圍調整

STEP03 在畫面右方的【資料】點選「歷年來台旅客性別統計 2018-2022」，拖移下方的「男人數」及「女人數」至【值】。

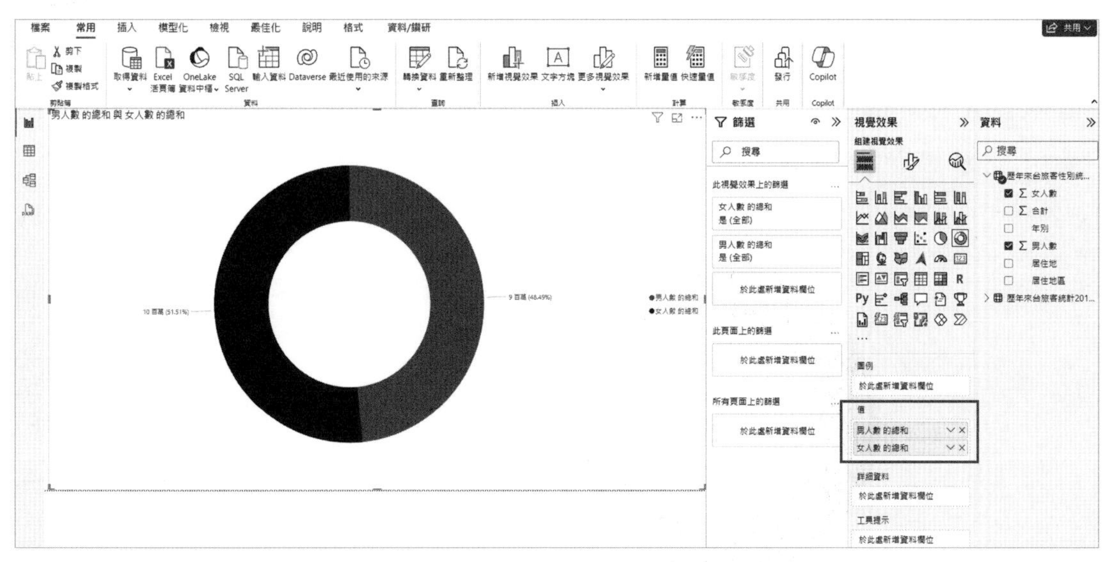


^ 圖 14.24　繪製環圈圖

CHAPTER 14

STEP04 接著增加環圈圖的圖例，調整環圈圖圖例文字大小，以及增加圖例標題。首先，在【視覺效果】下點選【圖例】，展開圖例資料。

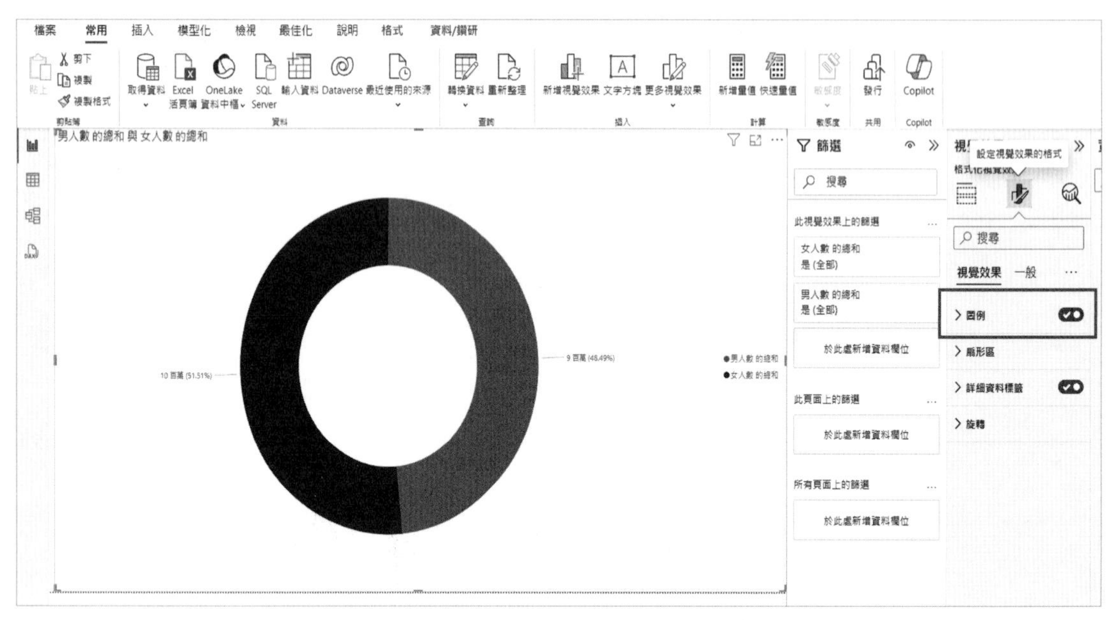

^ 圖 14.25 環圈圖視覺效果調整

STEP05 在【視覺效果】下，點選【圖例】的【文字】，展開詳細資料，調整文字的【字型】大小，選擇「20」。

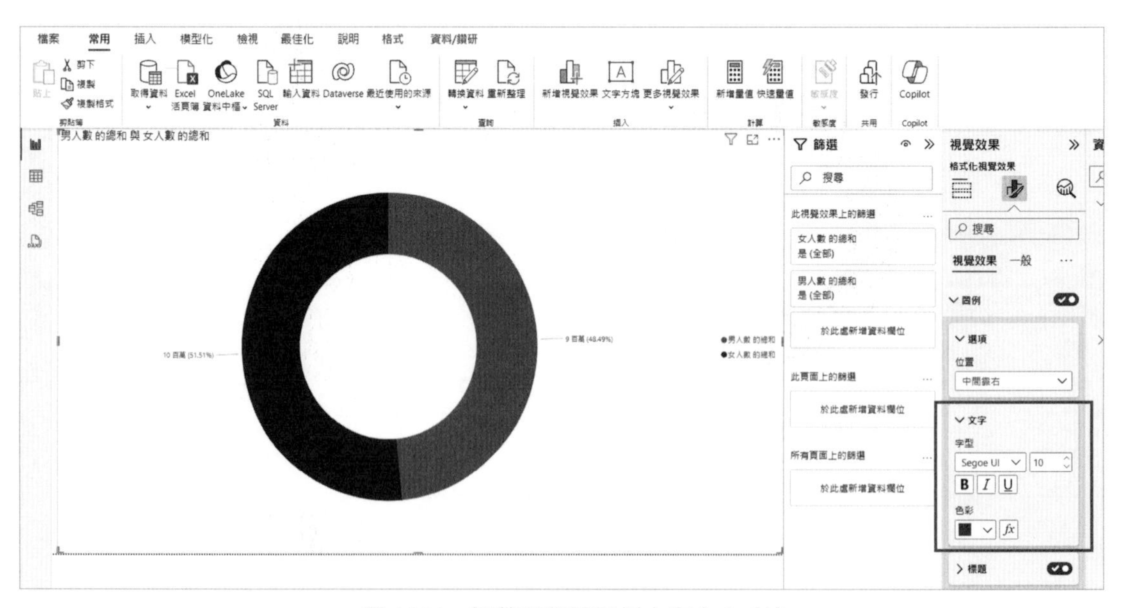

^ 圖 14.26 調整環圈圖圖例文字大小（I）

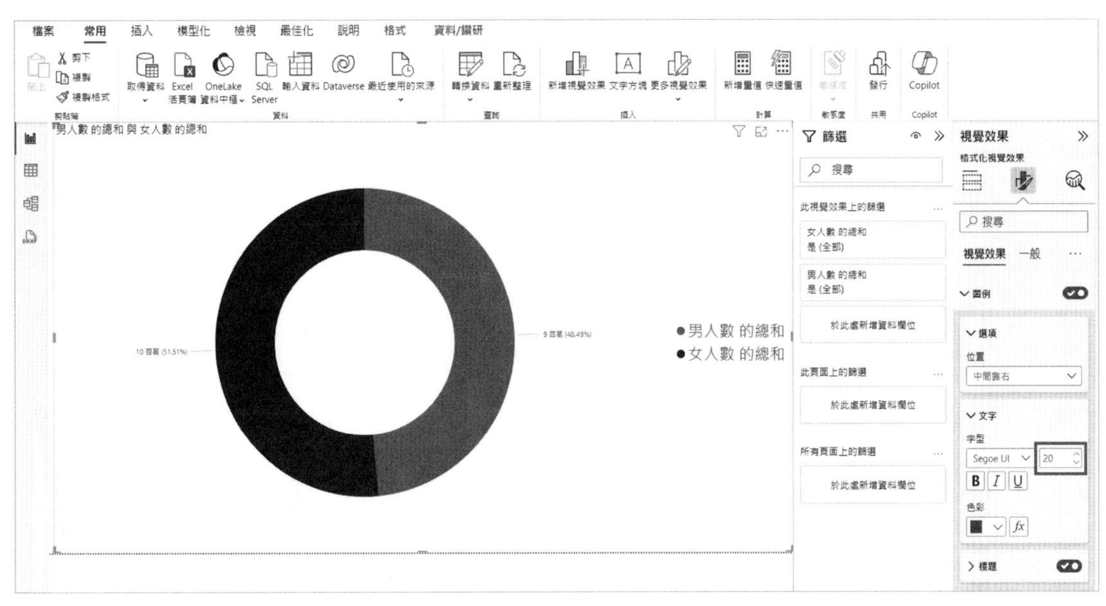


^ **圖 14.27** 調整環圈圖圖例文字大小（II）

STEP06 點開【圖例】資料中的【標題】，在【標題文字】內輸入「性別」。

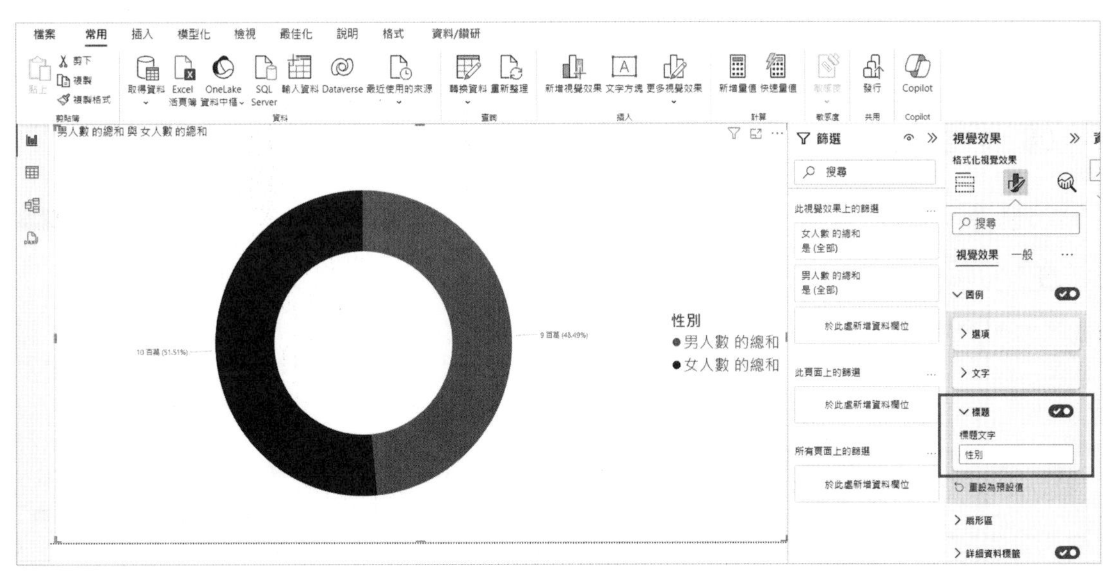


^ **圖 14.28** 調整環圈圖圖例標題

STEP07 進行環圈圖的顏色與資料標籤顯示的內容與文字修改。在【視覺效果】下點選【扇形區】，展開扇形區資料。

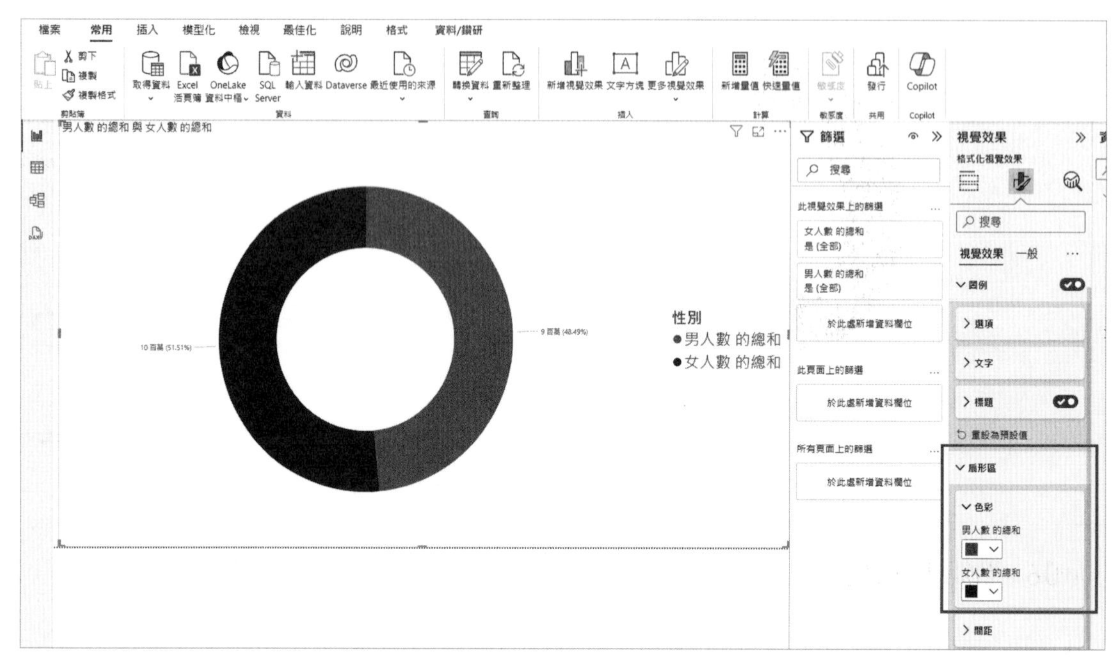

^ 圖 14.29 環圈圖視覺效果調整

STEP08 調整【色彩】中【女人數 的總和】的下拉式選單，選擇紅色。

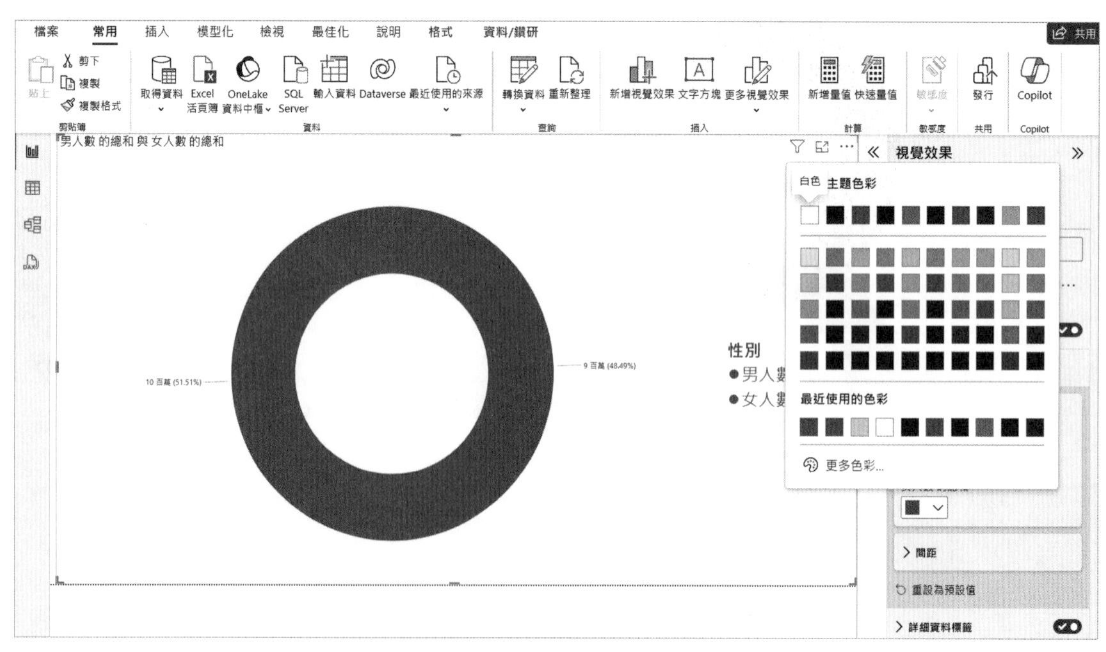

^ 圖 14.30 環圈圖顏色效果調整

STEP09 在【視覺效果】下點選【詳細資料標籤】，展開資料。

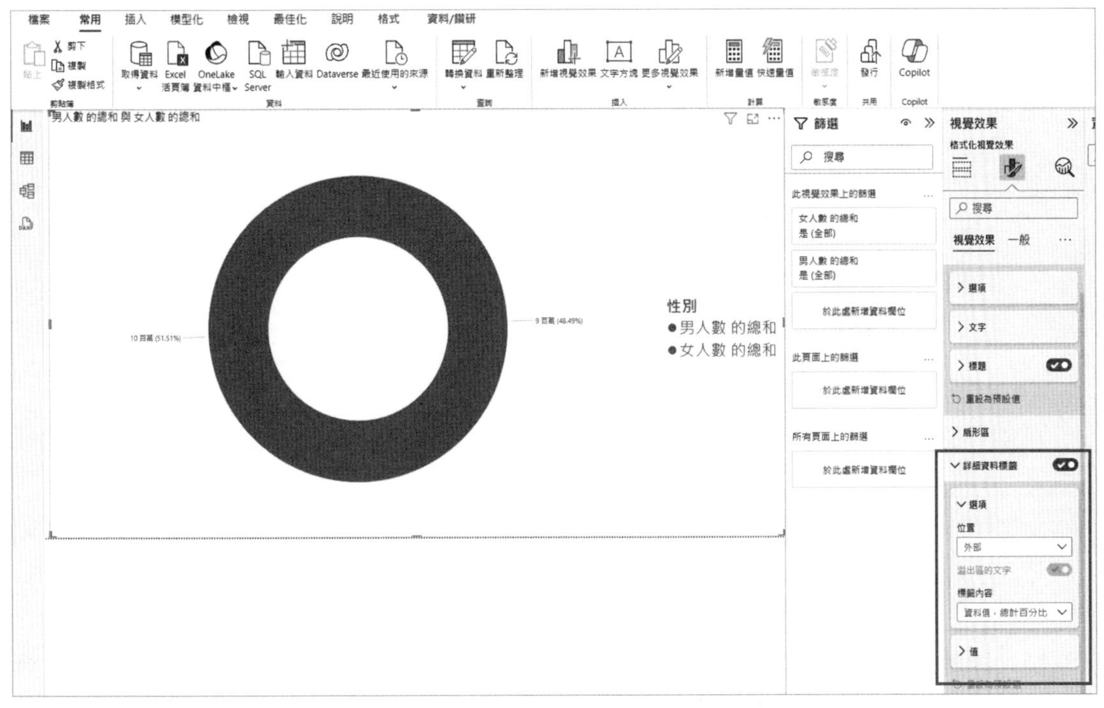

^ 圖 14.31　環圈圖資料標籤內容調整（I）

STEP10 調整【選項】中【標籤內容】的下拉式選單，選擇「總計百分比」，同時點選【詳細資料標籤】下的【值】，調整文字大小為「36」。

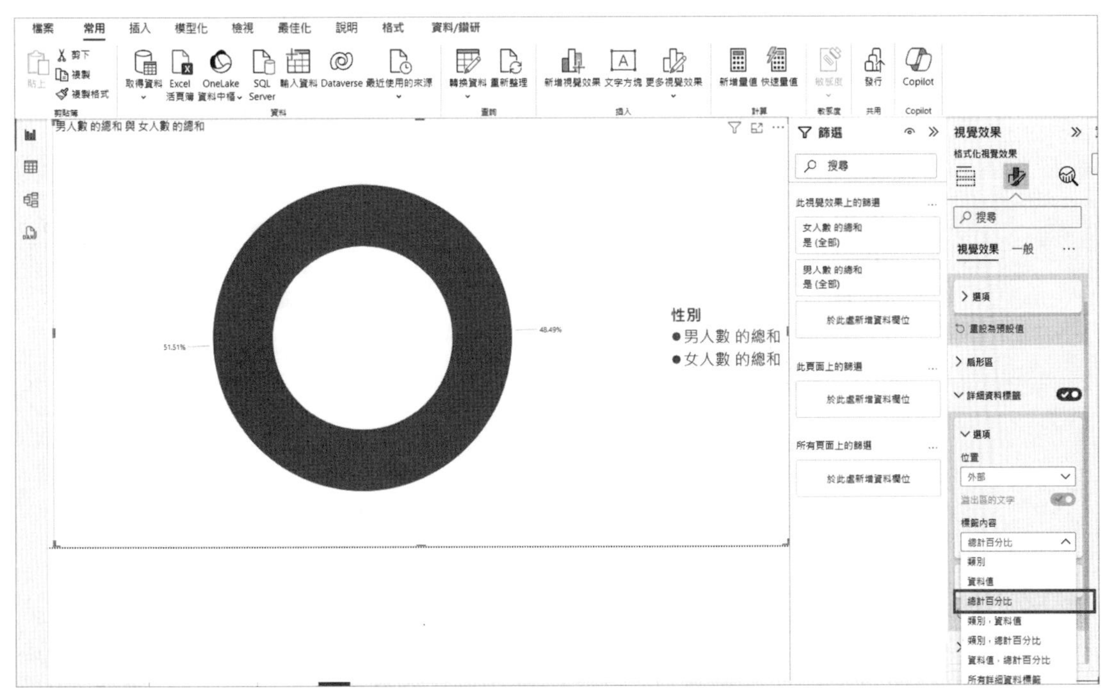

^ 圖 14.32　環圈圖資料標籤內容調整（II）

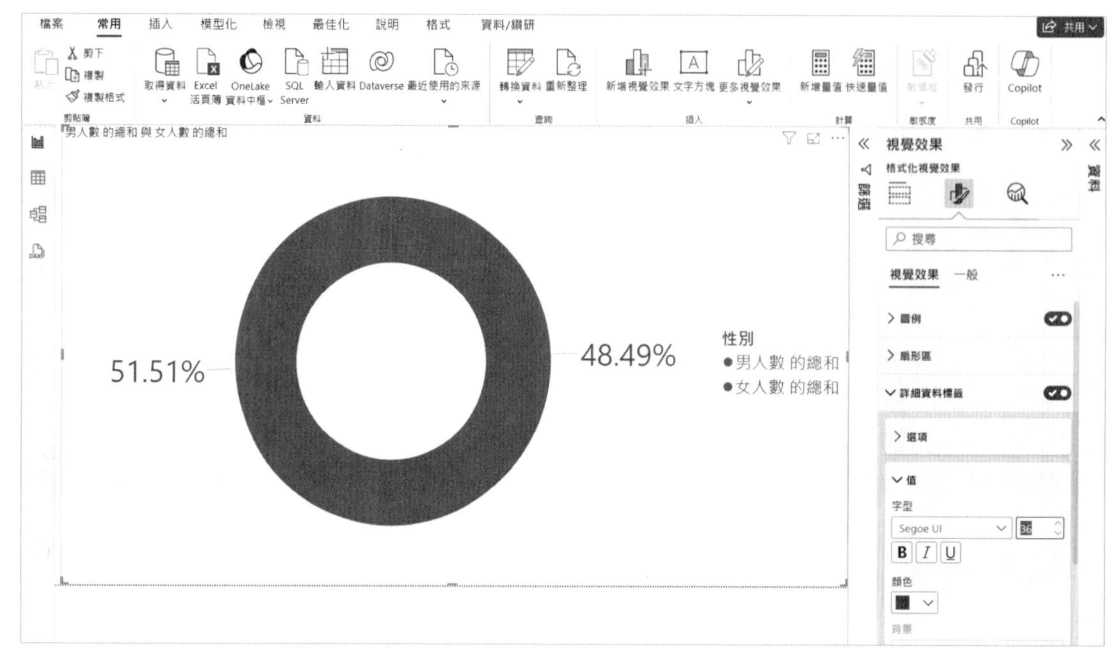


^ 圖 14.33　環圈圖資料標籤內容調整（III）

STEP11　接著，調整環圈圖的標題。點選【視覺效果 / 格式化視覺效果 / 一般】，點選【標題】，選擇【標題】中的【文字】輸入「男女旅客人數環圈圖」，並調整【字型】的大小為「40」。

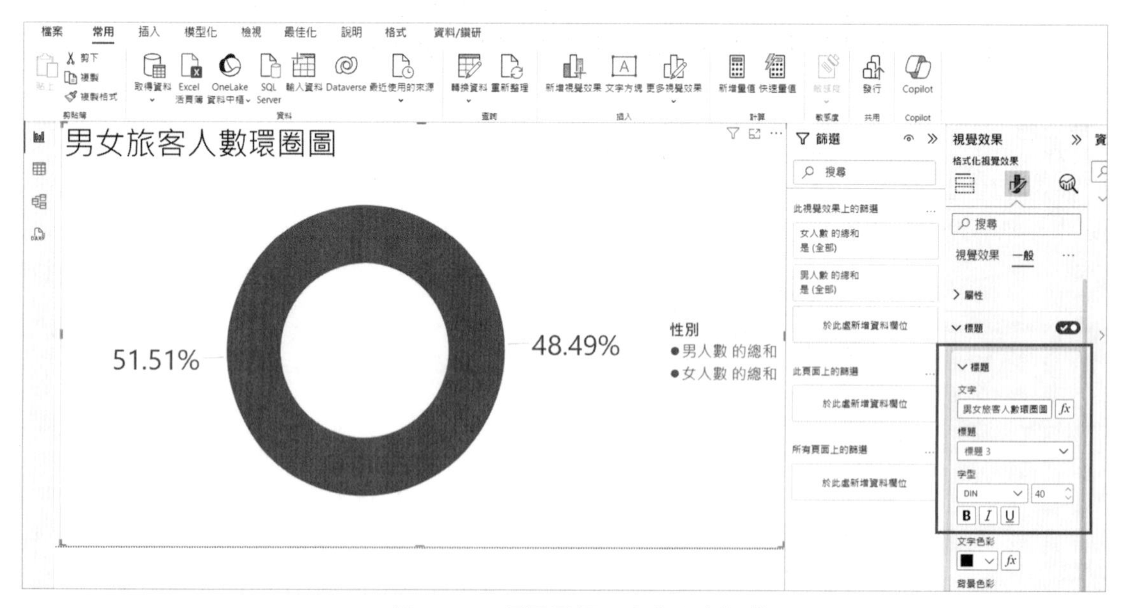


^ 圖 14.34　環圈圖標題文字內容調整

STEP12　看起來呈現旅客來台性別的環圈圖已經初具雛形，但圖例內的資料標籤文字，看起來還是怪怪的，接下來，我們進行環圈圖圖例內資料標籤的調整，先點選【視覺效果 / 組建視覺效果】，準備進行資料標籤文字的調整。在【值】內欄位內有兩個先前我們選取資料欄位進去的「男人數 的總和」以及「女人數 的總和」標籤，雙擊這兩個資料標籤即可重新命名，將「男人數 的總和」命名為「男」，「女人數 的總和」命名為「女」。

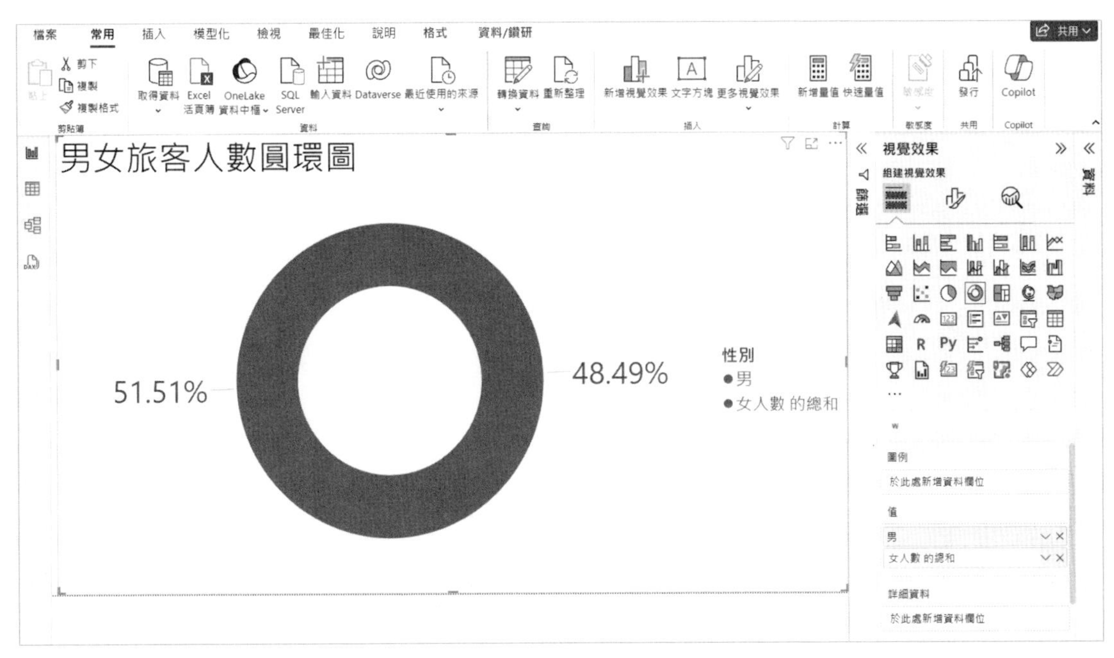


^ **圖 14.35** 環圈圖修改資料標籤

STEP 13 完成資料修改後，我們想要增加交叉篩選器在圖形上讓圖形的閱讀者更加方便查詢，獲得查詢後的結果。點選空白處後，選擇【視覺效果】中的【交叉分析篩選器】。

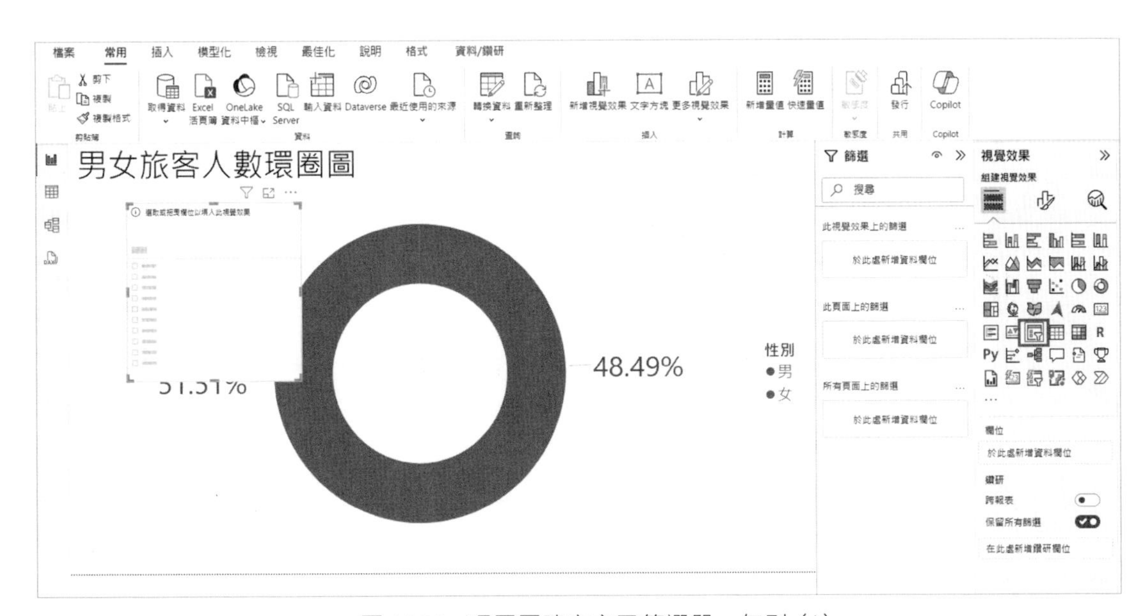


^ **圖 14.36** 環圈圖建立交叉篩選器 _ 年別（I）

STEP 14 在畫面右方的【資料】點選「歷年來台旅客性別統計 2018-2022」，拖移下方的「年別」至【視覺效果 / 組建視覺效果】之【欄位】內。

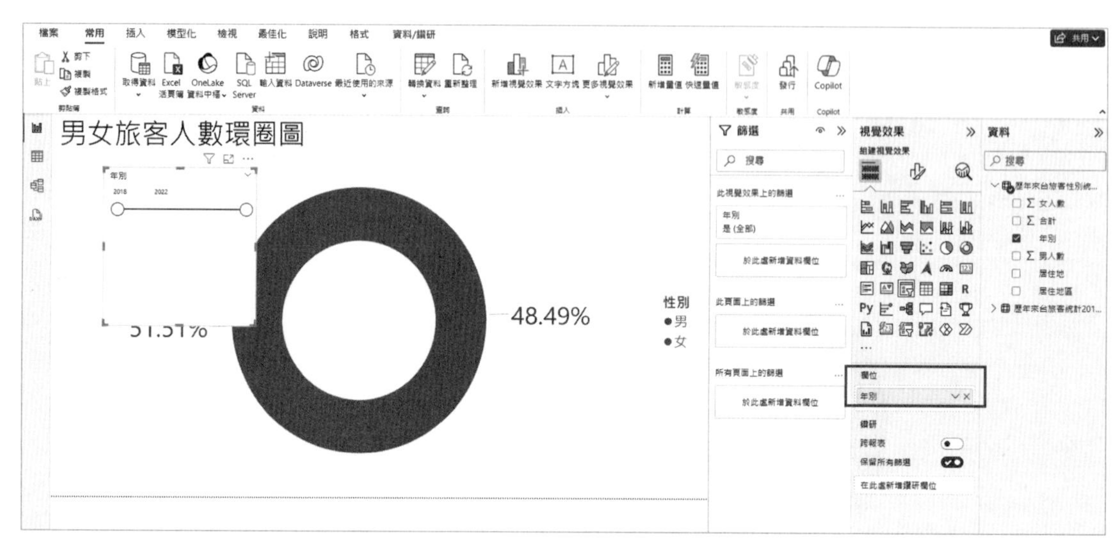


▲ 圖 14.37 環圈圖建立交叉篩選器 _ 年別（II）

STEP 15 點選【視覺效果】中的【交叉分析篩選器設定】。

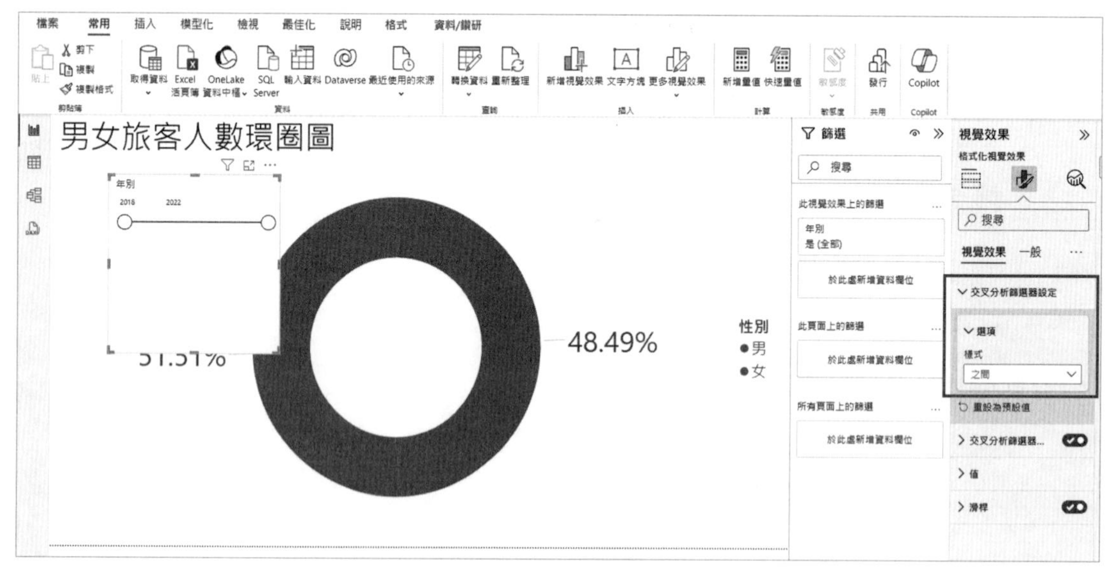


▲ 圖 14.38 環圈圖建立交叉篩選器 _ 年別（III）

STEP16 點選【視覺效果 / 格式化視覺效果 / 交叉分析篩選器設定】，在【選項】中的【樣式】下拉式選單中選擇「磚」。

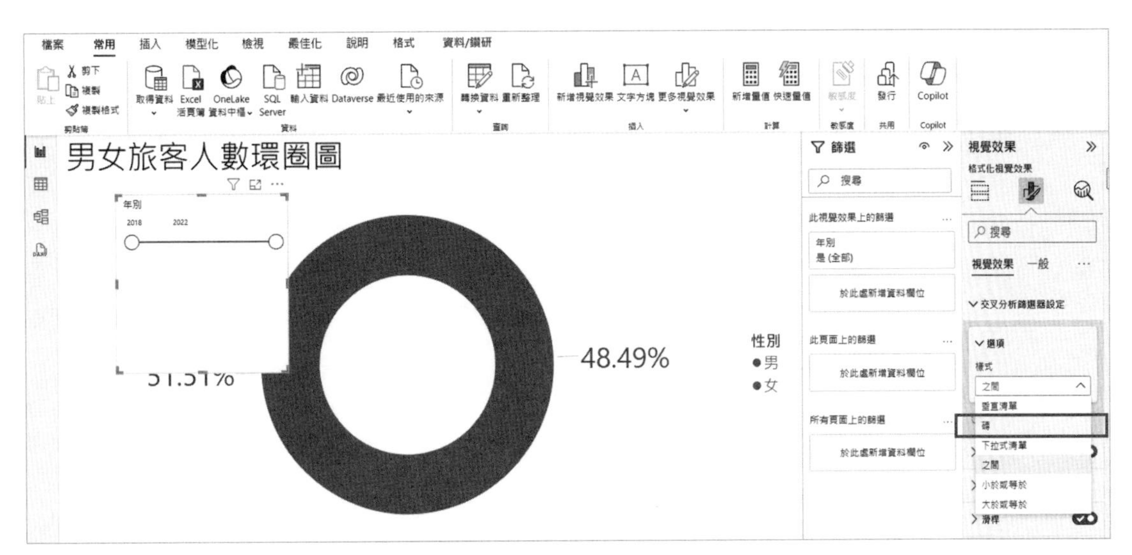


^ **圖 14.39** 環圈圖建立交叉篩選器 _ 年別（Ⅳ）

STEP17 我們想增加第二個交叉篩選器（居住地與居住地區）在圖形上，讓圖形的閱讀者可以查詢除了各年別之外還有不同的居住地與居住地區的來台旅客性別分配比例。點選空白處後，選擇【視覺效果】中的【交叉分析篩選器】。

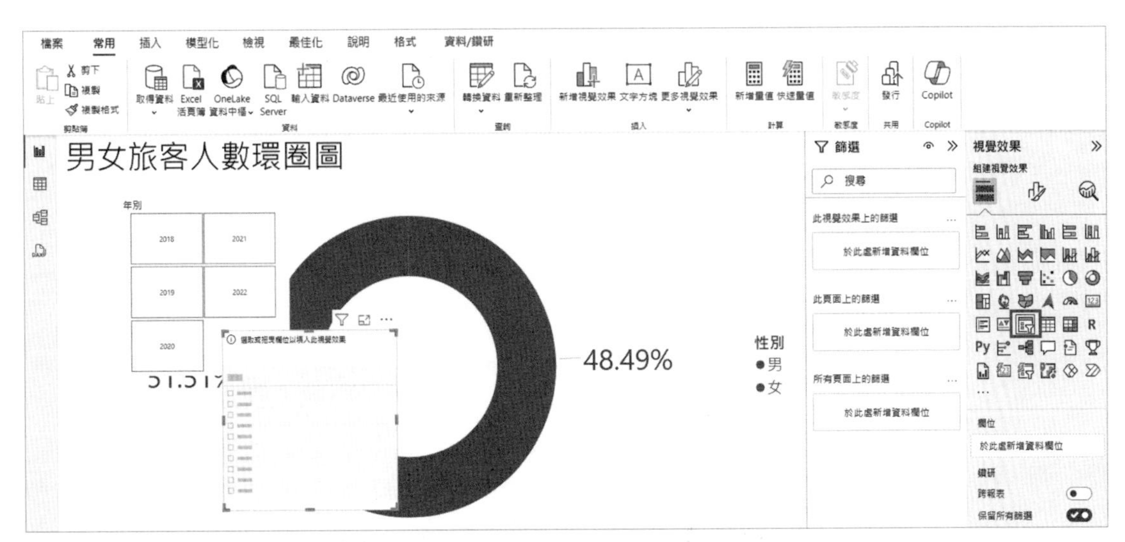


^ **圖 14.40** 環圈圖建立交叉篩選器 _ 居住地（Ⅰ）

STEP18 在畫面右方的【資料】點選「歷年來台旅客性別統計 2018-2022」，拖移下方的【居住地區】至【視覺效果 / 組建視覺效果】之【欄位】內。

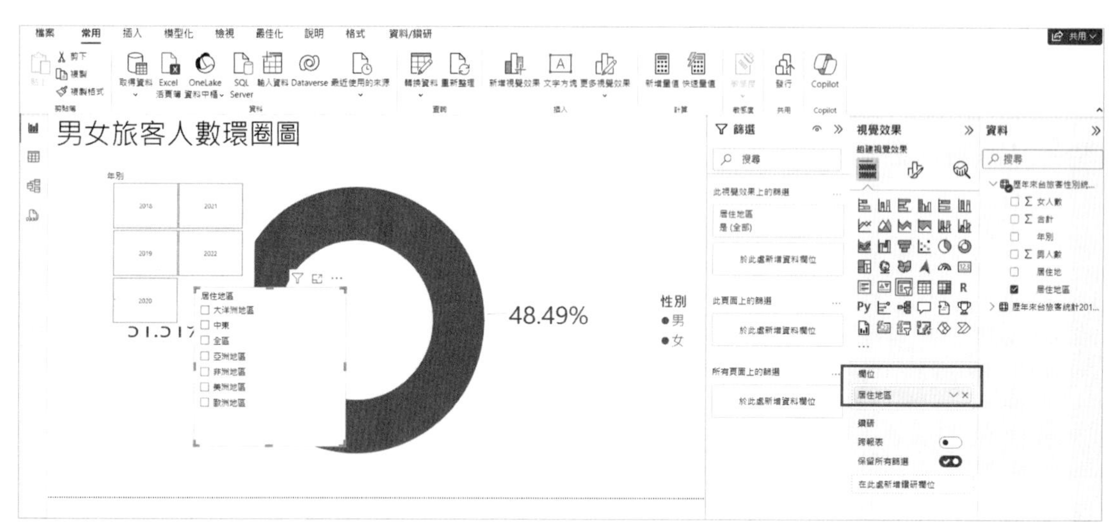


^ 圖 14.41　環圈圖建立交叉篩選器 _ 居住地（II）

STEP19 在畫面右方的【資料】點選「歷年來台旅客性別統計 2018-2022」，拖移下方的【居住地】至【視覺效果 / 組建視覺效果】之【欄位】內，放在【居住地區】下方。

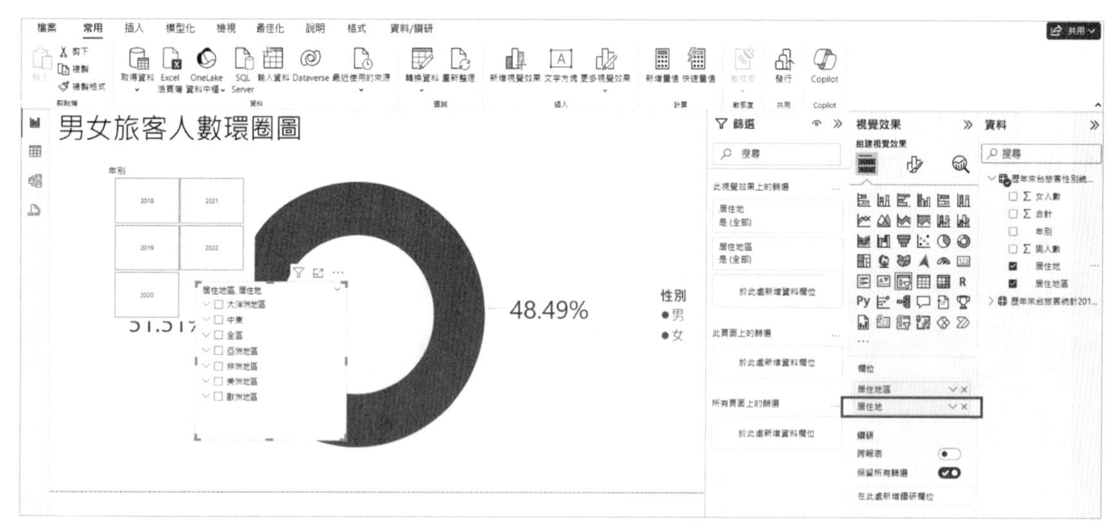


^ 圖 14.42　環圈圖建立交叉篩選器 _ 居住地（III）

STEP20 將【年別】的交叉分析篩選器放在上方，【居住地區】及【居住地】的交叉分析篩選器放在環形圖右側。

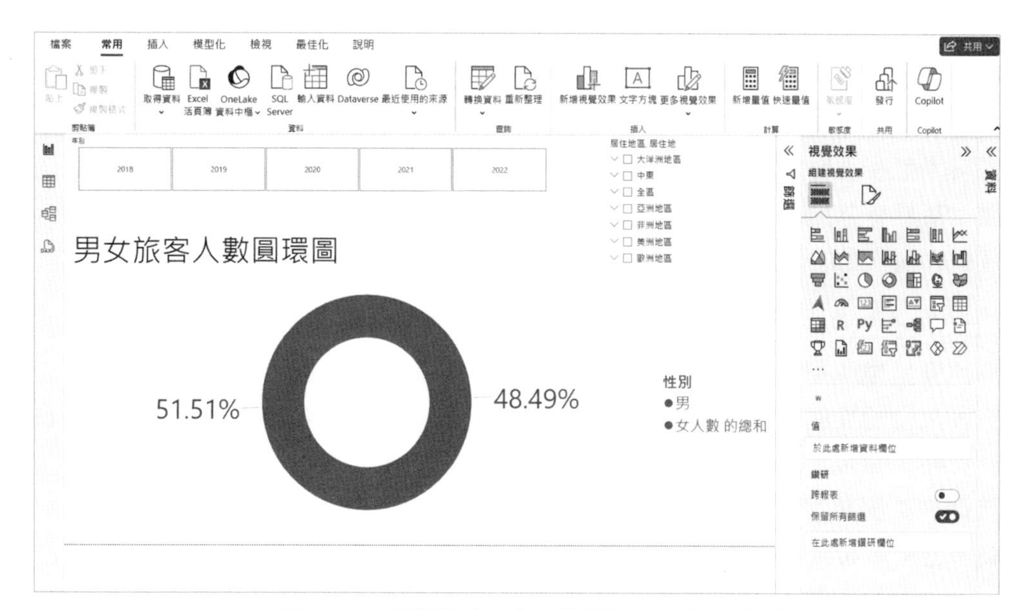


^ 圖 14.43　環圈圖建立交叉篩選器 _ 居住地（IV）

STEP21 最後，我們可以調整交叉篩選器在畫面中出現的選項內容，我們要把【居住地區 _ 居住地交叉篩選器】中的「全區」選項取消，避免造成圖形使用者的誤會。首先點選【居住地區 _ 居住地交叉篩選器】，在畫面【篩選】功能【此視覺效果上的篩選】中，找到【居住地區】內的選單，將「全區」選項前的打勾去除，【居住地區 _ 居住地交叉篩選器】中的「全區」選項便消失無法提供選取。

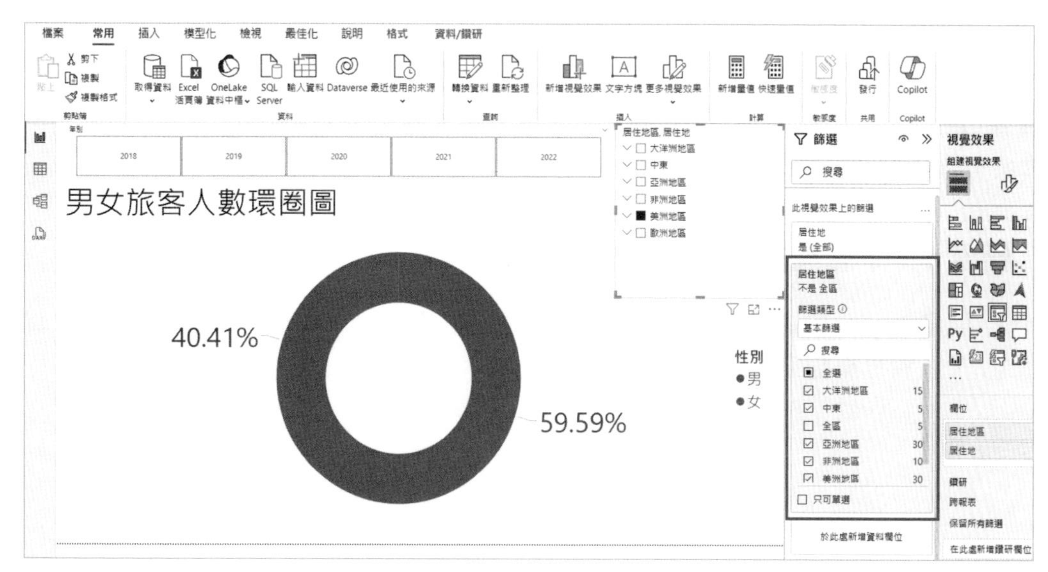


^ 圖 14.44　環圈圖建立交叉篩選器 _ 居住地（V）

### 視覺化圖形洞察與解釋

在疫情發生前，旅客來台的性別分佈呈現女性大於男性的分布狀況，女性旅客為全體旅客的占比約為 52% 上下，相對的男性旅客比例約為 48% 上下。但 2021 年後，我們從環圈圖發現男女比例開始呈現相當大的落差，呈現男性（62%）比例遠大於女性（38%）的狀況，推測這與疫情發生各國邊界封閉的狀況有關，在疫情期間，旅客需要獲得許可才可在國境之間移動，並且在每次移動過程中都需要固定時間的隔離檢疫，而旅客通常都具有非觀光之目的，例如：業務、求學或其他原因，這也許與旅客來台性別比例產生大幅異動的情況有關。

如果不考慮疫情年度的影響，我們以不同國家來台旅客作為分析，各國來臺旅客的性別比例呈現明顯的差異，以 2018 年及 2019 年為例，韓國，女性旅客（57%）的佔韓國旅客來台的比例就遠高於男性旅客（43%）；但美國來台旅客則呈現男性（60%）遠多於女性（40%），男女差異達到美國旅客來台總數的 20%，推論會產生如此大的差異應該還是美國旅客以觀光來台的目的相較於其他國家為低，以業務跟探親目的的比例較高，這應該與旅程交通時間的長短，以及台灣尚未成為美國人民的熱門觀光目的地選擇。

我們可以透過這些資料的比較說明，初步了解各國人民對於台灣觀光有興趣受眾之性別差異，未來台灣產官學界執行研究、行銷廣告、景點開發與行程規劃均可納入參考。

## 14.5 實作練習：歷年來台旅客來台目的統計

本章節採用「歷年來台旅客目的統計」資料集，該資料集的資料欄位有「年別」、「居住地」、「細分」、「合計」、「業務」、「觀光」、「探親」、「會議」、「求學」、「展覽」、「醫療」、「其他」，本章節的視覺化圖形實作希望呈現歷年來台旅客居住地與其來台目的分布及變化。

### 任務 1：下載與匯入本書資料集檔案

STEP 01 開啟 Power BI Desktop 軟體，從【取得資料】中選擇【文字 /CSV】功能，準備匯入資料集檔案。

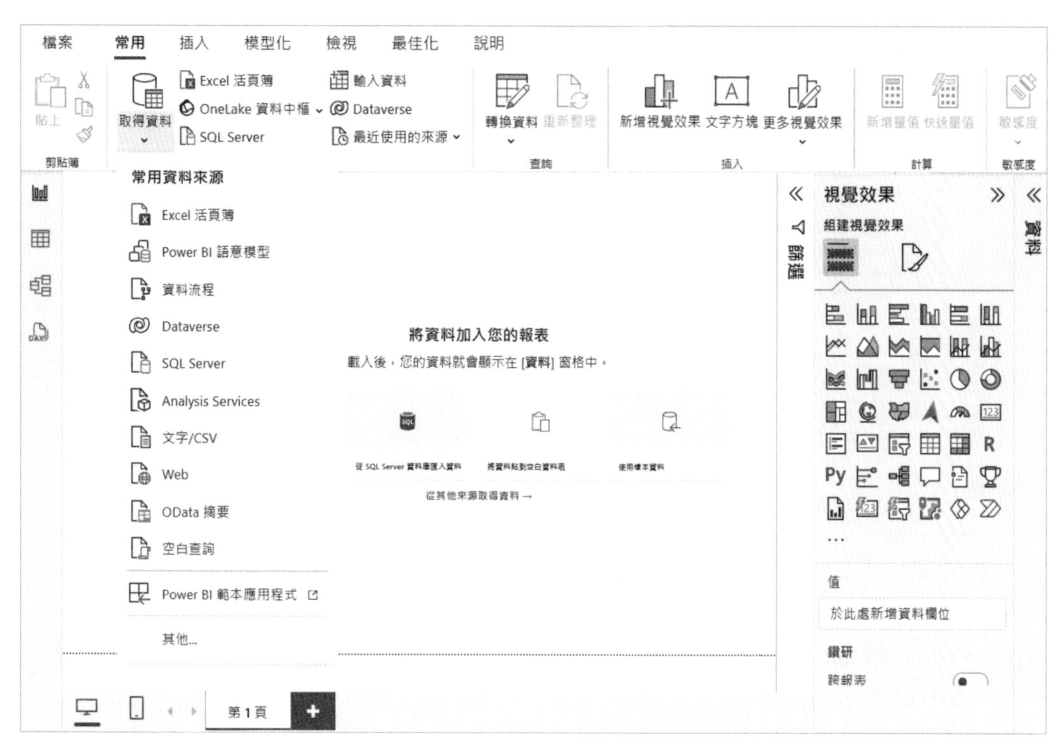


^ **圖 14.45**　Power BI 匯入資料集畫面

STEP**02**　選擇本書所附的資料集檔案「歷年來台旅客來台目的統計 2012-2022.csv」檔案，並按下【開啟】。

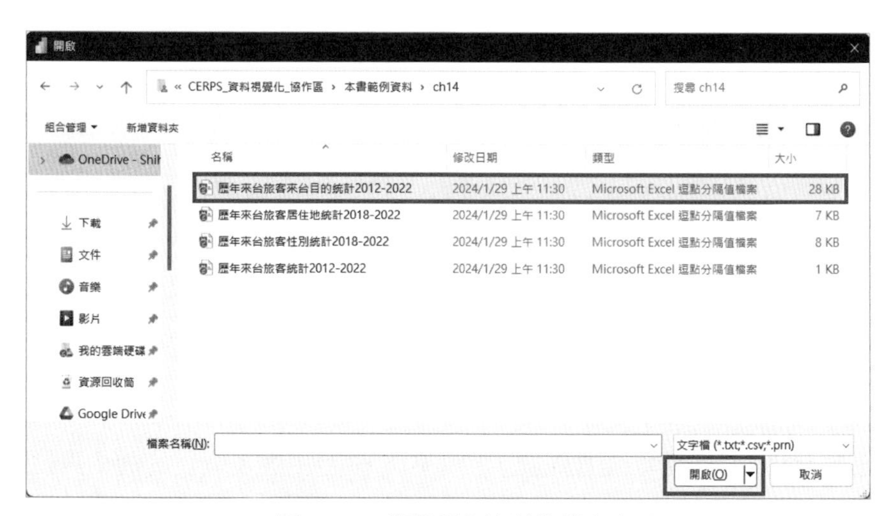


^ **圖 14.46**　選擇匯入資料集檔案畫面

STEP**03**　確認匯入資料之資料編碼是否正確，含有中文內容之資料多為採用 65001: Unicode（UTF-8）編碼，避免中文成為亂碼，同時也須確認欄位分割的正確性與欄位內之資料無誤，確認後按下【轉換資料】。

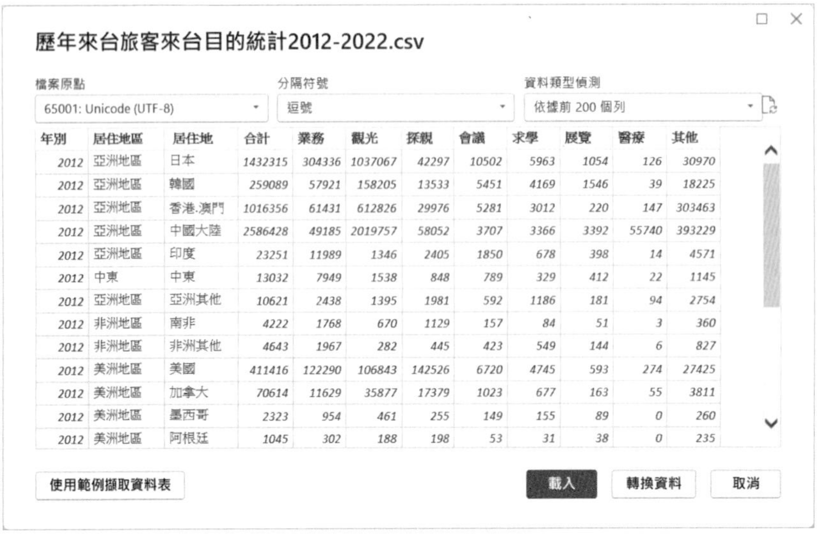
歷年來台旅客來台目的統計2012-2022.csv
檔案原點
65001: Unicode (UTF-8)
分隔符號
逗號
資料類型偵測
依據前 200 個列
年別 居住地區 居住地 合計 業務 觀光 探親 會議 求學 展覽 醫療 其他
2012 亞洲地區 日本 1432315 304336 1037067 42297 10502 5963 1054 126 30970
2012 亞洲地區 韓國 259089 57921 158205 13533 5451 4169 1546 39 18225
2012 亞洲地區 香港.澳門 1016356 61431 612826 29976 5281 3012 220 147 303463
2012 亞洲地區 中國大陸 2586428 49185 2019757 58052 3707 3366 3392 55740 393229
2012 亞洲地區 印度 23251 11989 1346 2405 1850 678 398 14 4571
2012 中東 中東 13032 7949 1538 848 789 329 412 22 1145
2012 亞洲地區 亞洲其他 10621 2438 1395 1981 592 1186 181 94 2754
2012 非洲地區 南非 4222 1768 670 1129 157 84 51 3 360
2012 非洲地區 非洲其他 4643 1967 282 445 423 549 144 6 827
2012 美洲地區 美國 411416 122290 106843 142526 6720 4745 593 274 27425
2012 美洲地區 加拿大 70614 11629 35877 17379 1023 677 163 55 3811
2012 美洲地區 墨西哥 2323 954 461 255 149 155 89 0 260
2012 美洲地區 阿根廷 1045 302 188 198 53 31 38 0 235
使用範例擷取資料表
載入
轉換資料
取消

^ 圖 14.47 確認資料集匯入格式畫面（I）

STEP04 檢查資料集中各欄資料，均為「有效」，未有「錯誤」或「空白」內容後，點選【關閉並套用】。

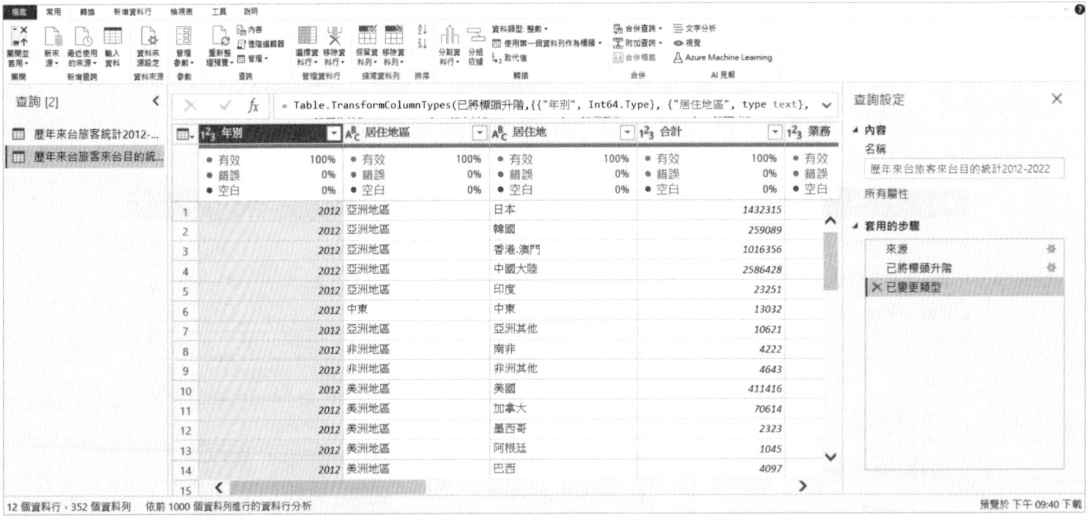
查詢 [2]
歷年來台旅客統計2012-...
歷年來台旅客來台目的統...
= Table.TransformColumnTypes(已將標頭升階,{{"年別", Int64.Type}, {"居住地區", type text},
年別
居住地區
居住地
合計
業務
查詢設定
名稱
歷年來台旅客來台目的統計2012-2022
所有屬性
套用的步驟
來源
已將標頭升階
已變更類型
12 個資料行，352 個資料列 依前 1000 個資料列進行的資料行分析

^ 圖 14.48 確認資料集匯入格式畫面（II）

本小節預計使用 100% 堆疊直條圖，用來顯示來台旅客多個目的的相對比例，100% 堆疊直條圖的每一個直條條形的高度代表一個總數，整個圖表的高度則固定為 100%，我們將直條條形設定為代表一個年別。

100% 堆疊直條圖的特點為：1. 可以突顯了不同類別在總體中的相對比例，能夠快速比較各類別的重要性；2. 可以用於追蹤各類別的變化趨勢，特別是在時間序列下進行比較。因此適合在商業上進行市場占有率的比較，銷售區域中不同產品與服務的銷售比例，組織費用項目的比較，以及產品組成分析…等。

## 任務 2：繪製 100% 堆疊直條圖

STEP01 在【視覺效果】中選擇【100% 堆疊直條圖】呈現來台旅客目的分布的狀況，並拖移至版面的 4/5 大小。

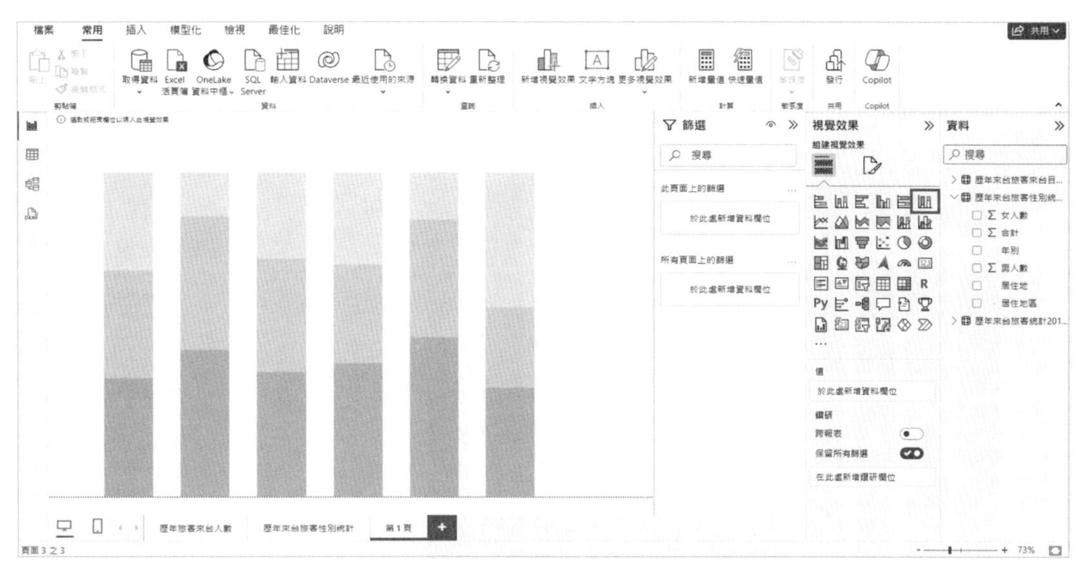

^ 圖 14.49　點選與放大 100% 堆疊直條圖

STEP02 在畫面右方的【資料】點選「歷年來台旅客來台目的統計 2012-2022」，拖移下方的「年別」至【視覺效果 / 組建視覺效果】下之【X 軸】，同時拖移「觀光」、「醫療」、「求學」、「探親」、「展覽」、「會議」、「業務」與「其他」至【視覺效果 / 組建視覺效果】下之【Y 軸】。

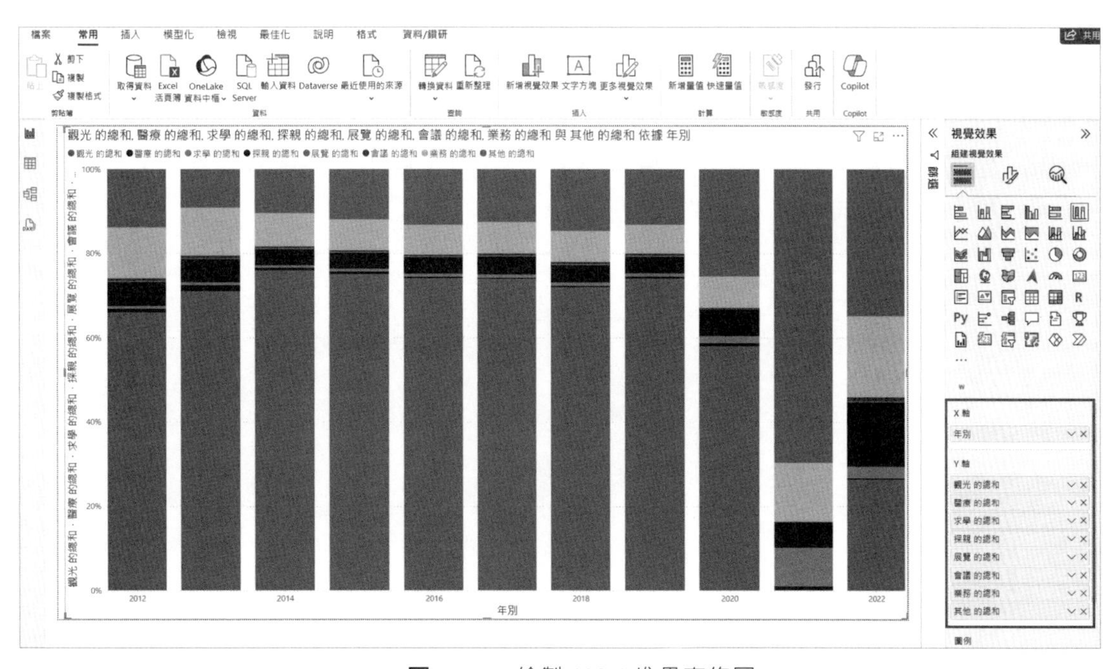

^ 圖 14.50　繪製 100% 堆疊直條圖

STEP 03 為了之後讓圖形閱讀者容易理解，因此我們進行【視覺效果 / 組建視覺效果 / Y 軸】內資料標籤修改，雙擊【Y 軸】內之資料標籤重新命名，將自動生成的名稱【觀光 的總和】中「的總和」去除，重新命名為「觀光」，其他資料標籤也分別改為「醫療」、「求學」、「探親」、「展覽」、「會議」、「業務」與「其他」。

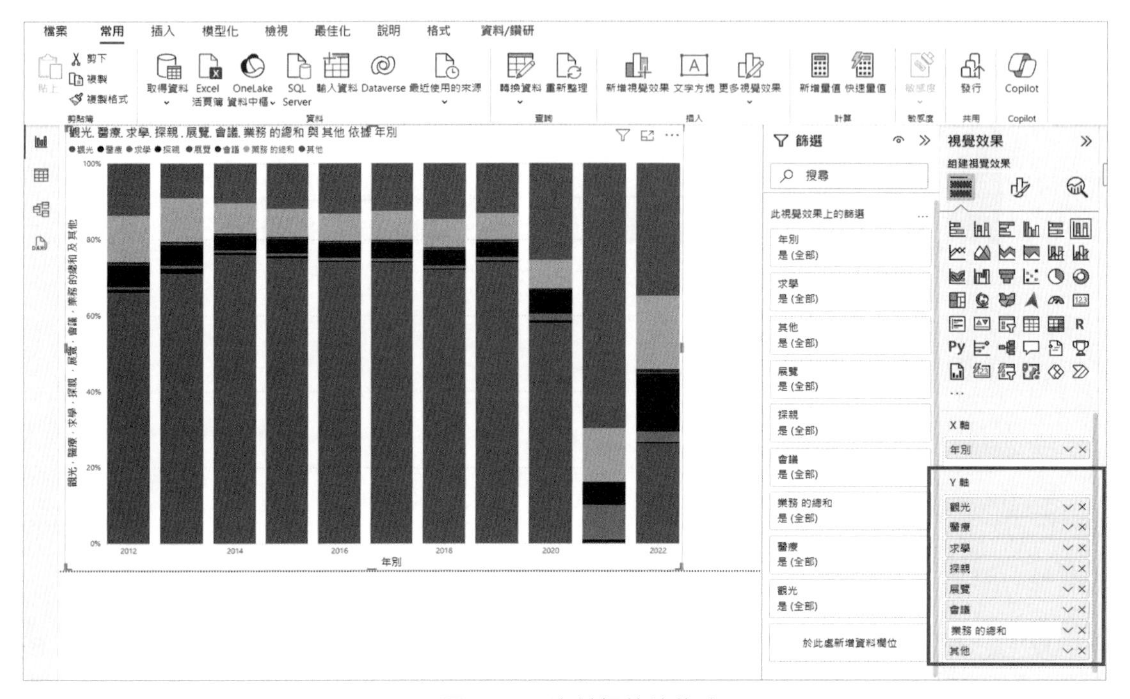


^ 圖 14.51 資料標籤的修改

由於 100% 堆疊直條圖的【X 軸】，通常我們使用類別變數，而本節範例使用資料集的「年別」，嚴格來說，我們必須要讓 Power BI 瞭解「年別」欄位為類別變數類型，因此我們簡單示範一下修改連續變數為類別變數的操作，如果您的圖形的年別順序有誤，請參考下列操作步驟進行修改。

STEP 04 點選【視覺效果 / 格式化視覺效果】，再選【X 軸】，展開 X 軸資料，調整【類型】的下拉式選單，選擇「類別目錄」。

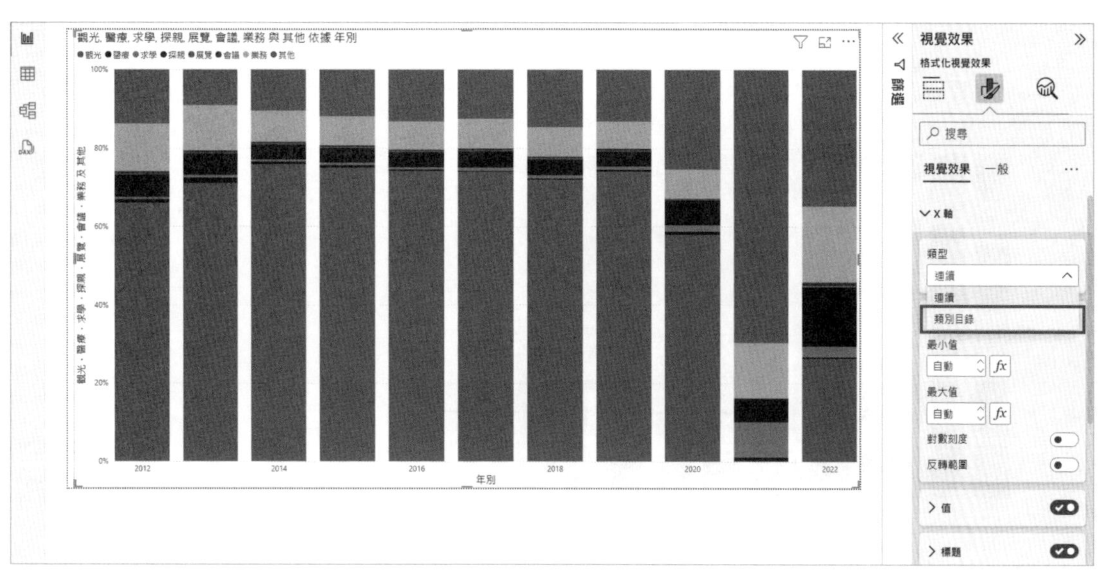


^ **圖 14.52**　年別欄位的類型修改（II）

STEP**05** 點選 100% 堆疊直條圖圖形右上角【…】（更多選項）的功能，在下拉式選單中的【排序 軸】中選擇「年別」與「遞增排序」。

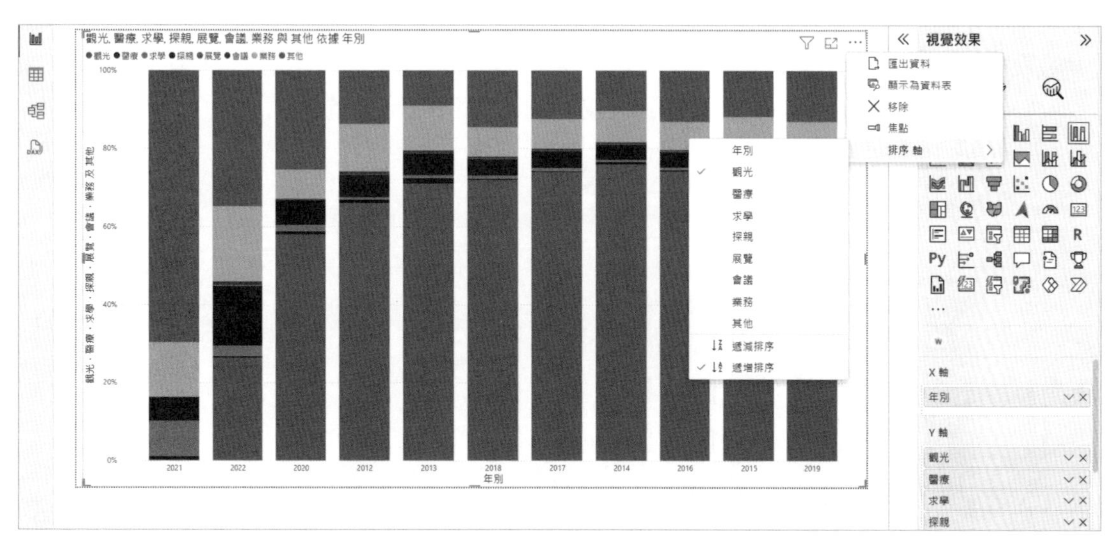


^ **圖 14.53**　年別欄位的類型修改（III）

STEP**06** 在 100% 堆疊直條圖中，系統自動帶出 Y 軸的標題，但標題顯得有點雜亂無意義，因此我們將 Y 軸的標題顯示關閉，首先點選【視覺效果 / 格式化視覺效果 / Y 軸】，在【標題】旁的【開關】拖曳關閉。

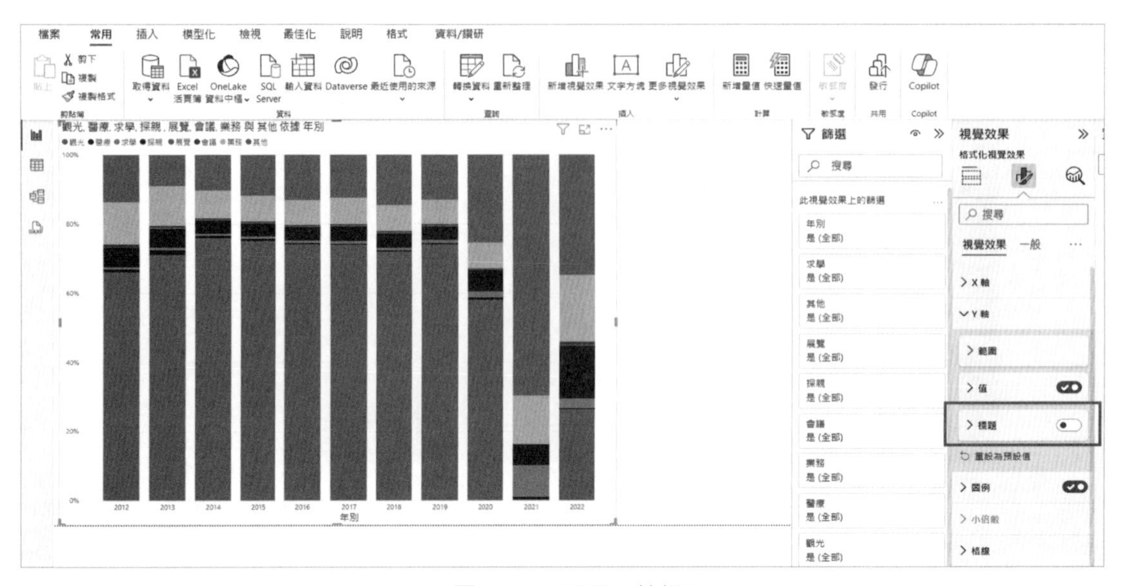

^ **圖 14.54** 關閉 Y 軸標題

現在雖然我們可以從每一個柱狀內的不同顏色所佔比例大小，看出每個來台目的佔旅客總來台人數的多寡，但為了讓圖形閱讀者可以看到更精確的比例數字，接下來我們將讓圖形內顯示各來台目的的實際比例數字。

STEP07 點選【視覺效果 / 格式化視覺效果 / 資料標籤】，在【資料標籤】旁的【開關】，拖曳開啟資料標籤顯示，並展開【資料標籤】的詳細資料。

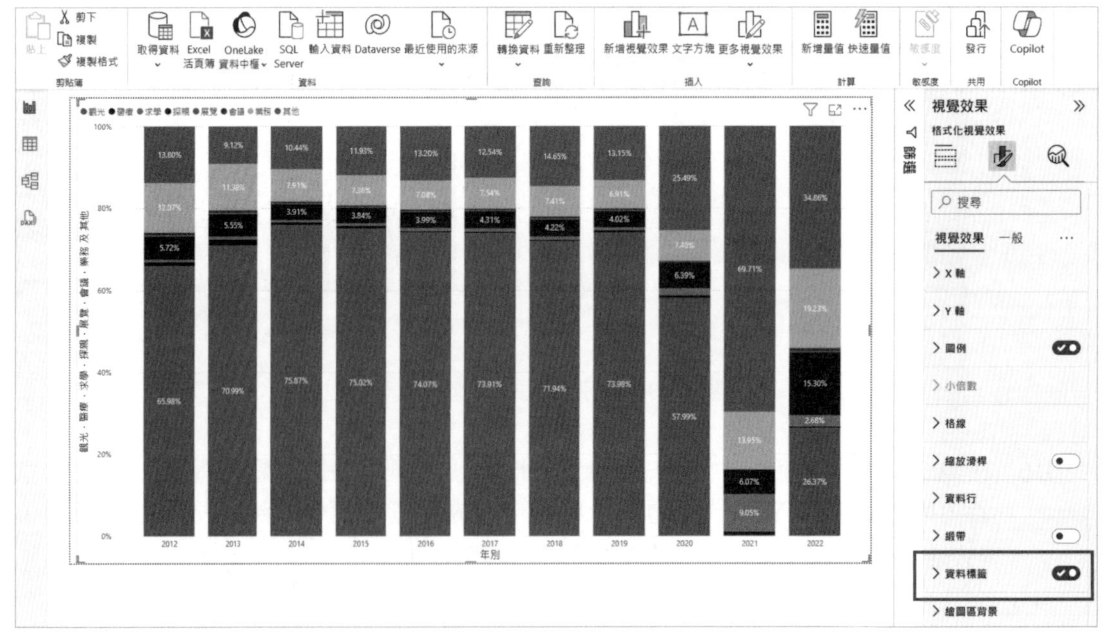

^ **圖 14.55** 開啟資料標籤顯示百分比

STEP08　在【視覺效果 / 格式化視覺效果 / 資料標籤】內尋找【標題】。在【標題】旁的【開關】，拖曳開啟標題顯示，並展開【標題】內的詳細資料，調整【字型】的文字大小為「12」。

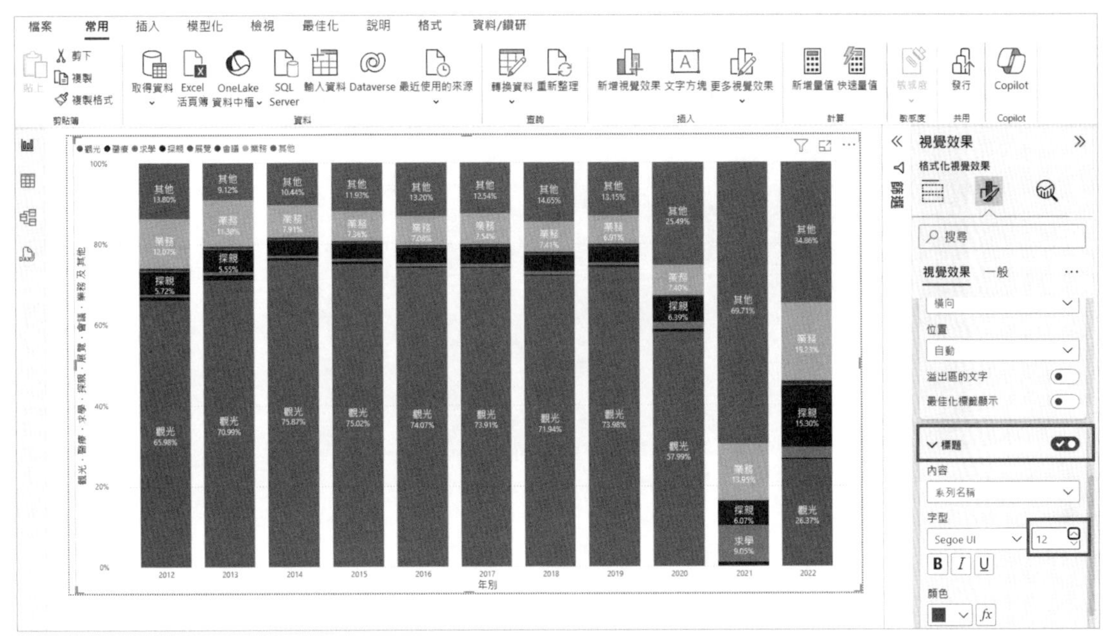


^ **圖 14.56**　開啟資料標籤顯示來台目的

STEP09　在【視覺效果 / 格式化視覺效果 / 資料標籤】內尋找【詳細資料】。確認【詳細資料】旁的【開關】已經開啟，並展開【詳細資料】內的資料，調整【值小數位數】為「1」，讓百分比的小數點只出現第一位。

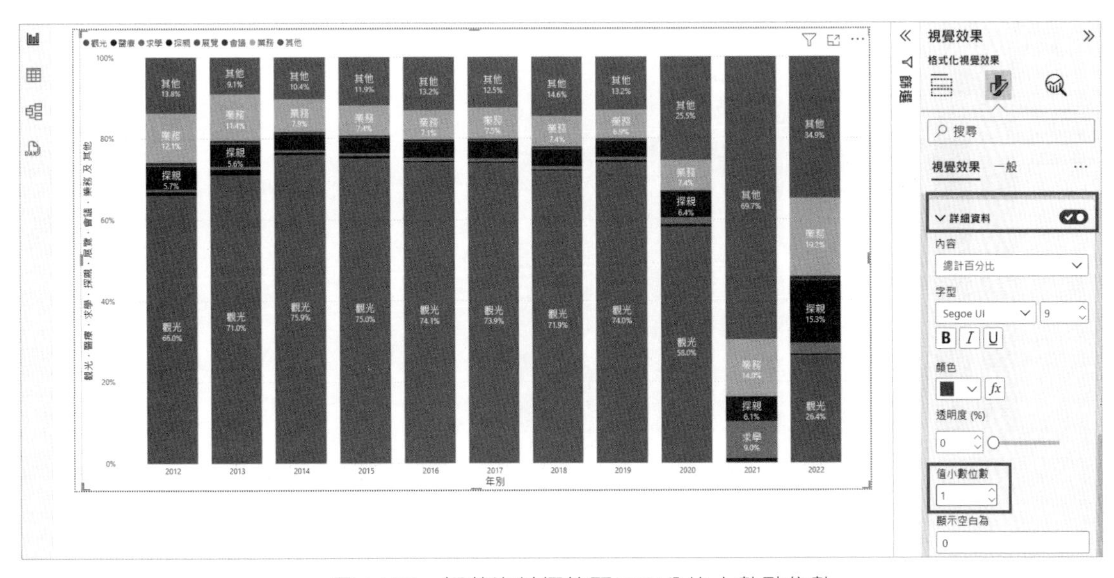


^ **圖 14.57**　調整資料標籤顯示百分比小數點位數

STEP10 最後進行圖形標題的修改，點選【視覺效果 / 格式化視覺效果 / 一般】的【標題】，選擇【標題】中的【文字】輸入「歷年來台旅客目的」，並調整【字型】的大小為「20」。

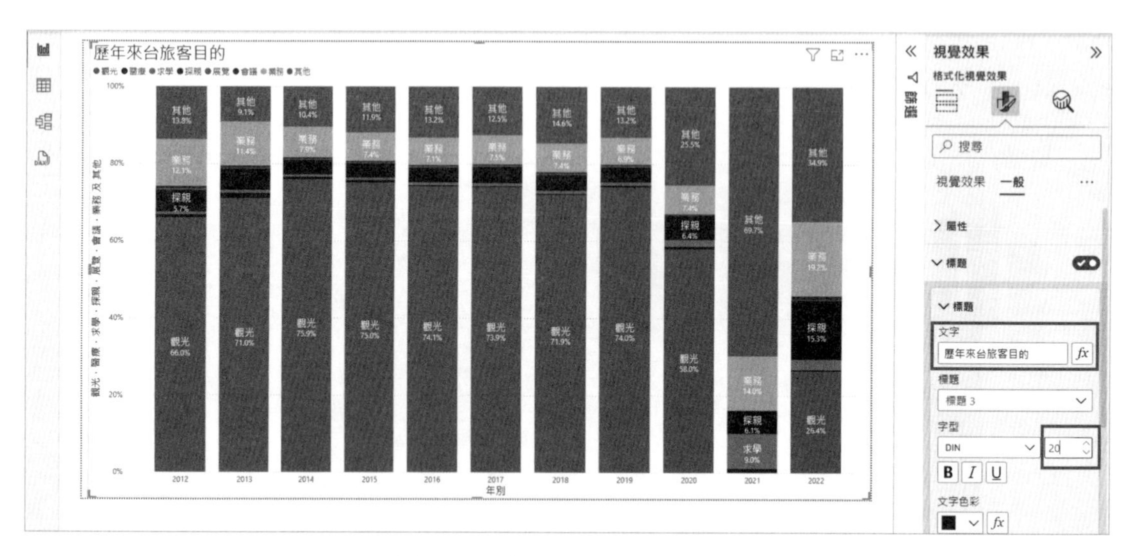


^ 圖 14.58 修改圖形標題與文字大小

STEP11 完成圖形繪製後，我們想要增加交叉篩選器在圖形上，讓圖形的閱讀者更加方便查詢，呈現閱讀者查詢後的結果。點選空白處後，選擇【視覺效果】中的【交叉分析篩選器】，並調整交叉分析篩選器大小為剩下 1/5 的版面。

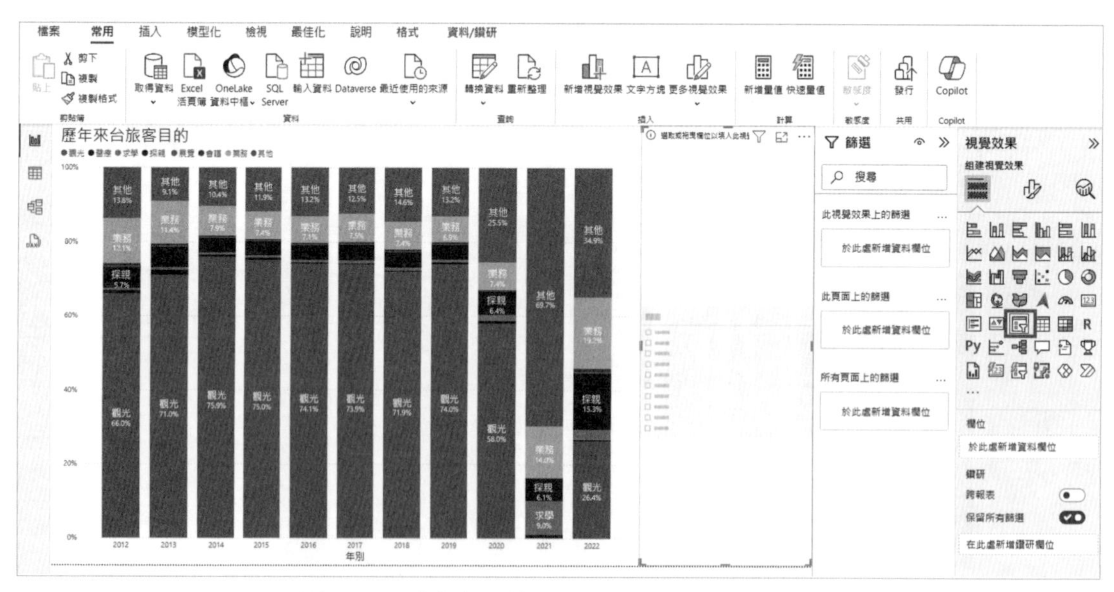


^ 圖 14.59 建立交叉篩選器 _ 居住地區與居住地（I）

STEP12 畫面右方的【資料】點選「歷年來台旅客目的統計 2012-2022」，拖移下方的「居住地區」至【視覺效果 / 組建視覺效果】之【欄位】內，接下來拖移「居住地」至【視覺效果 / 組建視覺效果】之【欄位】內，放在「居住地區」下方。

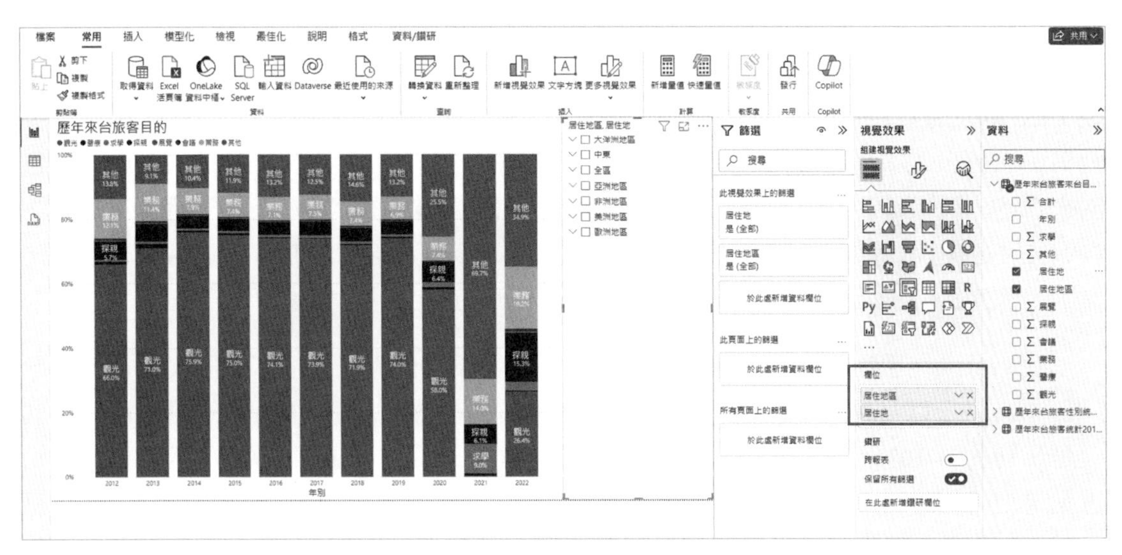

^ 圖 14.60　建立交叉篩選器 _ 居住地區與居住地（II）

STEP13 最後，調整交叉篩選器在畫面中出現的選項內容，我們要把【居住地區 _ 居住地交叉篩選器】中的「全區」選項取消，避免造成圖形使用者的誤會。首先點選【居住地區 _ 居住地交叉篩選器】，在畫面【篩選】功能【此視覺效果上的篩選】中，找到【居住地區】內的選單，將「全區」選項前的打勾去除，【居住地區 _ 居住地交叉篩選器】中的「全區」選項便消失無法提供選取。

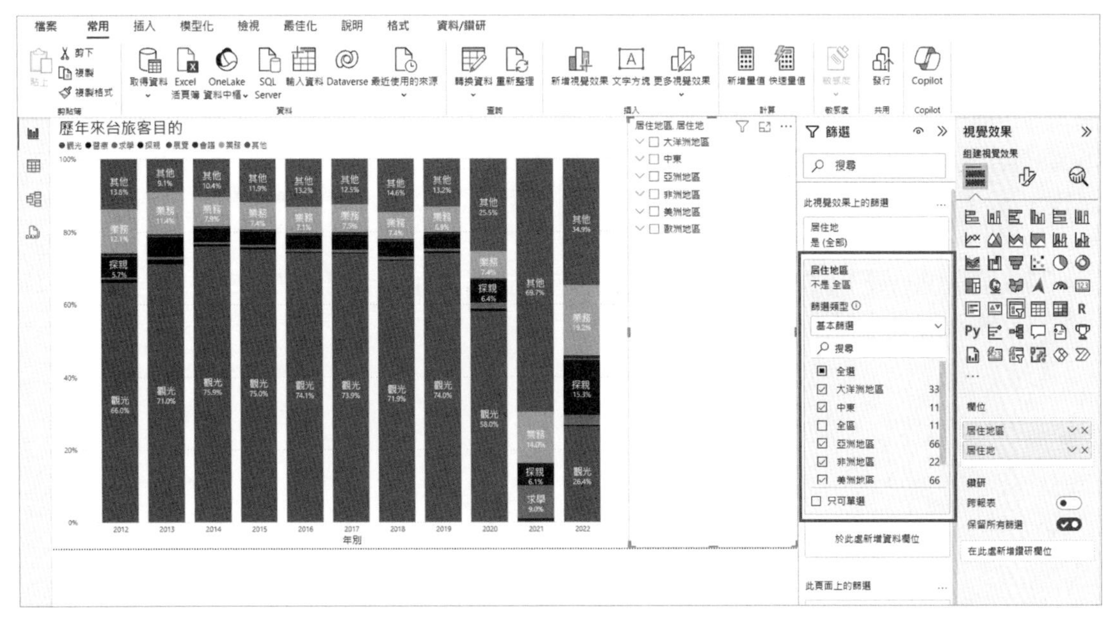

^ 圖 14.61　建立交叉篩選器 _ 居住地區與居住地（III）

### 視覺化圖形洞察與解釋

由旅客來台的整體數字而言，在疫情發生前（2020年之前），旅客來臺的主要目的為觀光，約佔所有來臺人數目的66%至75%之間，其次，則為其他目的，因為業務來臺之旅客比例，從2012年的12.2%呈現下降至2019年的7%左右，返台探親的比例則固定為4%~5%左右。然而，2020~2022三年的全球疫情，重創了觀光行業，我們可以從2020年因為觀光目的來台的旅客下降至58.5%，而2021年觀光目的的來台因素已完全消失在圖形上，到了2022年，部分國家與我國政府開始逐步進行解封，以觀光為目的來台的人數逐步回升。由此可知，2020年到2022年新冠疫情大流行的這3年期間，人們往往避免跨國移動，擔心旅行染疫風險，所以涉及跨國境的旅行，通常為非觀光之原因，因此我們可以看到業務、探親、求學跟其他的來台目的大幅的提升。

我們可以從居住地區_居住地交叉篩選器中選擇幾個國家或地區的居民進行觀察，以日本為例，以日本為居住地的民眾，在疫情前到臺灣的旅客約70%為觀光目的，其次是業務約為10%~20%左右，但在2021年與2022年間，業務比例提升至30%，韓國也呈現相同的趨勢；而中國大陸民眾則是呈現求學、探親的比例提升；美國民眾則是呈現另外一種分布狀態，在疫情前後探親人數均約佔30%，其次才為觀光與業務，推論美國會呈現與日、韓、中國大陸旅客來台目的相異之原因與美國到台灣之間旅程交通時間的長短，以及台灣尚未成為美國人民的熱門觀光目的地選擇有關。

## 14.6 實作練習：製作疫情前後來台旅客居住地儀表板

本章節採用「歷年來台旅客居住地統計」資料集，該資料集的資料欄位有「居住地區」、「細分」、「2018」、「2019」、「2020」、「2021」、「2022」，本章節的視覺化圖形實作想呈現歷年來台旅客居住地的分布與變化，並採取多個視覺效果組成儀表板方式呈現。

STEP01 開啟Power BI Desktop軟體，從【取得資料】中選擇【文字/CSV】功能，準備匯入資料集檔案。

^ **圖 14.62**　Power BI 匯入資料集畫面

STEP02 選擇本書所附的資料集檔案「歷年來台旅客居住地統計 2018-2022.csv」檔案，並按下【開啟】。

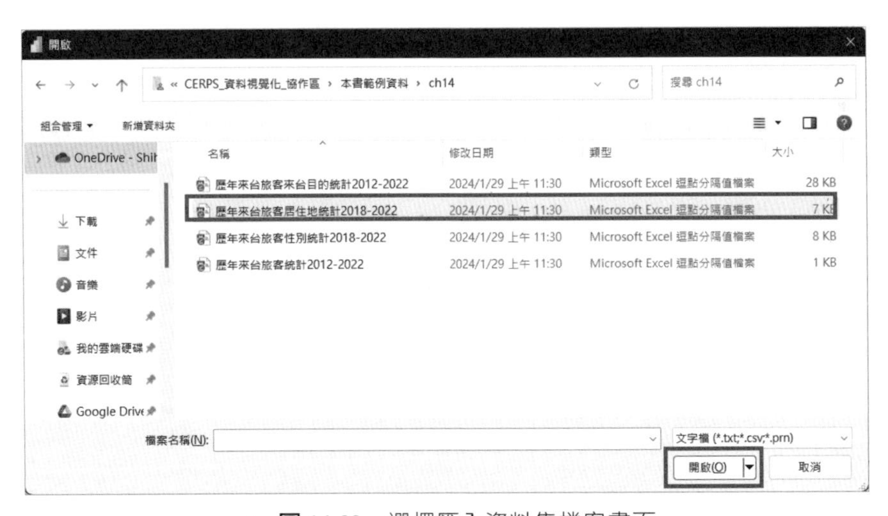


^ **圖 14.63**　選擇匯入資料集檔案畫面

STEP03 確認匯入資料之資料編碼是否正確，含有中文內容之資料多為採用 65001: Unicode（UTF-8）編碼，避免中文成為亂碼，同時也須確認欄位分割的正確性與欄位內之資料無誤，確認後按下【轉換資料】。

^ 圖 14.64　確認資料集匯入格式畫面（I）

STEP04 檢查資料集中各欄資料，均為「有效」，未有「錯誤」或「空白」內容後，點選【關閉並套用】。

^ 圖 14.65　確認資料集匯入格式畫面（II）

儀表板內我們預定會設置文字雲、群組橫條圖、卡片、100% 堆疊橫條圖、交叉分析篩選器，利用不同的圖形特性顯示不同年別、不同居住地來台旅客人數的變動。

## 14.6.1 繪製文字雲視覺效果

STEP01 進行文字雲的繪製，文字雲並不是 Power BI 預設之視覺效果，因此我們需要另外下載，因此選擇【視覺效果】中的【取得更多視覺效果】。

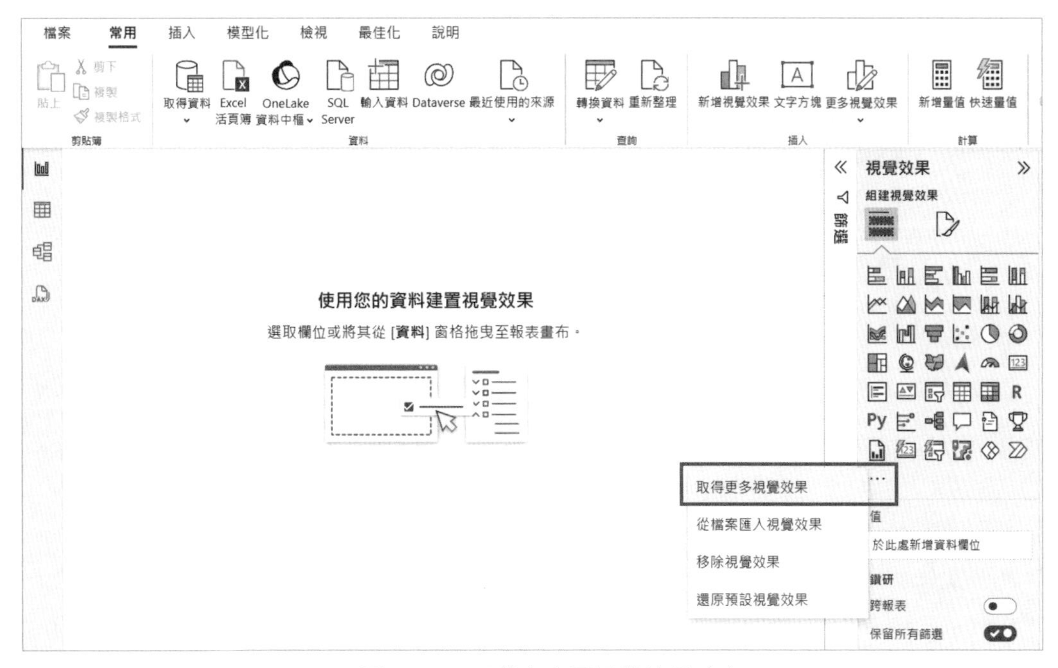


^ 圖 14.66　下載文字雲視覺效果（I）

STEP02 點選「Word Cloud」，並進行【新增】。

^ 圖 14.67　下載文字雲視覺效果（II）

^ 圖 14.68 下載文字雲視覺效果（III）

STEP03 在【視覺效果】中選擇【Word Cloud】，拖移到右上角，放大至 1/4 個頁面。

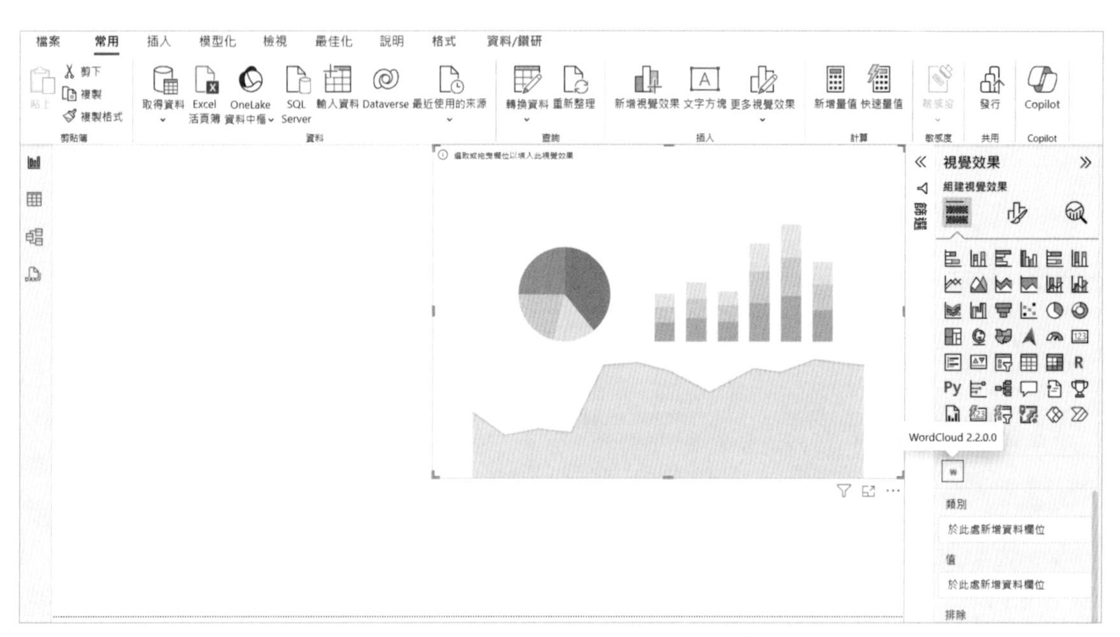


^ 圖 14.69 選擇與定位文字雲（Word Cloud）視覺效果

STEP04 在畫面右方的【資料】點選「歷年來台旅客居住地統計 2018-2022」，拖移下方的「居住地」至【視覺效果 / 組建視覺效果】下之【類別】，拖移「次數」至【值】。

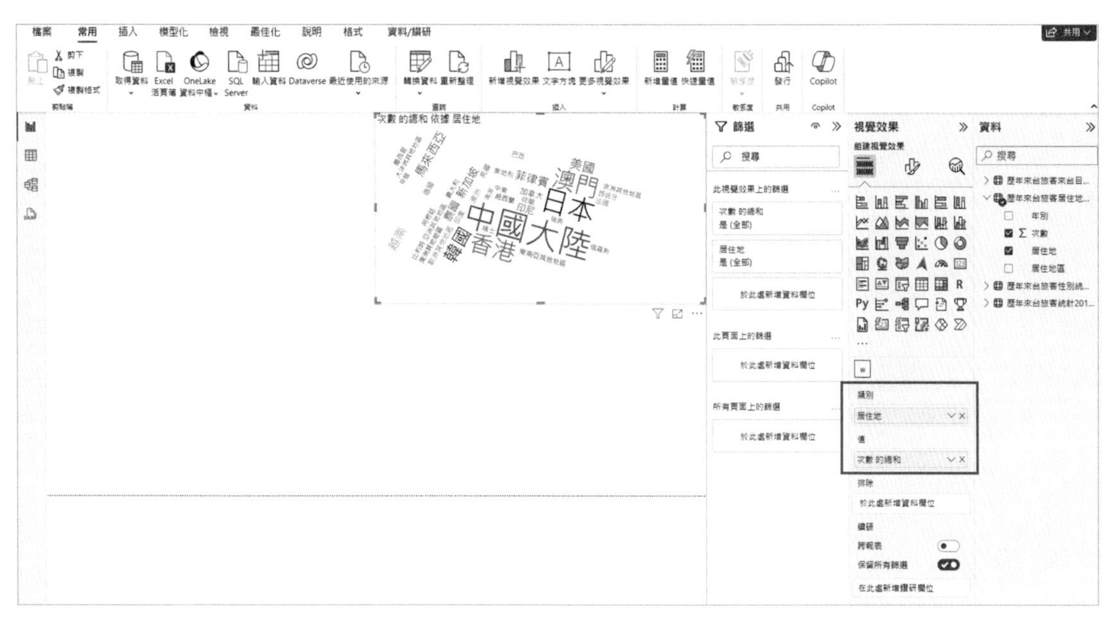


^ **圖 14.70** 繪製文字雲

STEP05 依次點選【視覺效果 / 格式化視覺效果 / 一般 / 標題】，修改【文字】內容為「各年度各居住地來台人數文字雲」。

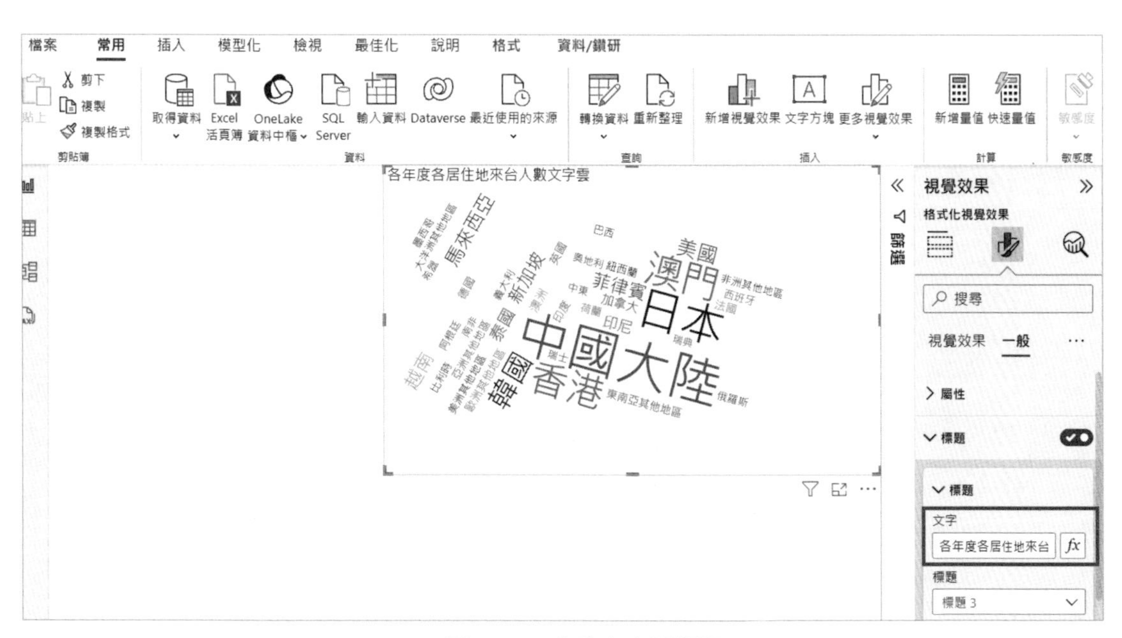


^ **圖 14.71** 修改文字雲標題

## 14.6.2 繪製群組橫條圖視覺效果

STEP01 繪製第二個視覺化圖形於儀表板上，點選空白處，選擇【視覺效果】中的【群組橫條圖】，並拖移到右下角，放大至 1/4 個頁面。

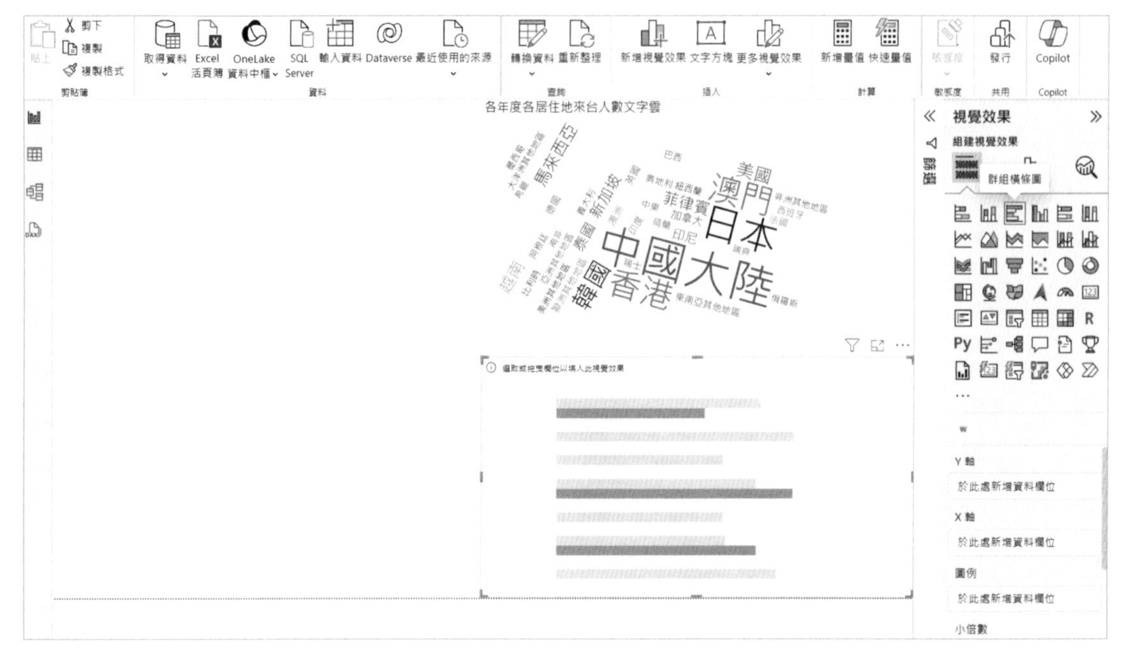

^ 圖 14.72　新增群組橫條圖

STEP02　在畫面右方的【資料】點選「歷年來台旅客居住地統計 2018-2022」，拖移下方的「居住地」至【視覺效果 / 組建視覺效果】下之【Y 軸】，同時拖移「次數」至【視覺效果 / 組建視覺效果】下之【X 軸】。

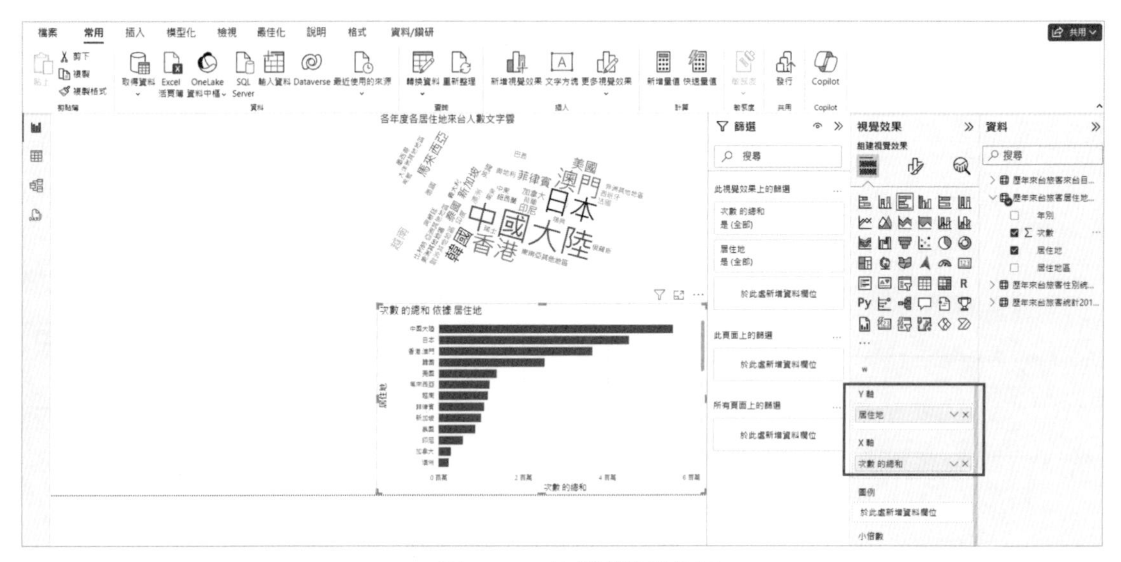

^ 圖 14.73　繪製群組橫條圖

STEP03　為了之後讓圖形閱讀者容易理解，因此我們進行【視覺效果 / 組建視覺效果 / X 軸】內資料標籤修改。雙擊【X 軸】內之資料標籤重新命名，將自動生成的名稱【次數 的總和】中「的總和」去除，命名為【次數】。

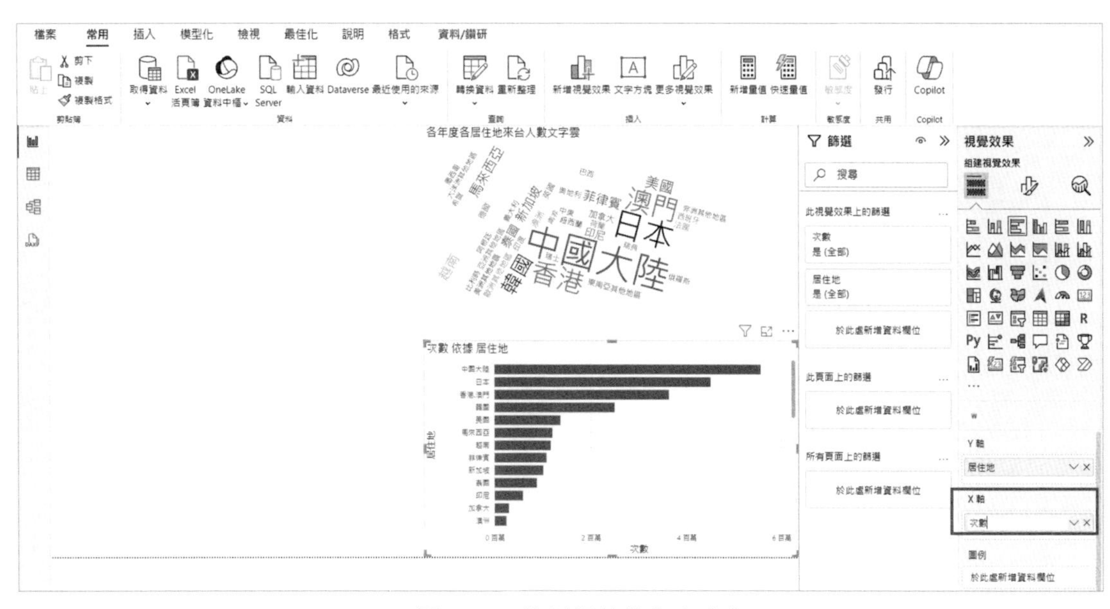

^ **圖 14.74** 資料標籤的修改（I）

STEP04 修改圖形中各橫條旁的數值標籤格式，讓它能直接顯示原始數值。點選【視覺效果 / 格式化視覺效果 / 資料標籤】，將【資料標籤】內的【值】旁之【開關】拖曳開啟值顯示，並將【顯示單位】下拉式選單中選擇「無」。

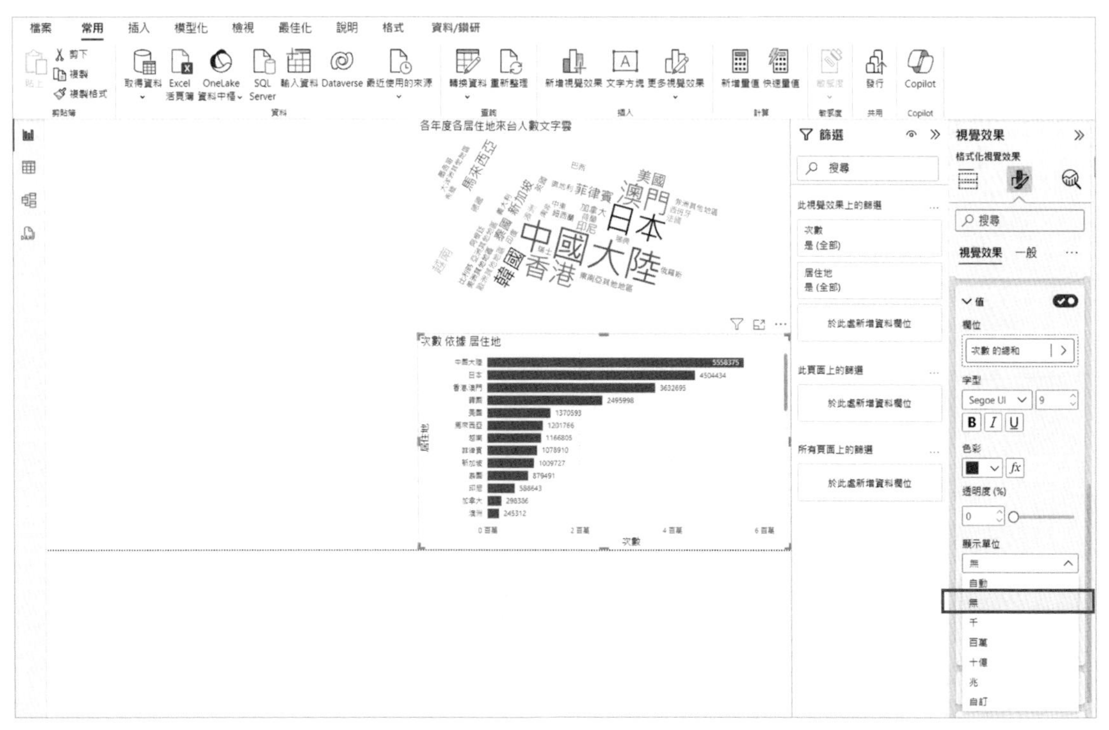

^ **圖 14.75** 資料標籤的修改（II）

STEP05 修改群組橫條圖圖形標題，依次點選【視覺效果 / 格式化視覺效果 / 一般 / 標題】，修改【標題】內的【文字】內容為「各年度各居住地來台人數」。

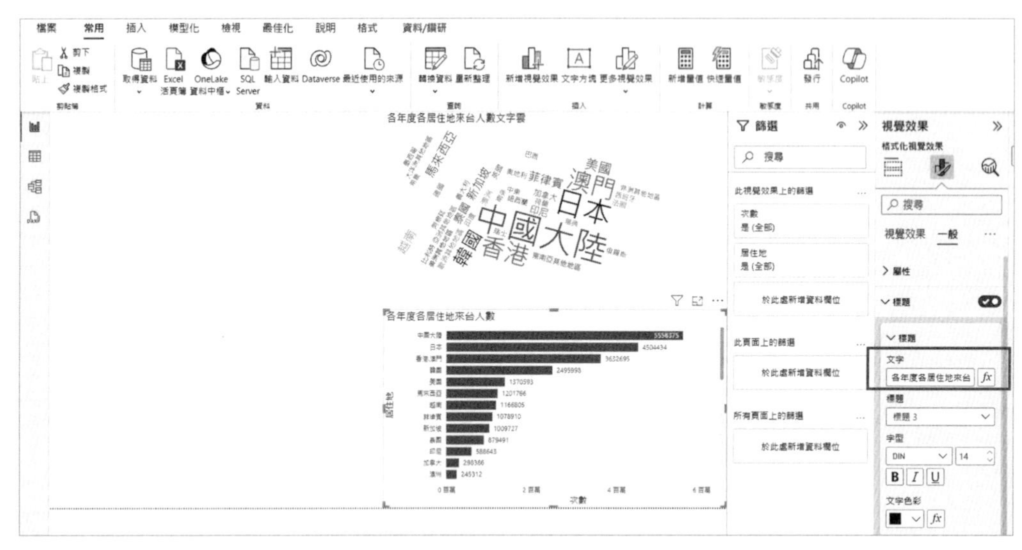

^ 圖 14.76 修改群組橫條圖標題

## 14.6.3 繪製 100% 堆疊橫條圖視覺效果

### 任務 1：繪製 100% 堆疊橫條圖

STEP01 繪製第三個視覺化圖形於儀表板上。點選空白處後，選擇【視覺效果】中的【100% 堆疊橫條圖】，並拖移到左下角，放大至 1/4 個頁面。

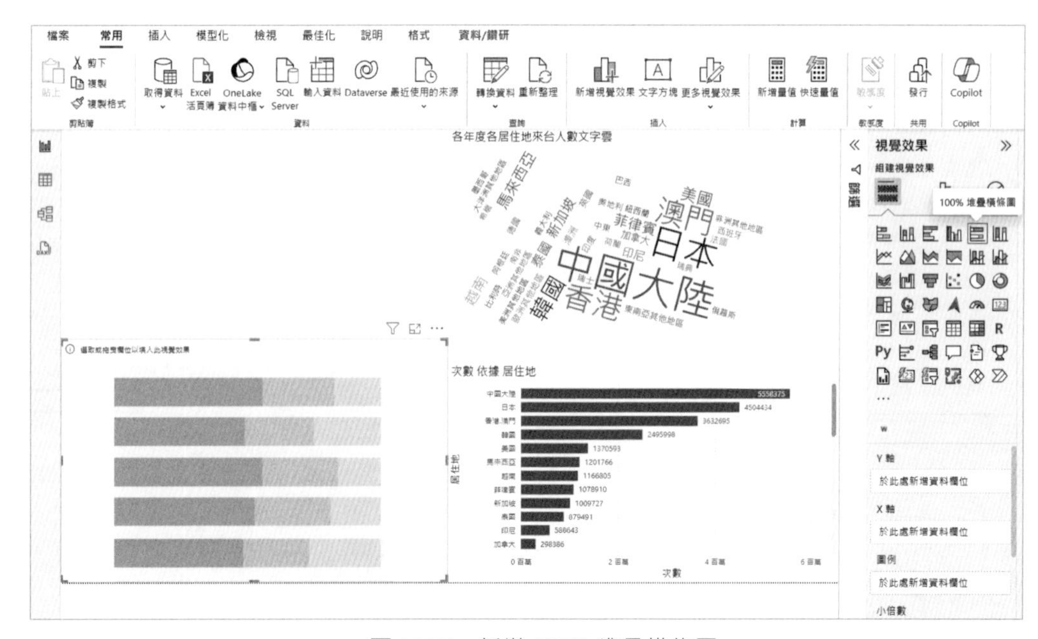

^ 圖 14.77 新增 100% 堆疊橫條圖

STEP02 在【資料】點選「歷年來台旅客居住地統計 2018-2022」，拖移下方的「年別」至【視覺效果 / 組建視覺效果】下之【Y 軸】；拖移「次數」至【視覺效果 / 組建視覺效果】下之【X 軸】；最後拖移「居住地」至【視覺效果 / 組建視覺效果】下之【圖例】。

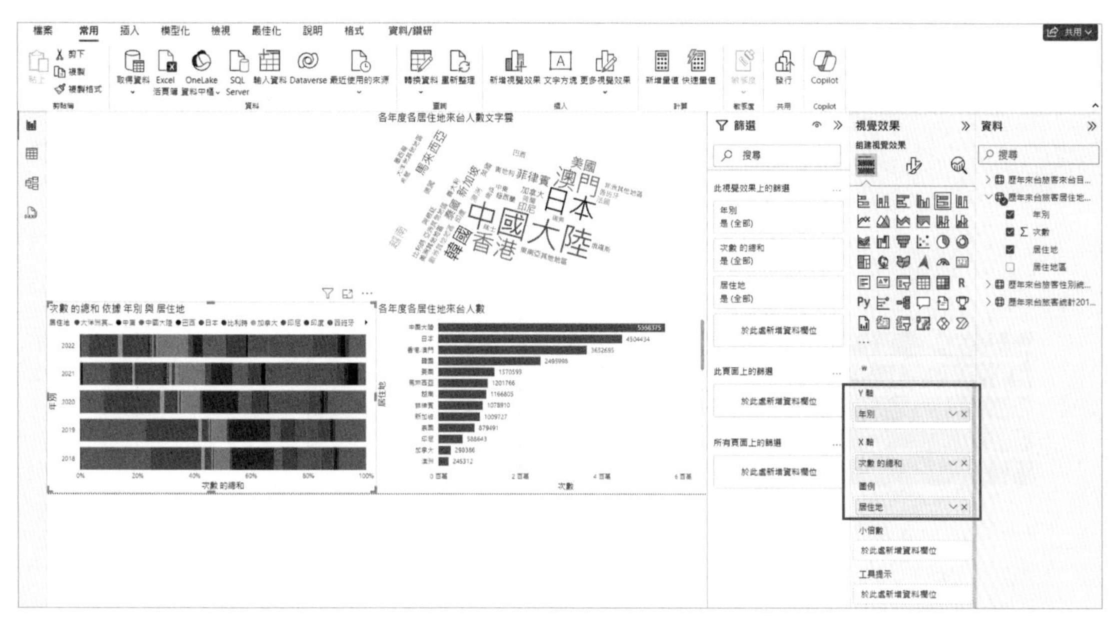

^ **圖 14.78** 繪製 100% 堆疊橫條圖

STEP03 為了之後讓圖形閱讀者容易理解，因此我們進行【視覺效果 / 組建視覺效果 / X 軸】內資料標籤修改，雙擊【X 軸】內之資料標籤重新命名，將自動生成的名稱【次數 的總和】中「的總和」去除，命名為【次數】。

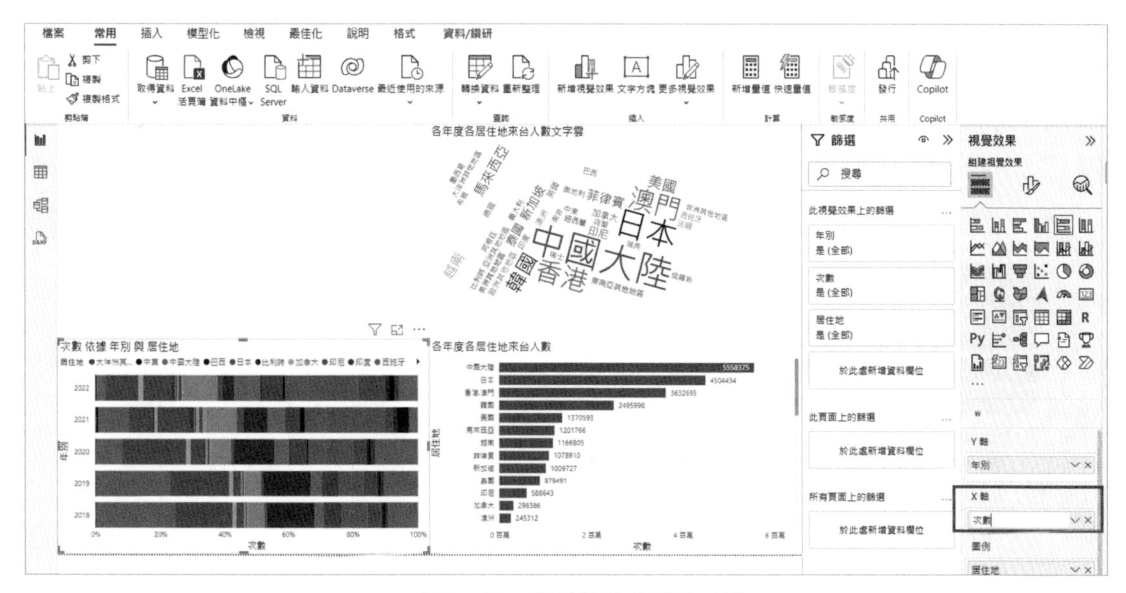

^ **圖 14.79** 資料標籤的修改（I）

STEP04 接下來修改 100% 堆疊橫條圖圖形標題，依次點選【視覺效果 / 格式化視覺效果 / 一般 / 標題】，修改【標題】內的【文字】內容為「歷年各居住地來台人數占比」。

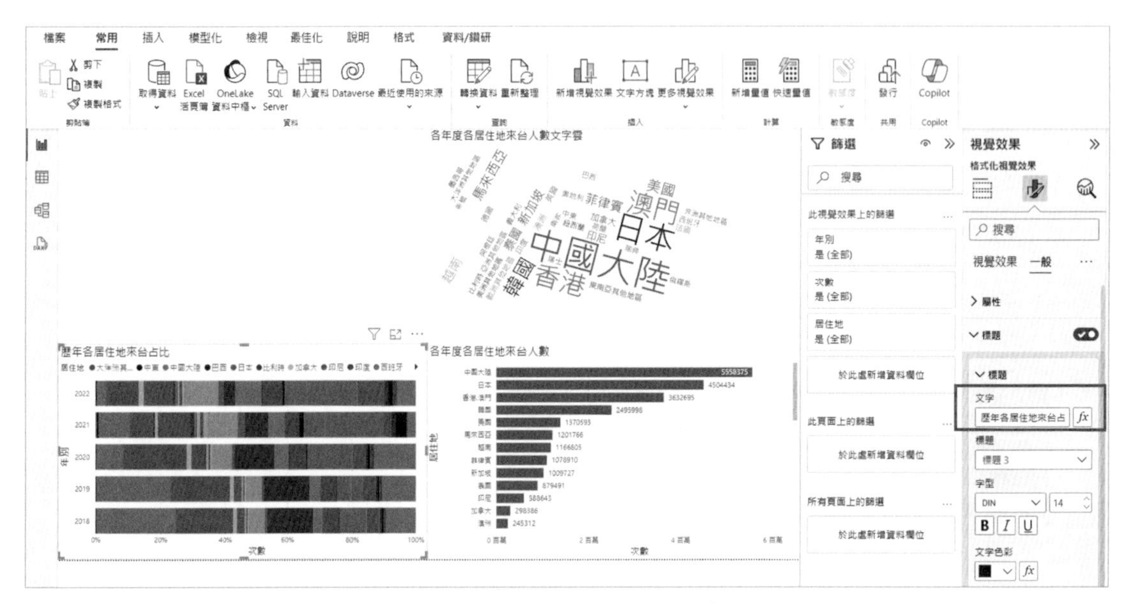

^ 圖 14.80　資料標籤的修改（II）

STEP05 點選【視覺效果 / 格式化視覺效果 / 資料標籤】，在【資料標籤】旁的【開關】，拖曳開啟資料標籤顯示，並展開【資料標籤】的詳細資料。

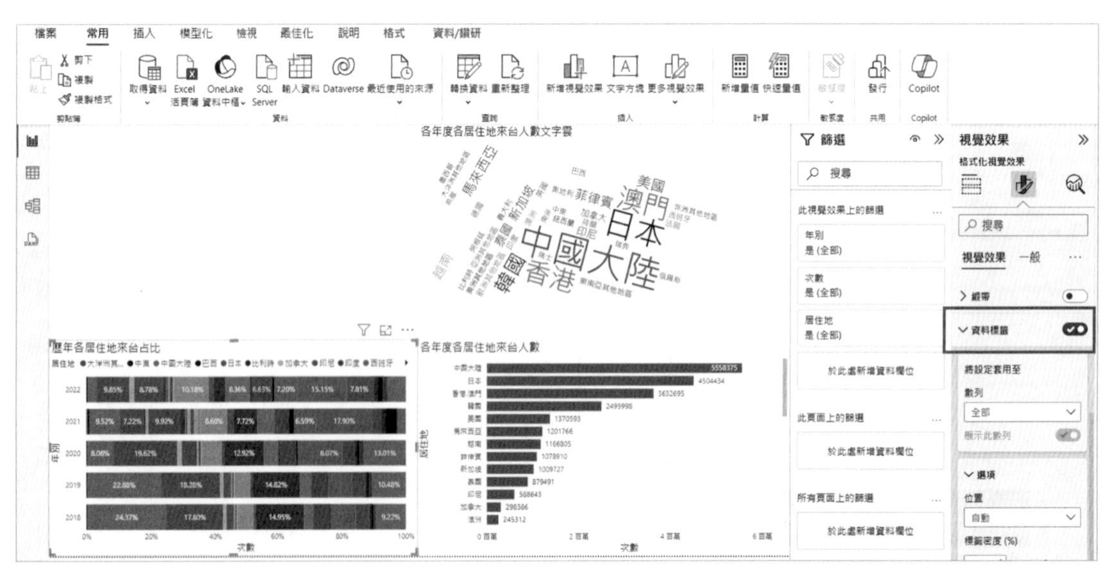

^ 圖 14.81　開啟資料標籤顯示百分比

STEP06 在【視覺效果 / 格式化視覺效果 / 資料標籤】內，尋找【標題】。在【標題】旁的【開關】，拖曳開啟標題顯示。

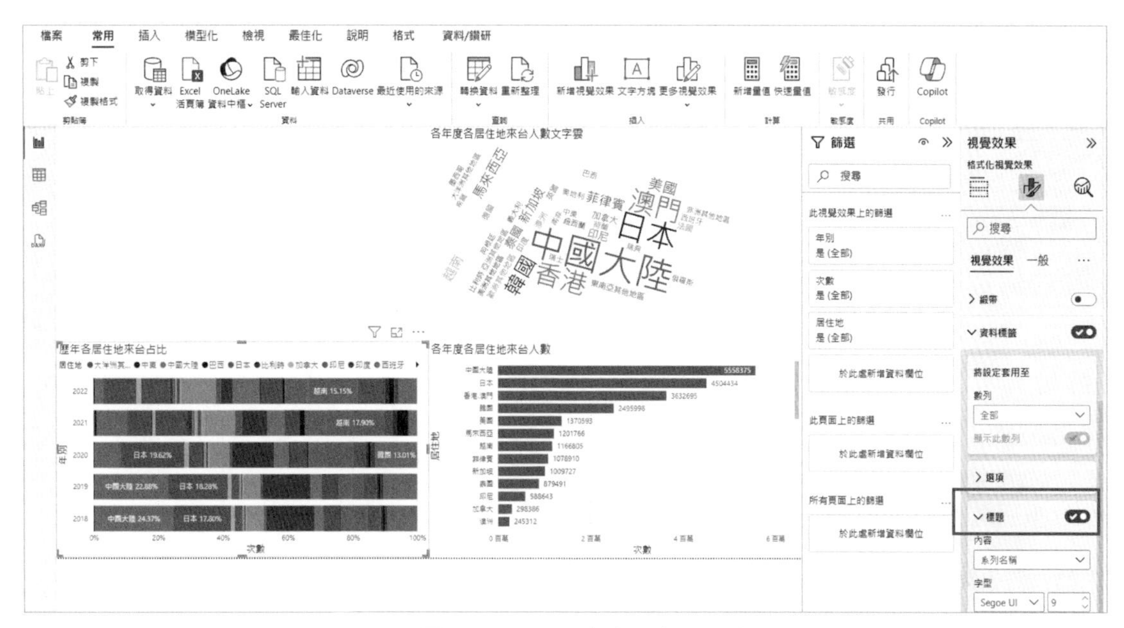


^ 圖 14.82 顯示來台旅客居住的

STEP07 在【視覺效果 / 格式化視覺效果 / 資料標籤】內，尋找【詳細資料】。確認【詳細資料】旁的【開關】已經開啟，並展開【詳細資料】內的資料，調整【值小數位數】為「1」，讓百分比的小數點只出現第一位。

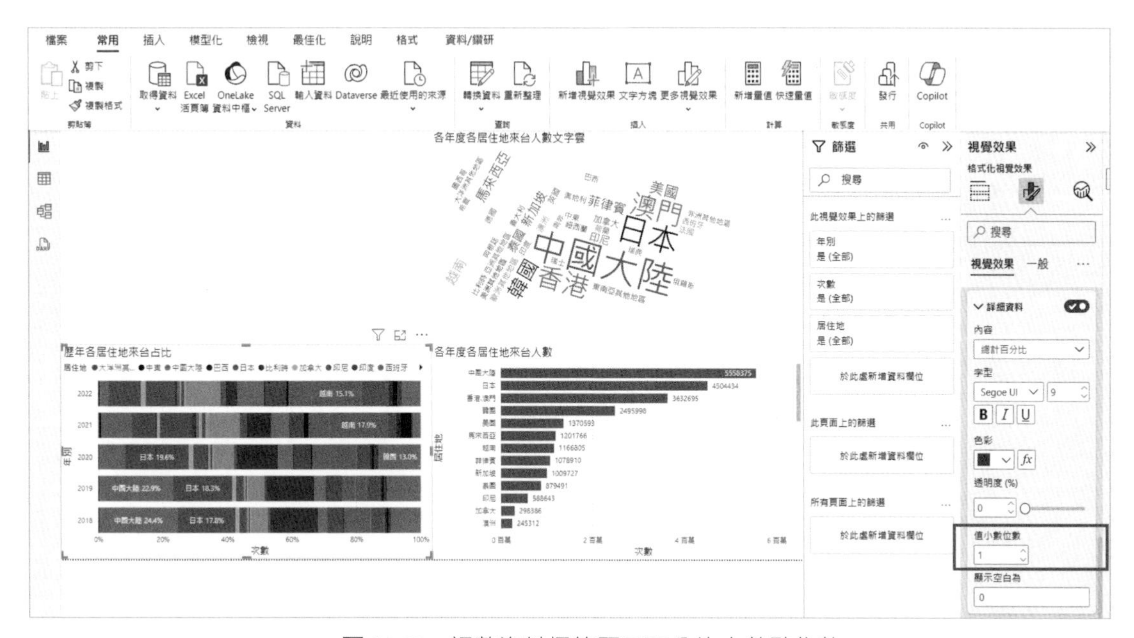


^ 圖 14.83 調整資料標籤顯示百分比小數點位數

STEP08 由於圖形內資料標籤是以「居住地加上百分比呈現，因此資料標籤的長度顯得過長，因此我們希望在資料標籤的呈現上，可以採用多行的方式，便於閱讀與美觀。在【視覺效果 / 格式化視覺效果 / 資料標籤 / 配置】點開【配置】，將【配置】下拉式選單由「單行」改為「多行」。

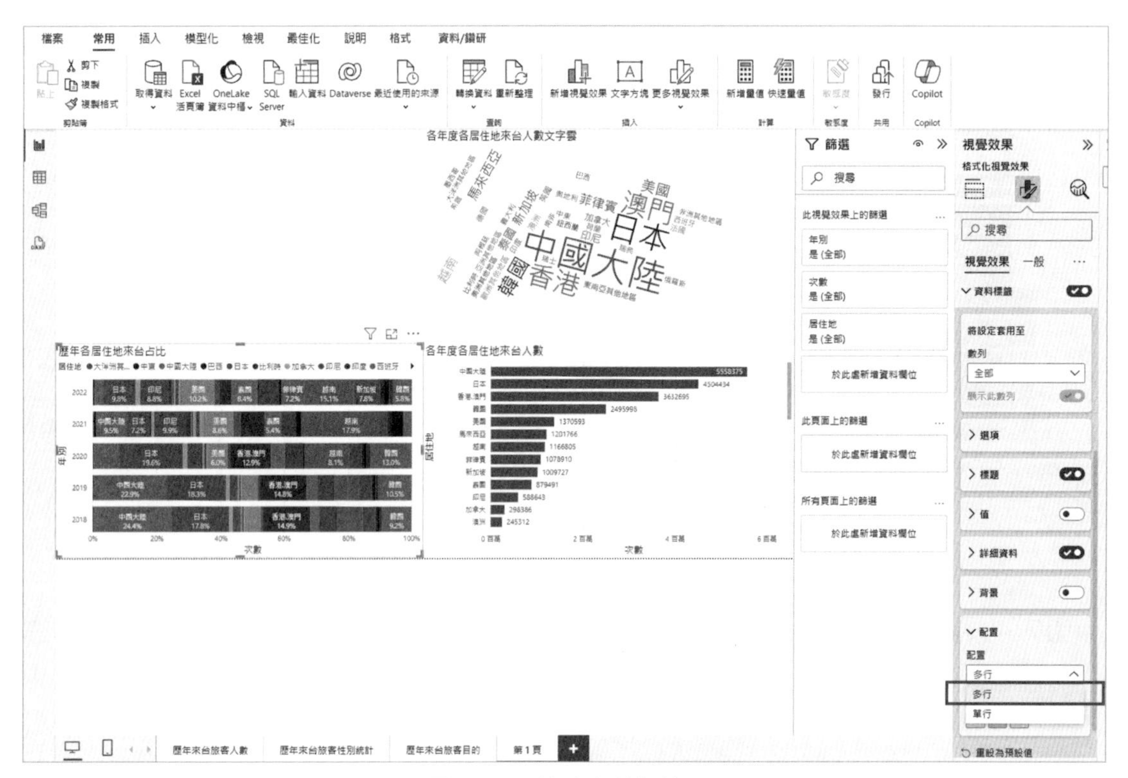

^ 圖 14.84 修改資料標籤配置

STEP09 在 100% 堆疊橫條圖中，一般常見的方式為，橫條內的類別（居住地）從左至右的排列是由比例從大排列至小，因此我們在圖形裡面進行相關的設定。在【視覺效果 / 格式化視覺效果 / 列】下，找到【配置】，在【配置】內開啟【反向順序】及【依值排序】。

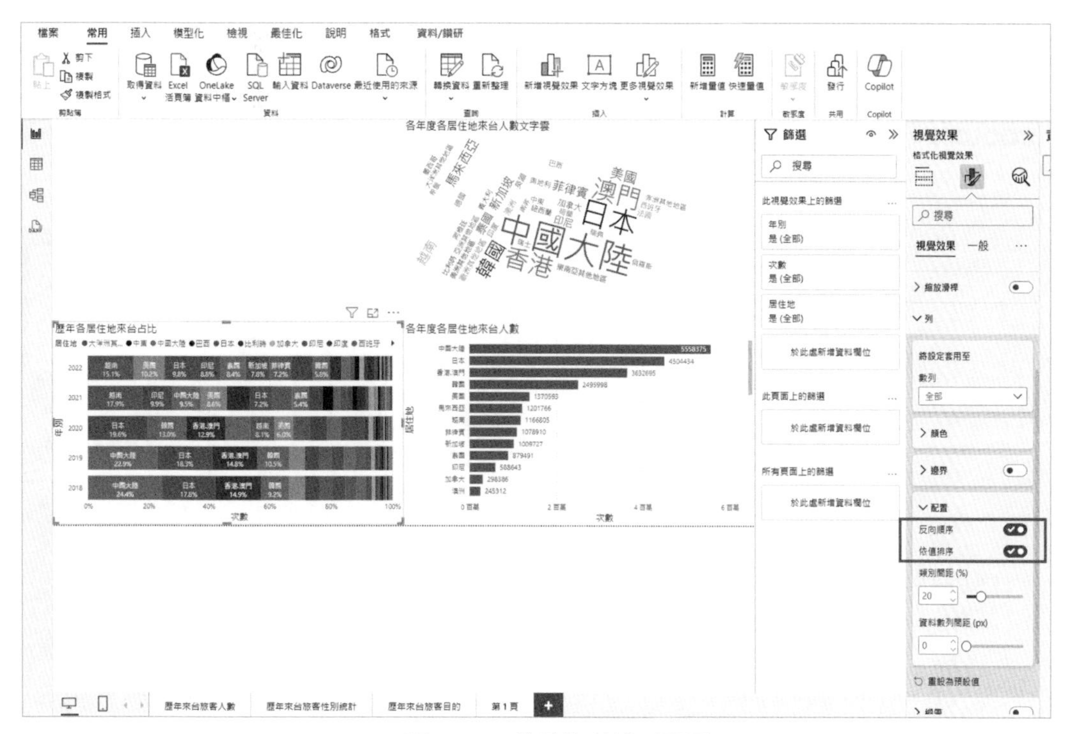


^ 圖 14.85　修改資料排列配置

## 任務 2：調整 100% 堆疊橫條圖顏色

有時候讀者可能覺得 Power BI 所提供的色彩顏色不符合需求，但自己又是色彩搭配設計的苦手，下面我們介紹色彩搭配的平臺提供你作為顏色色彩設計的參考，讀者可以在色彩搭配平臺上尋找喜愛的顏色搭配，確認後再回到 Power BI 調整顏色。下列我們透過 Coolors 網站（https://coolors.co/）進行色彩搭配的示範。

STEP 01　開啟瀏覽器輸入 https://coolors.co/，進入網站，點選【Start the generator!】按鍵。

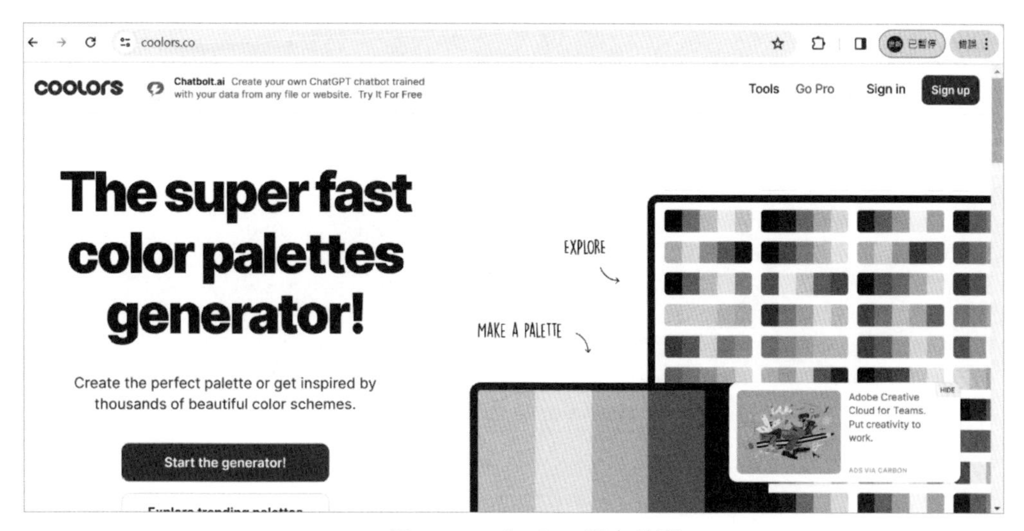


^ 圖 14.86　Coolors 平台首頁

STEP02 瀏覽器會顯示預設搭配的顏色，按下鍵盤上的空白鍵即可產生下組顏色。

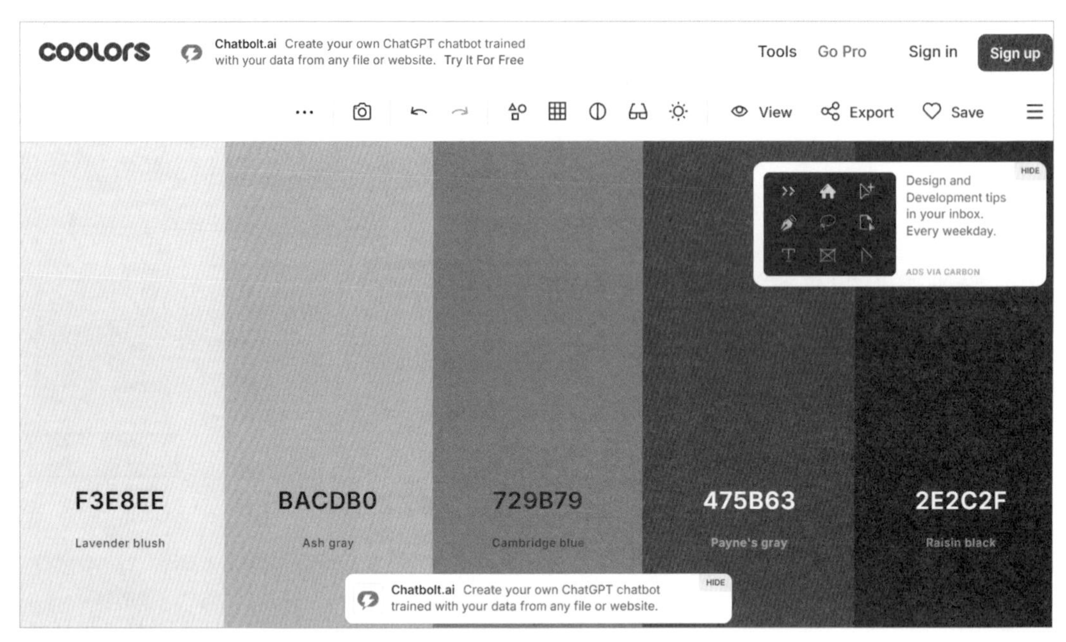


^ 圖 14.87 Coolors 色彩搭配建議（I）

STEP03 遇到喜歡的顏色可按下畫面上的鎖頭【toggle lock】進行鎖定，產生新的顏色也不會被更動。

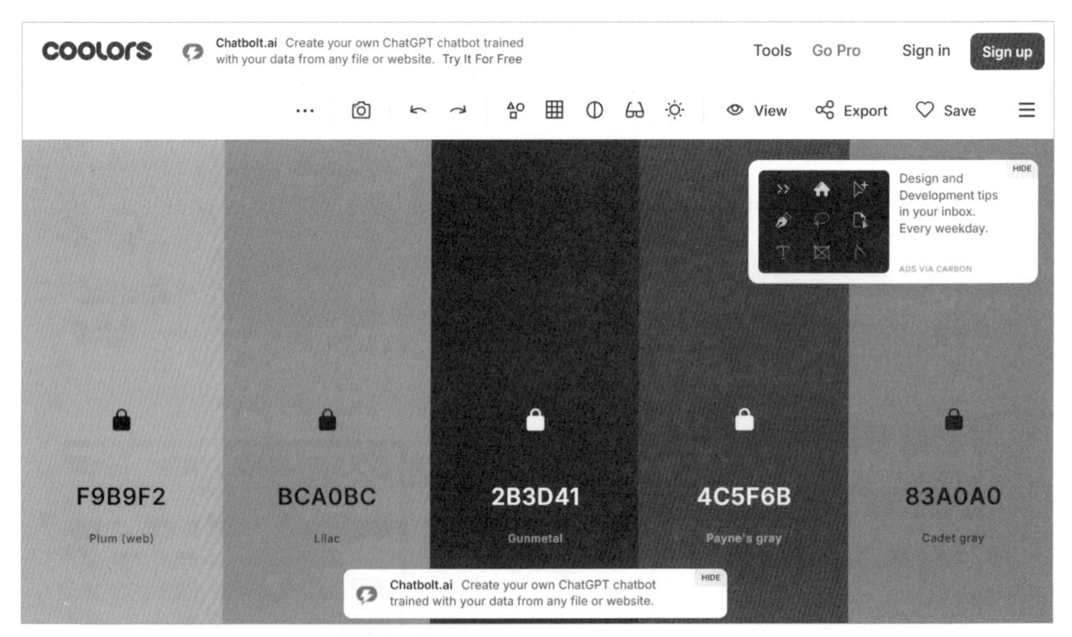


^ 圖 14.88 Coolors 色彩搭配建議（II）

STEP04 確認自己需要的色彩搭配設計後，按下【Copy HEX】複製顏色色號。

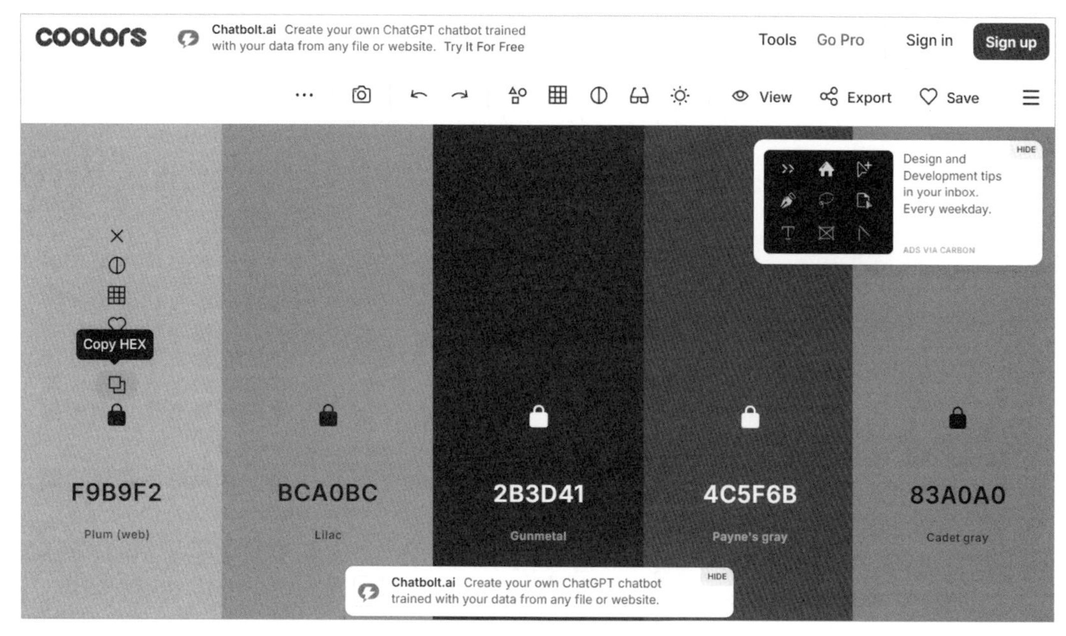


^ 圖 14.89 複製顏色編號

STEP05 回到 Power BI，在【視覺效果 / 格式化視覺效果 / 列】下，點選【列】，在【將設定套用至】的【數列】的下拉式選單中選擇「日本」。

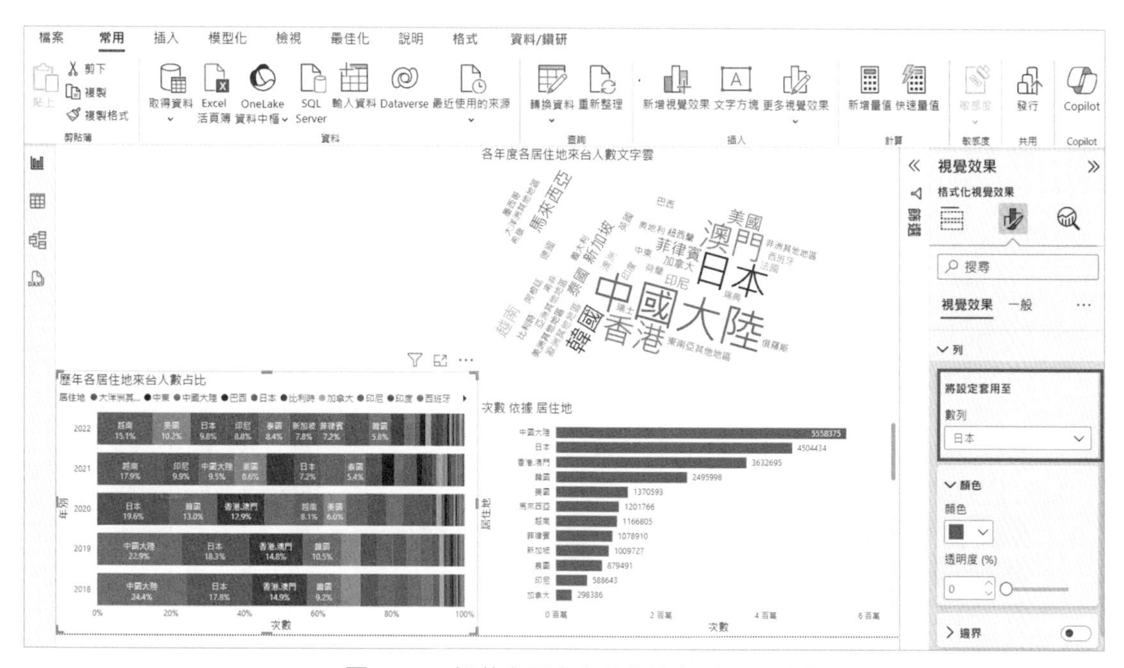


^ 圖 14.90 調整主要來台居住地色彩顯示（I）

STEP06 在【將設定套用至】下方的【顏色】區塊中，點選【顏色】的下拉式選單，並選擇【更多色彩】。

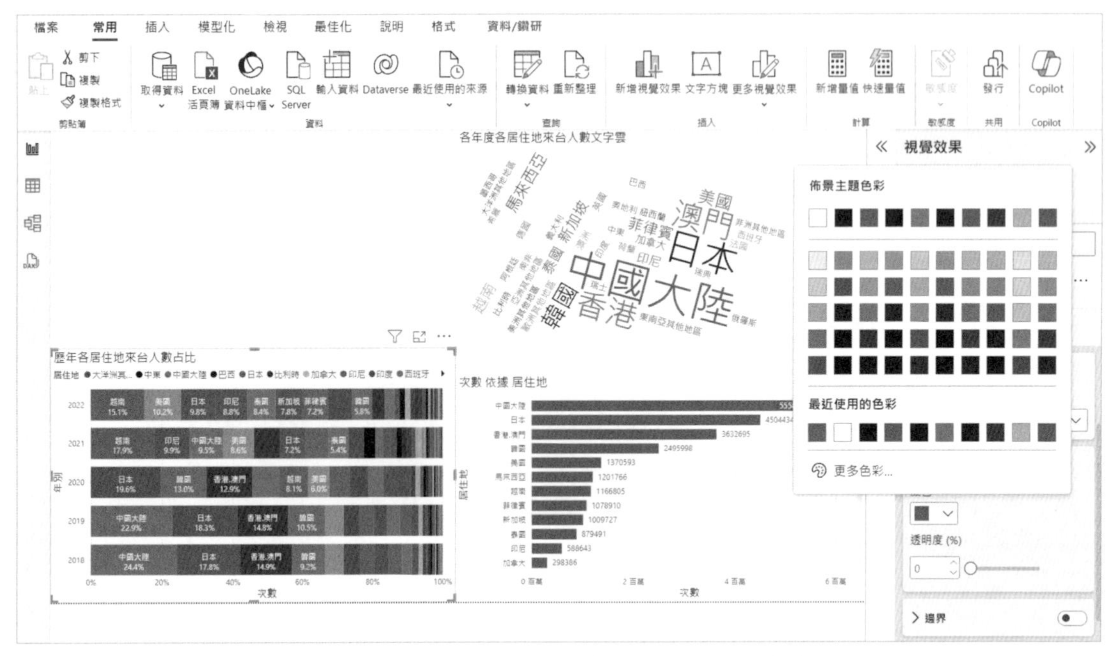


^ 圖 14.91 調整主要來台居住地色彩顯示（II）

STEP07 在十六進位下的方格，貼上剛剛在 Coolors 平台上複製的 HEX 顏色色號（範例為 D4E09B），即可在 Power BI 內修改居住地日本的顏色，為 Coolors 上所選擇的顏色。

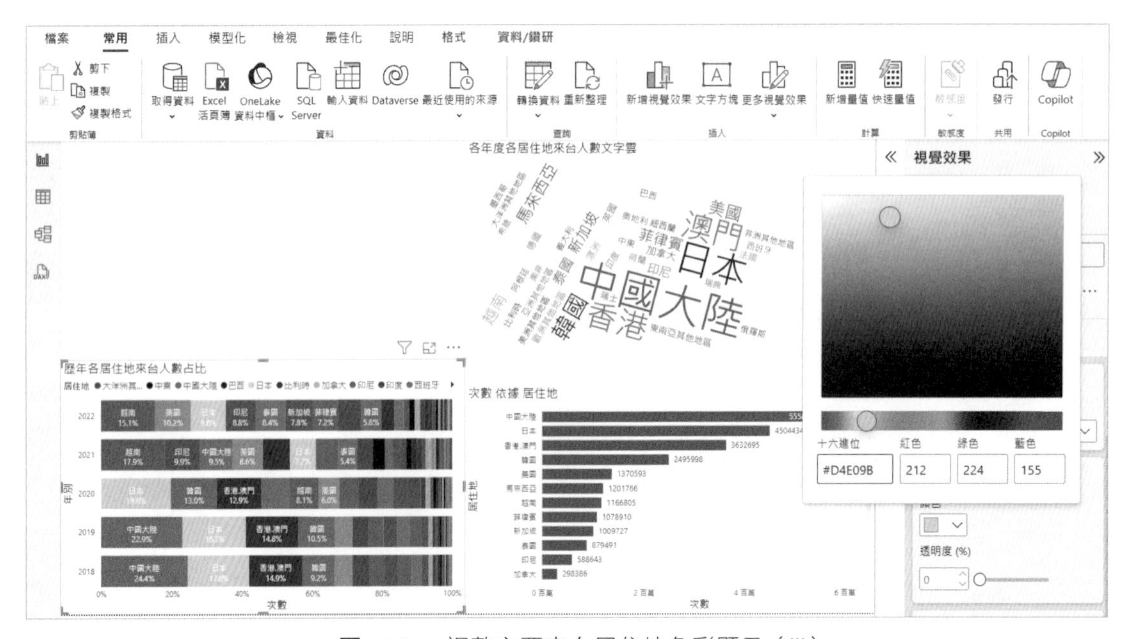


^ 圖 14.92 調整主要來台居住地色彩顯示（III）

STEP08 使用相同的步驟修改「中國大陸」（HEX 色號：F6F4D2）、「越南」（HEX 色號：CBDFDB）、「韓國」（HEX 色號：9297C4）、「香港 . 澳門」（HEX 色號：C6D4FF）。完成後，讀者可以在至 Coolors 平台產生新的色彩搭配，進行其他居住地的顯示色彩修改。

## 14.6.4 增加標題以及交叉分析篩選器視覺效果

至此，儀表板的圖形已經大致完成，接下來我們要增加儀表板的標題以及篩選功能，讓閱讀者方便使用。

STEP01 點選空白處後，選擇上方功能列【插入】中的【圖案】，選擇「矩形」，並調整大小為剩餘之上方約 1/3 的版面。

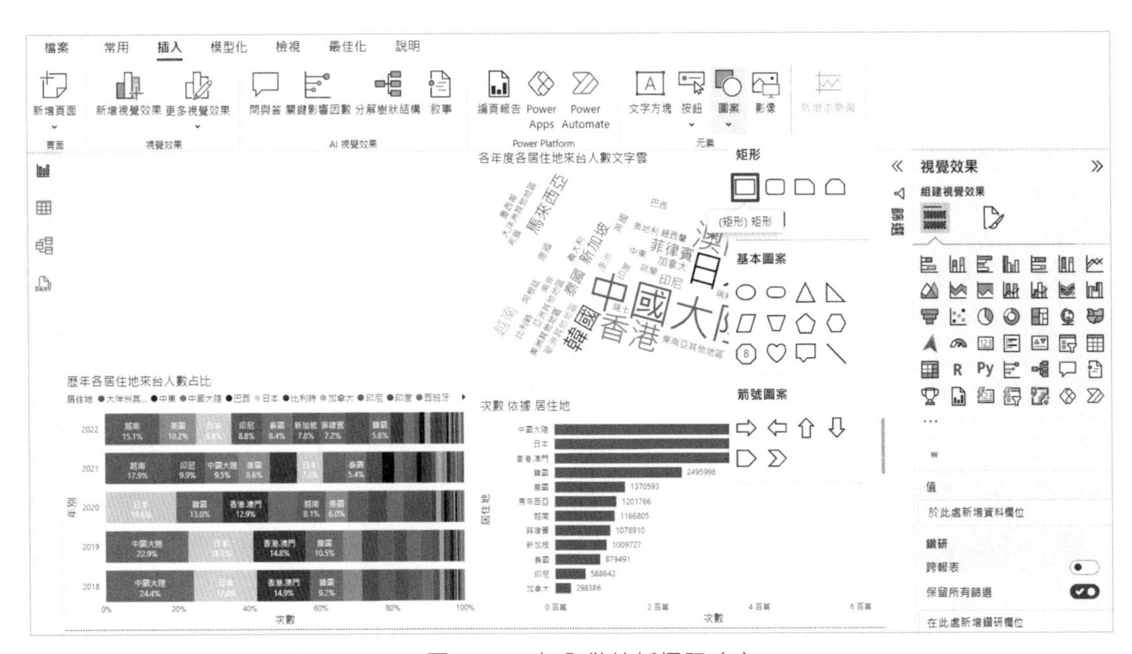


^ 圖 14.93 加入儀錶板標題（I）

STEP02 點選上述步驟所加入圖案後，選擇右方【格式化圖案】下的【樣式】區域，點選並開啟【文字】功能。

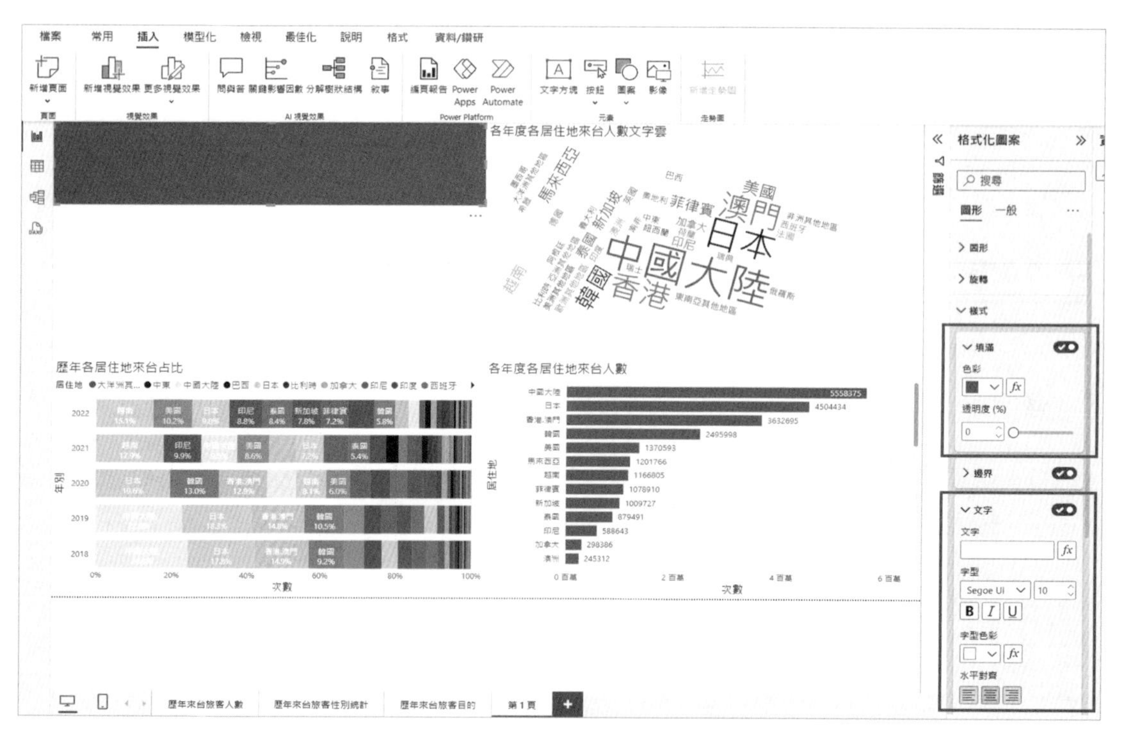


^ **圖 14.94** 加入儀錶板標題（II）

STEP03 在【文字】中輸入「疫情前後來台旅客居住地儀表板」，並調整字體大小為「28」，【B】粗體字。

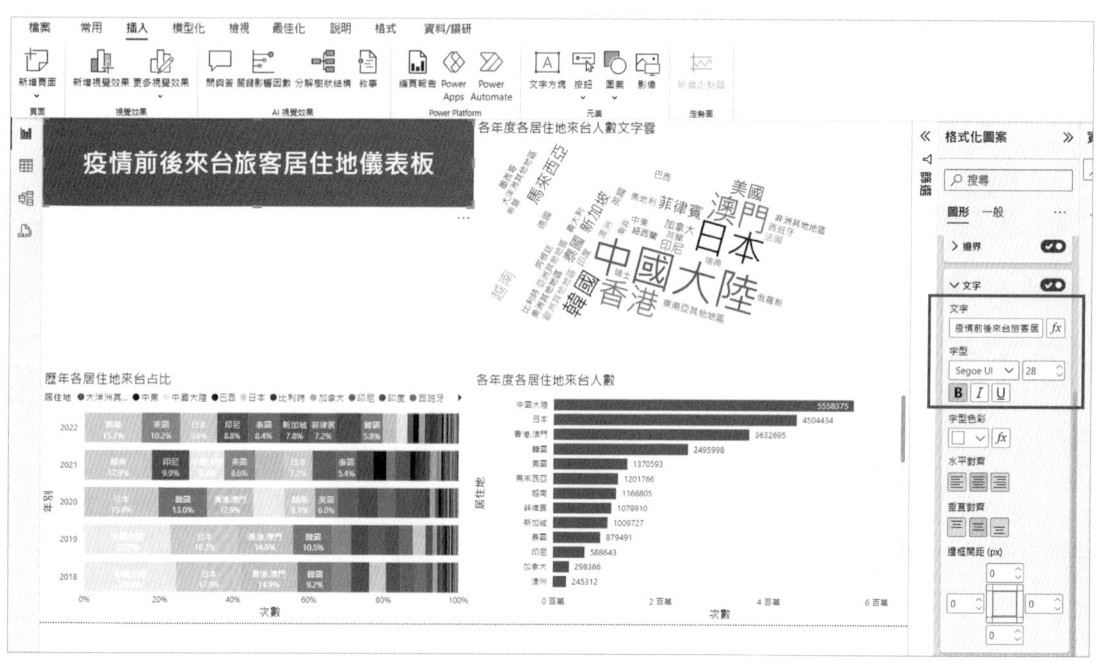


^ **圖 14.95** 加入儀錶板標題（III）

STEP04 點選空白處後，選擇【視覺效果】中的【交叉分析篩選器】，並調整大小為剩下 1/3 的版面。

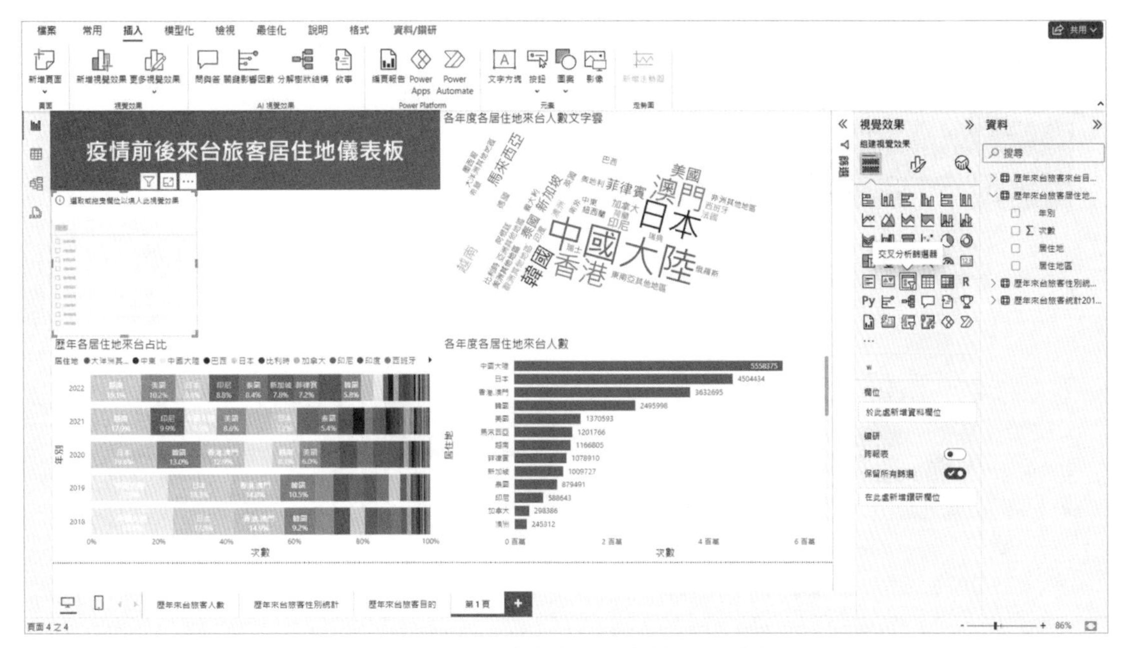


^ 圖 14.96 建立交叉分析篩選器（I）

STEP05 在畫面右方的【資料】點選「歷年來台旅客居住地統計 2018-2022」，拖移下方的「年別」至【視覺效果 / 組建視覺效果】之【欄位】內。

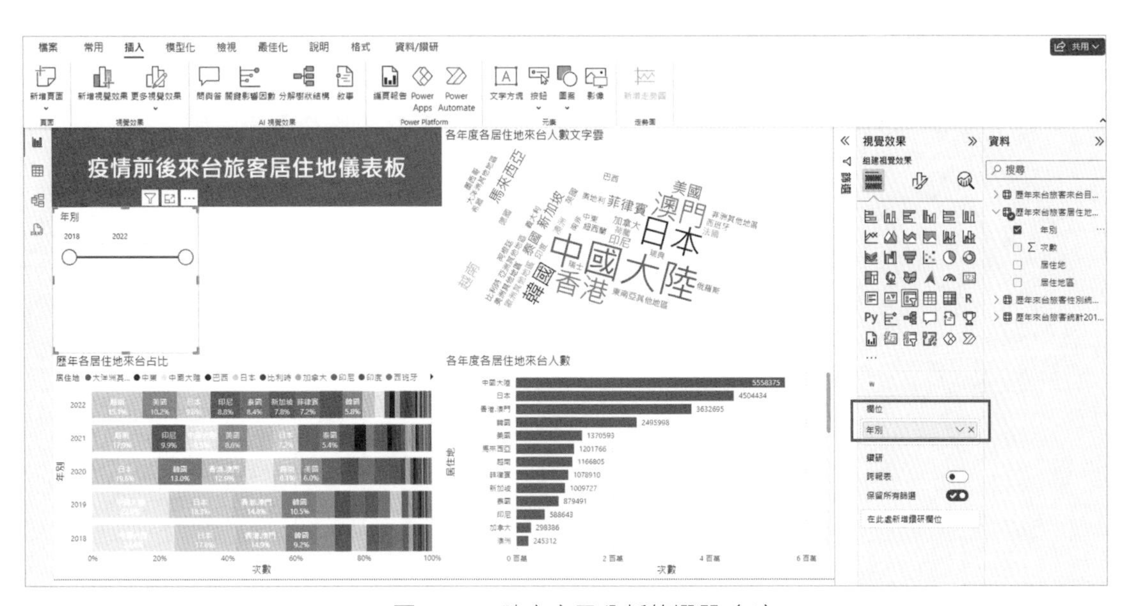


^ 圖 14.97 建立交叉分析篩選器（II）

STEP06 點選【視覺效果 / 格式化視覺效果 / 交叉分析篩選器設定】的內容中，在【選項】中的【樣式】下拉式選單中選擇「磚」。

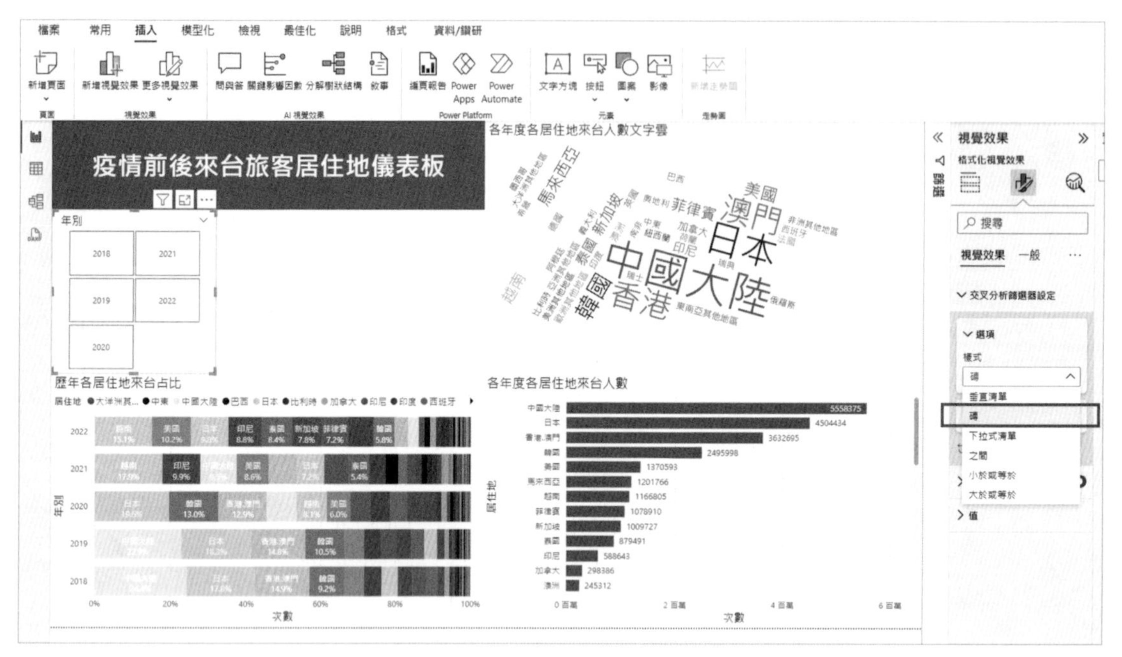


^ 圖 14.98 建立交叉分析篩選器（III）

我們想增加第二個交叉分析篩選器（居住地區）在圖形上，讓圖形的閱讀者可以查詢各洲別之居住地區的來台旅客狀況。點選空白處後，選擇【視覺效果】中的【交叉分析篩選器】。

STEP07 在畫面右方的【資料】點選「歷年來台旅客居住地統計 2018-2022」，拖移下方的「居住地區」至【視覺效果 / 組建視覺效果】之【欄位】內。

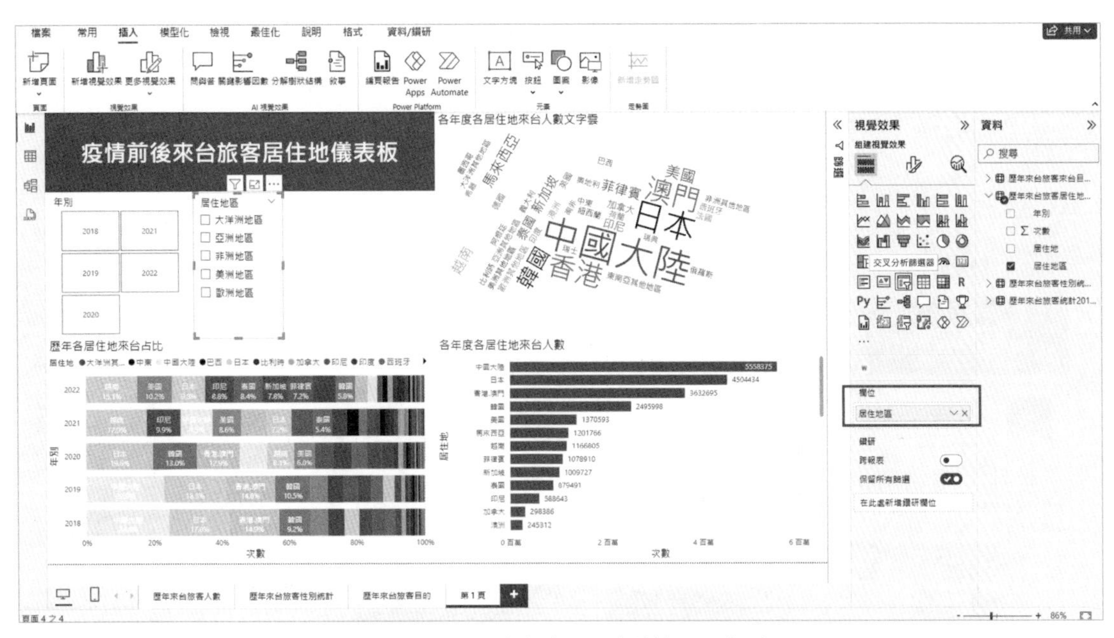

^ 圖 14.99　建立交叉分析篩選器（IV）

## 14.6.5 繪製卡片視覺效果

完成交叉分析篩選器的建立後，由於仍有一個空間，因此我們計畫放置卡片，用卡片凸顯完整數據，讓閱讀者可以一目瞭然整體數字。

STEP01 點選空白處後，選擇【視覺效果】中的【卡片】。在畫面右方的【資料】點選「歷年來台旅客居住地統計 2018-2022」，拖移下方的「次數」至【視覺效果 / 組建視覺效果】之【欄位】內。

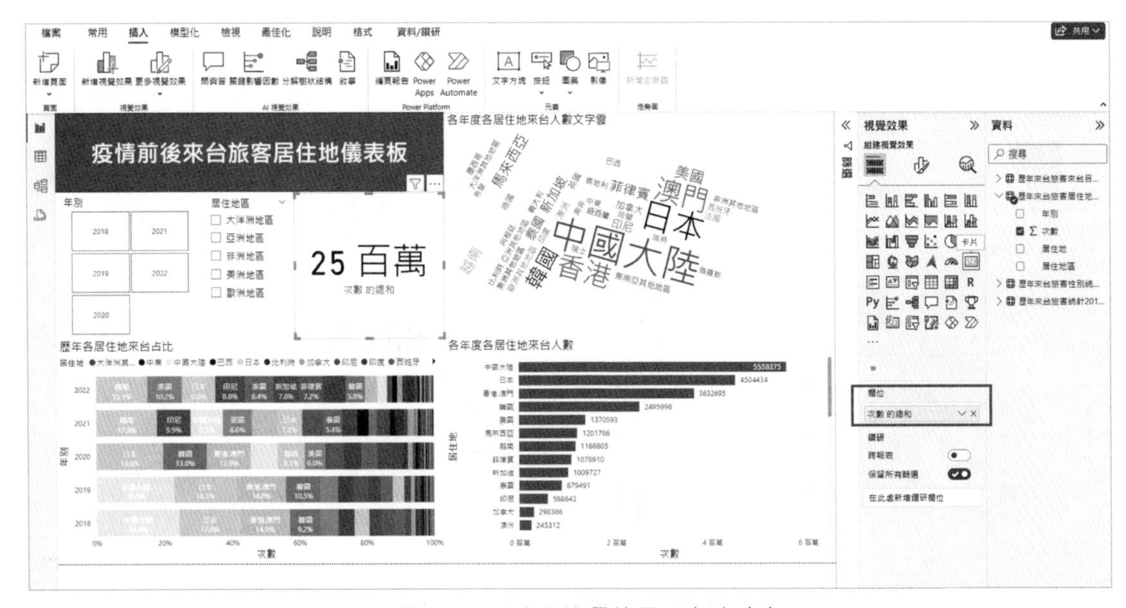

^ 圖 14.100　建立視覺效果 _ 卡片（I）

STEP02 為了之後讓圖形閱讀者容易理解，因此我們進行【視覺效果 / 組建視覺效果 / 欄位】內的資料標籤修改。雙擊【欄位】內之資料標籤重新命名，將自動生成的名稱【次數 的總和】重新命名為「來台人數」。

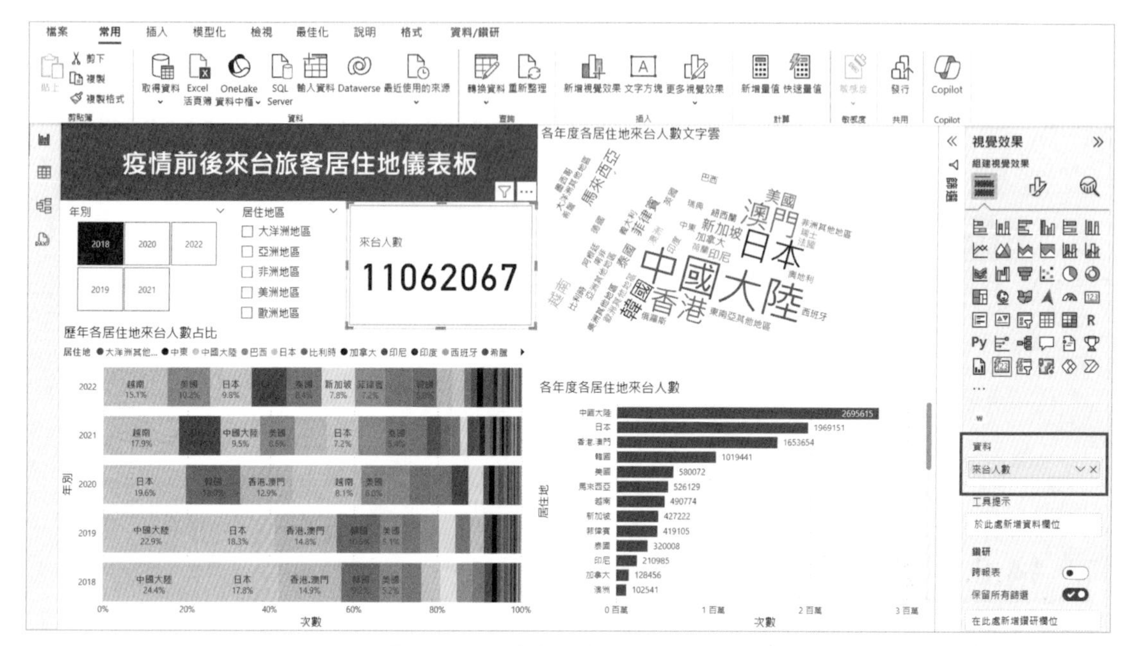


︿ 圖 14.101　建立視覺效果 _ 卡片（II）

STEP03 接下來進行數值顯示單位的修改，使其容易閱讀，點選【視覺效果 / 格式化視覺效果 / 圖說文字值】。

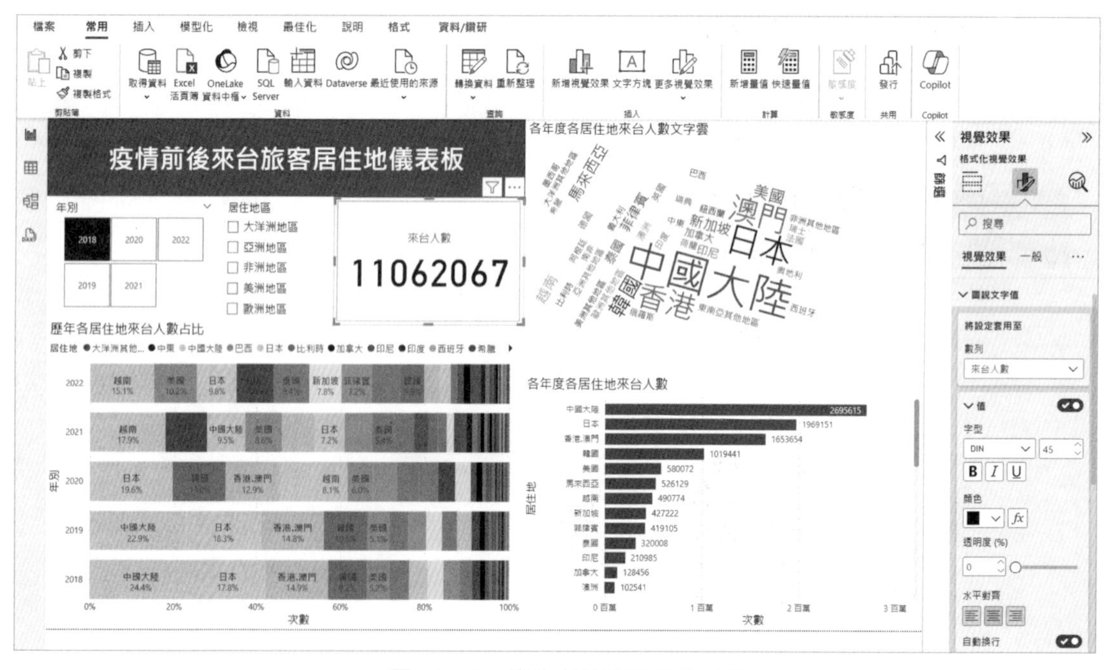


︿ 圖 14.102　修改卡片顯示單位（I）

STEP 04 在【視覺效果 / 格式化視覺效果 / 圖說文字值】下，在【顯示單位】下拉式清單，將預設「自動」更改為「無」，並將【字形】內的文字大小修改為「42」，讓所有數字符合卡片大小完整呈現，讀者可適度自行調整。

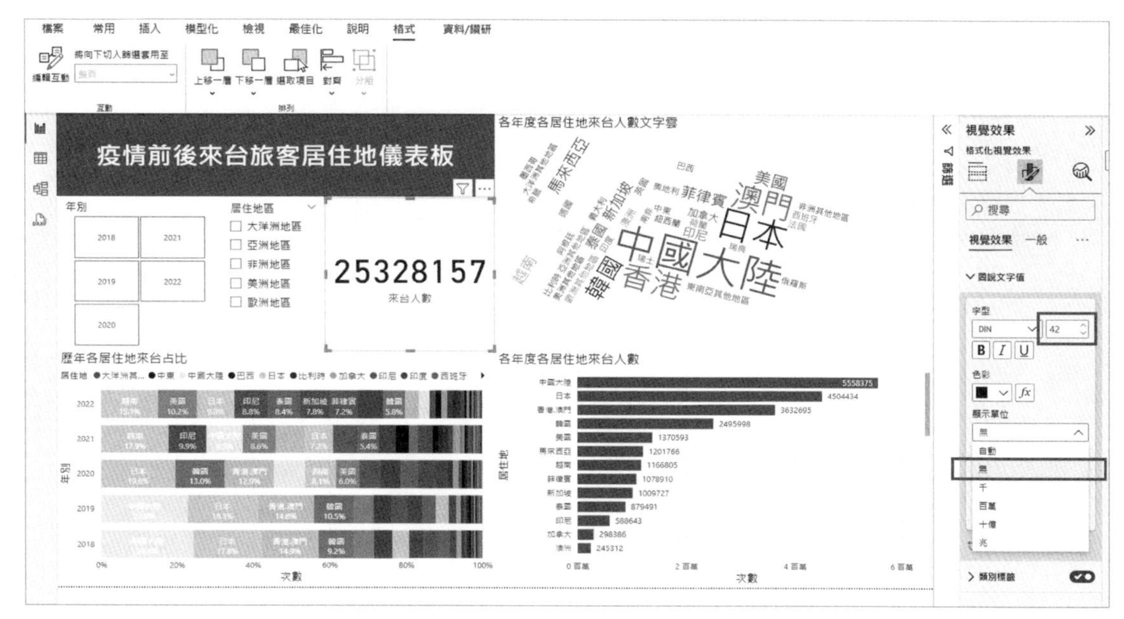


^ 圖 14.103 修改卡片顯示單位（II）

目前儀表板上的視覺效果圖形皆已完成，接下來我們要來進行【編輯互動】。

## 14.6.6 編輯各視覺效果間互動

Power BI 儀表板提供了各圖形之間的互動功能，當我們點選視覺效果物件內的特定元素時，同一個工作區的其他視覺效果物件的相同元素，也會同步進行【篩選】、【高亮度醒目提醒】，或是【不互動】。

下面詳細敘述，各視覺效果中編輯互動的選項：

- **篩選**：在特定的視覺效果中，當您選取某個元素後，其他的視覺效果如果是設定選取右上角的篩選圖示，則在該視覺效果會進行此元素的交叉分析篩選，這個功能與【高亮度醒目提醒】只能選擇一個。
- **高亮度醒目提醒**：在特定的視覺效果中，當您選取某個元素後，其他的視覺效果如果是設定選取右上角的高亮度的醒目提醒圖示，則在該視覺效果會進行此元素高亮度的醒目提醒，這個功能與【篩選】只能選擇一個。
- **不互動**：如果希望選擇的視覺效果對儀表板上某個視覺效果不要有任何的影響，請在該視覺效果的右上角選擇【不互動】圖示。

STEP01 點選任何一個視覺效果或是交叉分析篩選器，從上方工具列上選擇【格式】，再點選下方的【編輯互動】功能。

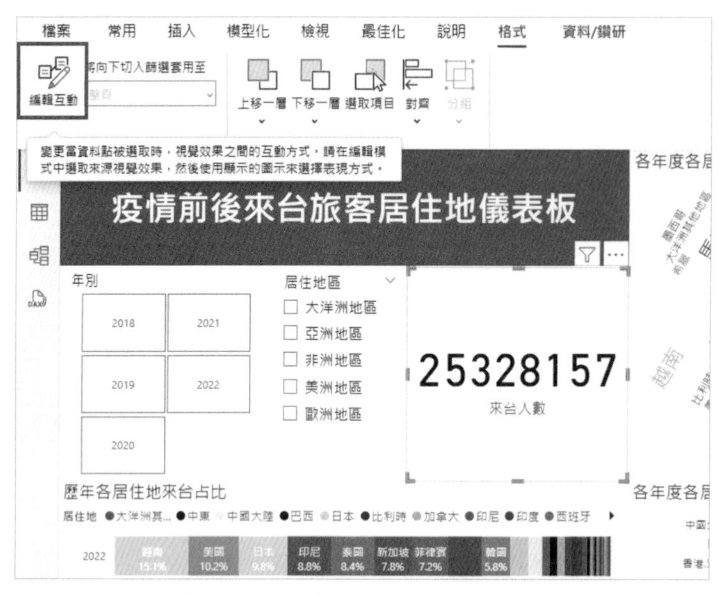


^ 圖 14.104 編輯視覺效果間的互動（I）

STEP02 由於部分視覺效果的重疊之處會遮蓋視覺效果右上角的編輯互動圖示，因此先縮小各視覺效果至露出右上角編輯互動圖示以利編輯，完成後再恢復為原始設計大小。我們以儀表版左上角「年別 _ 交叉分析篩選器」做為示範，先點選「年別 _ 交叉分析篩選器」。

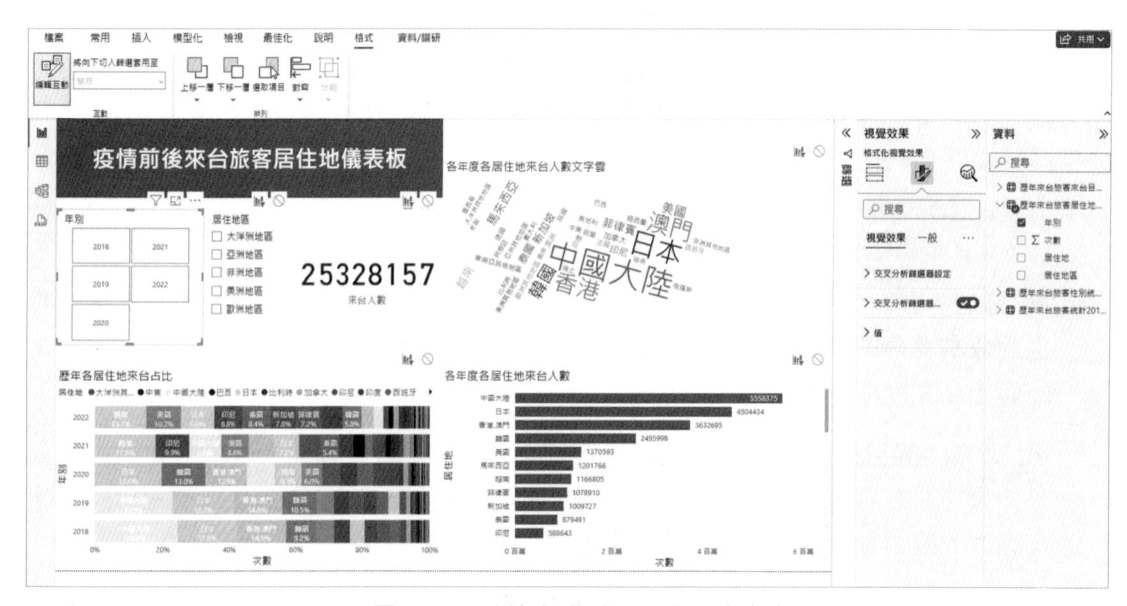


^ 圖 14.105 編輯視覺效果間的互動（II）

STEP03 由於儀錶板左下方「歷年各居住地來台人數占比」為呈現各年度不同居住地來台的比例，因此不需受到「年別 _ 交叉分析篩選器」的篩選影響，因此選擇【不互動】，其餘的視覺效果圖形，均選擇【篩選】圖示。

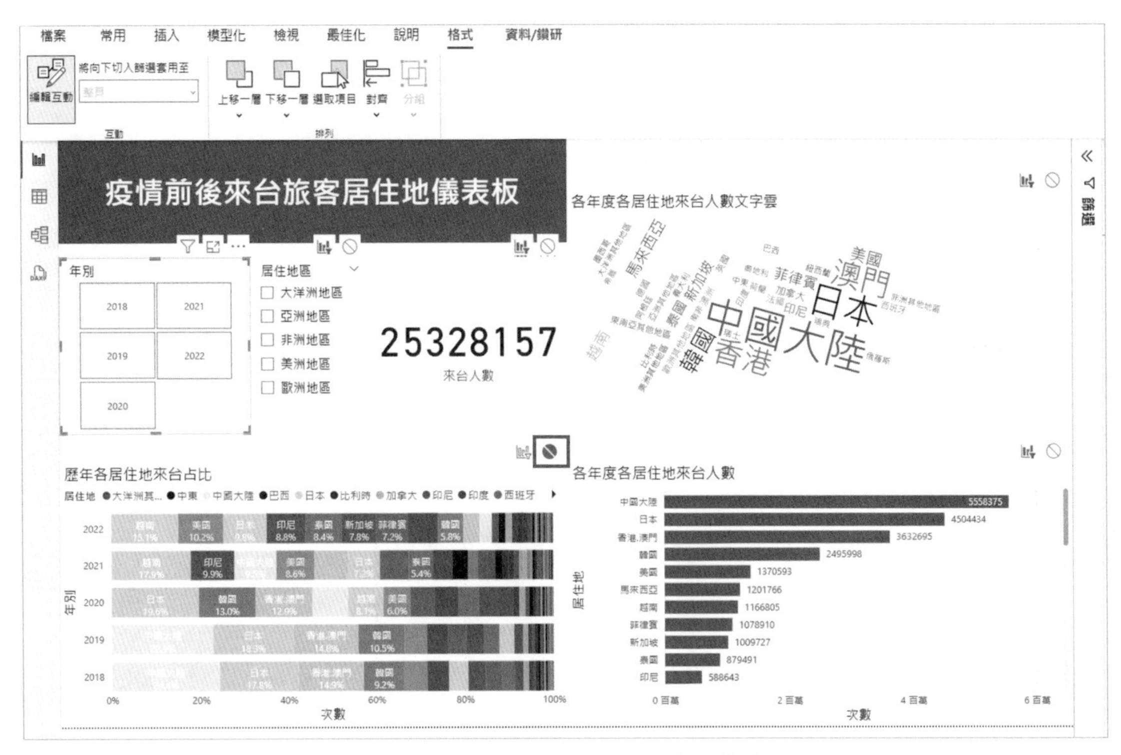


^ 圖 14.106　編輯視覺效果間的互動（III）

各視覺效果之間的互動關係，請讀者可依照表 14.1 逐一設定，表 14.1 第一列「1. 年別 _ 交叉器分析篩選器」與其他視覺效果的互動效果，我們已經在上述步驟中編輯完成，第 2 列則是「2. 居住地區 _ 交叉分析篩選器」與其他視覺效果的互動關係說明，依照表 14.1 中的說明，「居住地區 _ 交叉分析篩選器」與「年別 _ 交叉分析篩選器」沒有互動關係，選擇【不互動】，其他的「來臺人數卡片」、「各年度各居住地來台人數文字雲」、「歷年各居住地來台人數占比」、「各年度各居住地來台人數」則是會受到「居住地區 _ 交叉分析篩選器」的影響，具有【篩選】關係。後續可依表 14.1，逐一設定其餘視覺效果與其他視覺效果之互動關係。

**表 14.1** 各視覺效果之互動關係

| 編輯互動關係 | 1 | 2 | 3 | 4 | 5 | 6 |
|---|---|---|---|---|---|---|
| 1. 年別 _ 交叉分析篩選器 | | 不互動 | 篩選 | 篩選 | 不互動 | 篩選 |
| 2. 居住地區 _ 交叉分析篩選器 | 不互動 | | 篩選 | 篩選 | 篩選 | 篩選 |
| 3. 來台人數卡片 | | | | | | |
| 4. 各年度各居住地來台人數文字雲 | 不互動 | 不互動 | 不互動 | | 不互動 | 高亮度醒目提醒 |
| 5. 歷年各居住地來台人數占比 | 不互動 | 不互動 | 不互動 | 不互動 | | 高亮度醒目提醒 |
| 6. 各年度各居住地來台人數 | 不互動 | 不互動 | 篩選 | 不互動 | 高亮度醒目提醒 | |

當所有視覺效果互動編輯完成後，最後再將各視覺效果大小進行調整以符合版面，即完成疫情前後來台旅客居住地儀表板。

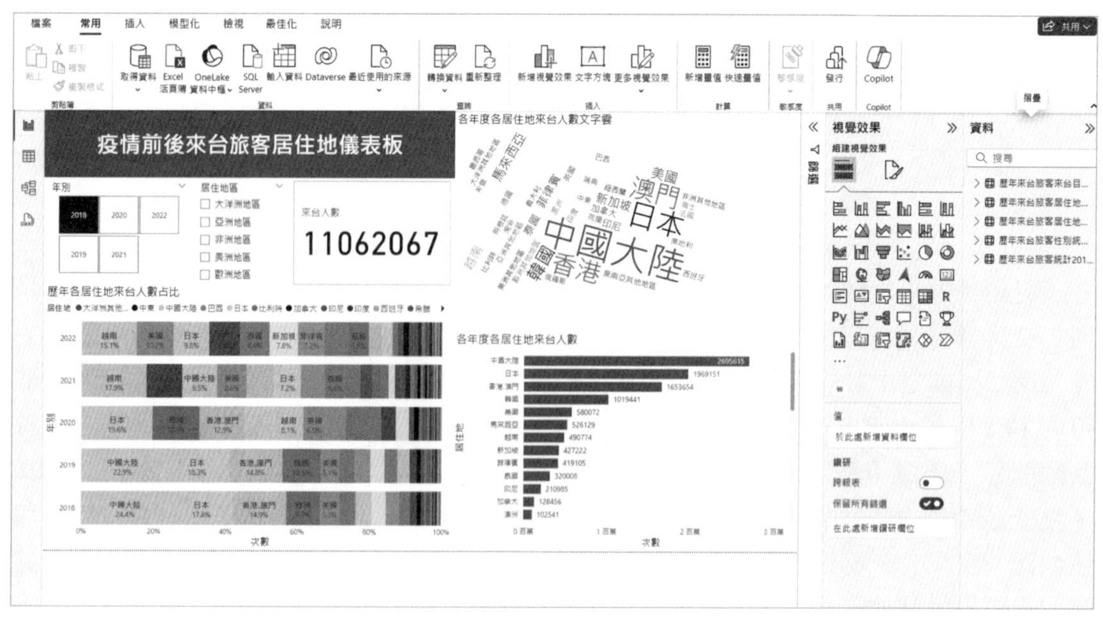


^ **圖 14.107** 疫情前後來台旅客居住地儀表板

## 視覺化圖形洞察與解釋

從「年別_交叉分析篩選器」中，選擇各年度後，可以從「各年度各居住地來台人數文字雲」迅速了解當年度來台旅客的居住地分布，2018 年與 2019 年，來台旅客的居住地以中國大陸旅客為最多，2020 年疫情開始後，日本與韓國取代中國大陸為旅客來台的主要居住地，但在 2021 與 2022 年越南則趁勢而起成為最大宗，中央廣播電台於（2023/03/13）也曾以「去年來台旅客近 90 萬人次 越南最多超過美日」（https://www.rti.org.tw/news/view/id/2161843），說明 2022 年越南旅客為來台旅客最大宗，但由於 2021 與 2022 年正值全球疫情高峰，來台旅遊人數暴跌，日、韓、港澳過去為來台觀光旅客主力的國家，由於政府政策管制以及對旅行風險的認知，人們往往避免跨國移動，擔心旅行染疫風險，所以跨國境的旅行，通常不是以觀光為目的，越南旅客在疫情之間的來台的目的，應該也是非觀光為主，而這也是國內旅行業者的論點，如同聯合新聞網（2023/11/30）「越南旅客人次恢復疫情前，旅遊業質疑：過半非觀光目的」（https://udn.com/news/story/7266/7607816）。

由「歷年來各居住地來台人數占比」也可以一目瞭然各年度的不同分布狀況，中國大陸來台旅客從 2018 年佔全年度的 24.4% 一路下滑到 2022 年的 2.74%，下滑幅度十分巨大，由「各年度各居住地來台人數」可知，2019 年中國大陸旅客來台數約為 271 萬人，台灣觀光若要回到 2019 年的 1,186 萬旅客的榮景時，失去中國大陸旅客來台觀光人數，則政府與民間單位則需要更積極地尋找新的地區推廣台灣觀光以填補中國大陸人民來台旅遊的空缺。

# 模擬試題

1. 在資料視覺化實作中，進行資料視覺化呈現的首要工作是什麼？

   A. 選擇適當的色彩

   B. 取得分析所需要的資料

   C. 決定視覺化的目的

   D. 選擇合適的視覺化工具

2. 下列哪一項不是資料視覺化實作中建議的資料來源？

   A. 企業內部營運資料

   B. 資料分析與競賽平台

   C. 個人日記和隨筆

   D. 公開資料平台

3. 在資料視覺化的實作中，使用 Power BI 匯入資料後，資料將如何顯示？

   A. 按時間排序顯示

   B. 按資料表分別展示

   C. 統一顯示於單一資料表

   D. 以圖形化介面顯示

4. 在進行資料視覺化時，應如何選擇視覺效果的類型？

   A. 根據個人喜好選擇

   B. 隨機選擇

   C. 以問題為導向的方式來選擇

   D. 基於資料大小選擇

5. 如何將 CSV 格式的資料集匯入 Power BI，下列何者為正確？

   A. 從【常用】工具列下的【取得資料】，選擇【文字 / CSV】，進行匯入

   B. 從【常用】工具列下的【Excel 活頁簿】，進行匯入

   C. 從【常用】工具列下的【輸入資料】，進行匯入

   D. 從【插入】工具列下的【文字方塊】，進行匯入